煤炭高等教育“十四五”规划教材
国家自然科学基金（编号：42201482）资助
2024年度辽宁省自然科学基金联合基金计划项目资助

激光雷达遥感原理与应用

王丽英　李　玉　王崇倡　编著

中国矿业大学出版社
·徐州·

内 容 简 介

《激光雷达遥感原理与应用》共分为 5 章。第 1 章为绪论，主要介绍激光雷达原理、发展现状及趋势，包括激光雷达的概念、结构、工作原理、扫描成像原理、技术发展现状及趋势等。第 2 章为 LiDAR 技术基础，主要介绍与激光雷达技术相关的基础知识，包括激光的物理基础、激光雷达探测及测距原理、激光雷达方程、激光雷达点云特点、LiDAR 点云处理的关键内容、点云处理软件以及激光雷达的典型应用等。第 3、4、5 章分别为机载、车载、地面 LiDAR 数据处理及应用，详细介绍了机载、车载、地面激光雷达遥感系统的系统组成、对地定位及扫描原理、外业数据采集过程、数据简介、数据误差分析及消除、数据处理的理论及方法以及行业应用和应用案例。

本书可作为高等学校遥感科学与技术专业本科生的教材，也可供其他专业的师生、工程技术人员和研究人员学习参考。

图书在版编目(CIP)数据

激光雷达遥感原理与应用 / 王丽英，李玉，王崇倡编著. — 徐州 ：中国矿业大学出版社，2025. 3.
ISBN 978 - 7 - 5646 - 6680 - 4

Ⅰ. TN958.98；TP7

中国国家版本馆 CIP 数据核字第 2025978C79 号

书　　名　激光雷达遥感原理与应用
编 著 者　王丽英　李　玉　王崇倡
责任编辑　潘俊成
出版发行　中国矿业大学出版社有限责任公司
（江苏省徐州市解放南路　邮编 221008）
营销热线　(0516)83885370　83884103
出版服务　(0516)83995789　83884920
网　　址　http://www.cumtp.com　**E-mail**：cumtpvip@cumtp.com
印　　刷　江苏淮阴新华印务有限公司
开　　本　787 mm×1092 mm　1/16　**印张** 18.25　**字数** 467 千字
版次印次　2025 年 3 月第 1 版　2025 年 3 月第 1 次印刷
定　　价　45.00 元
（图书出现印装质量问题，本社负责调换）

前　言

激光雷达与三维激光扫描技术的出现和发展，为地理空间三维信息的获取提供了全新的技术手段，使得能够获取具有三维空间位置和属性信息的稠密点云。点云成为继地图和影像之后的第三类重要的时空数据，并在全球变化、智慧城市、自然资源监测、智能交通等科学研究与工程应用中发挥了十分重要的作用。基于激光雷达点云的地理空间信息产品生产已成为测绘遥感科学研究和工程应用的前沿。但是，到目前为止，尚未有面向教学的，同时涵盖机载、车载和地面典型搭载平台的激光雷达原理及应用方面的书籍。

本书共分为5章。第1章为绪论，主要介绍激光雷达原理、发展现状及趋势，包括激光雷达的概念、结构、工作原理、扫描成像原理、技术发展现状及趋势。第2章为LiDAR技术基础，主要介绍激光雷达技术相关的基础知识，包括激光的物理基础、激光雷达探测及测距原理、激光雷达方程、激光雷达点云特点、LiDAR点云处理的关键内容、点云处理软件以及激光雷达的典型应用等。第3、4、5章分别为机载、车载、地面LiDAR数据处理及应用，详细介绍了机载、车载、地面激光雷达遥感系统的系统组成、对地定位及扫描原理、外业数据采集过程、数据简介、数据误差分析及消除、数据处理的理论及方法以及行业应用和应用案例。其中，第1章由李玉编写，第2章由王崇倡编写，第3～5章由王丽英编写，全书由王丽英统稿。

本书的案例由北京麦格天宝科技股份有限公司的徐艳技术工程师、中国科学院空天信息创新研究院姜子昂工程师、上海华测导航技术股份有限公司杨涛提供，在此表示衷心的感谢！

本书的出版得到国家自然科学基金（编号：42201482）、2024年度辽宁省自然科学基金联合基金计划项目、2025年“三全育人”综合改革重点任务“揭榜挂帅”项目的资助，在此，特向国家自然科学基金委、辽宁省科学技术厅以及辽宁工程技术大学致以诚挚的感谢。

由于时间所限，书中难免存在疏漏或不妥之处，恳请广大读者批评指正，并发送至wangliyinglntu@163.com，我们在此表示感谢。

编　著　者
2025年1月

目　录

第1章 绪 论

激光自20世纪被人类发明以来，其优势在各方面都得到了认可，并成为继核能、半导体和电子计算机之后的又一重大科技成果。激光雷达(light detection and ranging，LiDAR)是激光技术与传统雷达相结合的产物，它集合了激光技术与雷达技术的一系列特点，将光、机、电融为一体，形成了一种具有独特性能的崭新雷达体制，是一种将激光束作为新探测信号的主动式现代光学遥感技术。激光技术的产生和发展，为雷达系统提供了一种更为理想的辐射源，使LiDAR技术得以迅速发展。

本章从LiDAR概念出发，介绍LiDAR结构、工作及扫描成像原理，然后阐述LiDAR技术发展现状及趋势。

1.1 LiDAR原理

1.1.1 LiDAR的概念及内涵

传统的雷达(radio detection and ranging，radar)是以微波和毫米波作为载波的雷达，出现在1935年前后。

LiDAR是激光探测及测距系统的简称。它是一种以激光为载波、以光电探测器为接收器件、以光学望远镜为天线的雷达系统。LiDAR通过使用激光对目标进行探测和定位，是现代激光技术与光电探测技术相结合的产物。该系统以激光器为发射光源，发射高频率激光脉冲至被测物体表面；以光电探测器为接收器件，接收被测物体表面反射回来的回波信息。目前，LiDAR系统均以红外或可见光脉冲激光器作为其激光光源。因此，从本质上讲，LiDAR是传统微波雷达向光学频段的延伸。

LiDAR与微波雷达的异同主要表现在以下几个方面：(1) LiDAR是以激光器为发射光源的雷达，它是在微波雷达技术的基础上发展起来的，两者在工作原理和结构上有许多相似之处。(2) 在具体结构、目标和背景特性上，两者有所不同。例如，在接收通道中，微波雷达可以直接用射频器件对接收信号进行放大、混频和检波等处理，而LiDAR则需要先通过光电探测器将光频信号转换为电信号，然后再进行相应的处理。(3) 在信号处理方面，LiDAR基本上沿用了微波雷达中的成熟技术。

1.1.2 LiDAR结构及工作原理

尽管LiDAR系统种类繁多，结构各异，但均主要包括发射、光电接收和信号处理三个子系统。

发射系统指各种类型的激光器。激光器用于产生和发射激光束,故常称用于 LiDAR 的激光器为发射激光器。发射激光器是 LiDAR 中最为重要的技术部件,其质量在很大程度上决定了 LiDAR 系统的探测性能。对于 LiDAR 激光器,通常有如下要求:(1) 脉冲能量大、重复频率高。(2) 激光束的发散度小、指向性好。(3) 对于工作于差分吸收或荧光机制的 LiDAR,还要求激光输出波长处于特定光谱范围或要求其可以调谐。(4) 体积小、功耗小,性能稳定可靠,以满足 LiDAR 系统的多种搭载需求。

光电接收系统包括望远镜和各种类型的光电探测器。其中,望远镜位于 LiDAR 光电接收系统的最前端,用于接收回波光信号,其作用与微波雷达中接收天线的作用相当,因此 LiDAR 望远镜可以类比为光学接收天线。光电探测器的作用是实现光电转换,将望远镜收集的回波光信号经过窄带滤波和通道分光,转换成相应的回波电信号,以便信号处理系统做进一步的处理。

信号处理系统的作用是将经过光电转换后的电信号进行一系列的放大、采样和累加平均处理,使之成为一种反映回波信号强度随探测目标高程(或距离)变化的 LiDAR 回波,并表达为 LiDAR 数据。

LiDAR 工作时,如图 1.1 所示,首先由激光器发射一束特定功率的激光束,经过大气传输辐射到目标表面上,反射的回波由接收装置接收,再对回波信号进行处理,提取有用信息。通过测量反射和散射回波信号的时间间隔、频率变化、波束所指方向等,就可以确定目标的距离、方位和速度等信息,然后结合激光器本身的位置信息和姿态角度信息,准确计算出目标表面回波点的三维坐标。

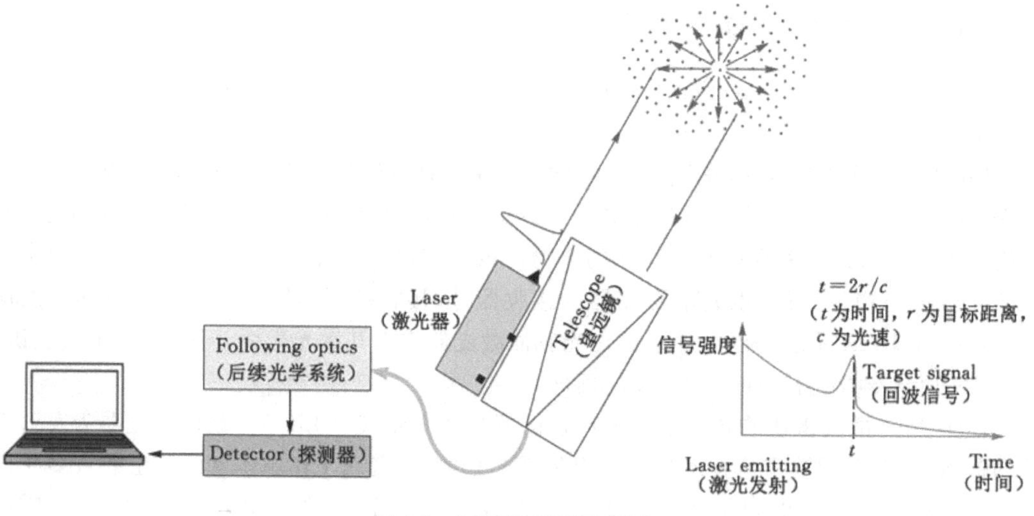

图 1.1　LiDAR 探测示意图

1.1.3　LiDAR 扫描三维成像

LiDAR 扫描成像可以理解为对每个二维像素点的激光测距。在单点激光测距的基础上,对每个测距点的方位信息同步进行测量,即可实现三维成像。方位信息的获取可以通过单点扫描和面阵器件成像两种方式实现。其中,测绘行业主要采用单点扫描的方式,下面就以扫描式三维成像 LiDAR 为例进行阐述。

扫描式三维成像 LiDAR 由单点激光测距系统配以光束扫描装置构成，是目前发展相对成熟的三维成像 LiDAR 技术，其在地形测绘、大气环境监测、导航和防撞、空间交会对接、汽车自动驾驶等领域的应用十分广泛。扫描装置用于控制雷达光轴指向不同的方向，依次测量目标上各点的距离，同时记录光束指向的方位-俯仰角，这样就可以得到目标的距离-角度-角度图像，也称为三维图像。扫描式三维成像 LiDAR 获取的数据是以离散、不规则方式分布在三维空间中的点的集合，被称为点云，如图 1.2 所示。

图 1.2　实测点云图

1.1.4　LiDAR 分类

目前，LiDAR 种类繁多，可按不同方式分类，具体如下：

(1) 按应用领域，可分为大气探测 LiDAR、海洋探测 LiDAR、陆地探测 LiDAR、目标探测 LiDAR 等。

(2) 按探测方式，可分为距离（高度）探测 LiDAR、速度探测（多普勒）LiDAR、成像 LiDAR 等。

(3) 按运载形式，可分为地基 LiDAR、车载 LiDAR、机载 LiDAR、星载 LiDAR、手持/背包式 LiDAR 等(图 1.3)。

(4) 按所使用的激光器种类，可分为固体激光器 LiDAR、气体激光器 LiDAR、半导体激光器 LiDAR 等。

(5) 按激光器工作模式，可分为脉冲 LiDAR、连续波 LiDAR、三角测距 LiDAR 等。

(6) 按发射接收配置方式，可分为单站式 LiDAR、双站式 LiDAR 等。

(7) 按采用的激光波段，可分为紫外 LiDAR、可见光 LiDAR、红外 LiDAR 等。

(8) 按发射和接收的激光束数量，可分为单线 LiDAR、多线 LiDAR，其中多线 LiDAR 是指同时发射及接收多束激光的激光旋转测距雷达，目前市场上有 4、8、16、32、64 和 128 线之分。多线 LiDAR 可以识别物体的高度信息并获取周围环境的三维扫描图，主要应用于无人驾驶领域。

(9) 按功能，可分为跟踪雷达(用于连续跟踪一个目标，并测量该目标的坐标，提供目标的运动轨迹)、大气探测激光雷达(用于探测大气中的分子、烟雾的密度、温度、风速、风向及大气中水蒸气的浓度)、激光成像雷达(用于探测和跟踪目标，获取目标方位及速度信息等)、

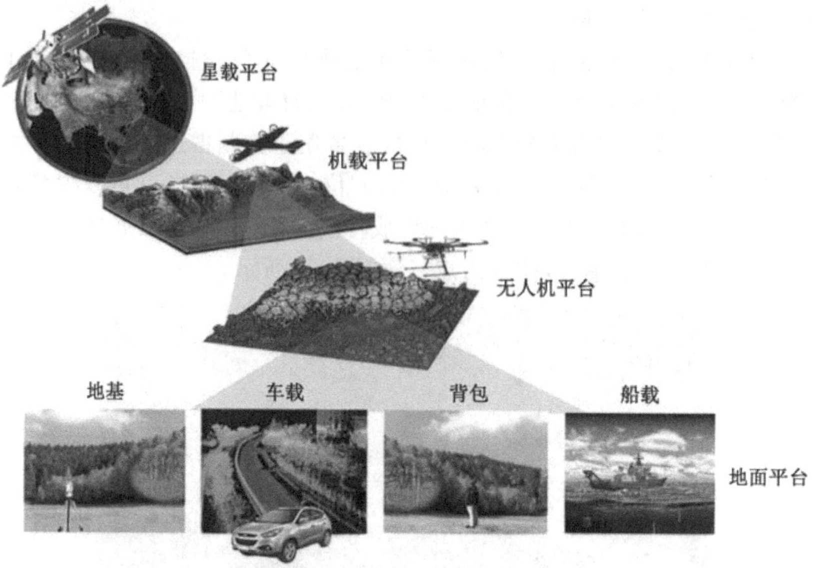

图 1.3　LiDAR 运载平台

激光测速雷达、激光测距雷达。

大多数 LiDAR 系统采用固体激光器，特别是 Nd:YAG 激光器，通常以脉冲方式工作，并采用发射与接收一体化的单站式结构。

1.2　LiDAR 技术发展现状及趋势

近年来，随着 LiDAR 技术的持续发展和应用领域的不断拓展，衍生出多种 LiDAR 搭载平台。按承载平台的不同，现有的 LiDAR 系统主要可分为：地面 LiDAR 系统、手持/背包式 LiDAR 系统、车载 LiDAR 系统、机载 LiDAR 系统和星载 LiDAR 系统，如图 1.4 所示。

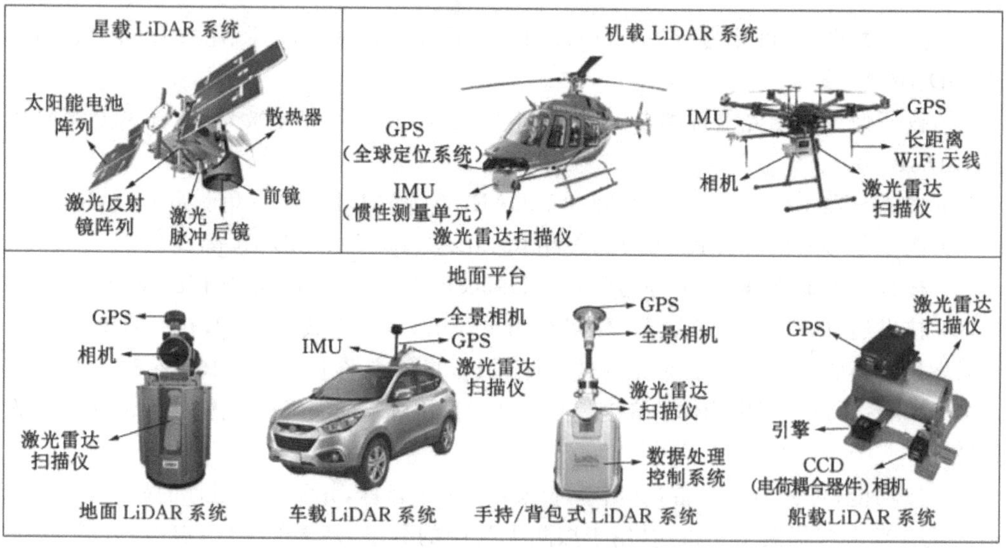

图 1.4　不同运载平台 LiDAR 的系统组成

1.2.1　地面LiDAR系统

地面LiDAR系统通过伺服电机控制扫描镜，高速度、高密度、高精度地采集地物表面的三维几何信息，通常用于单一目标或者精细三维数据的采集。地面LiDAR系统可以详细、准确地提供目标的高质量三维点云数据，正逐渐成为精细尺度自然资源调查的有力工具，图1.5所示为获取的三维点云数据。地面LiDAR系统具有机动灵活、便于携带等优点，被广泛应用于工程测量、施工监理、滑坡监测、文化遗产保护、工业设施测量、犯罪现场调查及事故现场重建等领域。地面LiDAR扫描仪通过单站扫描、多站拼接的方式实现对整个测区的覆盖。目前主流的商用地面LiDAR系统主要有Riegl（瑞格）公司的VZ系列、Trimble（天宝）公司的TX系列、Leica（徕卡）公司的ScanStation系列、FARO（法如）公司的Photon系列以及武汉海达数云技术有限公司的HS系列等，如图1.6所示。

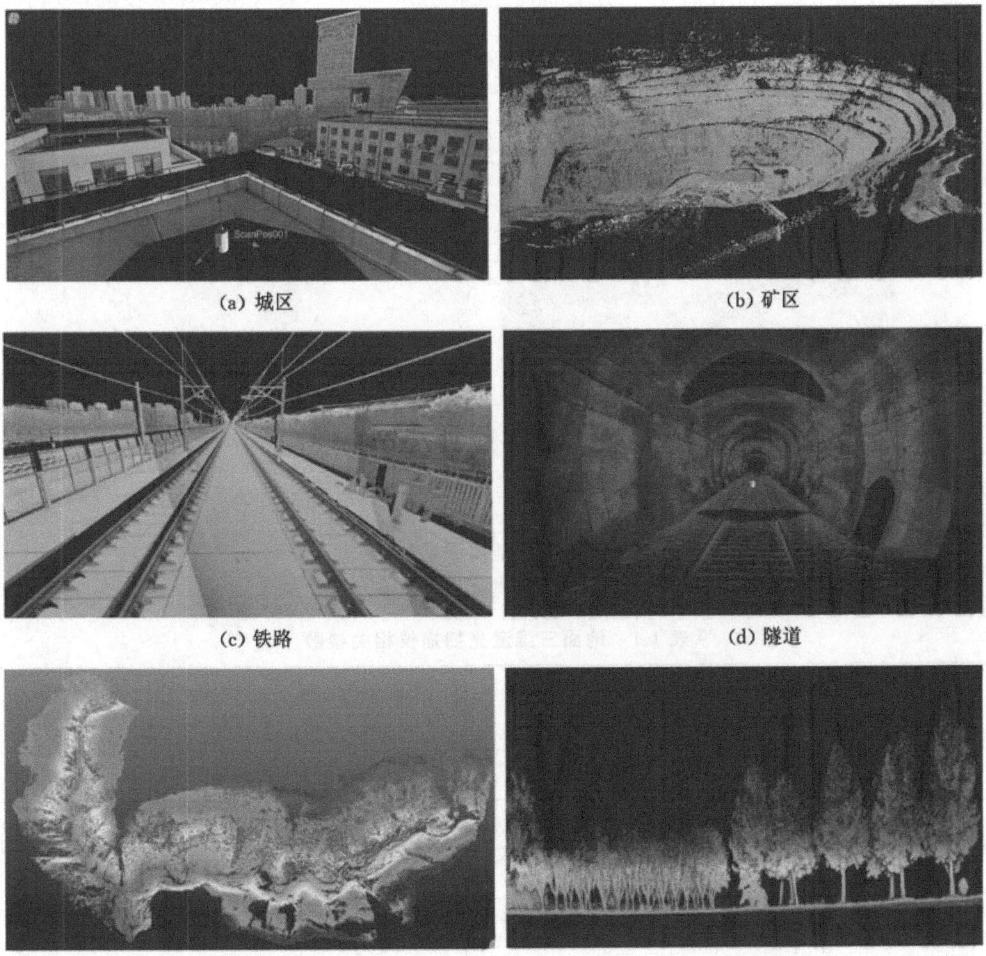

(a) 城区　(b) 矿区

(c) 铁路　(d) 隧道

(e) 水域　(f) 文物修复

图1.5　三维点云数据

各种地面激光扫描仪的性能指标差异主要体现在扫描距离、频率、精度等方面，表1.1列举了上述TLS（地面三维激光扫描）系统的重要参数。

(a) 武汉海达数云技术有限公司的 HS-450

(b) Trimble 公司的 TX8

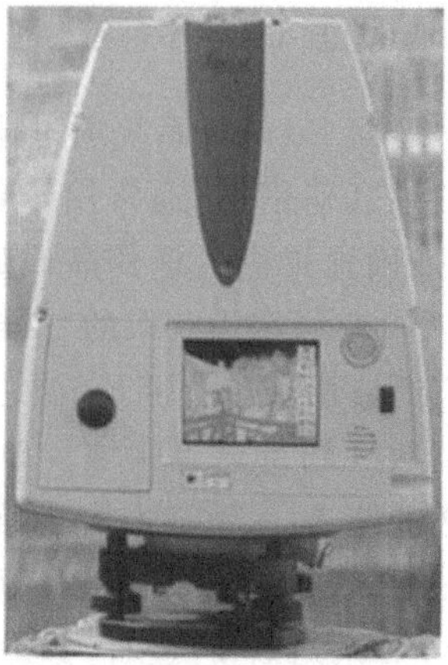

(c) Leica 公司的 ScanStation P50

(d) FARO 公司的 Photon 120

(e) Riegel 公司的 VZ-400

图 1.6　商用地面激光扫描仪

表 1.1　地面三维激光扫描仪相关参数

厂商	奥地利 Riegl	美国 Trimble	瑞士 Leica	美国 FARO	中国 海达数云
型号	VZ-400	TX8	ScanStation P50	Photon 120	HS-450
扫描速率/(次/秒)	122 000	500 000	50 000	976 000	500 000
最大测距/m	600	120	300	153	450
测距精度/mm	3	/	4	2	5
水平方向视场角/(°)	360	360	360	360	360
竖直方向视场角/(°)	100	317	270	320	100
测距方法	脉冲	脉冲	脉冲	相位差	脉冲

1.2.2 手持/背包式 LiDAR 系统

手持/背包式 LiDAR 系统集成了激光雷达扫描仪、全景相机、惯性测量单元等组件，利用即时定位与地图构建(simultaneous localization and mapping,SLAM)技术，通过估计运动平台的位姿实现场景的三维数字化。该系统被广泛应用于建筑、建筑信息模型(building information model,BIM)、封闭空间信息采集、室外大比例尺测图、隧道、矿山、计量、林业、船舶及事故现场等领域(图 1.7),具有车载和地面 LiDAR 系统不可比拟的优势:(1) 能够在全球导航卫星系统(global navigation satellite system,GNSS)信号缺失的室内、地下等场地进行三维数字化;(2) 能够对仅限人通行的狭窄区域实现高效三维数字化。目前主流的商用手持/背包式 LiDAR 系统主要有 Leica 公司的 Pegasus 和 BLK 系列，GeoSLAM 公司的 ZEB Discovery、ZEB HORIZON 和 ZEB REVO,KAARTA 公司的 STENCIL 系列，北京数字绿土科技股份有限公司的 LiBackpack 系列，立得空间信息技术股份有限公司的背包侠，以及欧思徕(北京)智能科技有限公司的 3D SLAM 激光全景背负式机器人等，如图 1.8 所示。图 1.8 所示为一些典型的手持/背包式 LiDAR 系统获取的点云数据。表 1.2 列举了一些典型的手持/背包式 LiDAR 系统的性能参数。

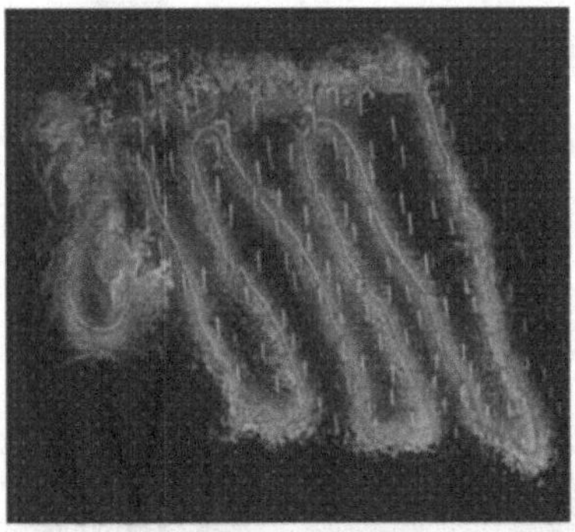

(a) 林业

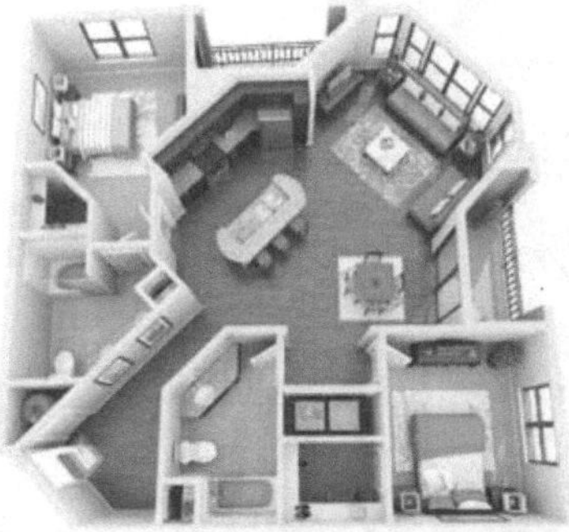

(b) BIM

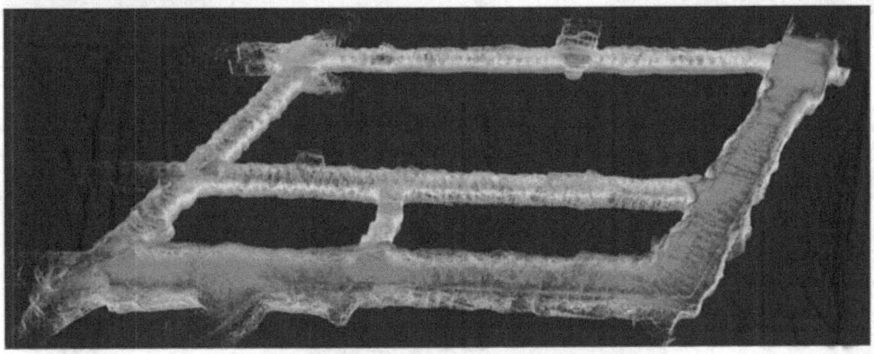

(c) 地下工程(地铁、隧道、地下封闭空间等)

图 1.7 手持/背包式 LiDAR 系统获取的不同场景的点云数据

(d) 文化遗产三维数字化存档

图 1.7(续)

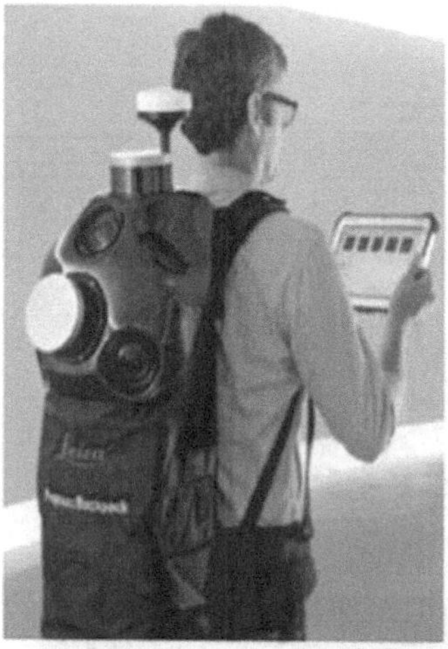

(a) Leica 公司的 Pegasus 系列

(b) 欧思徕(北京)智能科技有限公司的SR-DLP6-Lite(全景相机Lite版)

(c) GeoSLAM 公司的 ZEB Discovery

(d) Leica 公司的 BLK2GO

(e) KAARTA 公司的 STENCIL 2-32

(f) GeoSLAM 公司的 ZEB HORIZON

图 1.8　商用手持/背包式激光扫描仪

表 1.2 手持/背包式 LiDAR 扫描仪相关参数

厂商	瑞士 Leica	美国 KAARTA	英国 GeoSLAM	中国 数字绿土
型号	BLK2GO	STENCIL 2-32	ZEB HORIZON	LiBackpack C50
激光扫描仪类型	Two-axis 2D laser	32 线 3D laser	16 线 3D laser	16 线
是否为外部旋转激光扫描仪	/	否	是	否
相机类型与数量	3 个全景相机＋1 个卷帘式快门相机	1 个全景相机	/	1 个全景相机
激光最大测距/m	25	100	100	120
点云相对精度/mm	6～15	/	10～30	30
质量(不含电池)/g	650	2 200	3 700	7 100

1.2.3 车载 LiDAR 系统

车载 LiDAR 系统以车辆为搭载平台，集成了 GNSS、惯性导航系统(inertial navigation system，INS)、激光扫描仪、里程计(distance measurement indicator，DMI)和电荷耦合器件(charge coupled device，CCD)相机等设备。该系统利用 GNSS 和 INS 提供的定位定姿信息，对获取的影像和点云进行航迹解算、检校及坐标转换，从而可对数据点进行地理定位，生成其高精度的三维坐标，获取道路及周边目标的三维点云数据。

车载 LiDAR 系统主要包括控制各个传感器同步、数据采集、记录和传输的主控制模块，集成 GNSS 和 INS 等的定位定姿导航模块，由激光扫描仪和 CCD 相机构成的数据采集模块，解算点云、影像位置和坐标转换的数据后处理模块等。其中，GNSS 用于实时获取车辆运动过程中 GNSS 天线中心的大地坐标；INS 用于记录车辆的运动姿态，包括偏航角、侧滚角和俯仰角；激光扫描仪通过记录发射激光束和回波信号的时间差，计算激光扫描仪到被测目标的距离；CCD 相机用于获取场景的光学图像。由于 GNSS、INS、激光扫描仪和 CCD 相机等安装在车辆的不同位置，因此需要将它们各自采集的数据转换至统一的坐标系，以确定各传感器相对 GNSS 和 INS 的位置和姿态。另外，由于各传感器的数据采集起始时间和频率各不相同，因此需要对激光扫描仪、INS、CCD 相机进行时间同步。

车载 LiDAR 系统源自 1983 年北美地区提出的移动式高速公路设施维护系统，即用于公路设施巡检的车载测图系统。1988 年，加拿大卡尔加里大学研制了 Alberta MHIS 系统，将相机搭载在汽车上，用陀螺仪、加速计和里程计等设备进行定位定姿，利用相对定位法求解定位点坐标，初步建立了车载移动测图系统的基本框架。随着 GNSS 定位技术的发展，美国俄亥俄州立大学开发了首个具有现代意义的移动测图系统——GNSS Van 系统。该系统利用搭载的 2 台 CCD 相机实现道路的立体观测，并结合 GNSS、INS 和 DMI 实现影像的直接地理定位，通过近景摄影测量原理计算道路点的三维坐标。随后，卡尔加里大学改进了 Alberta MHIS 中的定位测姿系统(position and orientation system，POS)，集成了差分 GNSS INS 技术，发展成第一代 VISAT 系统。接着，通过引入导航级 INS 系统，并将单色

CCD相机升级为彩色CCD相机与摄像机等的组合配置，形成了第二代VISAT系统。

随着INS性能和GNSS与INS组合定位技术的不断提升，加之CCD数字传感器、激光扫描仪等在测量精度、抗干扰能力、便携性、易操作性等方面的改进，国内外的研究机构和公司相继研发了多种车载移动测量系统。国外有美国JECA公司研发的主要用于道路测量的TruckMap系统、德国慕尼黑联邦国防军大学研发的KiSS车载系统、日本东京大学空间信息科学研究中心研发的VLSM系统、西班牙凯特罗那制图协会研发的GEOMobile系统、德国慕尼黑联邦国防军大学的MoSES系统、芬兰的Roamer系统、荷兰的TeleAtlas系统、加拿大的TiTAN系统等。中国有武汉大学研发的WUMMS系统、武汉立得空间信息技术发展有限公司研发的LD2000-RM系统、山东科技大学和武汉大学联合研发的车载式近景目标三维数据采集系统ZOYON-RTM系统、南京师范大学与武汉大学联合研发的3DRMS系统、华东师范大学研发的GPS/北斗双星制导高维实景采集系统（简称ECNC-VLS），以及2011年由中国测绘科学研究院和首都师范大学等共同研发的我国首台车载激光扫描系统SSW-MMTS等。图1.9～图1.11所示分别为典型的车载和船载移动激光扫描系统及其采集的点云数据。表1.3列举了目前国内外典型车载LiDAR系统的一些参数设置。

图1.9　车载移动激光扫描系统

图1.10　船载移动激光扫描系统

(a)　(b)

图1.11　车载LiDAR系统获取的点云数据

表 1.3　国内外典型车载 LiDAR 系统的参数设置

车载 LiDAR 系统名称	POS 装置	数据采集传感器
SSW	GPS、INS、里程计	国产 360°激光扫描仪
Lynx M1	Applanix POS/LV 420	2 个激光扫描仪、2 个 CCD 相机
Landmark	Applanix POS MV	2 个 CCD 相机
IS-P2	GPS、INS、DMI、激光陀螺仪	3 个激光扫描仪、1 个全景成像系统
MX8	Applanix POS/LV 420	2 个激光扫描仪、6 个 CCD 相机
VMX 450/250	GNSS、INS	2 个激光扫描仪、1 个数码相机系统
TeleAtlas	GPS、INS、DMI	LiDAR、1 个 CCD 相机
CityGrid	GPS	LiDAR、CCD 相机
StreetMapper 360	GPS、INS	LiDAR、CCD 相机
RouteMapper	GPS、INS	LiDAR、CCD 相机
VISAT VAN	双频 GPS/导航级 INS	LiDAR、6 个单色 CCD 相机、1 个 VHS(家用录像系统)
4S-Van	GPS、INS、DMI	CCD 相机
LARA-3D	GPS、INS	LiDAR
SITECO	LXSEA Landings 导航系统	8 个 Basler(巴斯勒) Scount 系列相机
Roamer	GPS、INS	1 个 LiDAR、2 个 CCD 相机
ON-SIGHT	GPS、导航级 INS	5 个数字 CCD 相机
VLSM	GPS、INS	3 个 LiDAR、6 个线阵 CCD 相机
GEOMOBIL	GPS、INS	LiDAR、CCD 相机
MoSES	GPS、导航级 INS、DMI、气压计	2 个 CCD 相机(可搭载 LiDAR)
VMS	GPS、INS、加速器	LiDAR、CCD 相机、声音记录器
WUMMS	GPS、航位推算仪	激光测高仪、3 个 CCD 相机
CDSS	GPS、DMI、气压计	2 个单色 CCD 相机
TruckMAP	双频 GPS、数字高度传感器	无棱镜激光测高仪
KiSS	GPS、INS、DMI、气压计、倾角计	1 个 S-VHS、2 个单色 CCD 相机
GIM	GPS、低成本 INS	CCD 相机、VIIS(卫爱视)相机
VISAT	双频 GPS、导航级 INS	8 个单色 CCD 相机、1 个 VHS 录音机
GPSVan	GPS、2 个陀螺仪、2 个 DMI	2 个单色 CCD 相机、2 个 VHS 录音机

1.2.4　机载 LiDAR 系统

机载 LiDAR 系统以各类低、中、高空飞行器，如航空飞机、直升机、无人旋翼机、飞艇等为搭载平台，用于区域尺度的地表特征提取及动态变化监测。机载 LiDAR 系统由激光扫描仪、POS 系统及航空数码相机等部件组成，如图 1.12(a)所示。机载 LiDAR 系统对地观测原理如图 1.12(b)所示。其中，GNSS 测定 GNSS 天线相位中心的坐标，INS 确定飞行器的姿态(包括俯仰角、偏航角和侧滚角)，激光扫描仪测量激光扫描中心与观测点之间的距离并记录扫描镜的方位信息，以此计算观测点在 WGS-84 坐标系下的三维坐标。由于各观测单元(GNSS、INS、激光扫描仪)测量的数据均在各自独立的坐标系下，且参考中心和坐标轴方向都不同，因此需要进行严格的坐标变换。在坐标系转换过程中，涉及 6 个坐标系之间的 5 步转换。这 6 个坐标系分别是瞬时激光束坐标系、激光扫描坐标系、惯性平台参考坐标系、当地水平参考坐标系、当地垂直参考坐标系及 WGS-84 坐标系。对于坐标系转换的平移和旋转参数，可以通过飞行作业前的系统检校结果(如各参考中心平移参数、安置角误差等)、传感器相互关系测定数据等确定。

(a) 设备装置图

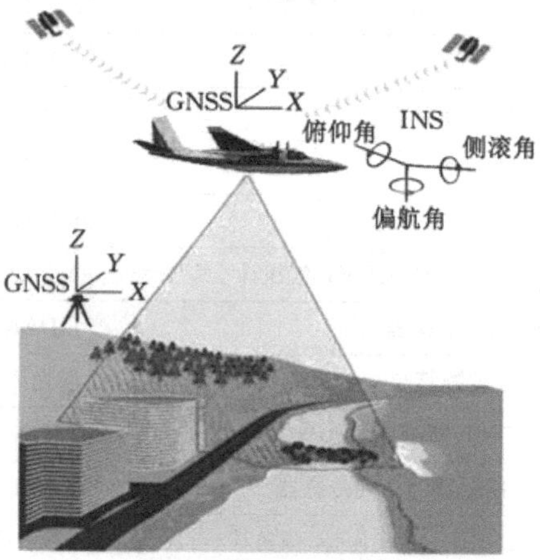

(b) 对地观测原理图

图 1.12　机载 LiDAR 系统

机载 LiDAR 系统通常需要在观测区域内架设一定数量的 GNSS 基准站，并与飞行器上的 GNSS 进行实时差分，以提高飞行器的定位精度。此外，为了获取观测目标的纹理信息并弥补 LiDAR 数据在目标表观特性表达上的不足，飞行器上可以搭载光学成像设备，如 CCD 相机等。当前，机载 LiDAR 系统主要有多回波 LiDAR 和全波形 LiDAR 两大类，如图 1.13所示。多回波 LiDAR 采用简单的回波探测方法，如恒定系数鉴别器(constant faction discriminator，CFD)实时检测回波，得到目标相对观测中心的距离。全波形 LiDAR 在激光束发射后以极短的时间间隔(如 1 ns)不断记录后向散射信号，通过各种波形分解方法，如高斯分解、去卷积等方法，获取观测目标表面的几何信息和物理特性。

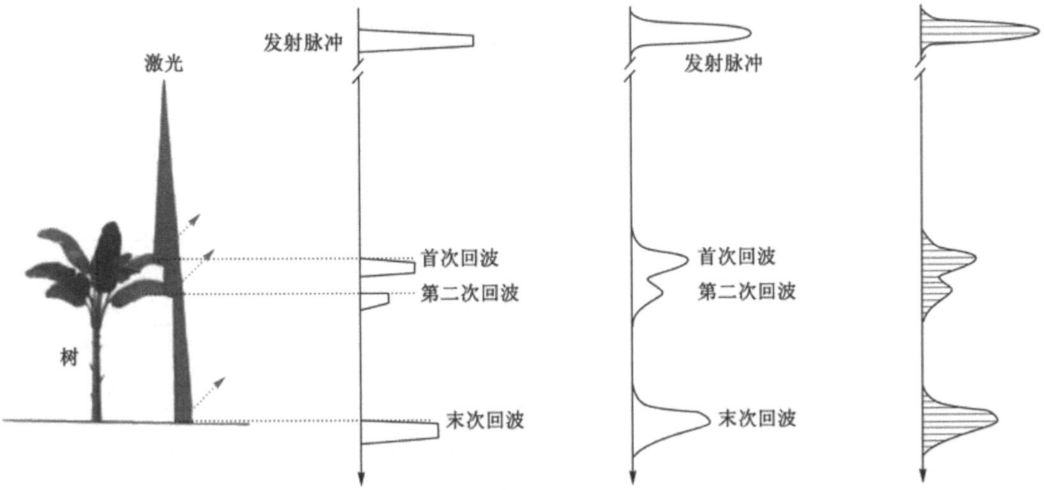

(a) 激光束传播模拟　(b) 多回波LiDAR系统模拟　(c) 全波形LiDAR系统连续波模拟　(d) 全波形LiDAR系统信号离散采样

图 1.13　多回波和全波形 LiDAR 系统距离探测原理示意图

按照搭载平台的不同，机载 LiDAR 系统可以分为有人机载 LiDAR 系统和无人机载 LiDAR 系统。目前，有人机载 LiDAR 系统主要有：冠层回波重建激光扫描成像仪(SLICER)，植被激光成像传感器(LVIS)，多测高波束试验激光雷达(MABEL)以及由 Riegl、Optech、Leica、Trimble 等公司推出的商用机载 LiDAR 系统等，如图 1.14 和表 1.4 所示。无人机(unmanned aerial vehicle，UAV)LiDAR 平台的出现最早可追溯至 2004 年，由 Nagai(纳加伊)等开发，用于数字表面模型和纹理特征的获取。随后，用于森林资源清查的低成本无人机载 LiDAR 系统 TerraLuma 以及用于不同森林类型三维动态监测的 LiAir V 系列无人机载 LiDAR 系统相继研发成功。近年来，禅思 L1、L2 无人机 LiDAR 传感器进入市场，正推动着无人机载 LiDAR 系统向多维化、立体化方向发展，也逐步使其成为区域景观尺度自然资源调查的重要手段。部分无人机载 LiDAR 系统如图 1.15 所示。图 1.16 所示为机载 LiDAR 系统获取的点云数据。

(a) Eclipse　(b) ALS 80　(c) LMS Q780

图 1.14　有人机载 LiDAR 系统

表 1.4　常见机载 LiDAR 系统

品牌或平台	国家	传感器	波长/nm	脉冲重复频率/kHz	扫描频率/Hz	视场角/(°)	激光发散角/mrad	测距范围/m	用途
NASA(美国国家航空航天局)	美国	SLICER	1 064	—	—	—	1.5	6 700	区域景观尺度的地表特征提取及自然资源动态变化监测
		MABEL	1 064 或 532	5～25	—	6	0.1	20 000	
Riegl	奥地利	LMS-Q680i	1 550	⩽400	10～200	60	⩽0.5	30～1 600	
		LMS-Q780i	1 550	⩽400	10～200	60	⩽0.25	50～5 800	
Leica	瑞士	ALS70-CM	—	⩽500	120～200	75	约 0.15	100～1 600	
		ALS80-CM	—	⩽1 000	120～200	72	0.15～0.18	100～1 600	
Trimble	美国	AX60i	近红外	80～400	200	60	⩽0.5	30～1 600	
		AX80	近红外	200～800	400	60	⩽0.25	50～4 700	
Optech	加拿大	Eclipse	1 500	⩽450	100	60	—	50～1 000	
		Galaxy	1 064	35～550	0～200	60	0.25	150～4 700	
LiAir V	中国	Mid40	905	—	—	38.4	—	260	
LiAir 50 Lite		Velodyne VLP-16	903	—	5～20	30 或 360	—	100	

(a) TerraLuma无人机载LiDAR系统　　(b) Riegl VUX-SYS无人机载LiDAR系统

(c) 大疆禅思 L2

图 1.15　部分无人机载 LiDAR 系统

图 1.16 机载 LiDAR 系统获取的点云数据

1.2.5 星载 LiDAR 系统

星载 LiDAR 系统以卫星为搭载平台，运行轨道高，观测范围广，具备主动获取全球地表及目标三维信息的能力。该系统在极地冰盖测量、植被高度及生物量估测、云高测量、海面高度测量及全球气候监测等方面均具有重要作用，主要用于大尺度三维信息的获取。目前常见的星载 LiDAR 系统如表 1.5 所示。

表 1.5 常见的星载 LiDAR 系统

卫星平台	国家	传感器	波长/nm	脉冲重复频率/kHz	波束数量	测高精度/m	光斑直径/m	轨道高度/km	用途
ICESat(冰、云和陆地高程卫星)-1	美国	GLAS（地学激光测高仪）	1 064/532	40	1	0.15	60～70	590	云高测量，大气气溶胶、冰盖监测，以及全球或区域尺度自然资源的垂直动态监测等
ICESat-2	美国	ATLAS(光子计数激光测高仪)	532	10 000	6	0.1	约 17.5	500	
ISS(国际空间站)	美国	GEDI(全波形 LiDAR 载荷)	1 064	242	4	—	25	370～460	
高分七号	中国	激光测高仪	1 064.4	3	2	0.3	30	505	

星载 LiDAR 的发展始于 20 世纪 60 年代，其研制和应用是在 20 世纪 90 年代逐步发展成熟的。1996 年和 1997 年美国国家航空航天局（National Aeronautics and Space Administration，NASA）前后两次在航天飞机上搭载了 SLA-01/SLA-02，建立了激光测高仪的全球控制点数据库，展示了星载 LiDAR 在地形测绘和植被资源监测中的潜力。2003 年，NASA 正式将地学激光测高仪（geoscience laser altimeter system，GLAS）列入地球观测系统（earth observation system，EOS），并将其搭载在冰体、云量和陆地监测卫星（Ice Cloud and Land Elevation Satellite,ICESat-1)上发射升空运行。在轨运行的6年间,其获取了包括极地在内的全球海量波形 LiDAR 数据,为全球变化研究等提供了重要的数据源。ICESat-1 于 2009 年失效后,NASA 于 2018 年相继发射了 ICESat-2 和 GEDI。其中,前者搭载光子计数激光测高仪(advanced topographic laser altimeter system,ATLAS),后者为全波形 LiDAR 载荷,搭载在国际空间站的全球生态系统动力学调查卫星上。我国于 2019 年 11 月 3 日成功发射了搭载激光测高仪的高分七号卫星,于 2022 年 8 月 4 日成功发射了首颗陆地生态系统碳监测卫星"句芒"号。

ICESat-2 卫星搭载的 ATLAS 系统是目前唯一在轨运行的星载光子计数 LiDAR 系统,其轨道高度约 500 km,倾角为 92°,观测覆盖范围为 88°S～88°N,重复周期为 91 d,每个周期有 1 387 个轨道。ATLAS 系统首次将微脉冲多波束光子计数激光雷达技术应用于卫星平台。ATLAS 系统搭载了两个激光器,通常仅有一个处于工作状态,以 10 kHz 的重复频率发射单脉冲(532 ns),脉冲宽度为 1.5 ns,可以获取沿轨道间隔约 0.7 m、直径约 17 m 的重叠光斑。ATLAS 系统共发射 6 束激光束,在沿轨方向上分 3 组平行排列(图 1.17),每组分别包含 1 个强信号和 1 个弱信号,二者能量比为 4∶1;每组之间的跨轨距离约为 3.3 km,组内跨轨距离约为 90 m。ICESat-2 星载点云如图 1.18 所示。

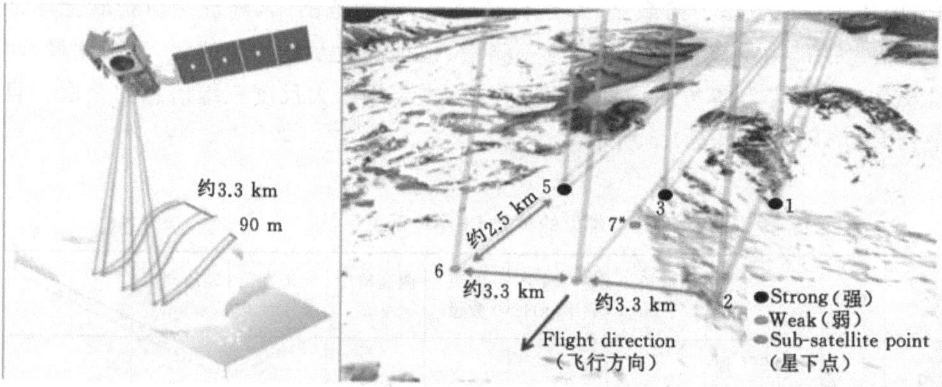

图 1.17　ATLAS 系统波束分布示意图

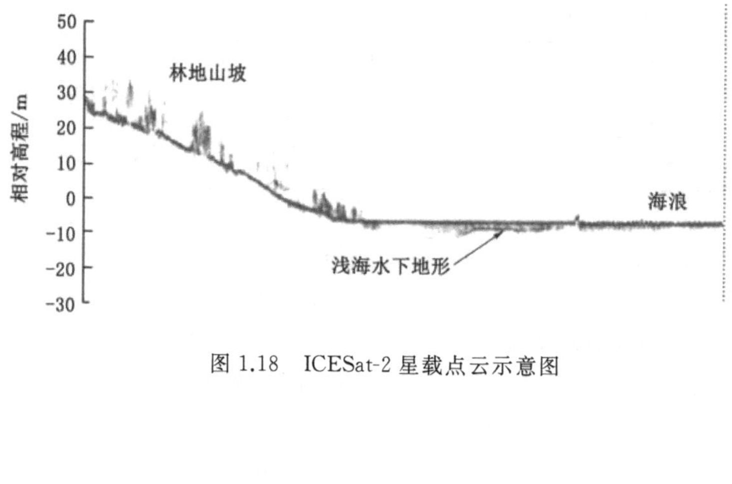

图 1.18　ICESat-2 星载点云示意图

1.2.6 LiDAR技术的发展趋势

随着人们对地理空间信息粒度和内涵要求的不断提高，点云获取在内容上从以几何信息为主发展为几何信息与光谱或纹理信息的同步获取，如多光谱 LiDAR 系统；在成像方式上，从扫描式三维成像向面阵单光子或量子三维成像转变，可以预见，面阵单光子 LiDAR 在遥感领域具有广泛的应用前景，并必将成为未来主动式对地观测激光技术的发展趋势；在平台方面，从单一的专业化装备向多元化的消费级智能装备发展，随着传感器尺寸、质量和价格的进一步微型化、轻量化和廉价化，消费级、便携式集成化智能扫描装备正在蓬勃发展。美国国防部高级研究计划局（Defense Advanced Research Pojects Agency，DARPA）研发了地面机器人与空中机器人自主协同扫描系统，在 SLAM 技术和机器人控制规划的支持下，能够对未知环境进行扫描，不仅大幅降低了人力成本，还解决了危险、特殊环境下人工无法作业的问题。

（1）全波形 LiDAR 系统

该类系统以波形的形式记录一定高程范围内不同高程点的后向散射能量。根据不同高程点反射能量的大小，能够检测出激光光束传播过程中目标在垂直方向上的分布情况。与传统的 LiDAR 系统相比，全波形 LiDAR 系统具有两个方面的优点：一是可以接收完整的回波信息，这意味着全波形 LiDAR 系统能提供更详细的垂直信息（特别是在林地环境中），二是对接收的波形进行波形分解可以得到波形的振幅（也称为密度）和脉冲宽度，这两个特征值能够反映地物表面的空间几何关系和背向散射属性等相关信息，从而可为地物分类提供更多可用信息。

（2）多光谱 LiDAR 系统

目前多数 LiDAR 系统以单波长方式工作，可以快速获取地表三维空间信息和单波长回波强度信息，但受单一波长探测能力的限制，其在地物类型判别、地物状态探测等方面存在严重不足。为了进一步提高 LiDAR 技术的对地观测能力，国内外诸多学者借鉴多光谱/高光谱遥感的物性探测能力，开发了多光谱 LiDAR 系统。该技术使得 LiDAR 系统在保留高空间分辨率探测能力的同时，还兼具光谱探测能力，从而提高了系统对植被、土壤、岩石等地物的区分能力和对植被生长状态、土壤成分等地物状态的探测能力。

（3）单光子 LiDAR 系统

目前，大多数激光主动三维成像技术主要通过扫描方式（对目标区域进行逐点扫描）来获取目标的三维信息。为实现对目标区域的扫描，需要在激光发射与接收系统中加入扫描装置，这导致系统体积庞大、功耗和重量增加，不利于系统小型化与集成化，同时限制了系统的分辨率和采样频率。近年来，各国大力开展无扫描激光主动三维成像技术研究。采用集成度和灵敏度极高的单光子紧凑型探测器阵列主动三维成像技术，可满足系统的小型化、集成化与高速成像要求，同时该技术具有高灵敏度、高精度和高分辨率等优点，是目前激光主动三维成像技术的重要发展方向之一。目前，主流的商用单光子 LiDAR 系统主要包括美国 SigmaSpace 公司研发的 SigmaSpace SPL 和瑞士 Leica 公司的 SPL100 等。其中，SigmaSpace SPL 系统具有更高的空间分辨率和采样频率（比传统的扫描式三维激光成像技术快 30 倍），能够穿透稀疏的植被和稀薄的云雾，并且可以穿透水体，实现水体表面和水底地形的测量。

搭载平台和点云获取方式的多样性，导致了点云在采样粒度、质量、表达方式等方面存在显著差异和冲突。面向单一平台的点云处理方式无法有效协同多平台点云数据实现优势互补，因此，急需发展点云智能化处理的理论方法，为点云大数据的智能理解提供科学的决策和手段。

习题与思考题

1. 什么是 LiDAR？它与微波雷达有何不同？
2. LiDAR 系统由哪几个子系统构成？每个子系统中包含哪些关键器件？
3. 简述 LiDAR 的工作原理。
4. 介绍几种 LiDAR 的分类方法。
5. 简述如何实现 LiDAR 扫描三维成像。
6. 简述 LiDAR 技术的发展趋势。

第 2 章　LiDAR 技术基础

激光技术是 LiDAR 的核心技术，本章首先简要介绍激光的物理基础。在此基础上，介绍以激光为载波的激光探测及测距技术，即 LiDAR 探测技术，其中包括 LiDAR 的回波探测及测距原理。更进一步地，介绍 LiDAR 点云的特点及其处理的关键内容与通用软件。最后，对大气探测、海洋探测及陆地探测 LiDAR 应用进行介绍。

2.1　激光的物理基础

激光(light amplification by stimulated emission of radiation, Laser)是"受激发射光放大"的简称，下面简要介绍激光的相关理论。

2.1.1　光与物质相互作用的机理

本质上，光与物质相互作用是组成物质的微观粒子吸收或辐射光子，同时改变自身状态的过程。早在 1917 年，爱因斯坦就对该问题进行了研究。他在解释普朗克黑体辐射公式时明确指出，仅靠自发辐射和吸收两个过程不足以解释普朗克现象，并由此提出了受激辐射的概念，这也是产生激光的基础。

物质中的原子、离子和分子等微观粒子都处于一系列不同的非连续的能量状态，这些能量状态称为能级。任一时刻，粒子只能处在与某一能级相对应的状态，或者简单表述为处在某一能级上，如能量为 E_1 的能级上。当与光子相互作用时，粒子会从一个能级跃迁到另一个能级，如跃迁到能量为 E_2 的能级。该粒子的能级跃迁，伴随着光子吸收或辐射。此时，吸收或辐射的光子能量值必须为这两个能级间的差值，即 $\Delta E = E_2 - E_1$。该光子的频率为 $v = \Delta E / h$，其中，h 为普朗克常量。

粒子吸收光子或辐射光子的类型包括：(1) 受激吸收。当粒子受到外部能量的激发时(与其他光子发生能量交换)，它通过吸收光子的能量跃迁到更高的能级，该过程称为受激吸收。(2) 自发辐射。粒子受到激发而进入的高能态不是稳定状态，它们总是力图使自己处于能量较低的稳定状态。因此，处于高能级的粒子会自发地跃迁到较低能级，同时以光子形式释放多余的能量。释放的光子能量等于粒子跃迁的两能级的能量差。这种没有外界作用的光发射称为自发辐射。(3) 受激辐射。与自发辐射相反，当受到外界光子激励时，高能级粒子还能够以另一种方式跃迁到较低能级。当入射光子频率为 $v = (E_2 - E_1)/h$ 时，处于高能级 E_2 的粒子将依一定的概率跃迁到低能级 E_1，同时辐射一个与入射光子传播方向、频率、相位和偏振态都相同的光子。这种由外来光子"刺激"引起的光发射称为受激辐射。

2.1.2 激光的产生

根据受激辐射理论，如果大量粒子处在高能级 E_2 上，当有一个频率为 $v=(E_2-E_1)/h$ 的光子入射时，会激励 E_2 上的某一粒子并发生受激辐射，生成一个光子。加上原来的那个光子，现有两个完全相同的光子。这两个光子再激励 E_2 能级上的两个粒子，使其产生受激辐射，此时可有 4 个完全相同的光子。以此类推，意味着原来的光信号被不断放大。这种在受激辐射过程中不断产生光子的过程就是光的受激辐射放大，而产生的单频单相光称为激光。

从 1917 年爱因斯坦提出受激辐射概念，到 1960 年激光器问世，其时间间隔长达 43 年。激光器研究进展缓慢的原因在于普通光源中粒子产生受激辐射的概率极小。

通常情况下，物质处于热力学平衡态时，粒子在各能级上的分布服从平衡态下的统计分布规律，即玻尔兹曼分布定律：

$$N_2=N_1\mathrm{e}^{-\frac{E_2-E_1}{KT}} \tag{2-1}$$

式中，K 为玻尔兹曼常数，N_2 和 N_1 分别为处于高能态 E_2 和低能态 E_1 的粒子数，T 为温度。由于 $E_2>E_1$，所以当 $T>0$ 时，$N_2<N_1$，即处于高能级的粒子数总少于低能级上的粒子数。由于只有处于高能级的粒子才有可能发生受激辐射，而处于低能级的粒子只可能发生受激吸收，因而当 $N_2<N_1$ 时，入射光使物质产生的受激辐射少于受激吸收。在这种情况下，光束不会放大，反而会逐渐减弱，因此也无法产生激光。

为了形成足以产生激光的激发辐射，就必须从外部不断供应光子，使处于高能级的粒子数在某一时刻超过处于低能级的粒子数，即 $N_1<N_2$，这种现象称为粒子数反转。此时，在外来光子的激励下，受激辐射超过受激吸收，从而使光放大。显然，粒子数反转状态是一种非热平衡状态。因此，激光不是自然界天然存在的光。

产生激光所需满足的条件为：(1) 有激光物质。某种物质的粒子受光子激励后，在获得能量的同时能保持处于粒子数反转状态，这种物质称为激光物质。(2) 有激励系统。为使激光物质实现并维持粒子数反转状态而提供能量来源的机构或装置称为激励系统，如抽运系统、泵浦系统等。(3) 有光学谐振腔。光学谐振腔是光波能在其中来回反射，从而提供光能反馈的空腔。光学谐振腔通常由两块与激活物质轴线垂直的平面或凹球面反射镜构成。

2.1.3 激光特性

激光是一种自然界不存在的受激而发的人造光，是 20 世纪最重大的科学发现之一。它之所以被誉为“神奇的光”，是因为它有着自然光完全不具备的四大特性。

(1) 方向性好。普通光源(如太阳、白炽灯或荧光灯等)通常可以看作向四面八方发光的点光源，而激光束可以被限制在小于几个毫弧度的立体角内，因此激光只能照射在某一特定的方向上，其亮度与普通光源相比可以提高千万倍。激光准直、导向和测距就是利用的其优良的方向性这一特性。

(2) 亮度高。激光是当代最亮的光源，只有氢弹爆炸瞬间产生的强烈闪光才能与之相比。一台大功率激光器的输出光亮度比太阳光高出 7～14 个数量级。虽然激光的总能量并不一定很大，但由于其能量高度集中，很容易在某一微小点处产生高压和几万摄氏度甚至几百万摄氏度的高温。激光打孔、切割、焊接和激光外科手术就是利用的其高亮度这一特性。

（3）单色性好。光是一种电磁波，光的颜色取决于它的波长。人类之所以能感受不同颜色的光，是因为人类视觉对不同波长的光有不同的反应。激光的波长只集中在十分狭窄的光谱波段或频率范围内（波长范围不到万分之一纳米），因此其颜色非常单纯，单色性好。由于这一特性，激光在通信技术、激励某些化学反应等领域应用广泛。

（4）相干性好。相干性是所有波的共性，但各种光的品质不同，导致它们的相干性也有高低之分。普通光是自发辐射光，不会产生干涉现象。激光不同于普通光源，它是受激辐射光，具有极强的相干性，所以激光又可称为相干光。如果将激光用于精密测量，它的最大可测长度要比普通单色光大十万倍以上。

2.1.4　激光器

产生激光的装置称为激光器，有时也称为激光光源。在激光器中，粒子受光子激励后，产生受激辐射跃迁。当达到粒子数反转状态后，进一步的受激辐射可实现光的放大，最终产生激光。

虽然激光器种类繁多，但其目的都是通过激励和受激辐射放大来获得激光。因此，其基本组成通常包括激光物质、激励系统和光学谐振腔三个部分。

根据激光物质的不同，激光器可分为：（1）固体激光器。这类激光器的激光物质是某种晶体或玻璃，并掺入能够产生受激辐射作用的金属离子。（2）气体激光器。这类激光器的工作物质是气体，如 CO_2。根据工作气体中产生受激辐射作用的粒子性质，其可进一步分为原子气体激光器、离子气体激光器、分子气体激光器和准分子气体激光器等。（3）液体激光器。这类激光器所采用的工作物质主要包括两类液体：一类是有机荧光染料溶液；另一类是含有稀土金属离子的无机化合物溶液，其中的稀土金属离子起工作粒子作用，而无机化合物溶液则起基质的作用。（4）半导体激光器。这类激光器以特定的半导体材料作为工作物质。其原理为通过一定的激励方式（如电注入、光泵或高能电子束注入），在半导体原子的能带间或半导体原子和杂质原子的能级之间，通过激发产生非平衡载流子而实现粒子数反转，从而产生光的受激辐射作用。（5）自由电子激光器。这是一种特殊类型的新型激光器，其工作物质为在空间周期变化磁场中高速运动的定向自由电子束。通过改变自由电子束的速度，可以产生可调谐的相干电磁辐射。原则上，其相干辐射谱可从 X 射线波段过渡到微波波段，因此这类激光器具有非常广阔的前景。

根据激励方式的不同，激光器可分为：（1）光泵式激光器。这类激光器以光泵方式激励，几乎所有的固体激光器和液体激光器都采用这种激励方式，而仅有少量的气体激光器和半导体激光器采用此类激励方式。（2）电激励式激光器。大部分气体激光器采用气体放电（如直流放电、交流放电、脉冲放电和电子束注入）的激励方式，而常见的半导体激光器多采用结电流注入的激励方式，某些半导体激光器则采用高能电子束注入的激励方式。（3）化学激光器。这类激光器利用化学反应释放的能量来激励工作物质。（4）核泵浦激光器。这类激光器利用小型核裂变反应所释放的能量来激励工作物质，如核泵浦氦氩激光器等。

由于激光器所采用的工作物质、激励方式以及应用目的不同，其运转方式和工作状态也有所不同，据此，激光器可分为以下几类：（1）连续激光器。其工作特点是，工作物质的激励和相应的激光输出可以在较长时间内以连续方式持续工作。以连续光源激励的固体激光器和以连续电激励方式工作的气体激光器和半导体激光器均属此类。由于连续运转过程中往往不可避免地产生器件过热现象，因此这类激光器在工作过程中通常需要采取适当的冷却措施。(2) 单次脉冲激光器。就这类激光器而言，工作物质的激励和相应的激光发射，从时间上来说均是一个单次脉冲过程。一般的固体激光器、液体激光器和某些特殊的气体激光器均采用此类方式运转。由于器件的热效应可以忽略，故此类激光器无须采取特殊的冷却措施。(3) 重复脉冲激光器。这类激光器的特点是其输出为一系列重复的激光脉冲。为此，激光器可采用重复脉冲激励方式，或采用连续激励方式但以一定方式调制激光振荡过程，以获得重复脉冲激光输出。通常，这类激光器在工作过程中需要采取有效的冷却措施。(4) 调 Q 激光器，即采用一定的开关技术以获得较高输出功率的脉冲激光器。其工作原理为，当工作物质的粒子数达到反转状态后并不立即产生激光振荡(此时控制开关处于关闭状态)，而是待粒子数积累到足够高的程度后，瞬时打开控制开关，以在较短的时间内形成十分强大的激光振荡和高功率的脉冲激光输出。(5) 锁模激光器，即采用锁模技术的一类特殊激光器。其工作特点是，共振腔内不同纵向模式之间具有确定的相位关系，因此可获得一系列在时间上呈等间隔的激光超短脉冲序列。若进一步采用特殊的快速光开关技术，还可以从上述脉冲序列中选取单一的超短激光脉冲。(6) 单模和稳频激光器。前者是指在采用一定的限模技术后，处于单横模或单纵模状态运转的激光器；后者是指采用一定的自动控制措施，使激光器输出波长或频率稳定在一定精度范围内的特殊激光器件。在某些情况下，还可以制造出既是单模运转又具有频率自动稳定控制能力的特种激光器件。(7) 可调谐激光器，指采用特殊的调谐技术，某些激光器输出的激光波长可在一定的范围内连续可控地发生变化。

根据输出激光波长的不同，激光器可分为：(1) 远红外激光器。其输出激光的波长范围为 25～1 000 μm。某些分子气体激光器和自由电子激光器为远红外激光器。(2) 中红外激光器，即输出激光波长处于中红外区(2.5～25 μm)的激光器。(3) 近红外激光器，即输出激光波长处于近红外区(0.75～2.5 μm)的激光器。(4) 可见激光器，即输出激光波长处于可见光谱区(0.4～0.7 μm)的激光器。(5) 近紫外激光器，即输出激光波长处于近紫外光谱区[2 000～4 000 Å(1 Å$=10^{-10}$ m)]的激光器。(6) 真空紫外激光器，即输出激光波长处于真空紫外光谱区(50～2 000 Å)的激光器。(7) X 射线激光器，即输出波长处于 X 射线谱区(0.01～50 Å)的激光器系统。

激光器的关键参数为脉宽、脉冲重复频率、单脉冲能量等。激光束脉宽决定了距离分辨率，脉宽越小，距离分辨率越高。脉冲重复频率越高，地面测点密度越大，地面分辨率越高。单脉冲能量越高越好，因为该参数值越高，回波能量越大，越可以满足长距离的探测要求。

国际电子技术委员会和美国食品药品监督管理局均对激光设备安全性进行了分类。激光可分为四个安全等级，不同等级对人体造成的危害不同，对激光的防护标准也随之不同。

(1) 一级：激光功率小于 0.5 mW，为安全型激光。一级激光在正常使用条件下不会对人类的健康造成危害，但是这类产品仍需保证采用了防止工作人员在工作过程中进入激光辐射区域的设计。该等级的激光主要用于激光演示、测绘、准直及调平等。

(2) 二级：激光功率为 1 mW，为小功率、可见激光，人类直视会晕眩，需要凭借眼睛对强光的眨眼反射来保护自己。二级激光要在激光器出光口部分张贴警告标志。

(3) 三级：又分为 3a 和 3b 两种。3a 级激光的激光功率为 1～5 mW，3a 级激光和二级激光一样，也需要在激光器出光口部分张贴警告标志。若只是短时间看到，人眼的保护反射会起到一定的保护作用，但如果光斑聚焦进入人眼，则会对人眼造成伤害。因此，使用该等级激光作业时要避开行人。3b 级激光的激光功率为 5～500 mW，直视或漫反射时可能会造成伤害。3b 级激光一般贴有“危险”标志，尽管光斑不聚焦时，引起火灾或烧伤皮肤的危险性较小，但还是建议使用此等级激光时佩戴护眼装置。

(4) 四级：激光功率为 500 mW 以上，这一等级的激光对眼睛和皮肤都存在很大的伤害，直接反射和漫反射都会造成伤害。所有四级激光设备都必须带有“危险”标志。四级激光还能损坏激光附近的材料，引燃可燃性物质。使用该等级激光时，与 3b 级一样，需要佩戴护眼装置。该等级的激光常用于外科手术以及激光切割、焊接等机械加工。

目前的 LiDAR 系统大多采用一级安全激光。

2.2　LiDAR 原理

2.2.1　LiDAR 的回波探测

LiDAR 系统发射的激光束与被探测目标相互作用产生的光回波是 LiDAR 探测的基础。LiDAR 的探测目标可分为两大类：软目标和硬目标。软目标是指大气(包括其中所含的气溶胶等物质)和水体等，硬目标则是指各类地物和空间飞行物等。两者具有完全不同的回波机制。软目标的回波机制如下。

(1) 米氏散射：当散射粒子与入射光波长相当时发生的一种散射。大气中的气溶胶粒子(如尘埃、烟雾、云层等)和海水中的泥沙、悬浮微生物等对激光的散射都属于米氏散射。米氏散射发生时，光子与粒子间无能量交换，属于弹性散射。与其他光散射机制相比，米氏散射的散射截面较大，这就是为什么米氏散射时 LiDAR 回波信号通常较强。

(2) 瑞利散射：当散射粒子尺度远小于入射光波长(小于波长的十分之一)时发生的一种散射。瑞利散射也是一种弹性散射，各方向上的散射光强度与入射光波长的四次方呈反比关系，因此，利用波长较短的紫色或紫外激光激发可获得较强的 LiDAR 回波信号。

(3) 非选择性散射：当散射粒子的尺度比入射光波长大得多时发生的一种散射，散射系数与波长无关。当大气中充满大粒子尘埃时，常会出现这种散射，从而会造成接收数据的严重衰减。

(4) 拉曼散射：光波在被散射后频率发生变化的现象。拉曼散射是光与粒子间的一种非弹性相互作用。其最大特点是散射光波长和入射光波长不同。

(5) 吸收：当入射光子的能量等于粒子基态与某个激发态之间的能量差时，该粒子会吸收入射光子。吸收过程会导致入射光能量减少。粒子对具有某些波长入射光的选择性吸收是由粒子内部能级的固有特性决定的，因此吸收过程可用来辨识大气和水体组分。

(6) 共振荧光过程：当粒子吸收入射光子能量后，会从基态跃迁到某一激发态。处于该激发态的粒子将会自发地跃迁到另一低能态(不一定是基态)，并辐射出一个光子，这个光子被称为荧光光子。如果激发态粒子跃迁回到非基态能级，则为普通荧光过程；如果跃迁回到基态，则为共振荧光过程。在共振荧光过程中，荧光波长和入射光波长相等。

(7) 多普勒频移：热运动会使大气分子中粒子发射和吸收的光谱线变宽，这种现象称为多普勒增宽。大气分子的定向移动会形成风，当激光束与这些定向移动的粒子相互作用时，散射光的频率会发生频移，表现为散射光频率随风速不同而不同。因此，通过测量 LiDAR 回波信号频率的变化可获取风速和风向等信息。

与软目标不同，当光与硬目标相互作用时，硬目标有其特定的回波机制。当激光射向硬目标时，一部分激光能量从目标表面反射，一部分激光能量被目标吸收，而剩下的激光能量则会穿透该目标。在这个过程中，光能遵循能量守恒关系，即

$$E_{入射} = E_{反射} + E_{吸收} + E_{透射} \tag{2-2}$$

式中，$E_{入射}$、$E_{反射}$、$E_{吸收}$和 $E_{透射}$分别为入射、反射、吸收和透射的光能量。大多数硬目标是不透明的，即 $E_{透射}=0$，此时入射光只被反射和吸收。就 LiDAR 而言，利用的是硬目标对激光能量的反射作用，从而使 LiDAR 系统接收到回波信号。硬目标的反射率定义为：

$$\rho = \frac{E_{反射}}{E_{入射}} \times 100\% \tag{2-3}$$

按反射光的空间分布特征，硬目标反射可分为镜面反射、漫反射和方向反射三种类型。

镜面反射是表面光滑目标所具有的反射特征。镜面反射符合几何光学中的菲涅尔反射定律，即反射角等于入射角，如图 2.1 所示。

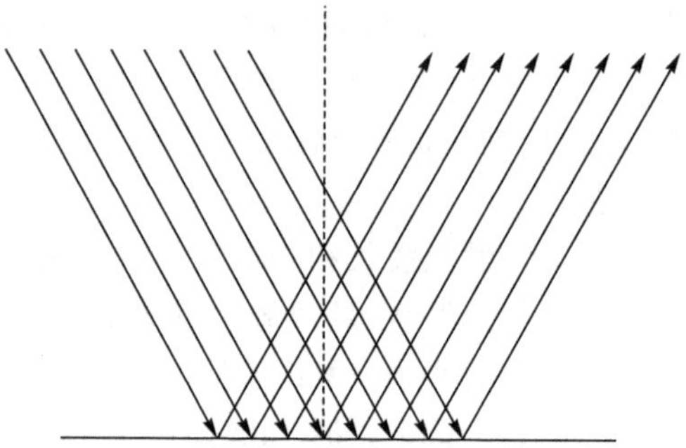

图 2.1　镜面反射

漫反射是指表面粗糙目标对激光的反射特征。其特点是能将入射激光以近似均匀的形式反射到目标四周的各个方向，如图 2.2 所示。理想的漫反射表面称为朗伯表面。

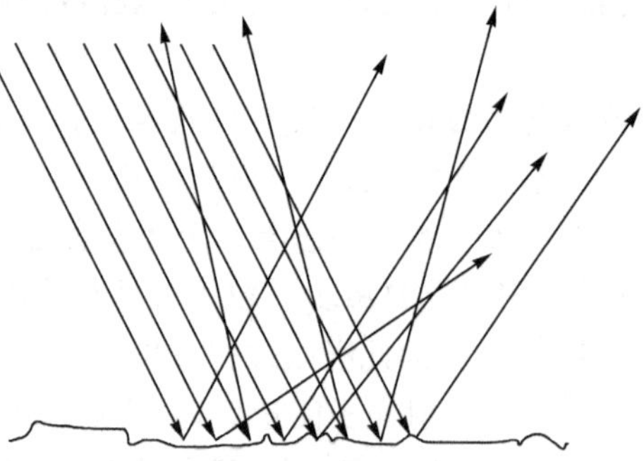

图 2.2　漫反射

方向反射是上述两种反射类型的过渡。这种类型的反射既不像镜面反射那样使反射光具有唯一的方向性，也不像漫反射那样使反射光呈各向同性分布，而是在发生漫反射的同

时，反射光在某些方向（如符合反射定律的方向）具有更强的反射性，如图 2.3 所示。严格地讲，现实世界中，大多数目标的光反射都属于这种非朗伯体的反射类型。

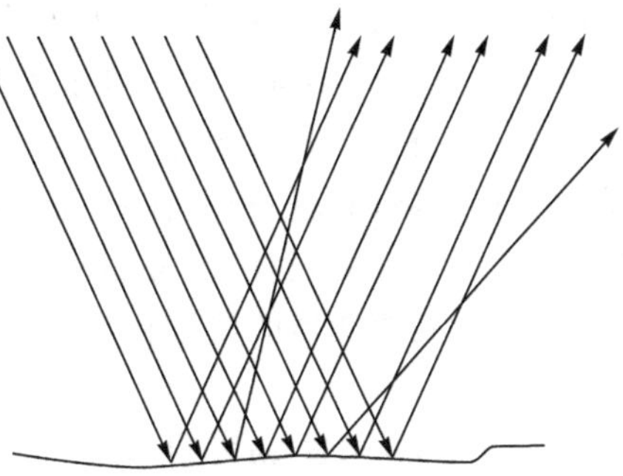

图 2.3　方向反射

就 LiDAR 而言，主要利用地物的漫反射特性来获取回波信号。因此，地物反射特性将直接影响回波信号的强度。不同的反射目标，对激光的反射率也不同，如表 2.1 所示。

表 2.1　不同反射目标的反射率

波长为 900 nm 的激光				波长为 532 nm 的激光	
反射目标	反射率/%	反射目标	反射率/%	反射目标	反射率/%
白纸	99	海岸沙滩、裸露地	50	水泥路	17
木料（如干的松树）	94	碳酸盐类（湿）	41	植被	15
雪	80～90	松类针叶常青树	30	干土	15
啤酒泡沫	88	粗糙木料	25	土路	14
白色的石块	85	光滑混凝土	24	湿土	11
石灰石、黏土	75	带小卵石的沥青	17	农作物	9
有印迹的新闻纸	69	火山岩	8	沥青路	8
落叶树、棉纸	60	橡胶	5	水	7.5
碳酸盐类（干）	57	黑色橡胶轮胎	2		

2.2.2 LiDAR 测距原理

目前较为常用的激光测距技术大致可以分为直接脉冲飞行时间测距、幅度调制连续波探测测距以及激光三角法测距三种。除直接探测技术外，相干探测技术也可用来测距，但相干探测技术一般用于相对位移测量，在绝对距离测量上存在较多问题，故在三维成像中较少应用。

1. 直接脉冲飞行时间测距

直接脉冲飞行时间测距是指直接测量激光脉冲从发射到经目标散射后返回雷达的往返时间 t，已知激光在大气中的传输速度为 c，于是便可得到被测目标的距离 $r=ct/2$，如图 1.1

所示。

根据 LiDAR 系统采用的探测器类型,直接脉冲飞行时间测距技术可以细分为线性探测和光子计数探测。在线性探测模式下,探测器的电脉冲响应与入射光强度呈线性关系,可以采用恒比定时、阈值鉴别法等高精度时间测量技术获得激光脉冲的往返飞行时间。在光子计数探测模式下,探测器工作在开关模式,具有单光子级灵敏度,一个信号光子即可触发一次电脉冲响应,但此时探测器只能响应回波信号的有无,不能提供信号的强度信息。

光子计数探测模式一般用于远距离探测,回波信号弱,光子数较少,探测器对回波信号的响应可认为服从泊松分布。当入射到探测器的信号和噪声的总光电子数为 m 时,理论上产生 k 次光子事件的概率密度为:

$$p(k)=\mathrm{e}^{-m}m^{k}/k! \tag{2-4}$$

至少有一次光子事件发生,即代表探测器响应到回波信号,因此探测到信号或噪声事件的概率为:

$$p(k>0)=1-p(k=0)=1-\mathrm{e}^{-m} \tag{2-5}$$

对于线性探测器,其输出的回波信号为随时间变化的电压值,经过 A/D(模数转换)采样后,每一个激光脉冲都能获得一个随时间变化的回波波形,当探测电路带宽足够高时,能够获得目标纵深剖面的回波强度轮廓(称为全波形探测);当信噪比足够高时,能够获得更为丰富的目标信息。对于线性探测模式的 LiDAR 回波信号,人们关注的是回波功率与信噪比。为了获得更远的探测距离,系统应提高发射脉冲的峰值功率,同时降低探测电路的噪声。与线性探测相比,光子计数探测的更高灵敏度使其在远距离或者微弱信号探测领域的应用越来越广泛。

对于光子计数探测模式的 LiDAR 回波信号,人们关注的是回波光子数与噪声计数。为了获得更远的探测距离,系统应提高发射脉冲的单脉冲能量,同时抑制噪声光子计数。而对于工作在白天的 LiDAR 系统来说,噪声光子中占主导地位的是日光背景噪声计数。因此,采用窄带宽、高带外抑制的光学滤波器件,同时尽量减小接收光学系统的接收视场角,是光子计数探测 LiDAR 系统的关键。

探测灵敏度极高的光子计数探测 LiDAR,也称为"单光子"探测 LiDAR,它是指其接收灵敏度达到了能够响应单个光子能量的程度。但实际上,仅仅能够响应单个光子是不足以完成实际探测的,因为系统必然会存在噪声,如探测器的暗计数、背景噪声计数等。因此,必须把实际的回波光子计数与这些噪声计数区分出来,这样才能实现探测,这可以通过系统的优化设计,以及信号处理算法的改进来实现。

直接脉冲测量 LiDAR 发射的一般为纳秒级脉宽的激光脉冲。其优点是作用距离远、探测时间短,理论上单发脉冲即可完成测距,尤其随着光子计数探测器的发展与成熟,雷达系统可以实现上百千米甚至上千千米的测量;缺点是测距精度相对较低(主要受限于发射激光脉冲宽度和探测器响应时间抖动),一般可以达到厘米级,不适合要求毫米级甚至亚毫米级的高精度测量领域。

2. 幅度调制连续波探测测距

幅度调制连续波(amplitude modulation continuous wave,AMCW)LiDAR 一般又被称为相位式 LiDAR,与直接脉冲探测不同,其发射的是连续激光信号,并对激光发射信号的幅值进行调制,通过检测回波信号与发射信号之间的相位差来进行测距。如图 2.4 所示,当正弦信号的调制频率为 f 时，可以测得发射信号与接收信号的相位差为：

$$\Delta\varphi = 2\pi f t = 2\pi f\left(\frac{2r}{c}\right) \tag{2-6}$$

因此，目标的距离为：

$$d = \frac{\Delta\varphi \cdot c}{4\pi f} \tag{2-7}$$

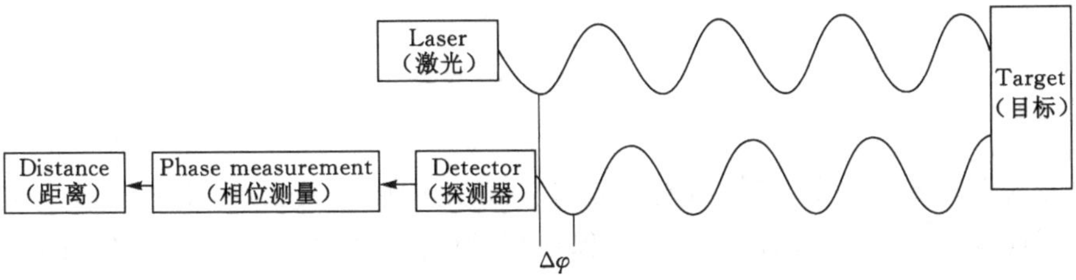

图 2.4　相位测距原理

鉴别的相位差只能为 0～2π，超过 2π 的整周期将会带来距离模糊的问题。此外，当测量电路的鉴相精度一定时，发射信号的调制频率与雷达测距精度呈正比关系，与探测的最大不模糊距离呈反比关系。因此，雷达的探测距离与测距精度之间存在矛盾关系。为了解决这一问题，相位式 LiDAR 通常采用多个调制频率同时发射，通过较高的调制频率提高测距精度，通过较低的调制频率提高系统探测的最大不模糊距离，这种方法又称为“多测尺”测量。

相比于直接脉冲测量技术，相位式测距的精度较高，一般可达毫米级，但其发射的是连续信号，平均功率远低于脉冲信号的峰值功率，这就限制了系统的探测距离。另外，由于其必须采集完整的周期信号，所以系统的探测时间较长。

3. 激光三角法测距

激光三角法是一种利用三角形的几何关系求得距离的测距方式。首先由发射器发出激光，当光束到达物体表面后发生反射，反射光束再被接收器捕获。发射器与接收器之间存在一定的间隔，称为基线长度。基线长度的存在使得当物体与 LiDAR 之间的距离改变时，接收器内部 CCD 接收到激光光束的位置点也随之发生改变。该类型的 LiDAR 可以根据三角公式计算出观测物体的距离。

图 2.5 所示为三角测距原理，该方案的测量精度受被观测物体距离远近的影响较大。一旦物体距离较远，其反射光点会聚集于 o 点附近，这会极大地损失距离分辨率。

由图 2.5 可知，基线长为 s，其与发射器光轴的夹角为 β，被观测物体与基线的距离为 q，被观测物体与发射器的距离为 d。接收器满足小孔成像模型，镜头与 CCD 芯片的焦距为 f。线性 CCD 中点为 o，反射光轴在 CCD 上的投射点与 o 点的距离为 x。则有：

$$\frac{f}{x} = \frac{2q}{s} \tag{2-8}$$

$$d = \frac{fs}{2x\sin\beta} \tag{2-9}$$

扫描仪发射激光到物体表面，利用在基线另一端的 CCD 相机接收物体的反射信号，并

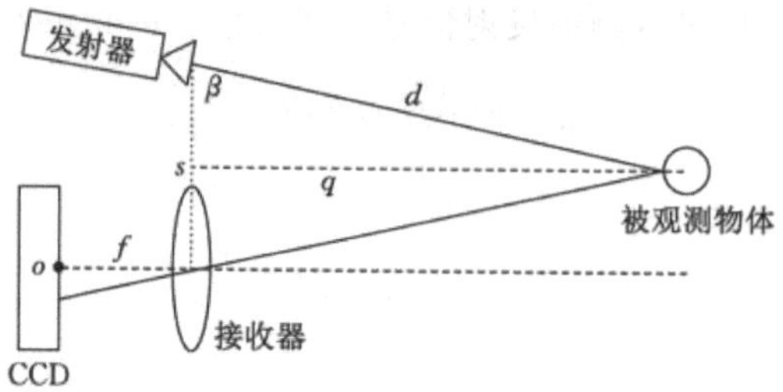

图 2.5　三角测距原理示意图

记录入射光与反射光的夹角，已知激光光源与 CCD 之间的基线长度，由三角形几何关系便可推求出扫描仪与物体之间的距离。为了保证扫描信息的完整性，许多扫描仪的扫描范围只有几米到数十米。这种类型的三维激光扫描系统主要应用于工业测量和逆向工程重建领域，可以达到亚毫米级的精度。

一般而言，激光测距精度可表示为：

$$m_{\mathrm{D}} = a + br \tag{2-10}$$

式中，m_{D} 为激光测距精度；a 为仪器精度中的固定误差，mm；b 为仪器精度中的比例误差系数，ppm(1 ppm$=10^{-6}$)；r 为测距长度，km。仪器出厂时均标定仪器精度，称为仪器的标称精度，如±(5 mm+5 ppm $*$ r)。

2.2.3 LiDAR 方程

若要利用 LiDAR 实现目标距离测量，必须确保能够接收到足够的回波信号，而计算激光回波信号的依据则是 LiDAR 方程。

如图 2.6 所示，设波束发射天线口径为 D_{T}，发射能量为 P_{T}，到目标的径向距离为 r，激光波束宽度为 γ(也称为波束宽度，单位为弧度)。若照射的目标区域为圆形光斑，其面积为：

$$A_{\mathrm{I}} = \frac{\pi}{4}(D_{\mathrm{T}} + r\gamma)^2 \tag{2-11}$$

则该面积内的功率密度(假定一致)为：

$$\Phi_{\text{目标}} = \frac{P_{\mathrm{T}}}{A_{\mathrm{I}}}\eta_{\mathrm{a}} = \frac{4P_{\mathrm{T}}}{\pi(D_{\mathrm{T}} + r\gamma)^2}\eta_{\mathrm{a}} \tag{2-12}$$

式中，η_{a} 为大气透射率。

由图 2.7 可知，目标总反射功率为：

$$P_{\text{反射}} = \rho\Phi_{\text{目标}}A_{\text{目标}} \tag{2-13}$$

式中，$A_{\text{目标}} = \pi D_{\text{目标}}^2/4$($D_{\text{目标}}$ 为目标直径)，ρ 为反射系数。

接收器获得的能量为：

$$P_{\mathrm{r}} = P_{\text{反射}}\eta_{\mathrm{a}}\frac{A_{\mathrm{r}}}{\Omega_T^2} \tag{2-14}$$

式中，A_{r} 为接收器面积，且 $A_{\mathrm{r}} = \pi D_{\mathrm{r}}^2/4$；$D_{\mathrm{r}}$ 为接收器口径；Ω 为后向散射方向。

将式(2-11)～式(2-13)代入式(2-14)得：

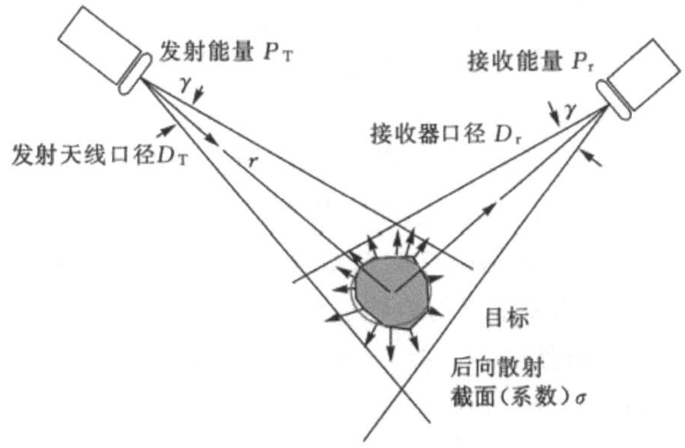

图 2.6　激光雷达的发射与接收原理示意图

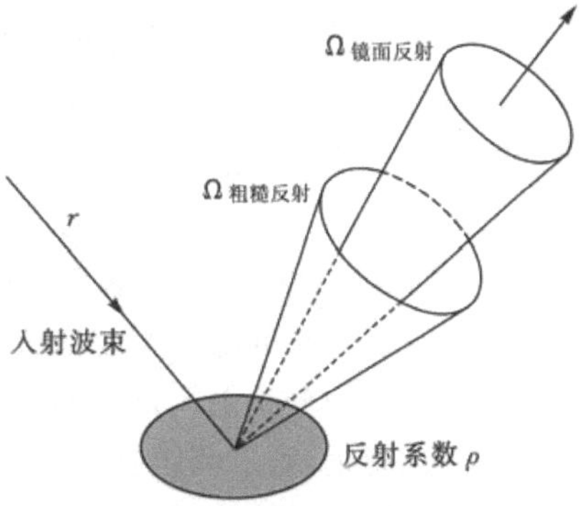

图 2.7　目标横截面的影响参数

$$P_r = \rho \frac{A_{目标}}{A_I} \eta_a^2 \frac{A_r}{\Omega^2 r^2} P_T = \rho \frac{\eta_a^2 D_r^2 \pi D_{目标}^2}{4\Omega^2 r^2 (r\gamma + D_T)^2} P_T \tag{2-15}$$

在机载激光测量中，当 r 值很大时，D_T 可以忽略不计，则式(2-15)可简化为：

$$P_r = \rho \frac{\eta_a^2 D_r^2 \pi D_{目标}^2}{4\Omega^2 r^4 \gamma^2} P_T = \frac{P_T D_r^2}{4\pi r^4 \gamma^2} \times \sigma \tag{2-16}$$

式中，$\sigma = 4\pi\rho A_{目标} \eta_a^2 / \Omega^2$，为后向散射截面(系数)；$\sigma$ 与目标面积 $A_{目标}$、反射系数 ρ 及后向散射方向 Ω、大气透射率 η_a 有关。

式(2-16)是 LiDAR 方程，若 $A_I = A_{目标}$，则式(2-16)可简化为：

$$P_r = \rho \frac{\eta_a^2 A_r}{\Omega^2 r^2} P_T = \rho \frac{\eta_a^2 \pi D_r^2}{4r^2} \times P_T \tag{2-17}$$

此时，$\sigma = \pi^2 \rho (D_T + r\gamma)^2 \eta_a^2 / \Omega^2$。式(2-17)表明，为了在较高的航高处获得有用的信号，应提高发射功率和增加接收光学系统的面积，并减少光束发散度。

2.3　LiDAR 点云特点

点云是现实世界三维数字化的一种表达方式。不同于传统的二维栅格影像数据和结构化的矢量地图数据，其具有以下特点：

(1) 三维数字化表达、高密度、非结构化。点云是目标表面结构的三维数字化表达，由散乱的三维点组成，具有准确的三维位置信息和高密度特性，如每平方米的点数可达几百个。点云中的点与点之间没有显式的空间关系，导致海量点云数据的组织管理、浏览查询及空间关系计算困难。目前，通常采用构建索引的方式解决，如四叉树、八叉树、KD-Tree(K维树)、不规则三角网(triangulated irregular network，TIN)等。

(2) 具有一定的属性信息。点云具有不同的属性信息，如强度信息、回波信息等。强度信息在一定程度上反映了目标表面的后向散射能力，即目标的辐射能力，对地物目标表面材质分类具有一定作用。回波信息主要表征了激光的穿透能力，在植被或者建筑物边缘等区域可能有两个或者更多个回波，而在地面、建筑物屋顶等区域一般只有一个回波。在点云分类时，LiDAR 回波次数可以作为建筑物和植被分类的辅助信息。影像点云蕴含地物表面纹理的 RGB(三原色)颜色信息。点云属性信息对点云的处理具有一定的辅助作用。

(3) 存在数据"空洞"。在 LiDAR 数据采集过程中,地物之间的相互遮挡不可避免,导致被遮挡目标处存在数据缺失。此外,某些区域(如水体、玻璃等)对近红外激光的吸收和物体表面的特殊材质(如光滑物体表面的镜面反射等) 导致回波信息无法接收,也会造成数据缺失。数据缺失导致目标表面存在数据"空洞",影响目标表达的完整性。

(4) 非均匀空间分布。点云密度通常采用单位面积内点的数量来表达,也可以采用点间距来描述点云分布的疏密程度。成像方式、LiDAR 系统与地物表面的距离等因素的差异性导致点云在空间分布上严重不均。例如,在单条航带内,星下点区域点云密度较大,而离飞行器星下点越远,则点间距越大;在相邻航带的重叠区域,点云通常更为密集。点云密度分布的不均性给点云特征的刻画等带来了一定的困难。

2.4 LiDAR 点云标准格式

为了便于不同的硬件制造商、软件开发商和用户之间进行数据交换和共享,ASPRS(美国摄影测量与遥感学会)下属的 LiDAR 委员会制定了一项 LiDAR 数据的标准交换格式——LAS 格式。LAS 格式较好地顾及了 LiDAR 数据的特点,其结构合理,便于扩展,有力地推动了 LiDAR 数据处理软件的发展和 LiDAR 应用的普及。

LAS 格式是一种开放的二进制数据格式,用于存储由 INS、DGNSS(差分全球导航卫星系统)、激光测距数据生成的目标点三维坐标数据。按照 ASPRS LiDAR 数据标准生成,并以".las"为后缀的数据文件即 LAS 数据文件,这些数据文件得到了众多三维 GIS(地理信息系统)软件的支持。下面简单介绍该格式。

LiDAR 点云标准数据格式经过不断改进,目前已有 4 个版本,分别是 LAS 1.0、1.1、1.2 和 2.0 拟定版。

LAS 1.0 版本定义了 LAS 格式的基本框架,包括公共数据区、可变长数据记录区和激光脚点数据区三部分。LAS 1.2 版本延续了 LAS 1.0 的原有框架,并对一些字段的解释和组合进行了一些调整。LAS 2.0 拟定版对原有文件格式的不足进行了补充,并增加了一些可拓展的数据头文件,以满足用户的新需求。原先可读写 LAS 1.0 的系统只需进行一些改进,即可适应新版本的数据格式。这些新的调整包括:① 定义了一种新的追踪点的方法,在公共数据区新增了"文件源 ID"字段。同时,原"GUID"字段改为"工程 ID","工程 ID"联合"文件源 ID"可确保同一个工程下的每一个文件以及同一个文件中的每一点都可以被唯一识别。② 为便于点的识别和使用,LAS 1.1 规定点集记录中的"分类"为必选字段,并定义了一套点分类标准,该字段的前 0～4 位用来存储包括未分类点、地面点、低矮植被、建筑物等在内的 32 种分类,第 5～7 位用来标记合成点或关键点。③ 顾及彩色化 LiDAR 点云的需要,LAS 1.2 定义了"3 号格式"和"4 号格式"点记录,它们增加了红、绿、蓝字段,用于识别彩色化 LiDAR 点云时所采用的颜色通道。

LAS 2.0 拟定版是对 LAS 格式的第一次大规模修正。在结构上,如图 2.8 所示,LAS 2.0 拟定版添加了元数据模块,用来定义激光脚点记录的内容和格式。用户只需在元数据模块内提供新的字段名和数据类型,即可向点记录中添加自定义字段。例如,如果 XYZ 公司向 ASPRS 注册了"XYZCORP"码(key),就可以通过在元数据模块中定义如表 2.2 所示的字段，来向点记录添加自定义字段。在坐标系使用上，之前的 LAS 1.X 系列引用 GeoTIFF 栅格坐标机制，并存储在变长记录中。但 LiDAR 点云对应点的三维绝对坐标，不同于栅格机制。为便于迅速识别坐标系信息，LAS 2.0 拟定版在公共数据区中新增了和坐标系相关的字段。同时，新的坐标系包括：可满足制图需要的地理或投影坐标系(geographic or projected coordinate system)、笛卡尔坐标系(cartesian coordinate system, CCS)，以及与 GNSS 采用的椭球坐标系机制相同的正椭球坐标系(positive spherical coordinate system, PSCS)与负椭球坐标系(negative spherical coordinate system, NSCS)，这便于保存高精度的 GNSS 测量测得的椭球数据。对于地理、投影坐标系，采用与 ArcGIS 兼容的 WKT(知名文本)坐标系转换机制，确保 LAS 2.0 格式数据的坐标可直接应用于 ArcGIS 平台。

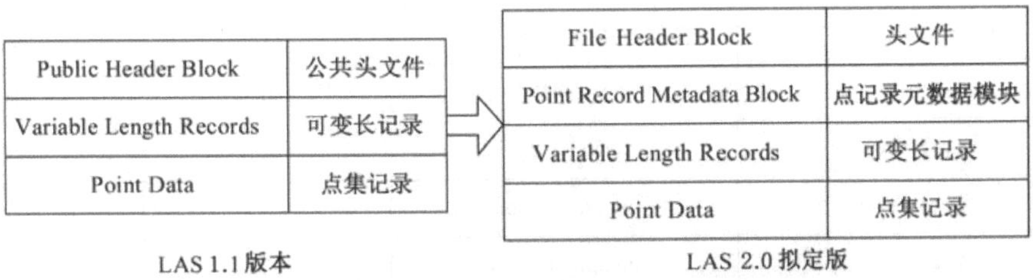

图 2.8 LAS 1.X 系列与 LAS 2.0 的文件结构对比图

表 2.2 用户自定义字段举例

Byte(字节)																		
Value(值)	X	Y	Z	C	O	R	P	_	E	N	E	R	G	Y	Null	R	4	Null

为了记录获取激光点的时间，LAS 2.0 拟定版引进了 GNSS 时(Lasf_GNSS_week_time)与标准时(Lasf_Posix_time)两种机制。但 GNSS 时在每个周日 0 点归零的循环规则容易导致文件融合过程中时间记录的混乱。为提高时间记录的精度和准确性，LAS 2.0 拟定版引进并鼓励用户采用标准时算法，在 2008 年发布的 LAS 1.2 中正式采用了标准时字段。它的精度可达百万分之一秒，满足了记录高精度测点时间的要求。

在脚点数据记录中，记录返回点序号和返回点个数的字段都把最多返回次数增加到了 15 次。同时，为满足基于光谱提取 LiDAR 数据信息的需要，LAS 2.0 增加了记录光谱信息的字段。

2.4.1 LAS1.0 文件结构

LAS 1.0 文件结构由三部分组成，分别是公共数据区、可变长数据记录区和激光脚点数据区。其中，公共数据区用来记录数据集的基本信息。其定义如表 2.3 所示。

表 2.3 LAS1.0 文件的公共数据区

数据项	数据类型	大小/bytes	是否为必需的字段
File Signature (“LASF”)	char(字符)[4]	4	是
Reserved(保留项)	unsigned long(无符号长整型)	4	
GUID(全局唯一标识符)data 1	unsigned long	4	
GUID data 2	unsigned short(无符号短整型)	2	
GUID data 3	unsigned short	2	
GUID data 4	unsigned char[8]	8	
Version Major	unsigned char(无符号字符)	1	是
Version Minor	unsigned char	1	是
System ID	char[32]	32	是
Generating Software	char[32]	32	是
Flight Date Julian	unsigned short	2	
Year	unsigned short	2	
Header Size	unsigned short	2	是
Offset to data	unsigned long	4	是
Number of variable length records	unsigned long	4	是
Point Data Format ID	unsigned char	1	是
Point Data Record Length (点数据记录长度)	unsigned short	2	是
Number of point records	unsigned long	4	是
Number of points by return	unsigned long	20	是
X scale factor	double(双精度型)	8	是
Y scale factor	double	8	是
Z scale factor	double	8	是
X offset	double	8	是
Y offset	double	8	是
Z offset	double	8	是
Max X	double	8	是
Min X	double	8	是
Max Y	double	8	是
Min Y	double	8	是
Max Z	double	8	是
Min Z	double	8	是

公共数据区的大小是 227 字节，其定义的数据项需要全部填写，但如果某数据项没有数据，该数据所在区域必须置零，不能省略不填，如 GUID data 项、Flight Date Julian 项、Year 项及 Reserved 项。

具体来说，公共数据区中主要数据项的内容如下。

File Signature（"LASF"）：文件标识，用于表明文件类型，指出该文件是 las 文件。其由 4 字节组成，且内容必须是"LASF"，可应用于软件检测要求，判断该文件是否为 las 文件。

Version Number：根据 ASPRS 标准，版本号是必须指定的，分为主要（Major）和辅助（Minor）两部分，二者共同表示版本号的具体信息。例如，若版本号为 1.0，那么主要部分为 1，辅助部分为 0。

System ID：系统标识，是对生成该数据的硬件设备的表述。如果字符数小于 32，那么剩余的空间必须置空，不可省略。

Generating Software：指定数据生成所用的软件包及版本号。同样，若实际字符数小于 32，剩余的空间必须置空，不可省略。

Flight Date Julian：指定数据采集的时间，由 Generating Software（生成数据的软件）生成。

Year：指定数据采集的年份，由 Generating Software 生成。

Header Size：公共文件头的大小，即 227 字节。

Offset to data：文件起始点距实际数据区起始点的指针偏移量。该大小包括数据区开头的两个字符标识。若 variable length records（可变长记录）区域大小发生改变，则该数据项必须更新，由 Generating Software 完成。

Number of variable length records：指出 variable length records 区域的大小，且由 Generating Software 负责随时更新。

Point Data Format ID：指出文件中存储点数据记录所用的数据格式类型，一般为 0～99。

Number of point records：文件中所记录的点数据个数。

Number of points by return：由 5 个无符号长整型的数组组成，记录 5 个无符号长整型数据，分别标识整个文件数据中第 1 次、第 2 次、第 3 次、第 4 次、第 5 次回波记录的个数。

X、Y、Z scale factor：指定 X、Y、Z 坐标轴的缩放因子，对于各点的数据，文件使用 3 个无符号整型数据记录一个整型坐标，真值则由测量得到的地理坐标除以该坐标轴的比例因子得到。

X、Y、Z offset：X、Y、Z 坐标偏移值。X、Y、Z 的实际坐标的计算公式为：

$$\begin{cases} X_{\text{coordinate}} = (X_{\text{record}} \times X_{\text{scale}} + X_{\text{offset}}) \\ Y_{\text{coordinate}} = (Y_{\text{record}} \times Y_{\text{scale}} + Y_{\text{offset}}) \\ Z_{\text{coordinate}} = (Z_{\text{record}} \times Z_{\text{scale}} + Z_{\text{offset}}) \end{cases} \tag{2-18}$$

式中，($X_{\text{coordinate}}$，$Y_{\text{coordinate}}$，$Z_{\text{coordinate}}$）为实际坐标值，（X_{record}，Y_{record}，Z_{record}）为原始记录值，（X_{scale}，Y_{scale}，Z_{scale}）为缩放系数。

Max X、Y、Z 和 Min X、Y、Z：该 LAS 数据文件中出现的最大和最小的 X、Y、Z 坐标值。

可变长数据记录区的定义如表 2.4 所示。

表 2.4　LAS 1.0 文件的可变长数据记录区

数据项	数据类型	大小/bytes	是否为必需的字段
Record Signature (0xAABB)	unsigned short	2	是
User ID	char[16]	16	是
Record ID	unsigned short	2	是
Record Length After Header	unsigned short	2	是
Description	char[32]	32	

可变长数据记录区各数据项意义如下。

Record Signature：该数据区的标识符，必须以“0xAABB”作为 variable length records 开始的标志。

User ID：可变长数据记录区生成者的标识号。

Record ID：数据记录标识号，用于指定该文件所记录的文件类型。

Record Length After Header：记录了从头文件数据区结束到激光脚点数据记录开始之间的区域大小。

Description：对数据的描述性文字，共 32 个字节，不可省略，不足部分应填充为零。

激光脚点数据区记录了激光脚点数据的量测值，共有两种记录格式，具体采用的数据记录格式由 Point Data Format ID 项确定。

当 Point Data Format ID 项的值为 0 时，其数据记录格式见表 2.5。

表 2.5　LAS 1.0 文件的激光脚点数据记录格式(Point Data Format ID 为 0)

数据项	数据类型	大小/bytes	是否为必需的字段
X	long(长整型)	4	是
Y	long	4	是
Z	long	4	是
Intensity	unsigned short	2	
Return Number	3 bits(位)	3	是
Number of Returns	3 bits	3	是
Scan Direction Flag	1 bit	1	是
Edge of Flight Line	1 bit	1	是
Classification	unsigned char	1	
Scan Angle Rank	char	1	是
File Marker	unsigned char	1	
User Bit Field	unsigned short	2	

各数据项的具体含义如下。

X、Y、Z：坐标值，其真实地理坐标需用式(2-18)计算。

Intensity：回波强度，反映了地物的波谱反射特性。

Return Number：记录了当前该束激光回波的次数。

Number of Returns：记录了此数据是当前该束激光的第几次回波。

Scan Direction Flag：记录了激光扫描方向，正向扫描为 1，反向扫描为 0。

Edge of Flight Line：记录了当前的这个数据点是不是该扫描行的最后一个点。这些特殊点对于后续的数据处理有很大意义，如果该点为扫描行的最后一个点，则此项数据为 1，否则为 0。

Classification：分类标识号，ASPRS 提供了标准的分类准则，根据该准则可以确定该点为哪一大类地物。

Scan Angle Rank：记录了包括传感器平台翻滚角度在内的传感器倾角，为 －90°～＋90°，精度为 1°。平台左侧为－90°，反方向为＋90°。

File Marker：用于记录数据间的拼接。

User Bit Field：用户自定义数据项。

当 Point Data Format ID 项的值为 1 时，表示 ASPRS 提供了包含 GNSS 时间的扩展数据格式，其数据记录格式见表 2.6。其详细记录了用于记录点位信息的基础数据格式，用户所做的扩充或扩展应该在此数据格式上进行。

表 2.6 LAS 1.0 文件扩展的激光脚点数据记录格式(Point Data Format ID 为 1)

数据项	数据类型	大小/bytes	是否为必需的字段
X	long	4	是
Y	long	4	是
Z	long	4	是
Intensity	unsigned short	2	
Return Number	3 bits	3	是
Number of Returns	3 bits	3	是
Scan Direction Flag	1 bit	1	是
Edge of Flight Line	1 bit	1	是
Classification	unsigned char	1	
Scan Angle Rank	char	1	是
File Marker	unsigned char	1	
User Bit Field	unsigned short	2	
GNSS Time	double	8	是

由表 2.6 可以看出，该数据格式增加了 GNSS 时间，它是从表 2.5 中的数据格式扩展得到的。

LAS 1.0 文件的数据格式是一个开放而严谨的数据存取与数据转换框架，数据的定义以实际应用为目的，它全面分析了工程应用中的各种需求，以及以后可能出现的理论和技术，这使得该数据格式具有很好的向后扩展性和向前兼容性。

在公共数据区中，LAS 1.0 文件的数据格式记录了关于该文件的一些基本信息，如文件标识、飞行时间、回波个数、坐标范围等，详细描述了关于 LAS 数据采集的信息，这样的元数据是非常重要的而且是必需的，它为后续的数据分析和处理提供了必要信息。在可变长数据记录区中，记录了数据描述以及所用坐标投影的一些信息。在激光脚点数据中，详细记录了该次回波的相关信息，如坐标值、本次回波强度、回波序号、该次脉冲的扫描方向、分类编号等。如果使用扩展型结构，则可以添加 GNSS 时间、IMU 姿态数据等，这些详尽的记录是后续数据处理的基础。

2.4.2 LAS 2.0 文件结构

LAS 1.1 将 LiDAR 文件结构分成 3 个部分，分别是公共文件头、变长记录和 LiDAR 真实三维点集坐标数据。这样组织的好处是公共文件头部分可以用来记录数据的一些基本信息，如点数、数据范围等，变长记录可以用来存储数据的投影信息、元数据信息及用户自定义信息等，最后的点集坐标数据就是 LiDAR 真实的地物三维数据。LAS 2.0 在 1.1 的基础上拓展了数据规范，这种拓展为用户提供了一种更加开放的格式，它增加了点记录元数据模块，地物点的属性统一在这部分进行描述，同时加入了用户自定义的许可，用户可以按照规范增加自己需要的文件格式，是 LAS 中比较灵活的部分。

① 头文件(File Header Block)：是所有 LAS 文件必须有的，它记录了整个文件数据集的公共部分，如 LiDAR 点的来源、数据生产的日期、点的数量、数据范围和数据偏移量与缩放系数等。由于一个 LAS 文件可能是由硬件扫描器直接采点生成的，也可能是对现有的 LiDAR 数据进行提取、融合、修改后得到的，因此，这个头文件还记录了 LAS 文件的生成方式。这个文件头在 LAS 1.1 中被定义成 Public Header Block。其实质内容是一致的，不同的是 LAS 2.0 扩展了一些内容。由于在头文件中设置了 LAS 格式的版本信息，因此，商业 LiDAR 软件会自动识别出 LAS 数据的版本，也会相应地针对不同的版本文件格式变换数据读取方式，以达到数据版本格式兼容的目的。表 2.7 所示为 LAS 2.0 头文件的说明。

表 2.7 LAS 2.0 头文件

数据项	说明	数据项	说明
File Signature (“LASF”)	文件标识符号(“LASF”)	Point Record Compatibility	点记录的兼容性
File ID	文件 ID	Coordinate System Type	坐标系统
Project ID-GUID data 1	工程标识	Metric Units	度量单位
Project ID-GUID data 2		Vertical Metric Units	垂直度量单位
Project ID-GUID data 3		X Origin	起始点坐标
Project ID-GUID data 4		Y Origin	
Version Major	LAS 文件版本信息	Z Origin	
Version Minor		Apply Scaling	指定缩放
System ID	系统标识	X scale factor	坐标缩放系数
Generating Software	软件信息	Y scale factor	
File Creation Date	文件创建日期、时间	Z scale factor	
File Creation Time		X offset	坐标偏移量
File Header Size	头文件大小	Y offset	
Source ID Packet	资源标识	Z offset	

表 2.7(续)

数据项	说明	数据项	说明
Offset to Point Record Metadata Block	与点记录元数据模块的位置偏离值	Max X	最大、最小坐标
Size of Point Record Metadata Block	点记录元数据模块的大小	Min X	
Point Data Record Length		Max Y	
Offset to Point Data	与 LiDAR 点集数据的偏离值	Min Y	
Number of Point Records	点记录的数量	Max Z	
Offset to First Variable Length Record	与第一个变长记录的偏移值	Min Z	
Number of Variable Length Records	变长记录的数量		
Number of Points by Return			

② 点记录元数据模块(Point Record Metadata Block):它是 LAS 2.0 与之前 1.1 版本一个很大的不同,这个元数据记录模块实际上是 LAS 中的第 1 个可变长数据记录,它定义了点记录的内容和格式。

在 2.0 版本中,这个格式是可以由用户自己定义的一种点数据结构,这样就拓展了 LAS 文件的用户功能,使得文件格式规范且具有很大的灵活性。文件中所有的定义格式都是以"LASF_"开头的。在这部分文件中,如果是用户自己扩展点记录格式,则之前需要向 LAS 标准组的委员会得到一个许可,以保证用户记录格式的唯一性。同时文件一定是以"LASF_END"结束的。表 2.8 所示为一个点记录元数据模块的标准文件样式,它规范了数据的记录内容和方式,后面的真实点云数据(Point Data)即按照这种方式进行存储。

表 2.8　LAS 2.0 点记录元数据模块

数据项	说明	数据项	说明
LASF_X	X、Y、Z 坐标	LASF_Pan	全色影像信息
LASF_Y		LASF_Red	波段信息
LASF_Z		LASF_Green	
LASF_Intensity	回波强度	LASF_Blue	
LASF_Return_Packet	回波信息	LASF_NIR	近红外波段信息
LASF_Classification	点数据分类信息	LASF_Attributes	属性信息
LASF_Airborne_Scanner_Packet	机载 LiDAR 扫描仪信息	LASF_Class_Confidence	类别置信度
LASF_User_Data		LASF_Group_ID	组别标识
LASF_Point_Source_ID	点数据来源(是一条航线还是多条航线)	LASF_POSIX_Time	标准时

表 2.8(续)

数据项	说明	数据项	说明
LASF_GPS_Week_Time	GPS 信息	LASF_PAD	
LASF_GPS_Week		UseRDefined Fields	用户自定义文件
LASF_Sigma_X		LASF_END	文件结束标志
LASF_Sigma_Y			
LASF_Sigma_Z			

其中，Classification 这个文件定义了激光点数据的物体类型，对用户来说是一个比较重要的点属性信息文件。如果这个点的属性什么也没有定义，那么需要设置成 0 值。这个数据类型一般是不能由用户自己定义的。如果用户需要自己定义点分类类型，那么需要在头文件以及后面一系列的文件头中更新数据信息，完成新类型的增加。比较常见的点类型如表 2.9 所示。

表 2.9 ASPRS 标准 LiDAR 点分类类型

类型值	含义	说明
0	Created, neverclassified	没有定义的点
1	Unclassified	无法确定类型的点
2	Ground (bare earth surface)	地面点(裸露的地表)
3	Low Vegetation	低洼的植物点
4	Medium Vegetation	中等高度的植物点
5	High Vegetation	较高的植物点
6	Building (Generic)	建筑物
7	Low Point	低点
8	High Point	高点
9	Water	水
10	Bridge	桥
11	Road	路
12	Miscellaneous Structure	混合建筑
13	Railroad	铁路
14	Stream	溪流
15	Power Line	电力线
16	Power Line Tower	电塔
17	Power Line Tower to Wire Connection	带线接头的电塔
18～127	Reserved for ASPRS Definition	ASPRS 保留的定义

在点记录元数据模块中还包含了扫描机器的信息，以及点来源信息等，如原始文件是航空航线文件(一个航线一个文件)或者是由一系列文件组成的，那么这个文件 ID 就等于这个

航线数。LAS 2.0 定义这样一个文件的主要目的是增加点坐标的一些属性信息，如点的回波强度、点数据的物体类型、一些传感器的硬件信息，以及 GNSS 信息和波段信息等。在 LAS 2.0 的说明中，列举了一个点记录元数据模块信息的例子，用户可以根据这个例子掌握这部分文件的内容，具体如下：

"LASF_POSIX_Time"，"R8"，"LASF_X"，"R4"，"LASF_Y"，"R4"，LASF_Z"，"I4"，"LASF_Intensity"，"UI1"，"LASF_Classification"，"UI1"，"LASF_ATTIBUTES"，"UI1"，"LASF_Return_PACKET"，"UI1"，"LASF_Point_Source_ID"，"UI4"，"LASF_END"

③ 可变长记录(Variable Length Records)：在 LAS 1.1 中，可变长记录用来记录元数据的投影以及自定义信息等，是 LAS 格式中比较灵活的部分。每条可变长记录包括固定的可变长记录头文件和灵活的扩展域两部分。这个文件的大小是固定的，为 54 bit。在 LAS 2.0 中，这部分功能没有大的变化，只是文件大小变成了 58 bit。

可变长记录头文件主要记录了可变长记录的一些公共信息，见表 2.10。

表 2.10　LAS 2.0 可变长记录头文件

数据项	大小/bytes	说明
User ID	16	用户 ID
Record ID	2	记录 ID
Description	32	描述
Record Length After Header	8	扩展

扩展域主要存储数据的地理信息。和 LAS 1.1 一样，地理参考信息采用的是 GeoTIFF 中的域的方式管理的，用户可以参考有关 GeoTIFF 的文献进行理解和掌握。

综上所述，LAS 2.0 和之前的 1.1 版本均用于记录 LiDAR 点数据格式，其主要区别在于 2.0 版本中增加了一个点记录元数据模块，它事先定义了真实 LiDAR 点数据的存储格式，并规范了点数据的属性信息，用户可以从这部分信息中了解整个文件的存储结构。同时，用户可以在该文件中自行扩展所需的点数据存储方式，以满足特定需求。而 1.1 版本是在所有的头文件结束后，在真实的点数据中直接添加点的属性信息的，并未预先单独记录点集的文件格式，其文件的拓展空间主要集中在可变长记录中，具有一些缺陷。

总而言之，规范且灵活的 LAS 文件可以适应成熟的商业 LiDAR 软硬件，在通用性和实用性上有很大的优势，是 LiDAR 发展的必然选择。

2.5　LiDAR 点云处理的关键内容

2.5.1　点云质量改善

点云质量改善主要包括点云位置修正、点云反射强度校正以及点云属性数据整合等方面。在点云位置修正方面，主要涉及不同点云条带间的平差处理，基于人工控制点或融合影像参考点进行修正，以及通过运动平台轨迹的姿态精化进行点云重解算等方法，以减弱或消除点云的不一致性，实现点云位置的修正。在点云反射强度校正方面，主要集中在机载点云的强度校正方面，根据校正后的点云反射强度，可显著提高点云的分类精度。在点云属性数据整合方面，主要通过点云与影像的融合，实现点云属性的丰富化，生成具有纹理信息的点云。

2.5.2 点云模型构建

点云模型是点云处理的核心部分之一，也是点云表达与处理的关键。点云模型包括点云数据模型、处理模型与表达模型三大部分。点云数据模型负责点云的存储、管理、查询与索引等基本操作，包括数据模型和逻辑模型的设计等。点云处理模型负责点云的预处理（如去噪、点云位置校正等）、点云特征提取、点云分类等。点云表达模型负责点云处理结果的应用分析，是连接点云与应用分析的桥梁。三者的有机结合构成了点云模型，也是点云处理的理论基础。

2.5.3 点云特征精准描述

点云特征精准描述是刻画点云形态结构的关键，也是多平台点云配准、语义信息提取、结构化模型重建、SLAM 等应用的基础和前提。目前，点云特征描述子构建主要有人工设计特征和深度网络学习两种方法。人工设计特征方法主要有自旋影像、基于特征值的描述子、快速点特征直方图、旋转投影统计特征描述、二进制形状上下文等。但该类方法依赖设计者的先验知识，且往往存在参数敏感性问题。基于深度学习的方法可以从大量训练数据中自动学习特征的表达，且在学习到的特征中可以包含成千上万的参数，这显著提高了特征描述能力。根据所采用的深度学习模型的不同，深度网络学习方法可以分为基于体素、基于多视图和基于不规则点三类，其中具有代表性的有基于体素的模型 VoxNet、基于多视图的模型 Multiview-CNN 和基于不规则点的模型 PointNet 等。

2.5.4 点云语义信息提取

语义信息提取是从杂乱无序的点云中识别与提取地物要素的过程，可为场景的高层次理解提供底层对象和分析依据。一方面，点云场景中包含地面、植被、桥梁、建筑物、交通基础设施等的高密度、高精度三维信息，提供了地物目标的真实三维视角和缩影。另一方面，点云的高密度、海量、空间离散特性及场景中三维目标的数据不完整性，目标间的重叠性、遮挡性、相似性等给语义信息提取带来了巨大的挑战。在语义信息提取方面，主要有基于特征描述子的逐点分类方法或分割聚类分类方法，以及基于深度学习的语义信息提取方法。与深度学习方法相比，基于特征的语义信息提取方法依赖特征描述子的特征描述能力，而基于深度学习网络的方法依赖训练样本的选择和学习网络的泛化能力。与用于图像处理的深度学习网络相比，点云深度学习网络在网络架构设计和训练样本方面仍有待进一步提高。

2.5.5 点云目标结构化重建与场景理解

为刻画点云场景中目标的功能与结构及多目标间的位置关系，需要将点云场景中的地物目标进行结构化表达，以支撑复杂的计算分析。目前，国内外大量的研究集中在建筑物对象的多细节层次(levels of detail,LoD)重建、建筑物立面重建、树木重建与胸高直径(diameter at breast height,DBH)参数提取、高清道路地图构建、室内三维重建等方面。不同于基于 Mesh(网格)结构的数字表面模型重构,目标结构化重建的关键在于准确提取不同功能结构体的三维边界,以把离散无序的点云转换成具有拓扑结构的几何基元组合模型,如基于模型驱动和数据驱动的建筑物三维重建。基于模型驱动的方法受制于模型库基元的完备性;基于数据驱动的结构化重建受数据质量的影响,可能存在结构提取错误等问题。在室内三维重建领域,主要有基于空间剖分、基于几何要素(线和面)提取重构、基于构造实体的几何方法等。为促进室内三维重建的研究,国际摄影测量与遥感学会(International Society for Photogrammetry and Remote Sensing,ISPRS)的工作组专门发布了室内三维重建的公开数据集,供研究者进行重建结果的质量比较。然而,由于人工地物的复杂性,大规模城市场景中复杂建筑物模型的三维重建仍需要大量的人工编辑。因此,追求三维模型的自动生成或尽可能减少人工编辑操作,成为建筑物三维重建研究的重要方向。

表 2.11 列出了当前国内外公开的点云数据集的采集设备、应用场景等信息,以为各类研究提供参考。

表 2.11　激光点云公开数据集

数据集名称	采集设备	应用场景	数据说明
Semantic 3D	TLS 系统	大范围点云分类	每个点的三维坐标、反射强度和颜色(RGB)
Robotic 3D Scan Repository	TLS 系统	点云配准、模型重建等	每个点的三维坐标、反射强度和颜色(RGB)
Sydney Urban Objects Dataset	MLS(移动激光扫描)系统	匹配和分类	每个点的三维坐标、反射强度
IQmulus & TerraMobilita Contest	MLS 系统	分割、目标提取	每个点的三维坐标、反射强度和回波次数
Paris-rue-Madame database	MLS 系统	分割、目标提取	每个点的三维坐标和反射强度
Oakland 3-D Point Cloud Dataset	MLS 系统	分割、目标提取	每个点的三维坐标
Paris-Lille-3D- Dataset	MLS 系统	分割、目标提取	每个点的三维坐标和反射强度
Optech Titan	ALS 系统	土地覆盖、浅海测深	每个点的三维坐标和三个光谱信息
ICESat-1	GLAS	全球冰盖、森林检测	每个点的三维坐标
ASL Datasets	便携式激光扫描系统	点云配准	每个点的三维坐标和反射强度
WHU-TLS benchmark dataset	地面站激光扫描仪	点云配准	每个点的三维坐标和反射强度

2.6 LiDAR 点云处理的部分通用软件

在三维点云通用处理软件方面，商业化的软件主要包括 TerraSolid 公司的 TerraSolid 系列产品、Orbit GT 公司的 Orbit Mobile Mapping、PointCab GmbH 公司的 PointCab、InnovMetric 公司的 PolyWorks、Trimble 公司的 RealWorks、Leica 公司的 Cyclone、Bentley 公司的 Pointools、FARO 公司的 FARO 系列产品、Geomagic 公司的逆向工程软件 Geomagic Studio 等。开源的点云处理软件有意大利比萨大学开发的 MeshLab、独立开源软件 Cloud Compare、LAStools，以及中国科学院空天信息创新研究院的点云魔方等，如图 2.9 所示。部分国产三维点云处理软件如图 2.10 所示。当前的点云通用处理软件的功能主要集中在点云的滤波、分类等方面，同时在地物目标的二维提取、大比例尺二维线划图生产、矢量化三维建模等领域也有广泛应用。

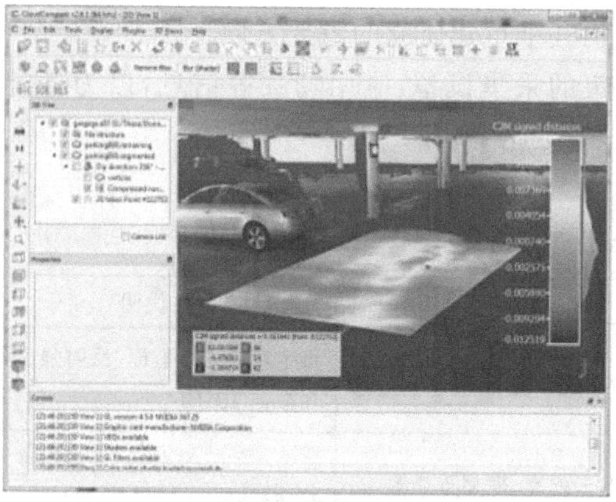

(a) Cloud Compare

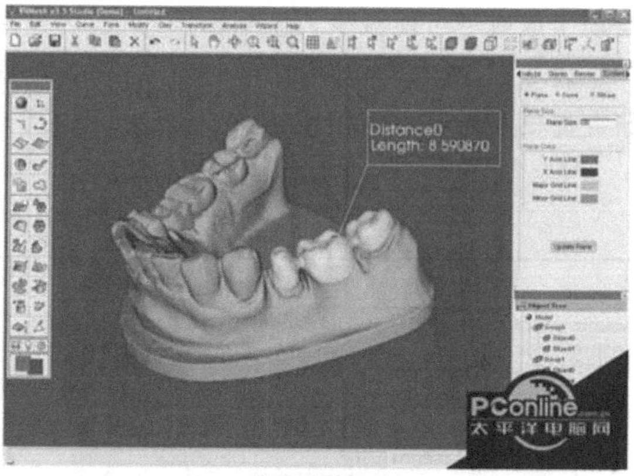

(b) VRMesh

(c) VisionLidar

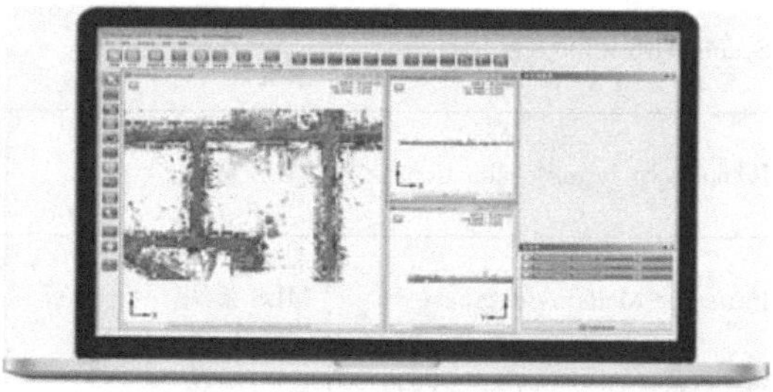

(d) PointCab

(e) Orbit Mobile Mapping

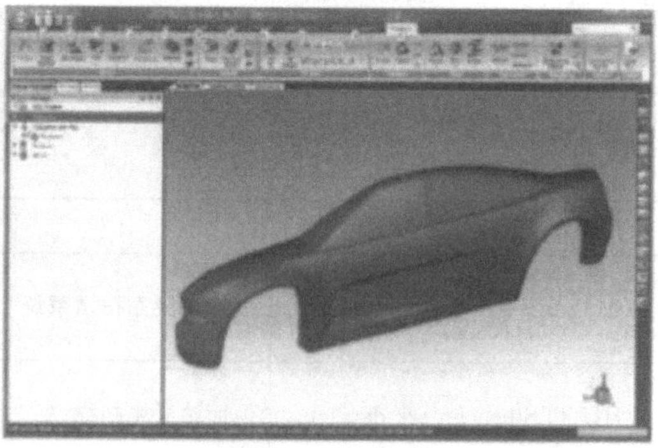

(f) Geomagic Studio

图 2.9 部分三维点云处理软件示例

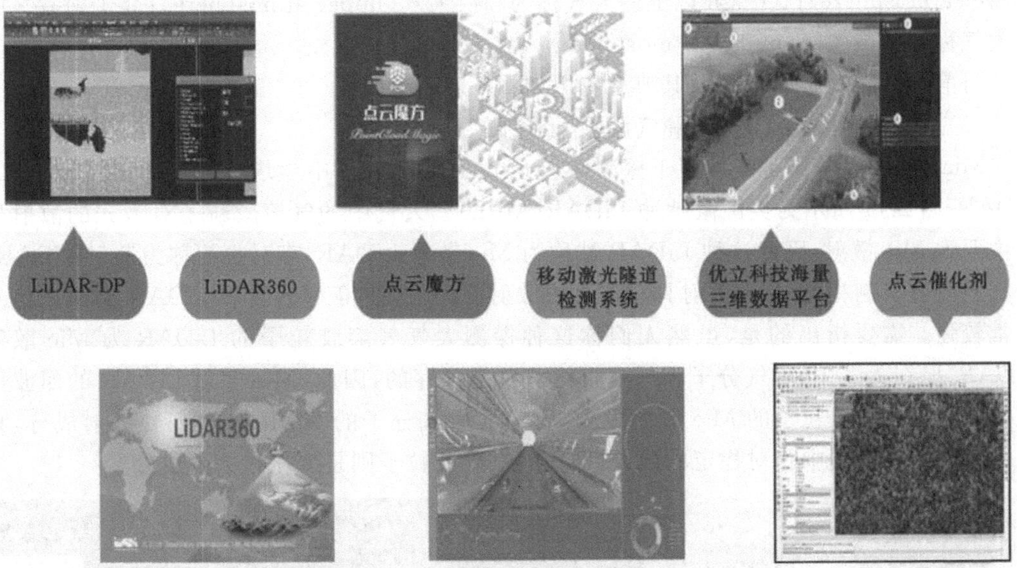

图 2.10　部分国产三维点云处理软件示例

2.7 LiDAR 应用

2.7.1 大气探测 LiDAR 应用

大气由多种气体和漂浮在其中的固态、液态颗粒物质组成。气体成分主要包括氮气(N_2)、氧气(O_2)、氩气(Ar)、二氧化碳(CO_2)、水汽(H_2O)、臭氧(O_3)、氢气(H_2)、氦气(He)、氖气(Ne)、氪气(Kr)、氙气(Xe)等。颗粒物质有尘埃、烟雾、水珠、冰晶、花粉等。在大气科学中，通常把含有悬浮固态、液态粒子的大气称为大气气溶胶，这些粒子则称为大气气溶胶粒子，简称气溶胶。不含水汽和气溶胶的纯净大气称为干洁大气。

在地球重力和大气内部物理过程的共同作用下，大气中各种气体成分的比例处于动态平衡状态，从而使其能够相对稳定地保持在地球周围。大气状态主要受分子扩散和湍流混合过程的控制。一般在 100 km 以上的高度，分子扩散是大气的主要物理过程，导致大气中不同质量成分的比例随高度变化，大气的平均分子量随高度减少，这一区域称为非均质层。在 100 km 以下的高度，湍流混合成为主要的物理过程，使得大气中的各种气体成分均匀混合，气体成分比例和大气的平均分子量不随高度变化，这一区域称为均质层。目前，LiDAR 的探测范围一般集中在 100 km 以下的均质层中。

均质层中的大气成分可分为两种。一种为常定成分，如氮气、氧气、氩气等，各成分之间大致保持固定的比例。另一种为可变成分，如水汽、二氧化碳、臭氧等。这些可变成分在大气中所占的比例具有显著的时空变化，其中最为突出的是水汽。

大气的状态和特性随高度变化显著，并以此为依据将大气分为若干层次。常用的大气分层方法是根据温度随高度的变化，将大气分为对流层、平流层、中间层、热层等。此外，在实际应用中，有时还采用一种更为简单的大气分层方法：10 km 以下的大气称为低层大气

(lower atmosphere);100 km 以上的大气称为高层大气(upper atmosphere);介于两者之间的大气称为中层大气(middle atmosphere)。

目前,大气探测 LiDAR 及其典型应用如下。

(1) Mie(米)散射 LiDAR 和气溶胶、云探测

Mie 散射 LiDAR 是一种用于探测 30 km 以下低空大气中尘埃、云雾等气溶胶粒子的 LiDAR,图 2.11 所示为美国微脉冲 LiDAR(MPL)。大气中的气溶胶粒子对激光的散射机制主要为 Mie 散射,因此这种 LiDAR 被称为 Mie 散射 LiDAR,有时也简称为散射 LiDAR。与其他散射机制相比,Mie 散射具有较大的散射截面,这使得 Mie 散射 LiDAR 的回波信号通常较强。需要指出的是,虽然人们称这种探测大气气溶胶粒子的 LiDAR 为 Mie 散射 LiDAR,但在大气中,大气分子和气溶胶粒子总是共存的,因此,Mie 散射 LiDAR 的回波信号中既包含气溶胶粒子的 Mie 散射成分,也包含大气分子的 Rayleigh(瑞利)散射成分,只是大气分子为大气中相对稳定的成分,而大气气溶胶粒子则是变化很大的成分。

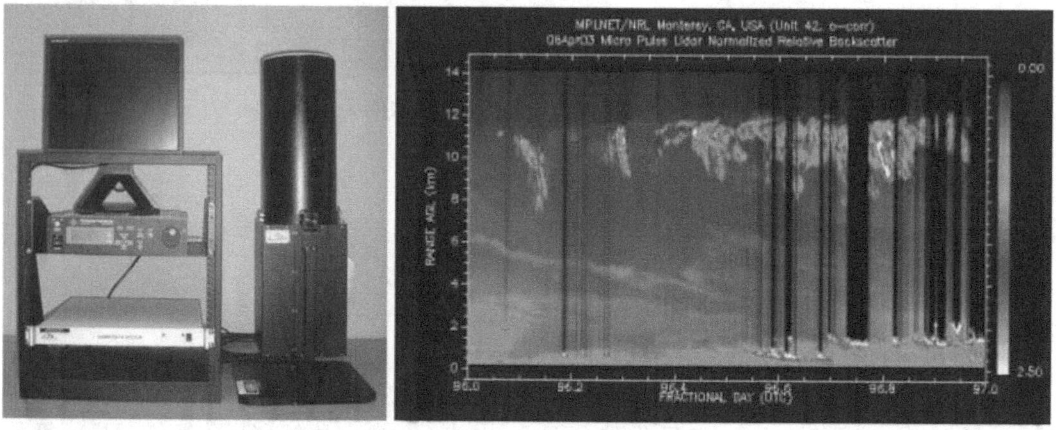

图 2.11　美国 MPL

Mie 散射 LiDAR 的类型可分为以下两类:① 对流层探测 Mie 散射 LiDAR。这种类型的 Mie 散射 LiDAR 主要用于探测 10 km 以下低空大气中的气溶胶和云雾等,其整机配置(包括发射激光器的功率和接收望远镜的直径)通常较小。其基本技术特征如下:为获得低空气溶胶或云雾等的空间三维信息,这类 LiDAR 通常具有扫描功能;为尽量减少近地低空探测的盲区,需采取措施确保发射光束与接收视场在低空区域的重合特性;由于回波信号较强,信号检测通常采用模拟检测方式。② 平流层探测 Mie 散射 LiDAR。这种类型的 Mie 散射 LiDAR 主要用于对 20～30 km 范围内的平流层气溶胶进行探测。由于探测高度较高且平流层气溶胶的密度通常较小,故这种 LiDAR 的接收望远镜直径和发射激光器功率配置要比对流层探测 Mie 散射 LiDAR 的大得多。其接收望远镜直径通常在 ϕ600 mm 以上,有的甚至达 1 m 左右;激光器的发射能量多在数百毫焦以上。此外,为了获得更为丰富的平流层气溶胶信息,这类 Mie 散射 LiDAR 通常采用多波长发射和多通道检测方式。除了兼作对流层探测的多功能 LiDAR 外,平流层探测 Mie 散射 LiDAR 通常不具备扫描探测功能,仅具有垂直发射和垂直接收两种状态。

Mie 散射 LiDAR 可以以很高的时间和空间分辨率探测气溶胶和云的空间分布及时间演化,包括以下方面:气溶胶监测、气溶胶和云的相互作用研究,探测大气光学特性、云的光

学特性、云底高、云顶高、云层厚度、云的性状、云的分布等。

平流层气溶胶的特性与地球上的火山爆发具有很强的相关性。图 2.12 所示为某研究者对平流层气溶胶特性进行多年观测的结果。由图 2.12 可以看出，平流层气溶胶对 1991 年 Pinatubo（皮纳图博）火山爆发有明显响应：火山爆发后，平流层气溶胶散射强度迅速增加，并在 1992 年达到最大值，较火山爆发前增加了数十倍。此后，气溶胶散射强度进入缓慢衰减期，到 1997 年降低到与火山爆发前相当的水平。

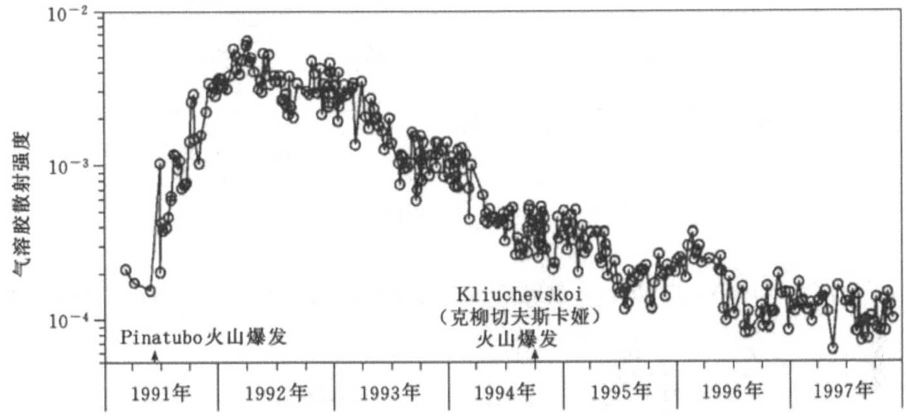

图 2.12 平流层气溶胶浓度的长期变化

对于云层空间分布及其时间变化的探测，一是采用非扫描式的 LiDAR，通过定向（通常是垂直向上）连续探测的方法获取空间某一区域云层的高度分布随时间变化的信息。二是采用扫描式的 LiDAR，通过在一段时间内使 LiDAR 在 0°～180°的俯仰角范围内进行过顶式扫描探测，获取该时段内 LiDAR 上空云层在某一方位角平面内的垂直和水平分布状况。

(2) Rayleigh 散射 LiDAR 和中层大气波动测量

Rayleigh（瑞利）散射 LiDAR 是一种利用大气中分子的 Rayleigh 散射机制工作的 LiDAR，主要用于探测 30～80 km 的中层大气。在 30 km 以上的高度，大气中已不含气溶胶成分，对激光的散射成为单纯的 Rayleigh 散射。

Rayleigh 散射 LiDAR 通常用于探测中层大气的重力波。重力波是大气中常见的波动现象，通常由低层大气中的扰动过程产生，并向中层大气传播。重力波在向上传播的过程中，其幅度会迅速增大，当到达中层大气顶附近时，重力波会破碎并释放能量，形成湍流，导致中层大气的温度、密度等发生强烈而不稳定的改变，对中层大气的动力学过程产生显著影响，如图 2.13 所示。因此，可以从 LiDAR 探测到的大气密度或温度分布的扰动变化中获取重力波的特性信息。

(3) Raman（拉曼）散射 LiDAR 和大气组分探测

该类应用可细分为以下两类：

① 气象参数的 Raman 散射 LiDAR 探测。低空大气的湿度和温度是重要的气象参数。Raman 散射 LiDAR 能够对低空大气湿度（图 2.14）和温度廓线（图 2.15）进行高时空分辨率和连续的探测，在气象研究和预报中有重要的应用价值。探测低空大气湿度廓线的 Raman 散射 LiDAR 通常需要配置两个接收通道：一个用于探测大气中水汽的 Raman 散射信号，另

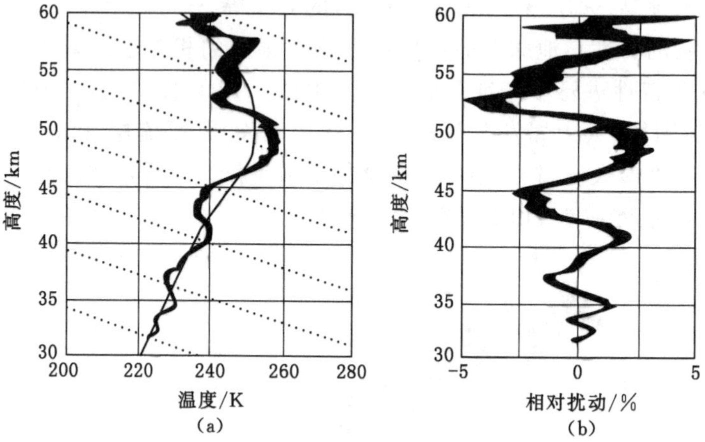

图 2.13　中层大气相对温度扰动

一个则用于探测大气中 N_2 的 Raman 散射信号。通过比较两者的结果,可以计算出大气湿度。

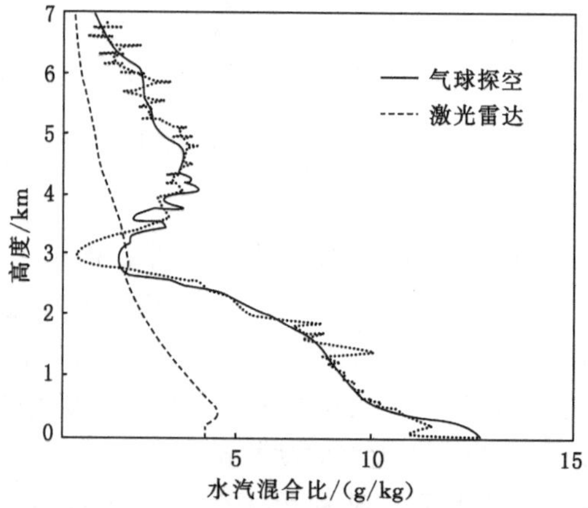

图 2.14　大气湿度廓线探测

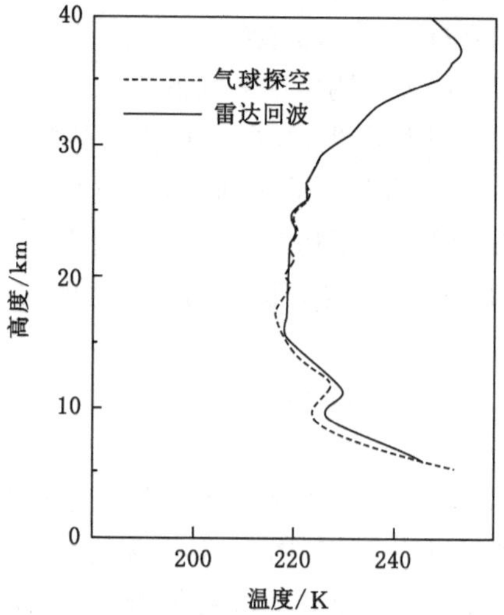

图 2.15　大气温度廓线探测

Raman 散射 LiDAR 是一种有辨认能力的 LiDAR，即使在低空大气中混有大量气溶胶粒子的情况下，也可以选择性地探测其中的 N_2 分子（或 O_2）。由于 N_2 在大气中有固定的组成比例，所以探测到 N_2 的密度就相当于探测到大气密度。这为探测低空大气温度分布提供了途径，可通过振动-转动拉曼信号来获取大气温度廓线。

② 大气污染的 Raman 散射 LiDAR 探测。图 2.16 所示分别为工厂和汽车排放物的拉曼谱。

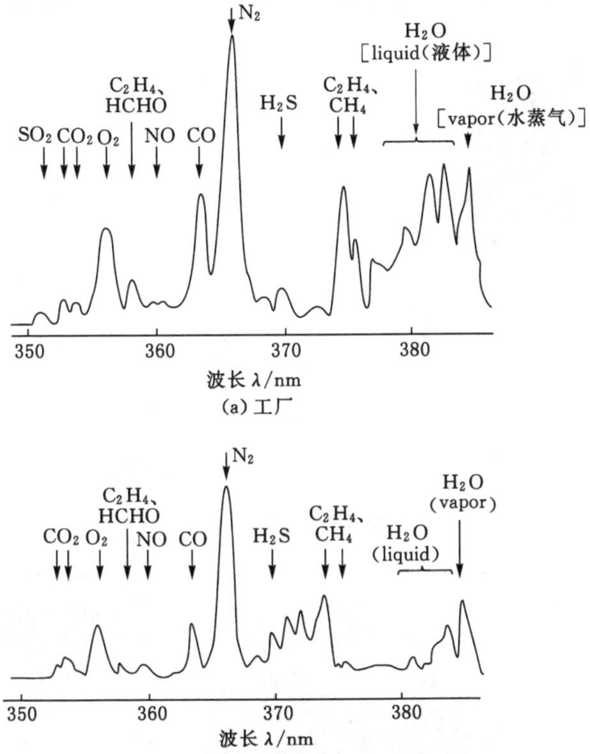

(a) 工厂

(b) 汽车排放物

图 2.16 工厂和汽车排放物的拉曼谱

(4) 差分吸收 LiDAR（differential absorption LiDAR，DIAL）和大气微量组分探测

DIAL 基于的是大气对不同波长的光有不同的吸收系数的原理，用于探测各种微量气体组分。例如，对于臭氧的探测（图 2.17），是应用两个不同的激光发射波长，一个在臭氧的光谱吸收峰上，另一个在臭氧的光谱吸收峰外，通过比较两个波长上不同的回波信号来获得臭氧在激光路径上的空间浓度分布信息的。差分吸收 LiDAR 也可用于探测硫氧化物（SO_x）、氮氧化物（NO_x）等污染气体。

(5) 多普勒测风 LiDAR 和风场测量

风场是水循环，碳循环以及气溶胶、污染气体及雾霾扩散的主要动力，也是大气湍流、风能发电厂、数值天气预报和环保等领域的重要参数。多普勒 LiDAR 利用多普勒效应，通过探测发射激光的频率漂移，可以获得大气风场参数（图 2.18）。

大气分子的运动会使散射的光信号波长发生变化，通过对 LiDAR 接收到的光信号波长变化量进行测量，可确定风速的大小；然后根据不同方向的测量数据，便可确定风向。

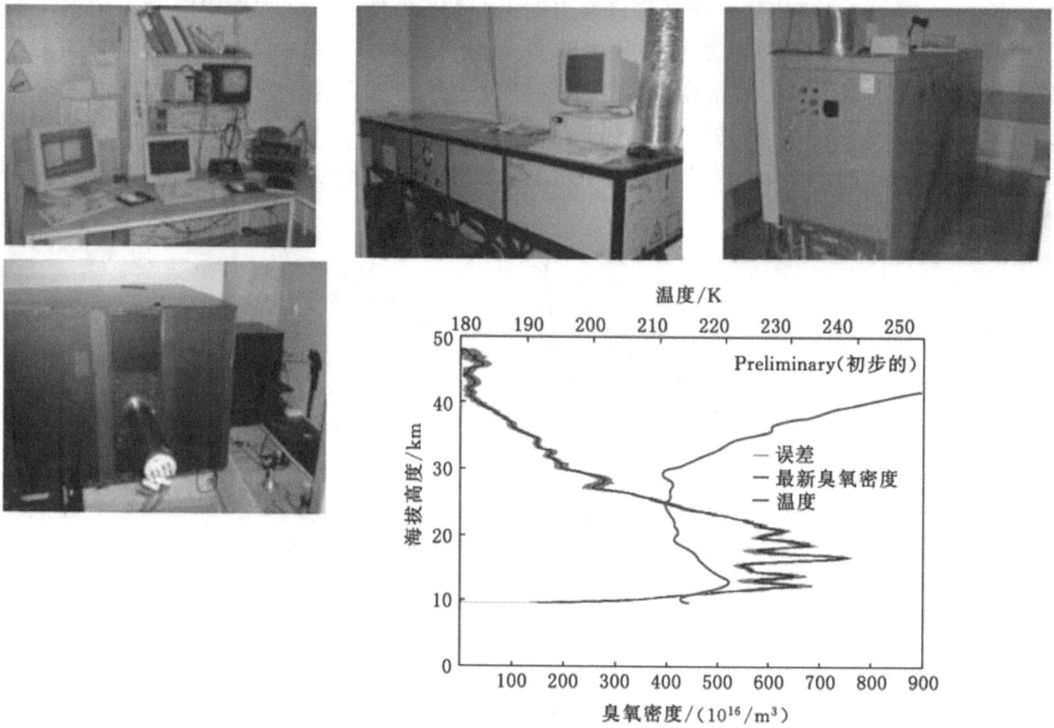

图 2.17 臭氧探测 LiDAR

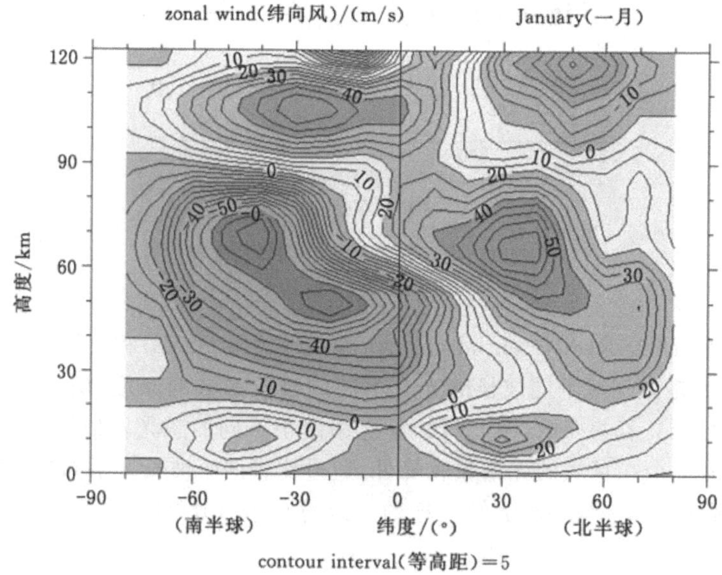

图 2.18 风场测量图

2.7.2 海洋探测 LiDAR 应用

卫星海洋遥感常用的设备包括海洋水色仪、微波辐射计、雷达高度计、SAR(合成孔径雷达)等。尽管应用这些设备可以提供全球范围的海洋环境遥感产品,但主要局限于如

SST(海面温度)、风速、海面粗糙度等海洋表面特性的探测,即使可见光观测可以获得与浮游生物浓度相关的海洋水色变化,其探测深度也仅限于 10 m 左右,无法探测海洋次表层水体(100 m 以上)的内部结构,且对多维信息的获取能力有限。与被动光学遥感或微波探测相比,LiDAR 作为一种有效的主动遥感系统,通过激光在传输介质中产生的延时、频移,以及激光与传输介质相互作用引起的吸收、弹性散射、拉曼散射、荧光等信号进行遥测,具备时间分辨测量能力。通过分析回波信号的光谱、波形、强度、频移等特性,LiDAR 能够获取海洋光学参数剖面、海水温度剖面、海洋动力学特征、浅海水深等信息。LiDAR 与被动遥感相结合,可实现地球三维立体观测。星载海洋 LiDAR 还可对混合层叶绿素、悬移质等要素进行探测,能够在三维空间尺度上监测浮游植物分布,并提供一种亚-中尺度生物-物理耦合的系统观测方法,这对于理解全球碳循环以及上层海洋动力过程具有重要意义。

1. 海洋 LiDAR 技术发展现状

美国是世界上最早开展海洋激光测深技术研究的国家,1968 年,美国 Syracuse(锡拉丘兹)大学的 Hickman(希克曼)和 Hogg(霍格)建立了世界上第一个激光海洋测深系统,首次阐述了激光水下测深技术的可行性,初步建立了激光探测技术的理论基础;此后,美国海军成功研制 PLADS 激光测深系统,随后 NASA(美国国家航空航天局)成功研制 ALB 激光测深系统,并于 1971—1974 年进行了试验。20 世纪 70 年代末,NASA 又成功研制了具有扫描和高速数据记录功能的 AOL 水文雷达。

20 世纪 80 年代,加拿大的 CHS(加拿大水文局)组织开发了功能先进的 LASERN500 测深系统,采用红外和蓝绿激光共同扫描,采样率为 500 MHz。20 世纪 90 年代,机载激光测深系统进入实用阶段,美国、澳大利亚、瑞典等都报道了自己的实用型测深系统。这一时期的系统普遍增加了 GPS 定位和定高功能。1993 年,加拿大的 Optech 公司为美国军事工程师协会生产了 SHOALS 激光测深系统,采用 200 Hz 的固体激光器,以及绿光和红外共同扫描的方式。1994 年,该公司为瑞典海军海道测量部研制了 HAWKEYE 测深系统,用于海道测量和水下目标探测。

经过多年的发展,SHOALS 系统已成为国外典型的海洋探测机载 LiDAR 系统,也是世界上较为先进的 LiDAR 海洋探测系统。该系统具有先进的 GPS 定位和定高功能,最新一代系统采用重频为 1 kHz 和 10 kHz 的 Nd:YAG 激光器,绿光和红光共线扫描方式,具有独立的红外和拉曼通道,共有 5 个接收通道,其中 3 个用于探测海水界面,2 个用于探测海底。目前,国外典型机载海洋 LiDAR 技术指标如表 2.12 所示。

表 2.12 国外典型机载海洋 LiDAR 技术指标

参数	HawkeyeⅢ(Leica)	CZMIL(Optech)	LADS HD(Fugro)
仪器照片			

表 2.12(续)

参数	HawkeyeⅢ(Leica)	CZMIL(Optech)	LADS HD(Fugro)
测量对象	Ocean(海洋)和 Land(陆地)	Ocean 和 Land	Ocean
技术	Multichannel simulation probe(多通道模拟探头)	Multichannel simulation probe	Simulation probe(模拟探头)
激光波长	532 nm,1 064 nm 和 1 550 nm	532 nm 和 1 064 nm	532 nm 和 1 064 nm
探测深度/m	0.15～50	0.15～50	0.15～50
深测精度/m	0.36(50 m)	0.36(50 m)	0.36(50 m)
探测精度/kHz	10(Ocean)、500(Land)	10(Ocean)、70(Land)	3(Ocean)
扫描角/(°)	40	40	30
网格密度/m	0.8×0.8(Ocean)、0.1×0.1(Land)	0.8×0.8(Ocean)、0.3×0.3(Land)	1.4×1.4(Ocean)

CZMIL(coastal zone mapping and imaging LiDAR)系统集成了数字摄像机、多光谱成像仪以及测深和测绘 LiDAR,配备数据获取及数据处理软件,具备优异的海洋测绘、地面测绘及目标识别性能。该 LiDAR 扫描系统区别于传统的 SHOALS 系统中旋转反射镜的方式,创新性地使用旋转的菲涅耳棱镜使激光束转向。在 CZMIL 光学系统中,1 个大视场用于深海探测,7 个小视场用于测绘。7 个小视场组成的大视场可用于中等深度的海水探测。

我国对于机载激光测深系统的研究始于 20 世纪 90 年代,当时中国海洋大学、中国科学院上海光学精密机械研究所、华中科技大学、中国科学院西安光学精密机械研究所等单位进行了有关机载、船载激光海底地形地貌测绘的预研工作,提出了初步方案,进行了必要的试验工作,从原理上证明了激光测深在我国沿岸海域是可行的。中国科学院上海光学精密机械研究所对激光测深项目进行了多年的研究,取得了很多关键技术的突破(图 2.19)。

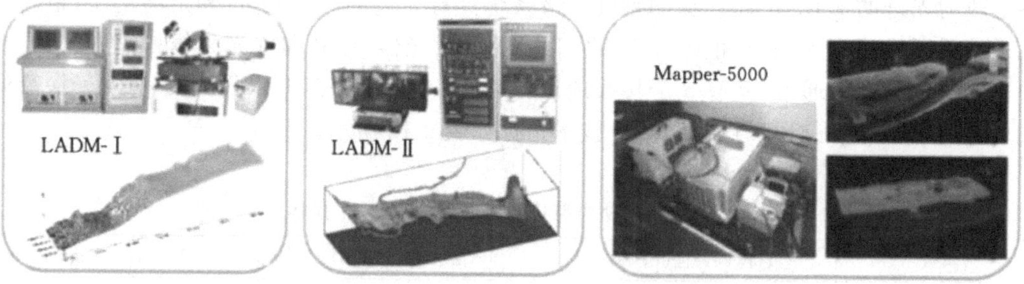

图 2.19　上海光学精密机械研究所研制的机载海洋 LiDAR 系统

中国海洋大学也先后自主研制完成多个海洋、海洋大气边界层探测 LiDAR 系统,包括船载布里渊散射 LiDAR、激光叶绿素荧光雷达、机载激光荧光雷达、机载海面溢油监测 LiDAR 等。此外,哈尔滨工业大学、武汉大学、北京理工大学、浙江大学等单位也做了很多相关工作。

近年来，机载海洋测深系统逐步由军用转向民用，并向着多功能机载海洋光学雷达的方向发展，这一转变加强了对激光在海水传输中散射波形的研究，从而能够获取更多宝贵的信息，如海水成分、叶绿素、泥沙含量等。可以预见，未来的机载激光海洋遥感手段将使人类对海洋有更深入、更本质的了解。

2. 海洋探测 LiDAR 典型应用

(1) 海洋次表层光学参数探测

海洋 LiDAR 可获得水下剖面散射层的信息，这些散射层主要由单细胞或多细胞的浮游植物构成，其中还包括大量直径超过 1 mm 的单个非球形藻类细胞。在浮游植物与藻类细胞组成的散射层中，包含由高浓度营养物质与浮游植物构成的稀薄层，这些稀薄层厚度可能只有 10 cm 左右，但可延伸数千米，并持续数天，且常与海洋密度跃层密切相关。这些集中层可以影响海洋上层的地球生物化学过程，包括海洋初级生产力和有害藻类的形成。所以，通过正交偏振 LiDAR 的回波退偏情况，可获取海水中粒子、POC(颗粒性有机碳)、浮游植物(海藻细胞)以及鱼群等的分布信息。图 2.20 所示为利用机载海洋 LiDAR 获取的水下浮游生物散射层与鱼群分布信息。

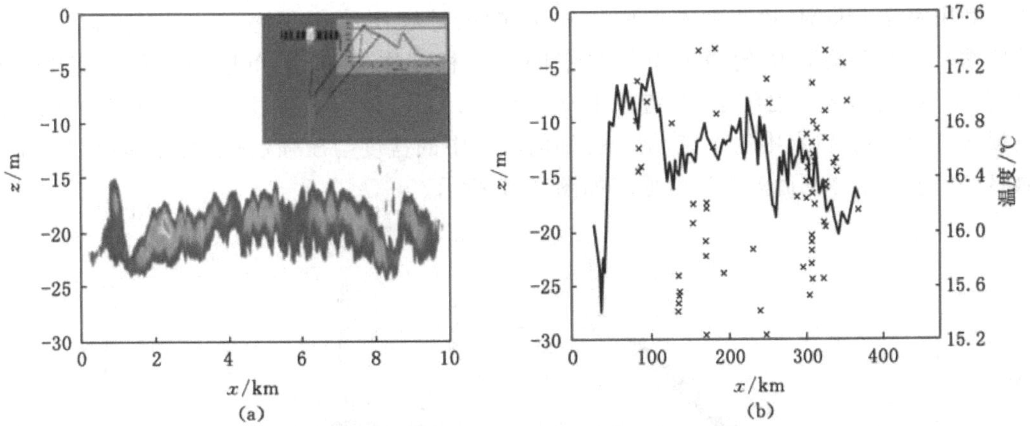

图 2.20　美国阿拉斯加湾水下涡流内的浮游生物层与俄勒冈州水域的鱼群分布信息

高光谱 LiDAR(HSRL)技术最初用于区分大气探测中的气溶胶与分子散射信号；同样的原理可以应用于海水探测，利用海洋 LiDAR 高光谱技术，能够获取海水的衰减与后向散射系数，从而获得海水的固有光学参数剖面信息。

(2) 叶绿素浓度探测

在海洋光学中，每一个浮游植物细胞中的光合作用色素都能够降低 CO_2 浓度或将 CO_2 固化为有机碳，同时将太阳能转化为化学能，并产生 O_2。这些色素包含无处不在的叶绿素 a，以及辅助色素叶绿素 b 和叶绿素 c，还有光合的类胡萝卜素。由于叶绿素 a 是所有浮游植物中唯一的光合色素，因此提供了一种用于测量浮游植物丰度和生物量的方法。

叶绿素 a 的发射光谱的一个显著特性是在 683 nm 左右出现荧光峰。在该荧光峰处，浮游植物激发的辐射荧光能够被卫星监测到。所以，将蓝绿激光发射到海洋时，海水中的叶绿素 a 受激发后会出现波长为 683 nm 左右的红色荧光，根据接收到的荧光强度，能够反演出海水中叶绿素 a 的柱浓度。此外，通过 647 nm 左右的拉曼回波可以获取海面溢油情况，探测精度可达 35%～40%。如图 2.21 所示，利用海洋 LiDAR 的 532 nm 激光，可以获得海洋叶绿素 a 荧光与拉曼散射光谱。

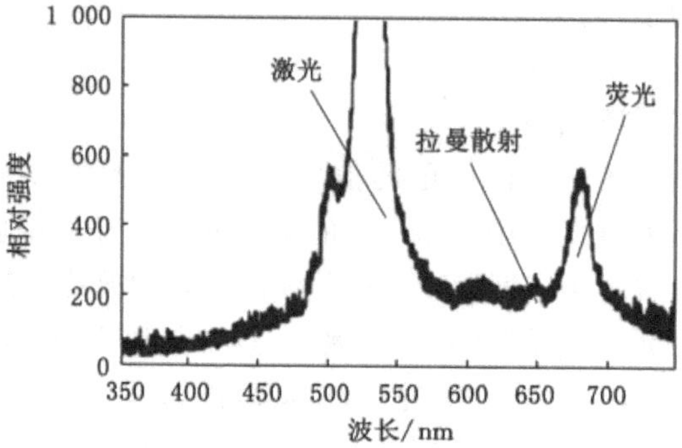

图 2.21　叶绿素浓度测量原理

(3) 海洋温度剖面探测

利用海洋 LiDAR 探测水体非弹性(布里渊)散射信号，以获得海洋剖面温度，是一项前沿技术。入射到海洋中的激光束与水中的声子相互作用，产生布里渊频移。使用波长 532 nm的绿色激光入射纯水时，将产生窄带的 7.5 GHz 频移。通过 LiDAR 接收光路中的鉴频器，可精确获得水中的声速，结合已知的海水中的盐度与压强数据，就能够反演海水剖面温度信息。水体剖面温度测量原理如图 2.22 所示。

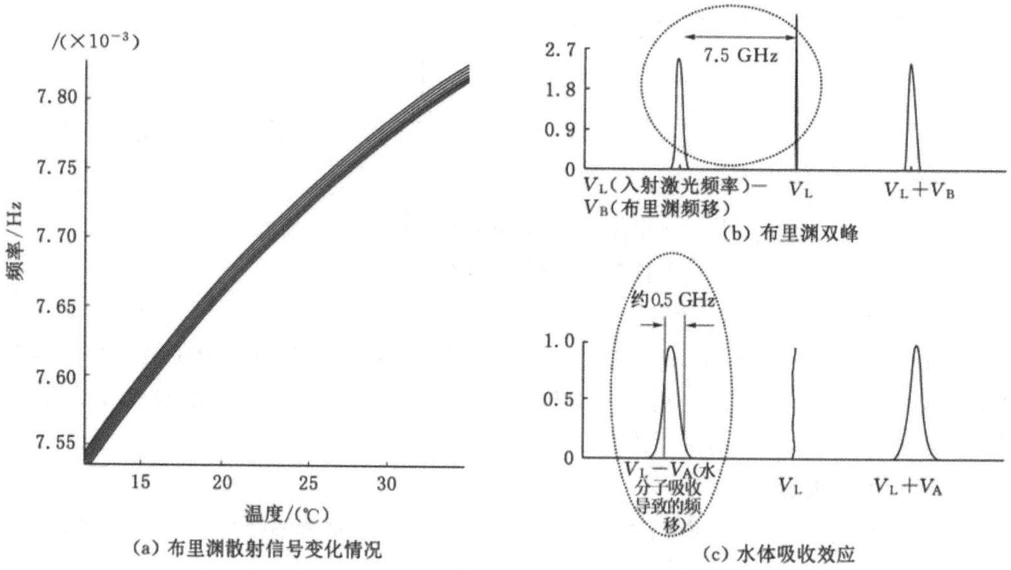

图 2.22　水体剖面温度测量原理

(4) 海水深度和海冰高程探测

海洋 LiDAR 在工作期间可同时获得陆地、海冰(海表)和海底的回波信号，测量原理如图 2.23 所示。其中，t_1 为激光触发时刻；t_2 为激光脉冲发射时刻；t_3 为 TDC(时间数字转换器)启动时刻;t_4 为第一个回波到达的时刻(1 064 nm 海面回波);t_5 为第二个回波到达的时刻(532 nm 海面回波);t_6 为深水回波到达的时刻。系统采用脉冲整形和时间数字转换(TDC)技术测量激光脉冲至陆地、海冰(海表)回波信号的时间延迟,从而计算陆地和瞬时海冰(海表)的斜程;同时通过高速 A/D(模数转换)采样技术完整记录海冰(海表)反射、穿透海水的后向散射和海底回波信号的波形,再利用算法将海表和海底的回波波形与水体散射波形进行分离,最终通过计算海冰(海表)和海底的回波时间延迟来获得海底的斜程。基于海洋 LiDAR 探测,可同步获得海水深度、海冰高程及海表粗糙度等参数。

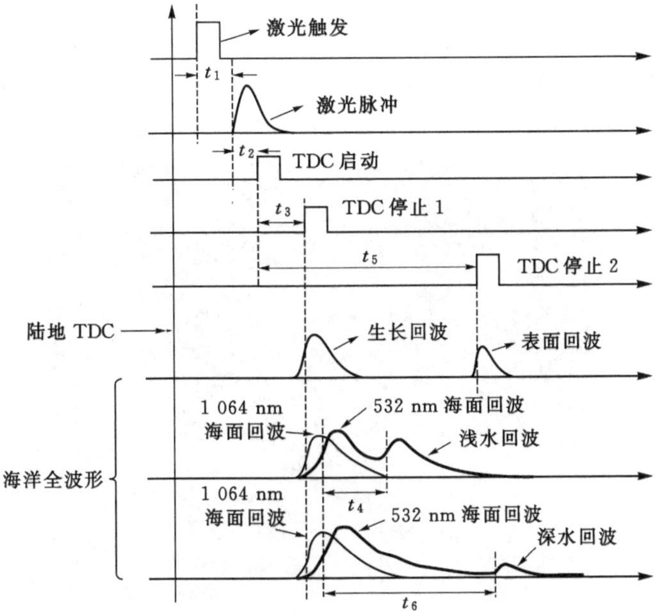

图 2.23　浅海水深与海冰高程测量原理

(5) 海洋内波探测

利用海洋 LiDAR 探测数据,以浮游生物和藻类细胞的散射特性作为示踪标记,可提取次表层海洋的动力信息,如混合层深度、内波及湍流等信息(图 2.24)。

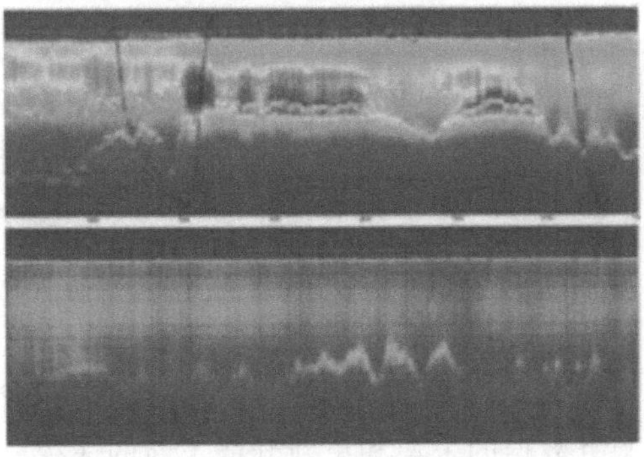

图 2.24　海洋内波探测

2.7.3 陆地探测 LiDAR 应用

随着点云获取系统的快速发展，点云作为三维地理信息获取的重要数据源，在地球系统科学研究、基础测绘、智慧城市建设、文化遗产数字化保护、无人驾驶、基础设施安全全监测、影视娱乐等领域发挥着日益重要的支撑作用。

（1）地球系统科学研究

点云中蕴含的丰富三维地理信息可准确刻画森林、冰川、岛礁及周边水下地形的三维形态结构，为全球森林蓄积量与生物量估算、全球冰川物质平衡研究、海洋经济开发与管理、海防安全等提供重要支撑。例如，NASA 于 2003 年成功发射了一颗试验型激光高度计卫星(ICESat)，该卫星搭载地球科学激光高度计系统(GLAS)，可获取极地冰面高程、冰盖拓扑信息(图 2.25)、陆地拓扑信息、植被分布及云层或气溶胶等大气参数数据。

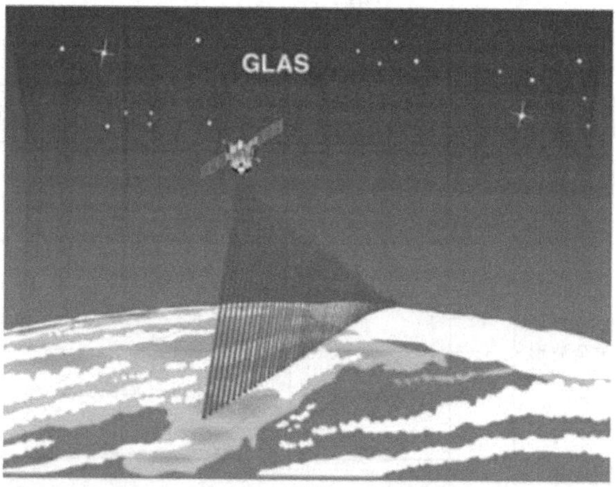

(a)

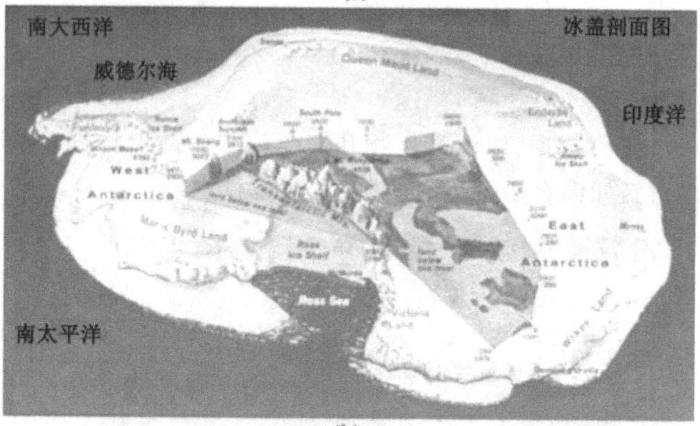

(b)

图 2.25 GLAS 系统及其获取的冰盖数据

（2）基础测绘

点云为地理空间信息服务数据的采集和更新开辟了新的途径。全球知名的两家导航数据生产商 Tele Atlas 和 NavTech 均将车载激光扫描系统作为其数据采集与更新的主要手段。作为一种新型的三维数据源，点云被广泛应用于基础测绘中的数字地面模型、数字线划图(图 2.26)、大比例尺基础地形图等生产实践，可有效提高基础测绘的生产效率，降低劳动强度。例如,利用地物三维边界信息生成的三维 DLG(数字线划图),可以辅助航空摄影测量或结合遥感数据进行 DOM(数字正射影像图)生成等。

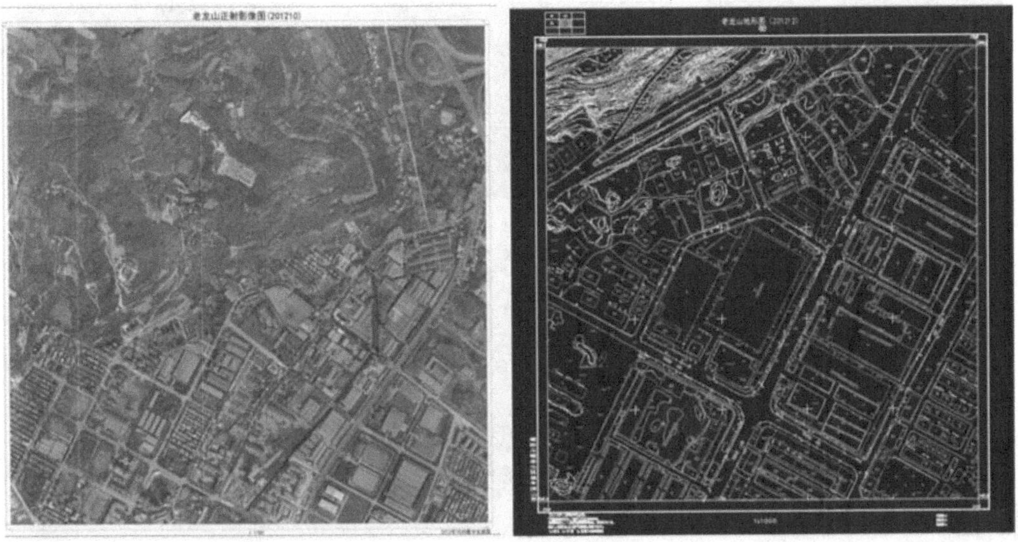

(a)　　(b)

图 2.26　基础测绘示意图

(3) 智慧城市建设

随着城市规模、市政设施种类的急剧增加,城市结构也在发生巨大的变化。城市中的各种设施,如公用设施、道路交通等,均是城市管理的对象,需要精细化的管理。点云智能处理方法可为数字建造、BIM(建筑信息模型)构建、地下灾害探测与预警等领域提供全方位支撑,建立全数字的地下空间基础设施与动态汇聚物联网数据,为空间综合规划、项目建设、过程监督等全生命数据库建设,以及项目规划管理全过程落实、全生命周期精细化管理提供科学的管理与决策手段(图 2.27)。

(4) 文化遗产数字化保护

文化遗产的数字化是文化遗产保护、修复与传承的重要科学手段。文化遗产的数字化重建是对文化遗产的几何形状、颜色、姿态、历史等进行完整采集、整合和模型化表示,是文化遗产数字化存档的基础。我国的文化遗产具有类型多样、非接触性、不可移动性等特点,同时文化遗产几何差异巨大、外形复杂、全局空间分辨率尺度差别迥异,对三维数字化提出了严峻挑战。点云作为三维数字化的重要表达手段,可为文化遗产的数字化采样、虚拟修复、三维重建存档等提供最直接和最重要的支撑(图 2.28),其在敦煌莫高窟数字化保护、千手观音虚拟修复等我国重要文化遗产数字化保护中发挥了重要作用。

(5) 无人驾驶

无人驾驶智能车,也称为无人驾驶车或轮式移动机器人,它利用车载传感器感知车辆周围环境,并根据所获得的道路、车辆姿态和障碍物信息来控制车辆的转向和速度,从而确保车辆能够安全、可靠地在道路上行驶。点云作为行驶环境三维数字化的表现形式,一方面,可以为驾驶环境的动态感知提供科学的数据源,如实现行人、车辆等运动目标的探测与跟踪;另一方面,可以为道路环境的三维建模提供科学支撑,如自动识别与提取道路边界、交通

图 2.27　智慧城市建设

图 2.28　北京历代帝王庙点云及数字化成果

标志、标线等。

(6) 基础设施安全监测

铁路、地铁、隧道、电力线路、桥梁等国家重要基础设施的安全运维是保障社会经济活动正常运转的关键。点云数据为基础设施的三维数字化建模提供了不可或缺的数据源，是各类重要基础设施数字化管理、安全分析乃至数字孪生的前提和基础，可为道路路面健康普查(如塌陷、破损等)、桥梁与隧道变形监测等提供精准有效的三维信息，为基础设施的运营安全做出重要保障，如电力线路走廊巡检、变电站三维模型构建(图 2.29)等。

(7) 影视娱乐

点云作为现实世界精细三维数字化表达的主要形式，在虚拟交互、仿真模拟、增强现实、粒子模拟、网络游戏等三维场景的设计与模拟方面具有独特的优势，可支撑从宏观大规模场景到微观粒子结构的精细模拟(图 2.30)。

(8) 海岸线、海岛礁测绘

图 2.29 变电站三维模型构建

图 2.30 数字景区建设

点云在海岸线、海岛礁测绘领域的应用包括滩涂现状调查、滩涂动态变化监测、滩涂类型调查、海岸线提取、海岸线长度量取、海岸线变化监测、海岸侵蚀变化监测、岛礁地形测绘、岛礁资源调查、岛礁面积调查等。海岸线测绘如图 2.31 所示。

图 2.31 海岸线测绘

(9) 灾害监测及应急

对于滑坡区域,点云数据可提供准确的地形、坐标数据,以便于进行灾后评估与急救(图2.32)。

(a)

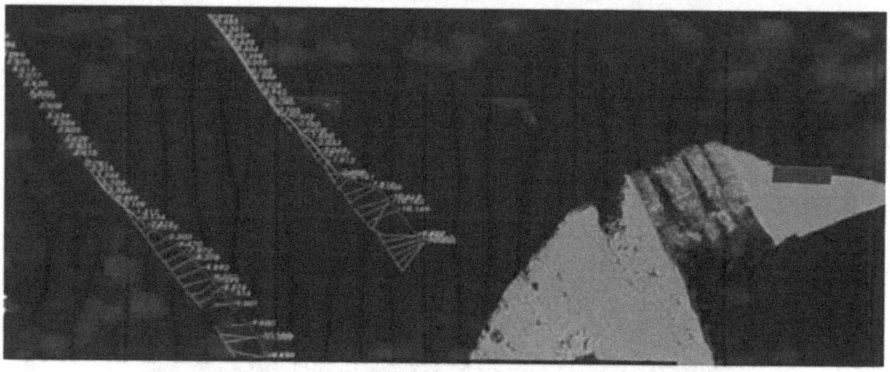

(b)

图 2.32 滑坡监测实例

习题与思考题

1. 什么是激光? 激光产生的条件有哪些?
2. 激光的特性有哪些? 激光测距利用的是哪一种特性?
3. LiDAR 通常工作在哪些波段?
4. LiDAR 可以为大气研究提供哪些重要的参数?
5. 何为硬目标? 何为软目标? 针对二者探测的回波机制是什么?
6. 激光测距的方法有哪些? 每种方法的原理是什么?
7. 你了解哪些 LiDAR 点云处理的通用软件? 这些点云通用处理软件的功能主要集中在哪些方面?
8. LiDAR 点云处理的关键内容有哪些?
9. LiDAR 海洋测深的原理是什么? 海洋探测 LiDAR 有哪些典型应用?
10. 陆地探测 LiDAR 的典型应用有哪些?
11. 大气探测 LiDAR 的典型应用有哪些?

12. 为什么大多数激光雷达都选用脉冲式测距?

13. 阐述脉冲式激光测距原理及与相位式测距的差异。

14. 请写出 LiDAR 方程,并解释各个参数的含义。

第3章　机载LiDAR数据处理及应用

机载LiDAR技术是传统雷达技术与现代激光技术相结合的产物，是遥感测量领域的一项新兴技术。其数据采集方式不同于传统的遥感传感器，且系统组成及结构较为复杂。本章首先详细介绍了机载LiDAR系统的组成与定位原理、机载LiDAR系统外业数据采集的作业流程及数字产品的生产流程，以及机载LiDAR数据的组成、特点及其组织方式；然后详细分析了机载LiDAR数据的误差来源及处理方法；最后详细介绍了机载LiDAR技术在各个领域的应用。

3.1　机载LiDAR系统组成

3.1.1　机载单波段LiDAR系统组成

单波段LiDAR系统是集成多种先进技术的复杂系统，需通过多模块协同工作实现完整功能。LiDAR系统由空中和地面两部分组成：空中部分包括遥感平台、POS系统、激光扫描仪、同步控制装置与多波段和多类型传感器；地面部分包括GNSS、参考站、离线执行的软件及硬件。此外，机载LiDAR系统配套软件包括飞行管理软件、数据预处理软件、数据后处理软件。其中，前者负责航线规划、作业参数设计、设备控制与实时导航，后两者负责将获取的原始数据解算为标准格式的点云，以及制作DEM(数字高程模型)等相关数据产品。

1. 遥感平台

遥感平台用于搭载LiDAR系统，是系统工作的平台。机载LiDAR系统的平台可以是飞机、直升机、无人旋翼机、飞艇等。

2. POS系统

POS系统是机载LiDAR系统的关键部分，其工作核心思想为：采用差分全球导航卫星系统(Differential GNSS,DGNSS)和INS直接在航测飞行中测定传感器的位置和姿态，并经严格的联合数据处理获得高精度的传感器外方位元素，从而实现无或极少的传感器定位和定向。

(1) INS

INS是20世纪初发展起来的导航定位系统，其基本原理为：根据惯性空间的力学定律，利用陀螺仪和加速度计等惯性元件感知运动载体在运动过程中的旋转角速度和加速度，通过伺服系统的地垂跟踪或坐标旋转变换，在一定的坐标体系内进行积分计算，最终得到运动载体的相对位置、速度和姿态等参数。在机载LiDAR系统中，INS负责提供飞机等载体的瞬时姿态参数，包括俯仰角、侧滚角和偏航角三个姿态角。虽然INS的理论相对简单，但要使每个部件高效精确地工作却并不容易。限制 INS 系统精度的主要因素有三个：测角精度、加速度测量精度、测时精度。即使目前 INS 生产厂家能提供复杂的高精度惯性平台系统，但在将其安置到运动载体上进行工作时，还要受到其他作业条件的影响。例如，当运动载体过度倾斜或转弯时，由于重力的作用，可能会使系统挂起而无法工作。除此之外，INS 还存在如下缺点：系统误差随时间积累；每次使用前初始对准时间长；设备价格昂贵；等等。

随着 GNSS 的出现，这种高精度、低成本、误差不随时间积累的卫星导航定位系统迅速应用到各个领域，也为 INS 惯导系统提供了最佳的惯性组合。

(2) DGNSS

GNSS 是一种高精度卫星导航定位系统，可在全球范围内向用户提供全天候、连续、实时的三维空间位置、运动速度及精确时间信息。其基本定位原理为：卫星不断发送自身的星历参数和时间信息，用户接收端通过解算这些信息来获取接收机的三维位置、运动速度和时间信息。

在精密定位应用（如机载 LiDAR 系统）中，主要采用 DGNSS 定位技术。其工作原理为：利用基准站和飞机上的两台 GNSS 接收机同时测量来自相同 GNSS 卫星的导航定位信号，联合解算飞机的精确位置。将基准站接收机所测得的三维位置与该点的已知值进行比较，便可获得 GNSS 定位数据的改正值。如果将这些改正信息发送给飞机上的 GNSS 接收机来改正其测得的实时位置，即可实现飞机上 GNSS 接收机的实时动态定位。

在整个机载 LiDAR 系统中，GNSS 的功能有三项：其一，提供机载 LiDAR 扫描中心像元成像时刻光学系统投影中心的地理坐标；其二，与 INS 相结合，构成复合姿态测量系统，以提高姿态测量装置的测角精度；其三，为导航显示系统提供飞机飞行时的三维位置数据，辅助飞行员精准保持航线，实现高精度导航。

虽然 DGNSS 具有定位精度高、误差不随时间积累等优点，但也存在以下不足：① 自主性差，易受干扰（即完整性问题）。它是无线电导航所特有的缺点，难以克服，而且这个问题在动态定位中显得尤为突出。② GNSS 的数据频率比较低，其内插点的精度不能满足大机动载体的需要。③ 使用 GNSS 多天线方法来测姿，精度受到基线长度限制。鉴于此，与其他传感器结合，构建组合系统成为实现 GNSS 高精度动态定位的必然选择。

(3) 组合导航

DGNSS 与 INS 优缺点互补，通过 DGNSS 和 INS 进行组合，可以克服各自的缺点，使组合后的导航精度高于两个系统独立工作时的精度。INS 可以实现传感器的校准、提高初始对准的精度和速度、提高高度计算的稳定性，从而可有效提高整个惯导系统的精度和反应时间。对于 GNSS，INS 可以提高卫星的跟踪和重新捕获能力，提高接收机的动态性能和抗干扰性。另外，通过惯导数据，还可以辅助模糊度的求解，使系统更加稳定。此外，组合导航系统部分解决了采样频率低的问题。在 LiDAR 系统中，激光点的采样频率为 250 kHz 甚至更高，而 GNSS 的采样频率最高只有 20 Hz 左右。因此，大量的激光点坐标需要进行内插，严重影响了激光点的精度。目前，IMU 的采样频率约为 200 Hz，这样可以弥补 GNSS 采样点的不足，可以在 GNSS 定位结果之间高精度地内插出激光点在曝光瞬间的位置和姿态，提高内插精度。

3. 激光扫描仪

激光扫描仪由激光测距单元，光学机械扫描单元以及控制、监测与数据记录系统组成。

(1) 激光测距单元

机载 LiDAR 进行距离量测的方式有脉冲式及相位式两种，其测距原理见第 2.2.2 节。目前绝大多数机载 LiDAR 测量系统的激光测距都采用脉冲式测距，精度可达 2～5 cm。

(2) 光学机械扫描单元

激光测距仪只能实现某一具体方向上的单点测量，借助安装平台的飞行，可以实现沿飞行方向的扫描测量。而要实现沿整个目标表面的逐点测量，就需要借助机械扫描装置来实现垂直于飞行方向的扫描测量。目前，机载 LiDAR 系统共有四种典型的机械扫描方式：摆镜扫描、旋转多面镜扫描、旋转正多面体扫描以及纤维光学阵列扫描，如图 3.1 所示。

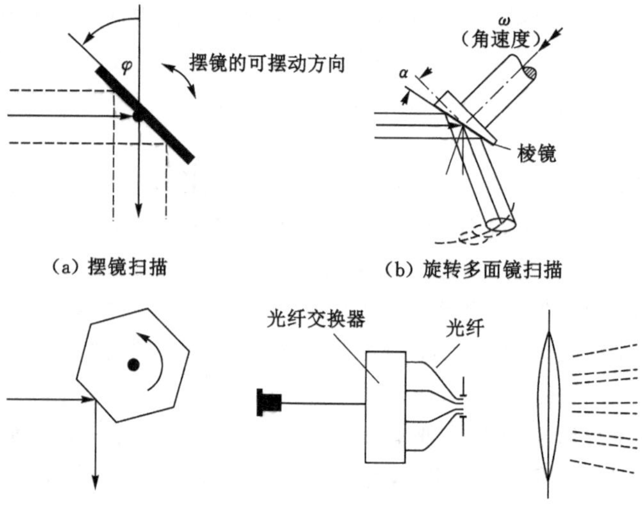

(c) 旋转正多面体扫描　　(d) 纤维光学阵列扫描

图 3.1　机载 LiDAR 扫描方式

① 摆镜扫描方式

摆镜扫描方式是目前比较成熟的扫描方式，很多 LiDAR 系统都采用这种方式，如 Leica 的 ALS80 和 Optech 公司的 ALTM 3100。其原理如图 3.1(a)所示，系统通过电动机带动反射镜，使其围绕转轴按照某一固定角度 φ 反复摆动，当反射镜在不同位置时，入射光线与镜面的夹角(入射角)发生周期性变化，相应地，反射光线也将以不同的反射角射出，这样在地面上的激光脚点就会落在不同的位置。摆镜周期性地摆动，激光脚点的位置就会周期性地在地面扫过，从而形成了垂直于转轴轴向的地面扫描数据。

该方式激光脚点分布(图 3.2)特点：由于摆镜在两个方向往复摆动，所以对地面产生的扫描线也是双向的。由于飞行方向与扫描方向垂直，所以在地面上形成“Z”状扫描线。由于机械运动的原因，摆镜在最边缘处加速度最大、速度最小，从而使激光脚点在边缘处的扫描速度较慢，采样点密集；同样，在航线正中间，由于摆镜速度最大，激光束扫描速度较快，导致地面采样点较为稀疏。

该方式优点在于：a. 具备不间断对地扫描的能力，并可根据需要调节扫描视场角的大小以及扫描速度；b. 对飞行高度没有限制，飞机可以飞得比较高。其缺点在于：a. 由于机械装置不可避免地存在机械磨损，设备使用一定时间后，摆动的步进可能会不均匀，设备的稳

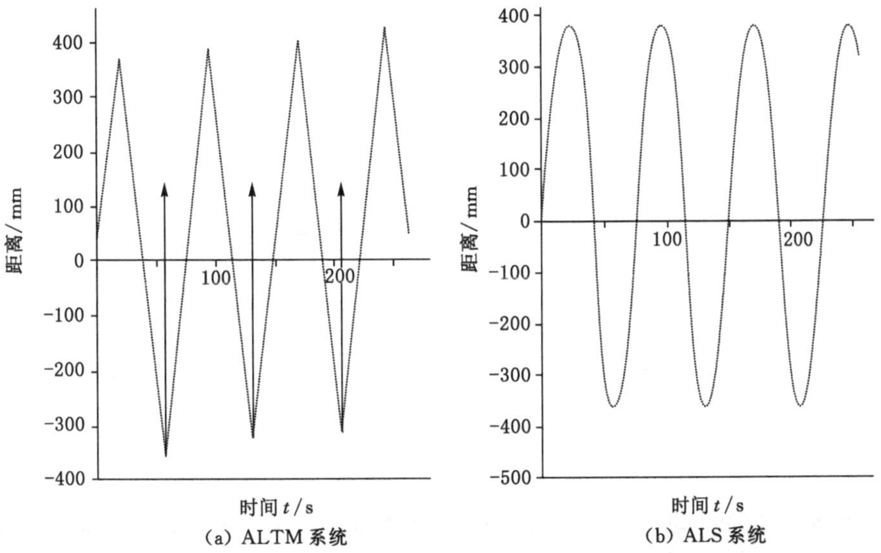

图 3.2　不同机载 LiDAR 系统激光脚点分布特点

定性和可靠性可能会变差，此时需要进行校准，有时还需要返厂检校；b. 该方式采样率较低，为了保证足够的激光脚点密度，须限制飞行速度，不能过快；c. 由于采用不断变化的镜面转动速度，因此，也就需要不停地加速、减速，而加速、减速过程往往会成为一种系统误差源；d. 不断变化的镜面转动速度使得地面上扫描点的间距不一致，通常一条扫描线边缘地区点的密度较大，即点的间隔小，而天顶角方向上的点密度会明显变小，即点的间隔大。

② 旋转多面镜扫描方式

旋转多面镜扫描方式在主流 LiDAR 系统中不常使用，但在海洋 LiDAR 中较为常见，我国自行研制的机载激光遥感基础系统使用的是这种方式。其原理如图 3.3(a)所示，使用一个可沿转轴旋转的棱镜作为反射镜，棱镜的法线方向与旋转轴的轴向有一个夹角 β，镜面与旋转轴不垂直，其与旋转轴垂面的夹角为(与 β 相等)7°，旋转轴线与水平面的夹角 α 为 45°。激光器发射的激光束照射到反射镜面，经过反射后指向地面。反射棱镜每旋转一周，激光束在地面上的激光脚点轨迹就形成一个椭圆。随着飞机飞行，激光脚点形成沿飞行方向前进的无数椭圆。

该方式激光脚点分布特点：通过倾斜扫描镜，使扫描镜的镜面具有一定倾角，此时旋转轴与发射装置的激光束呈 45°夹角，随着载体的运动，光斑在地面上形成一系列有重叠的椭圆，如图 3.3(b)所示。

该方式优点在于：a. 机械结构简单，运行平稳，适于高速旋转，有利于提高效率；b. 可以获得具有一定重叠度的椭圆扫描轨迹，从而增大测量点的密度，并且可以对某些遮挡地区进行测量(在当前扫描视场角中被遮挡的区域，在下一个扫描角中通常可以被测量到)。然而，其缺点也很明显，即测度分布不均匀，数据处理比较麻烦。

③ 旋转正多面体扫描方式

旋转正多面体扫描是一种比较常用的扫描方式，有些商业 LiDAR 系统，如 Riegl 公司的 LiteMapper 5600，就采用了这种方式。其原理为：将正多面体棱镜作为反射镜，沿其中

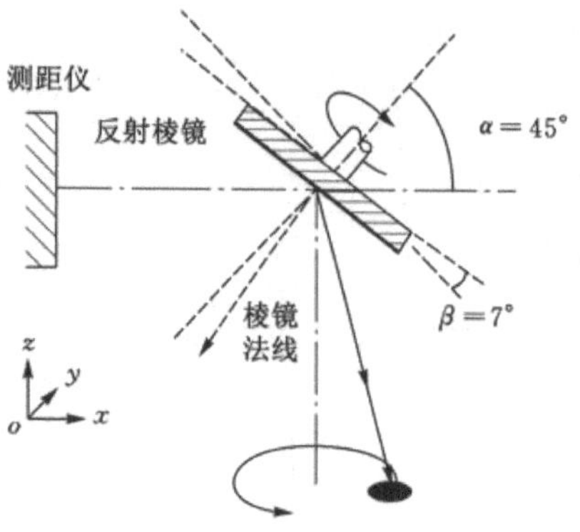

(a) 原理

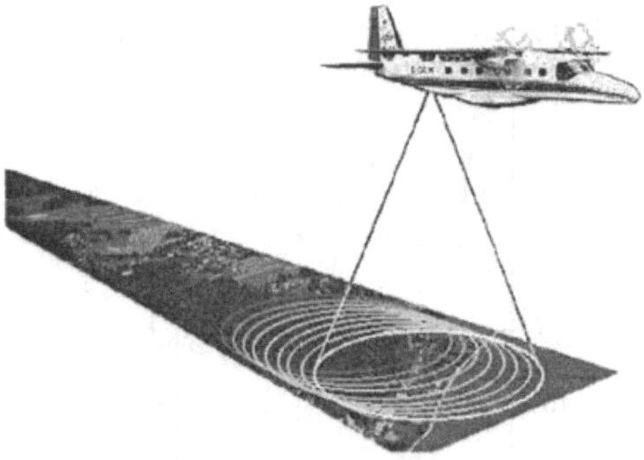

(b) 激光脚点分布特点

图 3.3 旋转多面镜扫描方式

一轴设置一个转轴，通过电动机带动转轴转动，使正多面体棱镜做匀速转动。随着镜面的转动，其位置不断变化，入射角也不断变化，反射光束的方向也随之变化。假设转速为 ω，则每隔 $360/\omega$ 的时间，镜面将回到初始位置。同样，反射光束方向也将回到初始位置。这样，镜面位置的变化是周期性的，反射光束方向也周期性地变化，地面上激光脚点的位置也在一定范围内往复变化。若沿转轴的轴向飞行，即可实现激光束对地扫描。

该方式激光脚点分布特点：由于转轴只沿着一个方向旋转，激光束也将沿着一个方向扫描，一旦达到扫描边缘便会立刻回到初始位置，然后再沿同一方向进行扫描。因此，其激光脚点在地面形成单向扫描平行线轨迹，如图 3.4 所示。

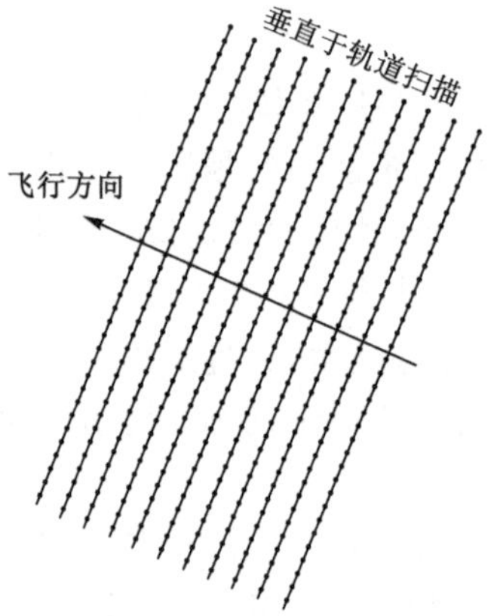

图 3.4 旋转正多面体扫描方式激光脚点分布特点

该方式优点在于：a. 可通过调整扫描速度和脉冲频率来调整扫描点在横向和纵向的间距，从而控制地面脚点密度，为不同用户提供满足其要求的产品；b. 反射镜被匀速旋转，不需要任何加速和减速运动，从而避免了加速、减速带来的系统性误差，匀速运动也增加了系统的稳定性。其缺点在于：a. 存在发热和磨损问题，需要不断进行检校和标定；b. 在每一旋转周期内，总有一段时间激光束无法被反射到地表上，因此，这段时间也就不能用于测量；c. 采用恒定转速进行扫描，扫描视场角是一定的，无法根据任务的不同性质进行相应的改变，一般来说，这种方式只适用于大视野扫描（大于 40°）。

④ 纤维光学阵列扫描方式

纤维光学阵列扫描是一种线扫描方式。目前，商用 LiDAR 系统只有 TopoSys 公司的部分产品（如 Falcon Ⅱ/Ⅲ）使用这种扫描方式。在纤维光学阵列扫描仪中，发射光路与接收光路一一对应，如图 3.5(a)所示，两组光纤排列成一行，分别安置在发射透镜和接收透镜的焦平面上。另外，还有两个中心光纤分别与激光二极管和接收器前的滤波器相连接。这两组光纤分别围绕中心光纤按顺序摆放成圆形光纤组，与两个旋转镜头一一对应。两个旋转镜头同时旋转，激光从下方中心光纤中发射，经过透镜被旋转镜头反射，再通过透镜射到圆形光纤组中的某一根光纤，然后射向地面。与此同时，被目标反射回来的激光经过上方光纤线组中的某一根光纤，从右侧圆形光纤组上该光纤的位置射出，经过透镜被旋转镜头反射，再通过透镜，进入中心光纤，到达滤波器，形成被接收的信号。这样，在发射通路和接收通路上的每一根光纤都按顺序同步工作，并且发射通路的光纤与相应的接收通路上的某一根光纤形成对应关系。

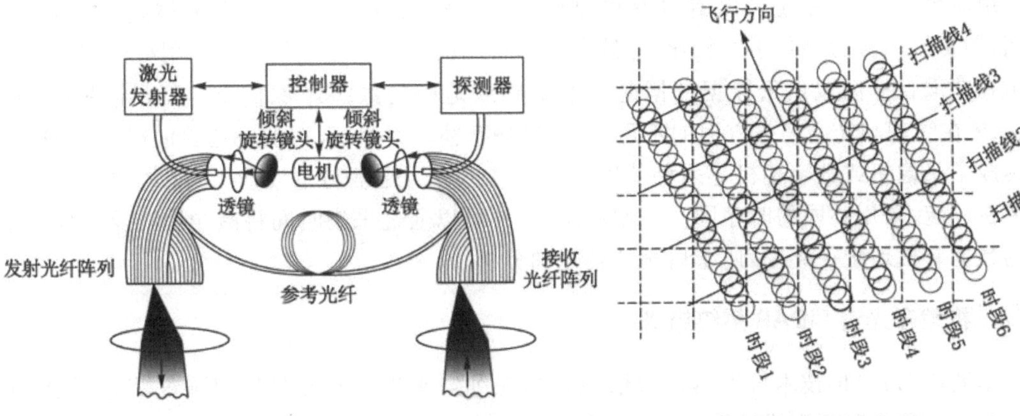

(a) 原理　　(b) 激光脚点分布特点

图 3.5　纤维光学阵列扫描原理及激光脚点分布特点

该方式激光脚点分布特点：在前几种方式中，激光束通过反射镜反射后直接照射到目标表面点，而在这种扫描方式下，被反射镜反射的激光束将先进入一个线性光纤阵列，然后再通过该光纤阵列照射到目标表面点。利用这种扫描方式，在地面上产生的扫描线也是一个互相平行的扫描线，如图 3.5(b)所示。

该方式优点在于：a. 光纤孔径很小，与其相联系的机械部分也很小，因此这种方式的扫描速度非常快，采样点非常密集；b. 扫描点分布规则且比较均匀，可以进行前视和侧视采集，能充分利用旁向采集的所有点。其缺点在于：a. 不能灵活地调整视场角，且视场角较小；b. 飞行速度不能过低，否则会造成航向上的过采样。

需要说明的是，形成的扫描形状不仅取决于激光扫描装置及其工作方式，还取决于飞机的飞行方向和速度，以及飞行地形。由于实际飞行时，飞机速度和扫描速度都不是均匀的，因而机载 LiDAR 系统在地面上的激光脚点是不均匀的。

(3) 控制、监测与数据记录系统

使用计算机控制整个系统，包括协调各量测部件的运行，记录激光回波数据、POS 导航数据、激光脉冲信号传播时间以及脉冲发射时刻等相关信息，以便于后续处理生成地面点三维坐标。同时，控制、监测与数据记录系统可在利用 LiDAR 采集数据时为操作人员提供有效的实时监控信息，这些信息包括传感器、POS 等部件的工作状态，以及飞机平台的飞行轨迹。

4. 同步控制装置

单波段 LiDAR 系统非常复杂，涉及多种信息数据：DGNSS 数据、INS 数据、激光扫描数据以及其他辅助数据。这些数据以不同的硬件设备进行实时采集和记录，必须通过同步信号保持相互联系和匹配，否则得到的只是一批毫不相关的数据，无法进行进一步的后处理。因此，需要具有精密的同步系统。一般而言，GNSS 接收系统、姿态测量系统及激光扫描系统各自有一套性能稳定的精密时钟，这些时钟需要随时相互检校，以保持完全同步状态。如果在系统作业期间，由于某种干扰而导致某一时刻的数据没有同步，则不会影响其后面记录的数据之间的同步关系。

5. 多波段和多类型传感器

单波段 LiDAR 系统可以直接获得目标的三维空间位置，并通过点云描述目标对象。然而，与传统的摄影测量手段相比，它缺少扫描目标的光谱和纹理信息。利用高分辨率数码相机在获取目标区域点云数据的同时获取地物或地貌的数字影像信息，可以弥补单波段 LiDAR 在纹理和光谱信息方面的不足，实现优势互补。因此，现在的一些单波段 LiDAR 系统集成了录像机或数字相机等多种传感器。这些传感器通常与单波段 LiDAR 测距传感器安装在一起，采用共同的时序同步控制系统，这样可以通过采集时间将激光回波及各种传感器的数据有机地统一起来，便于后续的处理和分析。

3.1.2 机载多光谱 LiDAR 系统组成

单波段 LiDAR 技术可以迅速获取地物的三维空间坐标及激光反射强度信息，但由于硬件条件和数据获取方式的限制，其扫描覆盖范围有限，且无法提供目标对象的光谱信息。虽然将单波段 LiDAR 数据与多光谱遥感影像融合也可以获取点云的多光谱信息，但是，二者为异源数据，数据融合过程中会存在一定的配准误差，导致点云的多光谱信息不够准确。随着硬件技术的不断发展，一些研究机构与公司相继推出了多光谱 LiDAR 系统，该系统可以在同一时刻获得多个波段下的独立激光点云数据，这样不仅提供了 LiDAR 的几何信息，而且提供了多个波段的强度信息。世界上第一台商用机载多光谱主动成像 LiDAR 传感器是 Teledyne Optech Titan(泰坦)多光谱 LiDAR 系统。本节以 Titan 多光谱 LiDAR 系统为例，介绍机载多光谱 LiDAR 系统的组成，如图 3.6 所示。

Titan 传感器的具体参数如表 3.1 所示，其配备了三个独立的主动成像通道，且各通道间有 3.5°的偏转角间隔。其中，C1 通道是短波红外波段，工作波长为 1 550 nm，向前倾斜 3.5°；C2 通道是近红外通道，工作波长为 1 064 nm，前倾角为 0°；C3 通道是可见光绿色波段，工作波长为 532 nm，向前倾斜 7°。通过上述三个独立的激光脉冲通道同时采集目标表面的三维点云及其三个波段的激光反射率信息，图 3.7 所示为典型的地物目标的反射率信息。其中，植被在近红外光谱中反射能力较强，而在可见绿色光谱中反射能力较弱。土壤在 1 550 nm短波红外波段反射能力最强，而在 532 nm 绿色波段反射能力较弱。在近红外和短波红外光谱中，电磁波在水面被吸收，只有在 532 nm 绿色波段才会产生较低的反射率。

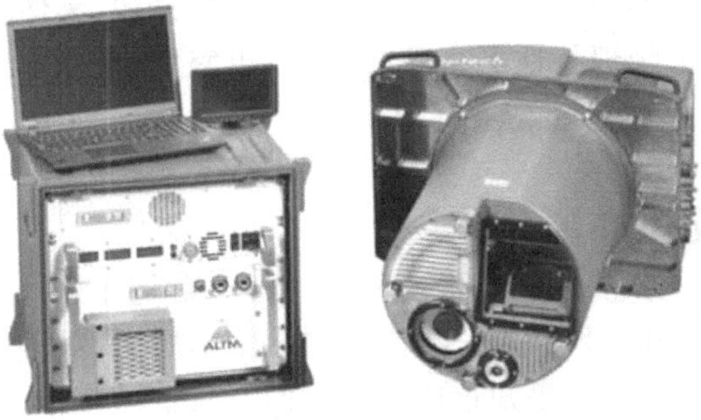

(a) Titan 传感器与传感器控制台

(b) Titan 多光谱 LiDAR 安装布局

图 3.6　Titan 多光谱 LiDAR 系统组成

表 3.1　Titan 传感器参数

参数	描述
波长	C1:1 550 nm，C2:1 064 nm，C3:532 nm
前倾角	C1:3.5°，C2:0°，C3:7°
光束发射度	C1:0.35 mrad，C2:0.35 mrad，C3: 0.7 mrad
高度	300～2 000 m
脉冲重复频率	50～300 kHz(通道);900 kHz(总和)
视场角(FOV)	可调整:0°～60°
扫描频率	可调整:0～210 Hz
扫描宽度	0～115% AGL(高于地面水平)
精度	水平:1/7 500×altitude(高度)，1σ(标准差);垂直: <5～10 cm，1σ
激光测距精度	<0.008 m,1σ

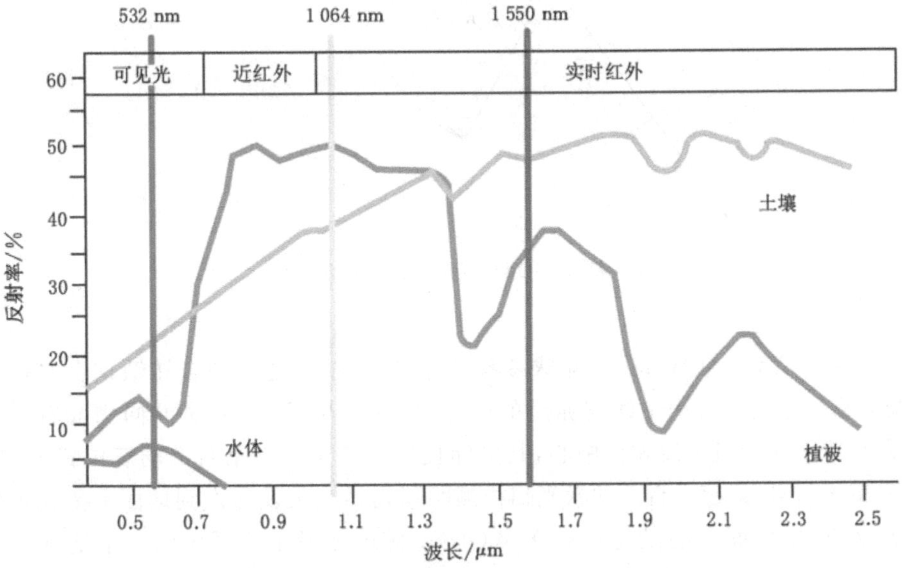

图 3.7　不同地物的激光反射波谱曲线

对比传统的单波段 LiDAR，多光谱 LiDAR 可提供更全面、更详细的特征描述，具体表现为：a. 具有多个波段的反射强度，反映的目标物理特性更全面；b. 点云更密集，目标垂直结构细节更丰富。

3.2 机载 LiDAR 系统对地定位及扫描原理

机载 LiDAR 系统采用极坐标定位原理，其确定地面点三维坐标的数学本质为：对于一个空间向量，已知其模和在物方坐标空间中的方向，如果知道向量起点的空间坐标，则该向量另一端点的坐标可唯一确定。对于机载 LiDAR 系统，起点为激光束的出射点，其坐标可通过 DGNSS 定位技术以及检校获取的出射点与机上 GNSS 天线之间的相对关系来确定，向量的模通过激光测距仪测定，向量的空间方向通过 INS 观测值、激光扫描仪观测值及安置角(激光扫描仪坐标系与惯性平台参考系统坐标系之间的旋转角度)来确定，有了这些确定值，就可以简单确定向量的另一端点(激光地面反射点)。通过扫描仪改变激光束的扫描方向，由“点”形成“线”，即可实现垂直于飞行方向的行扫描，随着传感器平台往前飞行，“线”形成“面”，最终可使“点”布满整个“面”。图 3.8 和图 3.9 所示分别为机载 LiDAR 系统的定位和扫描原理示意图。

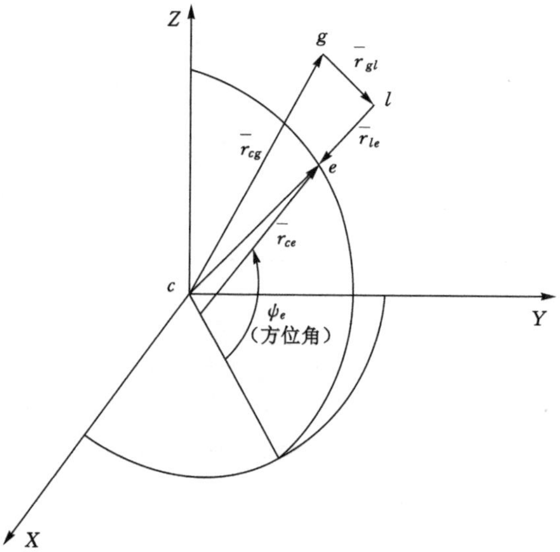

图 3.8　机载 LiDAR 系统对地定位示意图

在图 3.8 中，c-XYZ 为 WGS-84 椭球参考坐标系，Z 轴与地球的自转轴重合并指向天顶，X 轴指向格林尼治中央子午线与赤道的交点，Y 轴则与 X 轴、Z 轴共同构成右手参考系。g 点为 GNSS 接收机天线相位中心，其坐标提供了空中遥感平台的动态位置。l 点为激光器的光束发射点，遥感平台上的激光扫描测距仪提供光束发射点到地面上激光束作用点 e 的距离数据，则地面上的激光点 e 在 WGS-84 椭球参考坐标系中的三维地理坐标为(X_e,Y_e,Z_e)，WGS-84 坐标系中的 $\boldsymbol{r}_{ce}^{\mathrm{C}}$ 矢量为(在激光束为非扫描的情况下)：

$$\boldsymbol{r}_{ce}^{\mathrm{C}} = \boldsymbol{r}_{cg}^{\mathrm{C}} + \boldsymbol{r}_{gl}^{\mathrm{C}} + \boldsymbol{r}_{le}^{\mathrm{C}} \tag{3-1}$$

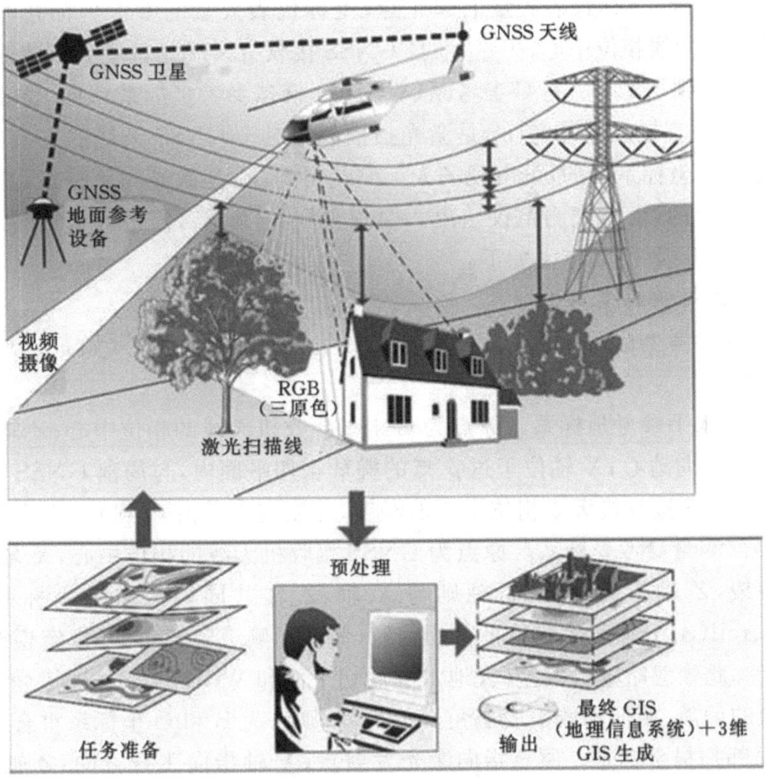

(a) 单波段 LiDAR

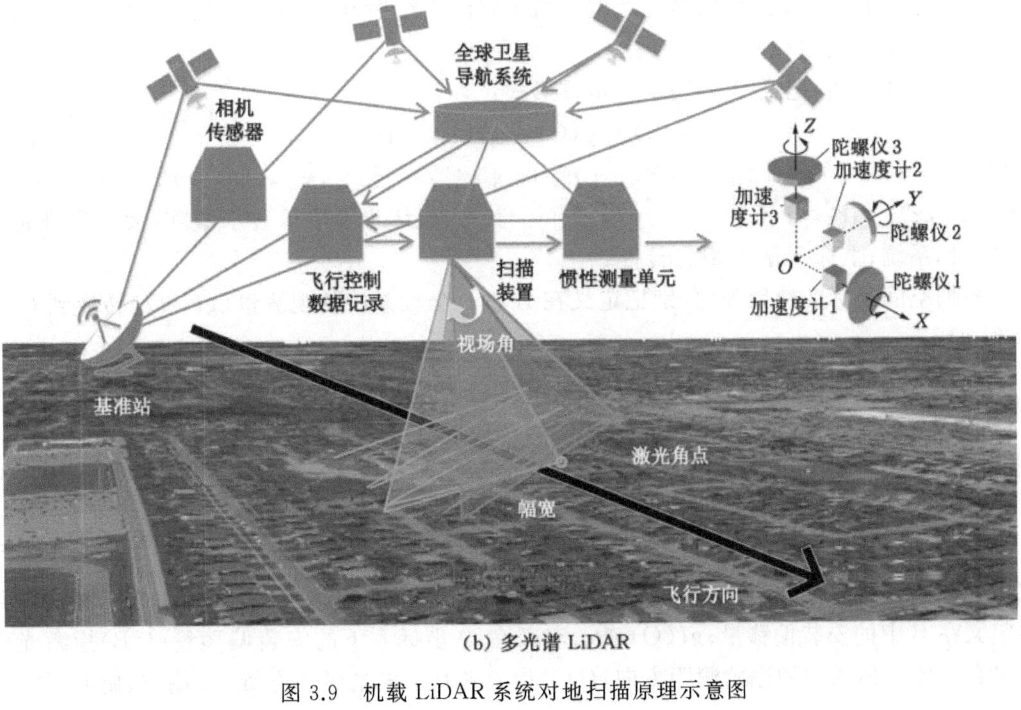

(b) 多光谱 LiDAR

图 3.9　机载 LiDAR 系统对地扫描原理示意图

式中，$\boldsymbol{r}$ 代表矢量；下标代表矢量的起止点；上标代表矢量的参考坐标系；矢量 $\boldsymbol{r}_{cg}^{C}$ 自点 c 到 GNSS 接收机天线相位中心；矢量 $\boldsymbol{r}_{gl}^{C}$ 自 GNSS 接收机天线相位中心到光束发射点；矢量 $\boldsymbol{r}_{le}^{C}$ 自光束发射点到点 e。$\boldsymbol{r}_{cg}^{C}$ 是 C 参考系（WGS-84 椭球参考坐标系）中天线端点的动态定位矢量，由 DGNSS 直接观测确定；$\boldsymbol{r}_{gl}^{C}$ 是激光扫描仪相对于 GNSS 天线的安装偏移量，直接观测量是定义在 B 坐标系中的，可由现场人工测量得到；$\boldsymbol{r}_{le}^{C}$ 是激光测距矢量，直接观测量是定义在 L 坐标系中的，由激光测距仪给出。要想得到 $\boldsymbol{r}_{gl}^{C}$ 和 $\boldsymbol{r}_{le}^{C}$，需进行坐标转换，涉及的坐标系统有 C、G、O、B 及 L，其定义如下：

C：WGS-84 椭球参考坐标系。

G：局部参考坐标系。原点为 GNSS 接收机天线的相位中心（如 g 点），三轴平行于 C 坐标系的三轴。

O：局部水平参考坐标系。原点为 GNSS 接收机天线的相位中心；Z 轴沿 WGS-84 椭球法向量反向指向地心；X 轴位于过 g 点的椭球正切平面内，与局部 GNSS 子午线垂直，指向北极点。GNSS 接收机天线相位中心的经度、纬度定义了由 O 到 G（和 C）的旋转矩阵。

B：局部测量参考坐标系。原点为 GNSS 接收机天线的相位中心，X 轴沿着飞机飞行方向的中心线，Z 轴指向地面，Y 轴则与 X 轴、Z 轴共同构成右手坐标系。Heading(β)、pitch(α)、roll(ψ)分别表示运动平台的偏航、俯仰和侧滚姿态角，并规定逆时针旋转为正，由 INS 测定。此处忽略垂线偏差（大地水准面切平面和 WGS-84 椭球的夹角）的影响，即：如果运动平台的偏航、俯仰和侧滚姿态角真值为零，则认为 B 和 O 坐标系重合。

L：局部扫描坐标系。原点指向激光发射点；X 轴指向飞行方向；Z 轴指向瞬时激光束方向；Y 轴与 X 轴、Z 轴共同构成右手坐标系。当 $\beta=\alpha=\psi=0$ 时，欧拉角的变化量 ($\Delta\beta$，$\Delta\alpha$，$\Delta\psi$) 为由于安装而造成的激光束偏离机下点的系统误差。($\Delta\beta$，$\Delta\alpha$，$\Delta\psi$) 给出了 L 相对于 B 坐标系的旋转欧拉角。

为了表述方便，把式(3-1)表示为矩阵形式：

$$\boldsymbol{e}(\mathrm{C})=\boldsymbol{g}(\mathrm{C})+\boldsymbol{gl}(\mathrm{G})+\boldsymbol{l}(\mathrm{G}) \tag{3-2}$$

式中，$\boldsymbol{r}_{ce}^{C}\equiv\boldsymbol{e}(\mathrm{C})=[x_{ce}^{C},y_{ce}^{C},z_{ce}^{C}]^{\mathrm{T}}$；$\boldsymbol{r}_{cg}^{C}\equiv\boldsymbol{g}(\mathrm{C})=[x_{cg}^{C},y_{cg}^{C},z_{cg}^{C}]^{\mathrm{T}}$；$\boldsymbol{r}_{gl}^{C}\equiv\boldsymbol{gl}(\mathrm{G})=[x_{gl}^{G},y_{gl}^{G},z_{gl}^{G}]^{\mathrm{T}}$；$\boldsymbol{r}_{le}^{C}\equiv\boldsymbol{l}(\mathrm{G})=[x_{le}^{G},y_{le}^{G},z_{le}^{G}]^{\mathrm{T}}$。其中，粗体小写字母表示矩阵；大写字母表示参考坐标系统；上标 T 表示矩阵转置。

根据空间坐标变换原理，分别把定义在 B 和 L 坐标系中的观测量（$\boldsymbol{gl}$ 和 $\boldsymbol{l}$）转换到 G 坐标系，即

$$\begin{cases}\boldsymbol{gl}(\mathrm{G})=\boldsymbol{R}^{-1}(\lambda,\varphi-90,0)\boldsymbol{gl}(\mathrm{O})\\ \boldsymbol{gl}(\mathrm{O})=\boldsymbol{R}^{-1}(\beta,\alpha,\psi)\boldsymbol{gl}(\mathrm{B})\\ \boldsymbol{l}(\mathrm{G})=\boldsymbol{R}^{-1}(\lambda,\varphi-90,0)\boldsymbol{l}(\mathrm{O})\\ \boldsymbol{l}(\mathrm{O})=\boldsymbol{R}^{-1}(\beta,\alpha,\psi)\boldsymbol{l}(\mathrm{B})\\ \boldsymbol{l}(\mathrm{B})=\boldsymbol{R}^{-1}(\Delta\beta,\Delta\alpha,\Delta\psi)\boldsymbol{l}(\mathrm{L})\end{cases} \tag{3-3}$$

式中，$\boldsymbol{l}(\mathrm{L})=[0,0,|\boldsymbol{l}(\mathrm{L})|]^{\mathrm{T}}$，表示定义在 L 中的激光测距矢量；$\boldsymbol{gl}$(B)表示由人工测量得到的定义在 B 中的安装偏移量；$\boldsymbol{gl}$(O)表示定义在 O 坐标系下的安装偏移量；$\boldsymbol{l}$(B)指激光束在平台本体坐标系中的原始测距方向；$\boldsymbol{l}$(O)指激光测距矢量经姿态旋转（偏航、俯仰、侧滚）后，在 O 坐标系中的表达；$\boldsymbol{R}^{-1}(\Delta\beta,\Delta\alpha,\Delta\psi)$为由于安装而造成的激光束偏离机下点的系统误差旋转矩阵；$\boldsymbol{R}^{-1}(\beta,\alpha,\psi)$为运动平台的偏航、俯仰和侧滚姿态角旋转矩阵；$\boldsymbol{R}^{-1}(\lambda,\varphi-$

90,0)为 GNSS 天线相位中心的经纬度旋转矩阵。其中，λ 为偏航角，φ 为俯仰角。

对于任意旋转角 δ，有 $\boldsymbol{R}_i^{-1}(\delta)=\boldsymbol{R}_i^{\mathrm{T}}(\delta)=\boldsymbol{R}_i(-\delta)$，旋转正交矩阵满足 $\boldsymbol{R}^{-1}(\gamma,\beta,\alpha)\equiv \boldsymbol{R}_3^{-1}(\gamma)\boldsymbol{R}_2^{-1}(\beta)\boldsymbol{R}_1^{-1}(\alpha)$，其中：

$$\begin{cases}\boldsymbol{R}_1(\alpha)=\begin{bmatrix}1 & 0 & 0\\ 0 & \cos\alpha & \sin\alpha\\ 0 & -\sin\alpha & \cos\alpha\end{bmatrix}\\ \boldsymbol{R}_2(\beta)=\begin{bmatrix}\cos\beta & 0 & -\sin\beta\\ 0 & 1 & 0\\ \sin\beta & 0 & \cos\beta\end{bmatrix}\\ \boldsymbol{R}_3(\gamma)=\begin{bmatrix}\cos\gamma & \sin\gamma & 0\\ -\sin\gamma & \cos\gamma & 0\\ 0 & 0 & 1\end{bmatrix}\end{cases}$$

式中，γ、β、α 代表三个方向的旋转角。

将式(3-3)中的各项代入式(3-2)，则在激光束为非扫描的情况下，激光脚点在 WGS-84 坐标系下的坐标为：

$$\boldsymbol{e}(\mathrm{C})=\boldsymbol{g}(\mathrm{C})+\boldsymbol{R}^{-1}(\lambda,\varphi-90,0)\boldsymbol{R}^{-1}(\beta,\alpha,\psi)[\boldsymbol{R}^{-1}(\Delta\beta,\Delta\alpha,\Delta\psi)\boldsymbol{l}(\mathrm{L})+\boldsymbol{gl}(\mathrm{B})] \tag{3-4}$$

当激光束在与平台运动方向垂直的平面内进行线扫描时，还应乘以因激光束扫描而偏离机下点的旋转矩阵 $\boldsymbol{R}(0,0,\psi_s)$，因此有：

$$\boldsymbol{e}(\mathrm{C})=\boldsymbol{g}(\mathrm{C})+\boldsymbol{R}^{-1}(\lambda,\varphi-90,0)\boldsymbol{R}^{-1}(\beta,\alpha,\psi)[\boldsymbol{R}^{-1}(0,0,\psi_s)\boldsymbol{R}^{-1}(\Delta\beta,\Delta\alpha,\Delta\psi)\boldsymbol{l}(\mathrm{L})+\boldsymbol{gl}(\mathrm{B})] \tag{3-5}$$

式中，ψ_s 为线扫描角。

式(3-5)即机载 LiDAR 系统对地定位的线扫描的精确定位方程。

3.3　有人机载 LiDAR 系统外业数据采集

3.3.1　数据采集作业流程

机载 LiDAR 系统数据采集作业流程主要包括航摄准备、航摄数据采集等环节，其详细内容如图 3.10 所示。

3.3.2　航摄准备

(1) 航摄设计

航摄设计是飞行作业前的首要任务，它是整个航摄工作的重要组成部分。航摄设计主要是依据航空摄影技术设计规范以及航摄任务书的要求，制定实施航测技术方案的过程，包括技术参数确定(如航摄范围、航摄执行时间等)、航线规划、作业参数设计、地面基站布设等。航测设计可为航空摄影直接提供飞行数据，从某种意义上讲，它不仅与航测成果的质量和效益有关，而且会影响航测飞行工作的安全性。所以它在机载 LiDAR 系统的作业流程中显得非常重要，是质量控制的第一环节。航摄设计主要包括以下三个方面。

① 航线设计。在设计航飞路线时，应遵循安全、经济、周密、高效的原则，以满足项目成果数据精度要求为目标，充分分析测区的实际情况，包括测区的地形、地貌、机场位置、已有

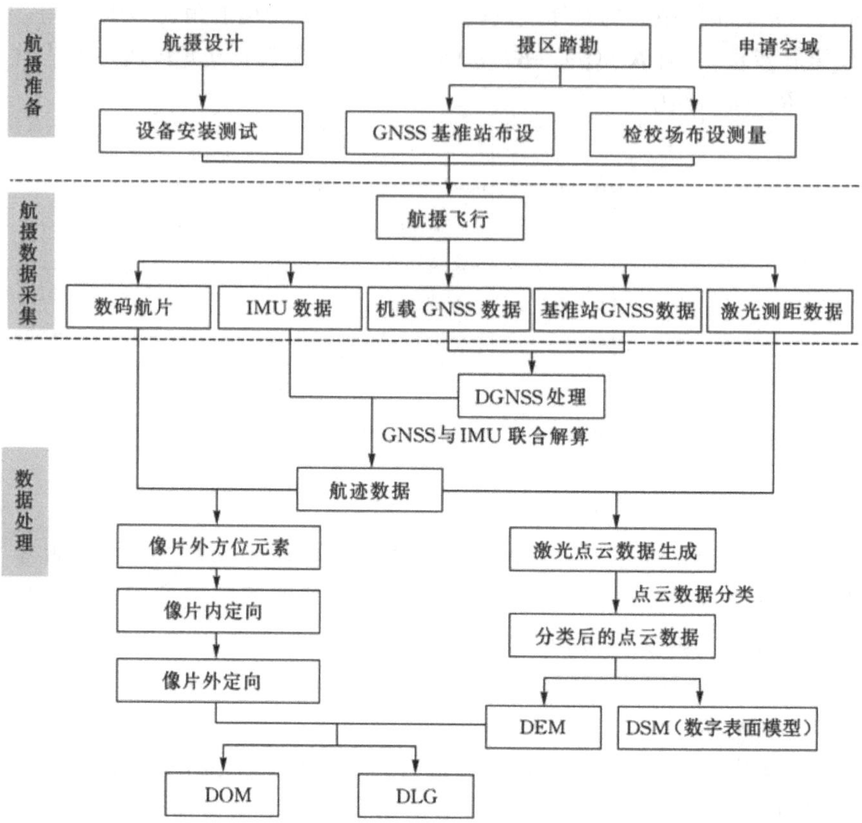

图 3.10　机载 LiDAR 系统数据处理流程

控制网情况、气象条件等影响因素，结合 LiDAR 测量设备自身特点，如航高、航速、相机镜头焦距及曝光速度、激光扫描仪扫描角、扫描频率及功率等，同时考虑航带重叠度、激光点距、影像分辨率等，选择最为合适的航摄参数，以为获取高质量数据提供基础技术保障。

一般选用专门的航飞设计软件设计飞行路线，如 Leica 公司的 FPES、IGI 公司的 WinMP、Riegl 公司的 TrackAir 等。在设计航线时，通常参考小比例尺的二维平面地形图或直接在 Google Earth(谷歌地球)上通过航飞设计软件生成航线数据文件，内容包括航线号、航带顺序等信息。在执行航空摄影前，将航线数据文件拷贝到机载 LiDAR 系统的导航任务卡中。在飞行时选择要作业的航线，LiDAR 系统在飞机进入测线坐标范围后即可自动采集数据(如激光点云数据和数码影像数据)。图 3.11 所示为在 Leica FPES 软件中进行的航线设计示例。

② 地面基站设计。在进行 LiDAR 测量作业时，需要在测区内布设一定数量的 GNSS 基准站。这些基准站一方面用于动态 GNSS 定位，另一方面用于在数据处理后快速检测已知点与所测点云之间的绝对误差。

在机载 LiDAR 系统中，除了安置角误差外，最大的系统误差源便是差分 GNSS 误差。因此，地面 GNSS 基准站的布设是质量控制中的重要一环，需要确保在 30 km 范围内有基站，且基站之间的间距为 30～50 km。

③ 检校场选择。在采集数据之前或之后，都需要对设备进行检校，一般通过采集和处

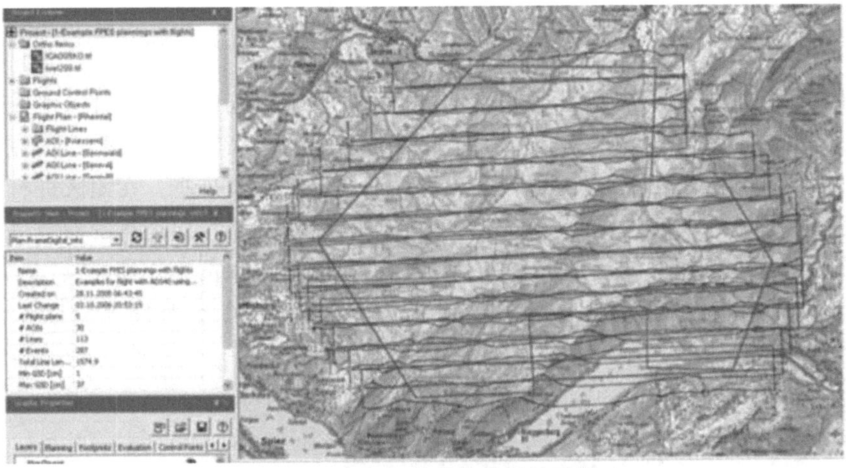

图 3.11　FPES 软件航线设计示例

理检校场数据来计算各仪器间的精密偏心分量和安装轴间的精密偏心角，从而对整个测区的数据进行系统误差纠正，以提高精度。IMU 的偏航角、侧滚角、俯仰角的检校，要求地形有一定的坡度，但不能太大，同时地形范围应适当大些，以保证航线足够长。一般选择有平地、山坡、房屋的地区作为检校场。飞机在飞越检校场时，通常采用“井”字形或“田”字形的飞行模式。

(2) 航飞权申请

在执行任何航摄任务之前，必须按照规定向有关部门申请空域以取得航飞权，其大致办理流程如图 3.12 所示。在获得的航飞权期间，应选择在最佳天气条件时进行飞行，这样可保证拍摄影像的质量。

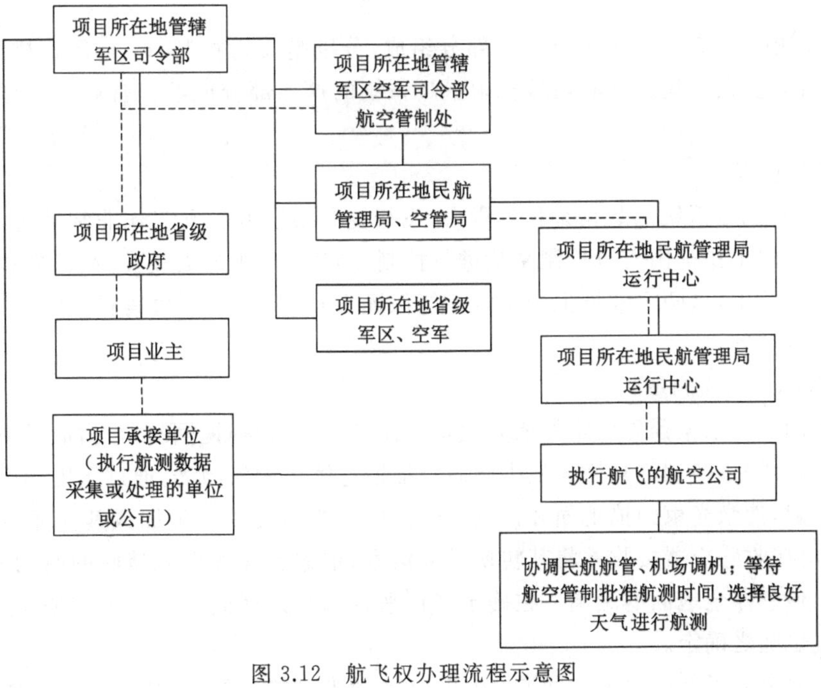

图 3.12　航飞权办理流程示意图

3.3.3 航摄数据采集

航摄数据采集工作流程：在飞机起飞前 30 min，打开地面基准站上的 GNSS 接收机。在飞机飞抵测区之前，打开 POS 系统，静止一段时间，接着按“8”字形航线飞行，完成后直飞 5 min，以保证 POS 系统处于最佳工作状态，然后开始进行数据采集。在测区进行数据采集时，飞机将按照设计航线自动飞行，扫描仪、相机及 POS 系统将按照设置的参数进行数据采集。数据采集完成后，依次进行直飞 5 min、倒“8”字形飞行、静止几分钟，随后关掉 POS 系统。地面 GNSS 接收机应在飞机关闭 POS 系统后 30 min 再关闭，如图 3.13 所示。

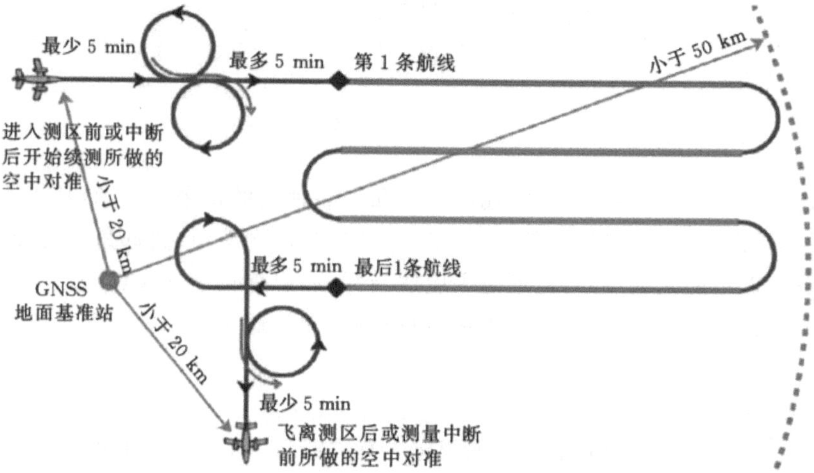

图 3.13 飞行航线示意图

LiDAR 测量系统的工作主要由三部分组成，分别是飞行控制、LiDAR 扫描测量、数码相机拍摄。因此，在采集数据时，保证 LiDAR 系统的这三部分能够正常同步工作是至关重要的。

（1）飞行控制

在 LiDAR 测量系统的数据采集过程中，飞行控制系统的正常工作非常关键，激光扫描仪和数码相机的工作都由飞行控制系统进行控制。同时，GNSS 天线及 IMU 的数据也记录在飞行控制系统中，这两个数据记录正常才能保证 LiDAR 数据及数码影像的正确定位，从而保证测量的精度。

（2）LiDAR 扫描测量

飞行控制系统根据预先设定的激光设备工作参数（如扫描镜摆动角、扫描频率等），在飞机进入预设航线时，控制红外激光发生器向扫描镜连续地发射激光，通过飞机的运动和扫描镜的运动反射，使激光束扫描地面并覆盖整个测区。当激光束由地面或其他障碍物反射回来时，被光电接收感应器接收并将其转换成电信号，根据激光发射至接收的时间间隔，即可精确测量出传感器至地面的距离。在确定飞行平台每个采样时刻的位置和姿态后，激光反射点的位置也随之确定。

由于一束激光可能产生多次回波，例如，一束激光可能被树顶、树枝、树干、矮草及地面依次反射回接收器，因此，激光点云数据可以较为详细地反映地表情况，为后期数据处理或制作 DEM、DOM 等数字产品提供高精度的基础数据。

激光点云数据通过高速数据传输线直接保存在系统的专用硬盘中。

(3) 数码相机拍摄

飞行控制系统根据预先设定的数码相机工作参数(如相机的曝光率、快门速度等)，在飞机进入预设航线时，自动获取高质量的影像数据。通过数码影像显示屏，可以实时查看影像的实拍效果，若效果不理想，可以随时调整相机参数。

数码影像数据通过高速数据传输线直接保存在系统的专用硬盘中。

3.4　无人机载 LiDAR 系统外业数据采集

本节以大疆禅思 L2 为例，介绍无人机载 LiDAR 系统外业数据采集流程。

3.4.1　开机部署

将 L2 云台安置至经纬 M350 RTK 无人机下置单云台，确认插入 MicroSD 卡(图 3.14)。

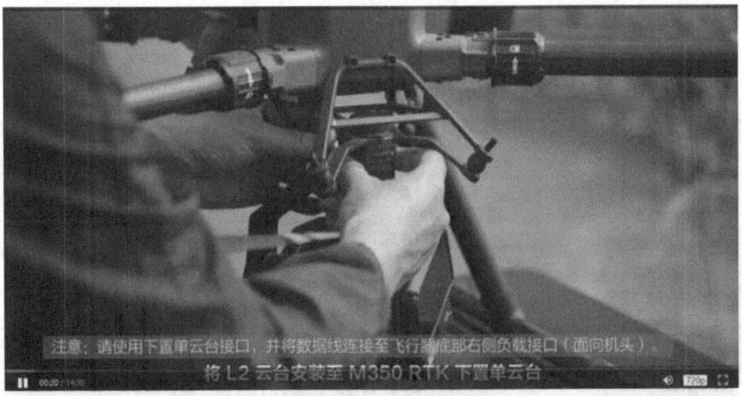

图 3.14　SD 卡插入示意图

依次开启飞行器和遥控器电源(图 3.15)，启动 DJI Pilot 2 APP(应用)，进行自检。

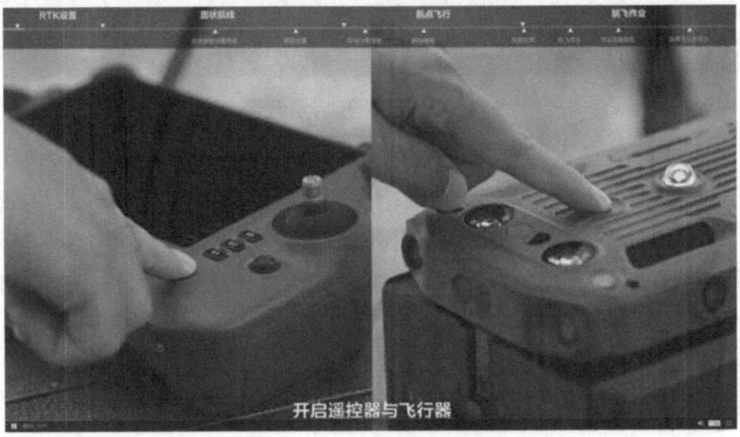

图 3.15　设备开机示意图

在飞行界面→通用设置→精准定位设置中，选择 RTK（网络实时动态定位）或 PPK（动态后处理技术），获取厘米级定位数据（图 3.16）。

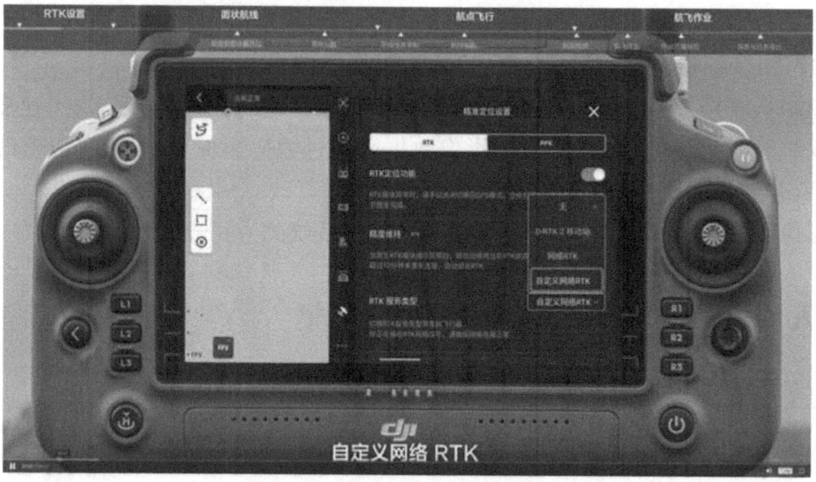

图 3.16　RTK 示意图

若测区有网络 RTK 信号，或者在已知点上架设 D-RTK2 移动站，即可开启 RTK 定位功能（图 3.17），实时获取差分数据，“精度维持”建议关闭。

图 3.17　RTK 开启示意图

RTK 服务类型包括 D-RTK2 移动站、网络 RTK、自定义网络 RTK。以网络 RTK（中国移动）为例，设置 RTK 坐标系。RTK 服务商 CMCC 代表中国移动。当状态栏显示“连接成功，RTK 数据使用中”，且飞行器定位显示为“FIX”时表示 RTK 功能已经准备就绪（图 3.18）。

3.4.2　规划面状航线

（1）创建面状航线

自检完成后，点击“航线”，进入航线库界面，点击“＋”号，创建航线，如图 3.19 所示。

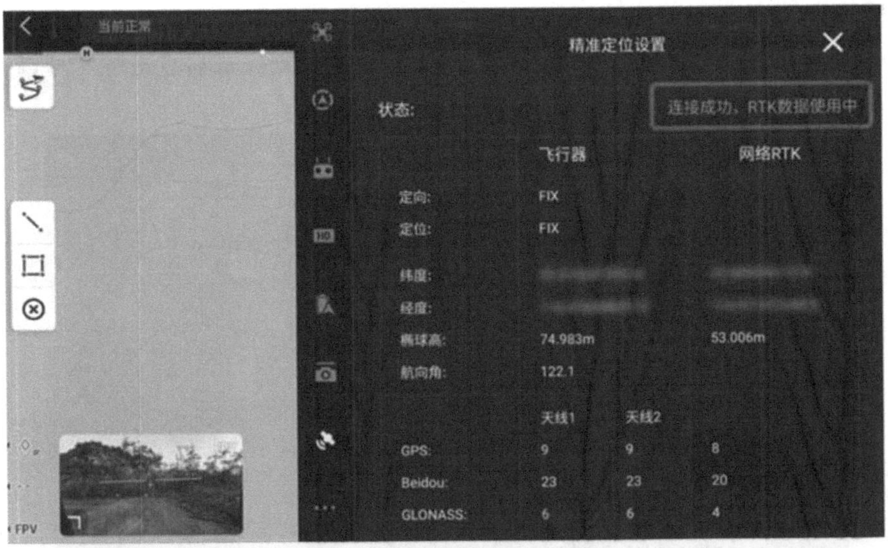

图 3.18　RTK 连接成功示意图

(a)

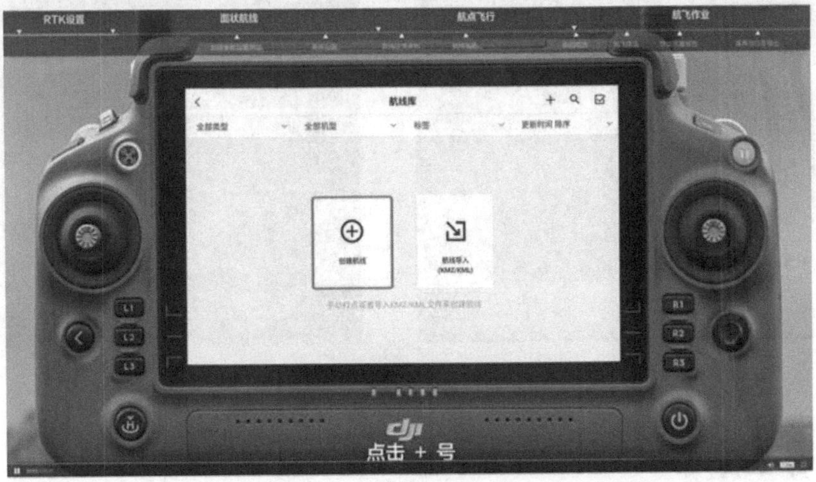

(b)

图 3.19　创建航线示意图

点击“面状航线”，进入编辑页面，在地图上通过点击和拖动边界点调整测区范围（图 3.20），点击边界点中间的“＋”号，可以添加边界点，规划完成后点击“√”号，确认测绘区域。

图 3.20　测区编辑示意图

选择机型、相机型号及镜头，使用激光雷达采集被测物体的点云数据，并点击“负载设置”（图 3.21）。

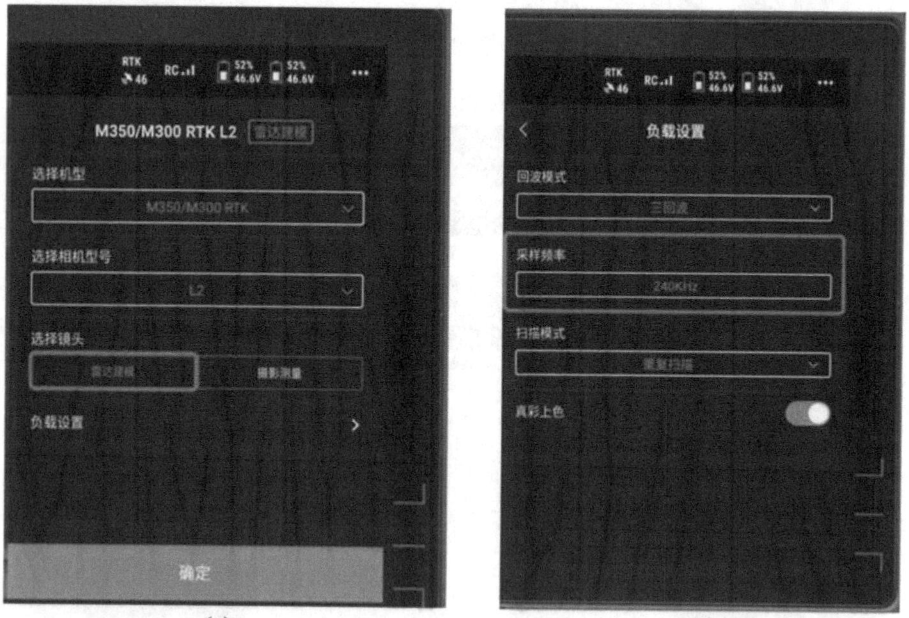

(a)　(b)

图 3.21　“负载设置”示意图

（2）负载参数设计

回波模式：建议选择“五回波”，因为五回波点云密度较高。若地表植被稀疏、低矮（低于

5 m),可降低回波数,如设置为“三回波”。

采样频率:240 kHz,表示大疆禅思 L2 每秒发射 24 万个激光束。

扫描模式:分为非重复扫描和重复扫描,建议在高精度场景中选择“重复扫描”,因为这样可以获得更高的精度和更大的点云密度。如需获取更多立面信息或更好的穿透性,建议选择“非重复扫描”,因为这种模式的扫描角度更广。

真彩上色:默认打开,此时通过可见光相机拍摄照片,可为点云上色。夜间可以关闭。可见光相机采集的影像也可用于二维或三维可见光模型重建。

(3) 航线参数设计

负载参数设置完成后,点击“确定”,进入航线参数设置界面(图 3.22),编辑面状航线名称,“雷达建模”建议选择“正射采集”;“正射 GSD”(地面像元分辨率)为可见光相机采集影像的 GSD;“点云密度”为理论上每平方米面积上激光雷达点的平均数量。

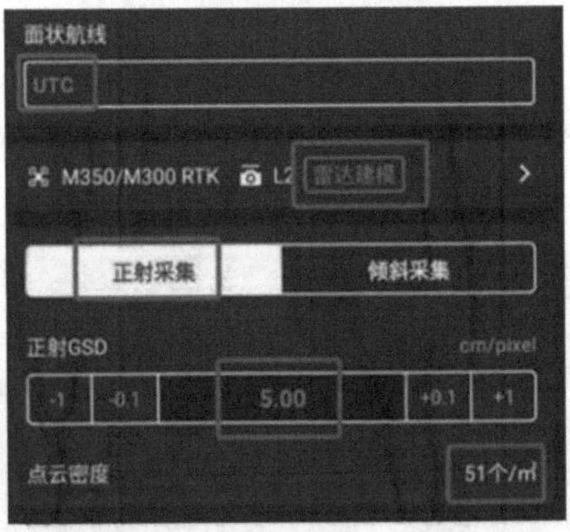

图 3.22 航线参数设置界面

“高度模式”建议选择“相对地面高”。开启“仿地飞行功能”,点击“DSM 文件”:M350 支持本地导入和网络下载两种方式获取地形数据。以网络下载方式为例,点击“网络下载”,APP 将根据测区位置下载地形高程数据,并生成一段变高航线进行精准的仿地飞行,确保飞行器与获取的地面高度保持等高飞行。建议设置仿地高度为 150 m(若需要提高激光穿透性,获取更多地面点信息,可降低高度,如 100 m。若测区地表植被较少,可适当提高高度,如 200 m,以提升作业效率)。若测区平坦无起伏,“高度模式”可选择“相对起飞点高度”;“高程优化”建议关闭(若需要制作正射影像图建议开启);若起飞点到航线起始点之间有较高的障碍物,需设置“安全起飞高度”。数值应高于障碍物高度,飞行器会先垂直爬升到安全起飞高度(安全起飞高度应高于航线起始点高度),再飞向航线起始点上空。安全起飞高度如图 3.23 所示。

“惯导标定”建议打开(图 3.24),开启后,飞行器作业时会在黄色航线及航线首位处自动进行前后加减速飞行,以保证点云精度。

“航线速度”建议设置为 15 m/s(降低航线速度可提升点云密度),如图 3.25 所示。可通过“主航线角度”调整航线方向,默认平行于测区长边。“完成动作”建议设置为“自动返航”。

在“高级设置”中调整“激光旁向重叠率”和“可见光航向重叠率”。“激光旁向重叠率”默认为 20%,如要提升点云密度,或测区地形起伏较大,可适当提升重叠率至 50%;若需同时

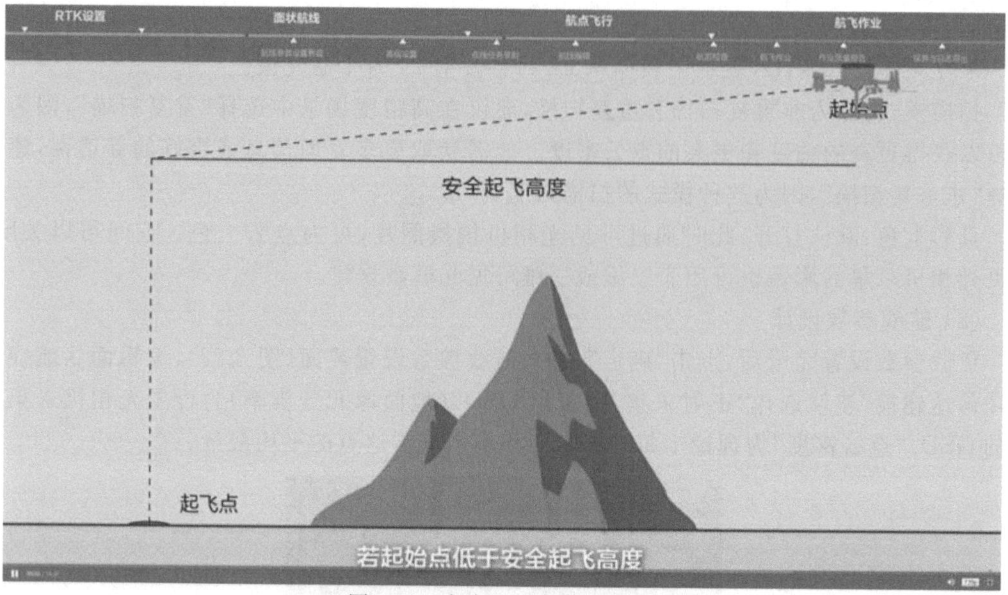

图 3.23　安全起飞高度示意图

图 3.24　“惯导标定”开启示意图

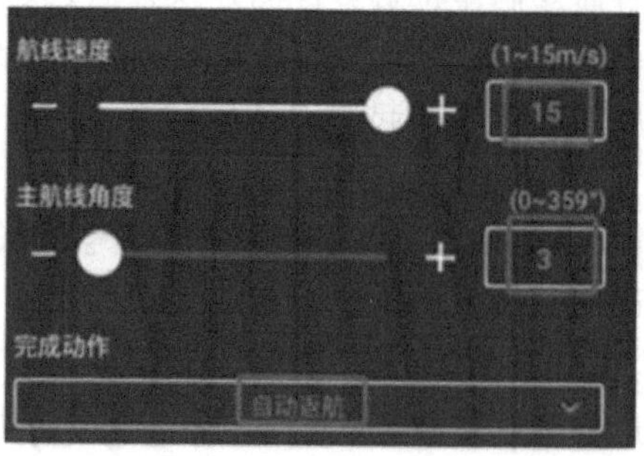

图 3.25　“航线速度”示意图

获取激光雷达点云和正射影像，“可见光航向重叠率”建议设置为 70%。“边距”及“拍照模式”默认即可，如图 3.26 所示。“起飞速度”可设置到最大，以提升作业效率，如图 3.27 所示。“自定义相机角度”建议关闭；可根据需要更改“航线起始点”。点击“设置”，可将首尾航线上的点设置为起始点。点击“保存”图标保存任务。

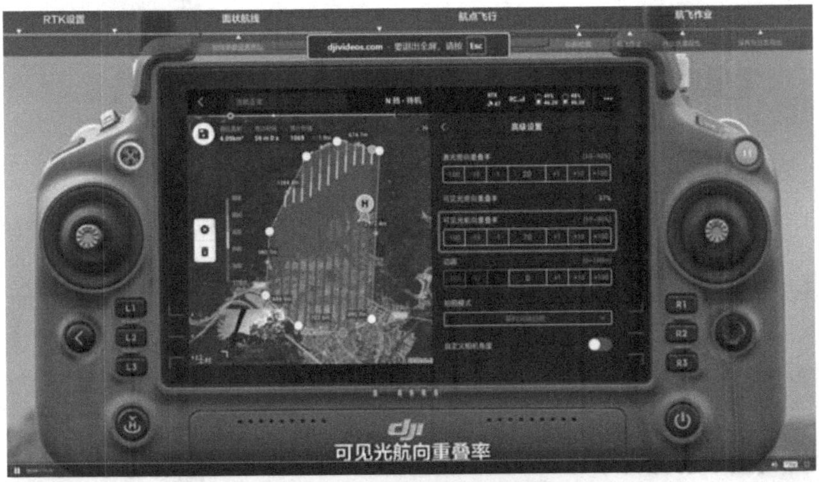

图 3.26　“高级设置”示意图

图 3.27　“起飞速度”示意图

3.4.3　飞行数据采集

(1) 航前检查

在地图界面中点击“开始”，在“飞前检查”菜单(图 3.28)中，确认遥控器处于“N 档”、设备电量充足、RTK 状态正常(若使用 PPK 技术，可以使用 GNSS)、存储卡剩余容量足够，确保“返航高度”“限高”高于航线高度，“失联行为”建议设置为“返航”，“限远”建议关闭，“摇杆模式”为常用模式。当测区风速较大或电池循环次数较多时，建议提升低电量报警值。“避障行为”建议选择“刹停”。

点击“下一步”，“航线失联行为”为在航线飞行中飞行器失联后执行的动作，可选择“继续执行”，建议选择“自动返航”。检查完毕后，确保飞行场地空旷、安全，上传并执行该航线。航线检查示意图如图 3.29 所示。

(2) 航飞作业

进入飞行界面，查看点云、可见光画面(图 3.30)，可以通过屏幕旁边的按键进行切换。飞行过程中需注意 RTK 及“惯导标定”状态。可点击“激光测距”，实时查看并对比距离。

点击遥控器上的“R3”键，将 FPV(第一人称视角)飞行界面切换为主界面(图 3.31)，观察飞行环境，确保飞行安全。

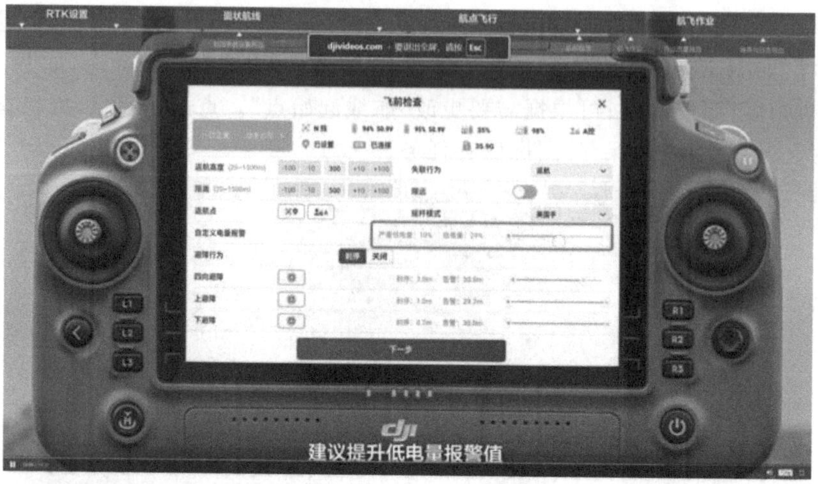

图 3.28 “飞行检查”示意图

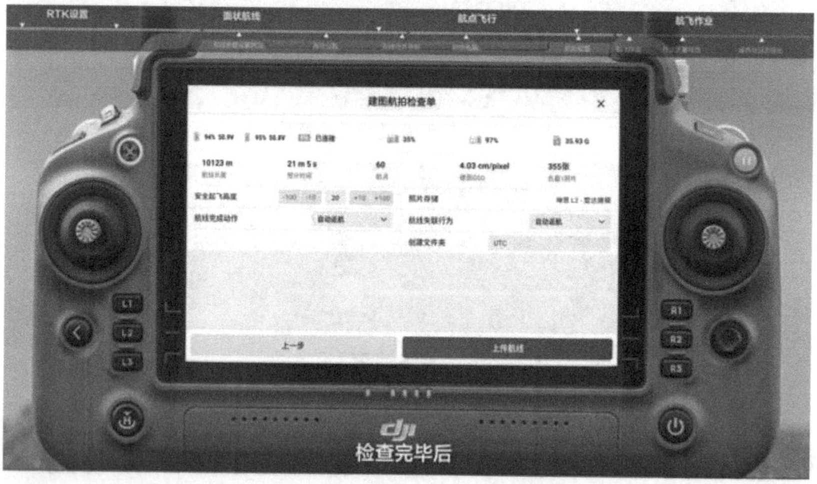

图 3.29 航线检查示意图

图 3.30 点云、可见光分屏实时显示示意图

图 3.31　FPV 飞行界面示意图

如果在作业期间需要更换电池，返航后推荐采用电池热替换的方式更换电池(图 3.32)。更换完成后，点击“开始”图标并选择“继续执行”，飞行器将自行飞到断点处，并恢复至任务终止前的状态。待自动完成惯导标定后，飞行器会自动开启点云录制，并继续执行任务。

图 3.32　电池热替换示意图

(3) 作业质量报告

飞行任务结束后，在相机界面会生成航线作业质量报告(图 3.33)。点击“立即查看”，可显示质量报告内容，包括任务名称、航线开始执行的时间及结束或终止航线的时间，以及航线进度(即结束航线时的航线进度)。

飞行任务结束后，关闭飞行器电源，取出 MicroSD 卡并连接至电脑。在 DCIM 文件夹中，可以检查所录制的点云文件、所拍摄的照片及其他文件。

图 3.33　航线作业质量报告

3.5　机载 LiDAR 测量技术指标

（1）激光脚点直径（大小）的计算

瞬时激光脚点投射在地面上，会形成一个椭圆形的光斑，其航向直径与旁向直径是不相等的，如图 3.34 所示。当遥感平台处于水平状态，激光束垂直照射在水平地面上时，激光脚点的旁向直径计算如下。

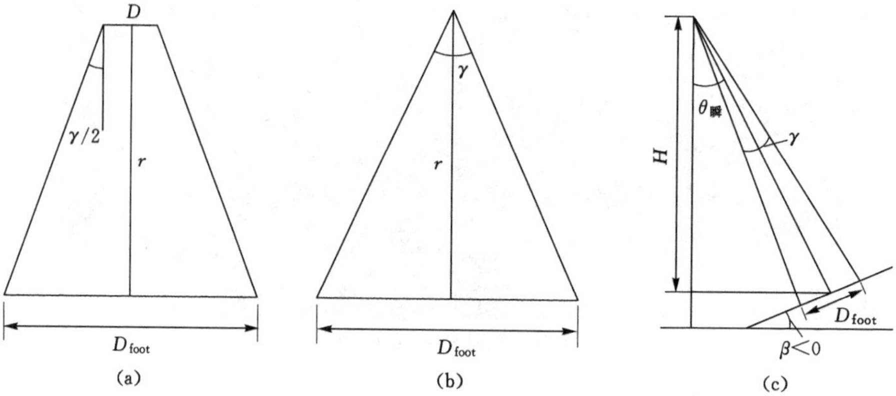

图 3.34　激光角点大小示意图

在图 3.34(a)中，有

$$D_{\text{foot}} = D + 2r\tan(\gamma/2) \tag{3-6}$$

式中，D 为激光角点航向直径，γ 为激光束发射角，r 为距离。

在图 3.34(b)中，有

$$D_{\text{foot}} = 2r\tan(\gamma/2) \approx r\gamma \tag{3-7}$$

在图 3.34(c)中，对于倾斜地形，有

$$D_{\text{foot}}=\frac{[\cos(\theta_{瞬}+\beta)+\sin e\tan(\theta_{瞬}+\beta+\gamma/2)]\cdot 2r\sin(\gamma/2)}{\cos(\theta_{瞬}-\gamma/2)} \tag{3-8}$$

式中，$\theta_{瞬}$ 为激光束瞬时倾斜角，β 为地形坡度角（$\beta<0$ 表示下坡，$\beta>0$ 表示上坡）。

若保证每个激光脚点均相邻，实现地面的全覆盖，则激光脚点直径也可表示点间距离。

（2）航高

航高：激光束发射点到地面的高度 H，如图 3.35 所示。就测区而言，航高就是激光发射点到测区平均高程面的高度。

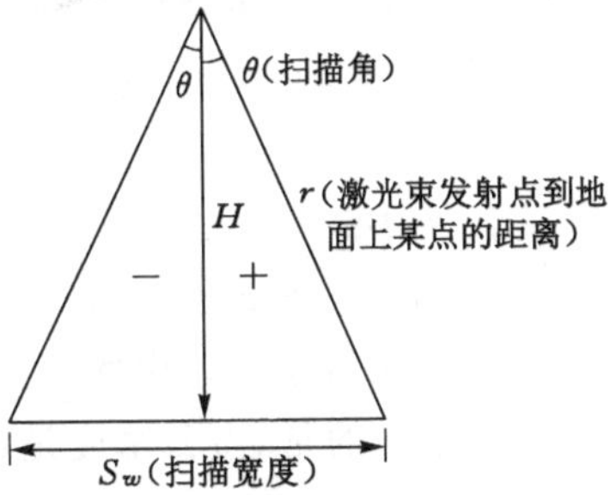

图 3.35　扫描宽度、扫描角及航高示意图

（3）扫描角和扫描宽度

扫描角：在激光器扫描面内，激光束的中线与扫描视场中线方向的夹角 θ。扫描角为由扫描视场中线方向起算的角度，左负右正，如图 3.35 所示。

最大扫描角度：激光器扫描面内两个边缘光束中心线的夹角。

扫描宽度：系统扫描时形成的带状扫描区域的宽度。在达到最大扫描角度时，在地面上的扫描宽度为：

$$S_w=2r\sin\theta=2H\tan\theta \tag{3-9}$$

（4）瞬时视场角

机载 LiDAR 系统通常由机械扫描装置实现物方扫描，激光束的发射和接收使用同一光路。瞬时视场角 $\text{IFOV}_{\text{diff}}$ 的大小取决于激光的衍射，是发射孔径 D 和激光波长 λ 的函数。其计算公式为：

$$\text{IFOV}_{\text{diff}}=2.44\frac{\lambda}{D} \tag{3-10}$$

衍射，又称为绕射，是指波遇到障碍物时偏离原来直线传播方向的物理现象。如图 3.36 所示，衍射图样的中心区域存在最大的亮斑，称为艾里斑。艾里斑的角度与波长（λ）及小孔的直径（d）满足关系：$\sin\theta=1.22\lambda/d$，2θ 是艾里斑对透镜光心的张角。

（5）脉冲重复率（PRF）

脉冲重复率是单位时间内激光器发射并接收脉冲的次数，反映了激光扫描仪的数据生成能力，也称为测量重复率或测量频率，可以理解为激光器每秒向地面发射的“激光点”数。这一参数与激光器性能有关。

（6）点密度

点密度也称为点云密度，即地面上单位面积内的点数。

点云密度 ρ 与脉冲重复率（PRF）的关系式为：

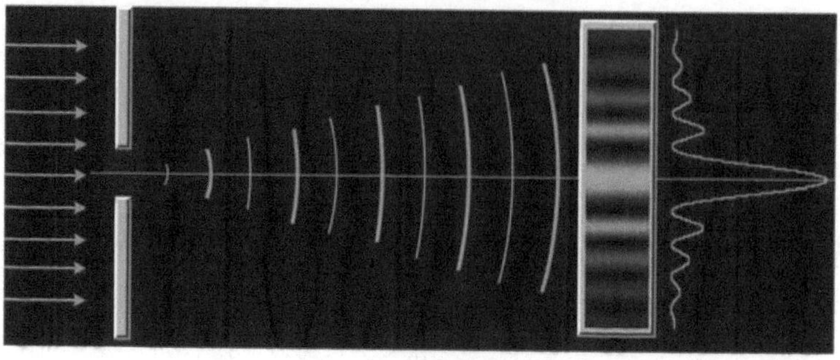

图 3.36　衍射示意图

$$\rho=\frac{\mathrm{PRF}\times t}{A}=\frac{\mathrm{PRF}\times t}{v\times t\times S_w}=\frac{\mathrm{PRF}}{v\times S_w}=\frac{\mathrm{PRF}}{2v\times H\tan\theta} \tag{3-11}$$

式中,A 为区域面积,t 为时间,v 为飞行速度。由此可见,较高的点云密度需要较高的脉冲重复率和较低的飞行速度。值得指出的是,点云密度是针对某个面而言的,地形起伏(即 H 的变化)会直接导致点云密度发生变化,同时还与机载 LiDAR 的扫描方式有关。此外,脉冲重复率是可调的,可根据航高 H 来选择最大脉冲重复率。

(7) 点间距

点间距简称点距,分为航向点间距和旁向点间距,如图 3.37 所示。

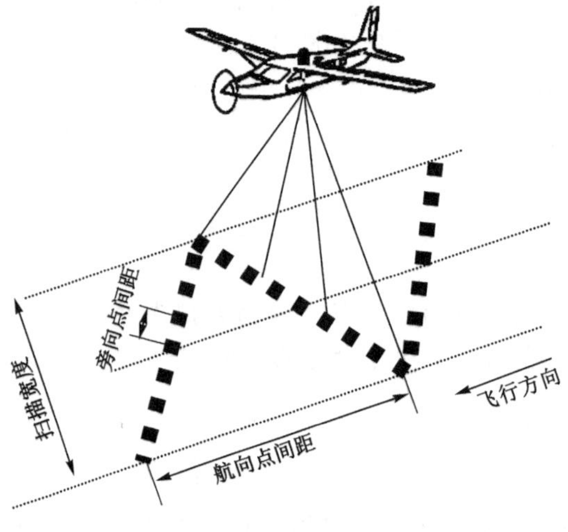

图 3.37　点间距示意图

航向点间距(along track point spacing):在相邻扫描线中,平行于航线方向的激光脚点之间的中心距离,即

$$d_{x_{\text{along}}}=\frac{v}{f_{\text{scan}}} \tag{3-12}$$

式中,f_{scan} 为扫描频率。由此可见,航向点间距与飞行高度无关,只与飞行速度和扫描频率有关。

旁向点间距(across track point spacing):在同一扫描线中,相邻激光脚点之间的距

离，即

$$d_{x_{\text{across}}}=\frac{S_w}{N} \tag{3-13}$$

式中，N 为激光脚点数，表示每条扫描线的激光脚点数。由此可见，旁向点间距与扫描宽度 S_w 和每条扫描点上的激光脚点数 N 相关。

N 是激光脉冲发射重复频率（每秒发射多少次激光脉冲）和激光扫描系统的扫描频率（每秒扫描多少条扫描线）的函数。N 与飞行高度和扫描宽度无关。其计算式为：

$$N=\frac{F}{f_{\text{scan}}} \tag{3-14}$$

式中，F 为每秒发射的激光脉冲数目。

(8) 航带重叠度

定义扫描宽度为 S_w，重叠区域的宽度为 S_{overlap}，则航带重叠度可定义为：

$$\frac{S_{\text{overlap}}}{S_w}\times 100\% \tag{3-15}$$

一般来说，在机载 LiDAR 中，航带重叠度不低于 15%。

(9) 航线长度

航线长度是指单条航线的长度，其具体长度由地面差分基站的控制范围决定。一般测区内布设两个 GNSS 基站，航线长度不超过 35 km。

(10) 回波数

回波数：单脉冲回波峰值的个数。利用回波数，可以确定地表地物的特性（如地面、树等），如图 3.38 所示。

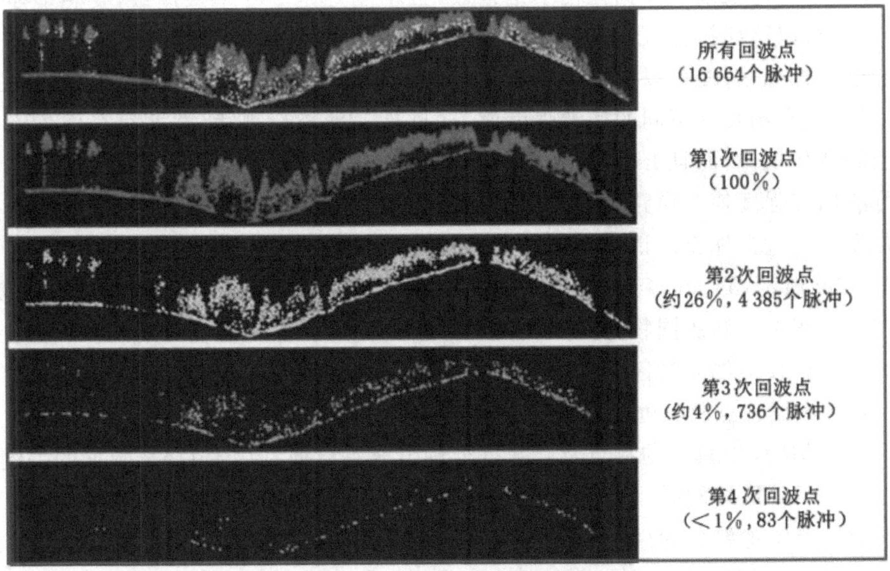

图 3.38　多回波特征示意图

一个脉冲具有一定的直径范围（10 cm 或更大），植被稀疏将导致脉冲信号出现多个回波峰值。在图 3.38 中，首个回波为树顶反射的信号（可用于确定树的平面位置），最后一个回波为地表反射的信号，可测得树的高度。

3.6 机载 LiDAR 数据简介

3.6.1 数据组成

根据目前的硬件情况,机载 LiDAR 系统提供的基本信息包括三维点云数据和强度信息数据。依据具体搭载和配置的传感器的不同,很多机载 LiDAR 设备还能够提供波形数据、中等幅面的数码影像数据,甚至多光谱数据等。

(1) 强度信息数据特点及其处理

机载 LiDAR 系统在测定激光脚点三维坐标信息的同时,能够记录该激光脚点位置反射激光信号的强度信息。早期,由于强度信息中的噪声太大,人们通常不使用这些信息。近年来,随着数据采集技术的提高,其精度逐步提升,越来越多的研究人员开始重视对强度信息的使用。由于强度信息在本质上与光学成像得到的灰度影像相似,大多数专家倾向于采用传统的数字影像处理方法进行处理。

机载 LiDAR 的强度信息与距离信息是在同一系统同一时间获得的,也是按照时间序列进行采集和存储的。要将强度信息转换为数字影像,还需要经过以下处理步骤:① 重采样。将时间序列数据转换为规则网格数据阵列,每个像素值代表该点对应的回波强度值。② 去除粗差。在回波强度数据中,有时会出现"粗差",即少数点的强度值远大于其他点的强度值,如果不加以处理直接显示成影像,影像就会变得非常模糊,无法进行后续的处理和研究。因此,必须进行去除粗差的处理,将少数奇异点去除,以得到分布正常的数据。③ 取整、拉伸并显示。回波强度数据往往不是整数,且不刚好是 256 个灰度级,要想显示为灰度影像,必须经过取整和拉伸(压缩)操作。

经过这些处理后,便可以进行下一步的处理。目前,通常采用数字影像处理方法进行处理,但由于不同地物具有不同的回波强度值,这只是一种统计规律,并非每个像素都满足这种统计上的变化规律,而且 LiDAR 的回波强度值中存在许多粗差。例如,在道路区域内的像素也可能出现强度值与道路两边其他类别地物像素的强度值相同的情况。因此,完全利用激光强度信息进行地物的识别和提取还存在很大困难。

如图 3.39 所示,Titan 多光谱 LiDAR 直接提供了三个波段的点云及其激光强度信息,这可以在一定程度上解决同物异谱以及同谱异物的问题。这是因为,联合三个波段的多光谱信息更容易凸显地物间的区分性。

(2) 波形数据特点及其处理

了解 LiDAR 波形数据的特点及其数据处理方式是有效利用 LiDAR 数据的关键。

① 波形 LiDAR 的发展

目前,LiDAR 主要分为两类:一类是记录完整波形数据的 LiDAR,另一类是仅记录少量离散回波的 LiDAR。传统的机载 LiDAR 系统一般只记录单个或少量的离散回波,仅提供目标物的三维坐标信息。其回波信号定位情况、发射脉冲与不同目标物相互作用后的回波变化情况、回波探测及量化方式等往往作为商业机密,目标物相关属性信息的提取只能来自不规则的点云数据,用户无法得到任何与设备相关的信息,这在一定程度上限制了对目标物空间结构、发射脉冲与目标物作用机理、后向散射特性的研究。而能够记录波形数据的

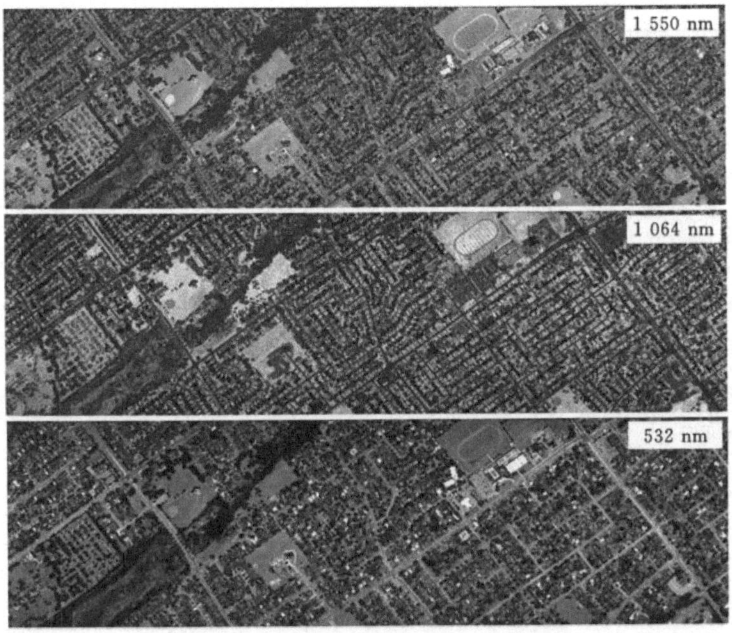

图 3.39　Titan 多光谱 LiDAR 点云数据

LiDAR 系统则在这一方面展现了强大的应用潜力，弥补了传统 LiDAR 系统只能提供离散点云数据的不足。波形数据增加了光斑内目标物的物理属性信息，为最终用户对目标物进一步进行解译提供了更多的可控因素。

波形 LiDAR 系统通过数字化记录仪对整个回波进行采样，分别获取每个发射脉冲与地表相互作用后的信号在时间轴上的振幅信息，形成较为完整的波形剖面。早在 20 世纪 80 年代，海洋测量中便出现了第一个能够记录波形数据的 LiDAR 试验系统。20 世纪 90 年代 NASA 将波形分析技术用于 SLICER、LVIS、GLAS 等大光斑波形 LiDAR 试验系统。至 20 世纪末，波形记录技术在大光斑 LiDAR 上的应用已经十分成熟，然而由于存储容量、数据处理等的限制，商业化的波形 LiDAR 系统发展较为滞后，直到 2004 年年底，该技术才被奥地利的 Riegl 公司最先用于其商业化产品——小光斑波形 LiDAR LMS-Q560 系统。随后几年，商业化的机载小光斑 LiDAR 系统发展迅速，常见的商业化系统，如 TopoSys Falcon Ⅲ、TopEye MARK Ⅱ、Leica ALS50-Ⅱ，Optech ALTM 3100 等，均配有全波形数字化仪，其主要参数见表 3.2。同时，部分系统还提供了发射脉冲的波形采样，如 Riegl 公司的波形 LiDAR 系列产品。

表 3.2　主要的商业机载波形 LiDAR 部分参数

系统名称	生产厂商	波长/nm	重复频率/kHz	脉冲宽度/ns	扫描频率/Hz	最大扫描角/(°)	发散角/mard	测量精度/m	采样频率/GHz	飞行高度/km
LMS-Q560	Riegl	1 550	＜100	＜4	5～160	45	0.5	2	1	0.03～1.5
LMS-Q680	Riegl	1 550	＜240	＜4	5～200	60	0.5	2	1	0.05～2.5

表 3.2(续)

系统名称	生产厂商	波长/nm	重复频率/kHz	脉冲宽度/ns	扫描频率/Hz	最大扫描角/(°)	发散角/mard	测量精度/m	采样频率/GHz	飞行高度/km
Falcon Ⅲ	TopoSys	1 560	50～125	<5	165～415	28	0.7	<1	—	0.03～1.6
Harrier 56	TopoSys	1 550	<240	<4	10～160	60	0.3	2	1	0.03～1.5
Harrier 68	TopoSys	1 550	<240	<4	10～200	60	0.4	4	1	0.05～2.5
ALS50	Lecia	1 064	<50	5	<90	75	0.22	2	1	0.2～5
ALS60	Lecia	1 064	20～200	5	<100	75	0.22	2	1	0.2～5
ALTM 3100	Optech	1 064	<70	8	<70	50	0.3 或 0.8	1	1	<3.5
Mark Ⅱ	TopEye	1 064	<50	4	<50	14 或 20	1	2～3	1	<1
HawkEye Ⅱ	Airborne Hydrography	532 或 1 064	4 或 64	5	13	50	11	—	1	0.25～0.5
DragonEye	Airborne Hydrography	1 000	50～500	<5	—	40	1	<3	1.28	0.1～1

注:“—”表示相关数据未公开。

② 波形数据的特点

LiDAR 系统获取的回波波形是按时间先后顺序对光斑内各点反射信号的记录。由于 LiDAR 系统发射的激光脉冲具有一定的发散角,并且大气对光束具有散射作用,所以激光光束在地面上照亮的是一个有一定面积的光斑,称为激光脚印。激光脚印范围内的地形可能是平缓裸地、坡地或由多个散射平面组成的复杂垂直结构,以数字形式记录的回波信号,提供了激光脚印中不同反射表面的高程及其分布信息。例如,对于林区,激光脚印区域内往往是一个由林木的一个或多个树冠层、下层灌木、植被、地表组成的复杂垂直结构。因此,由于激光脚印内各反射面的差异性,LiDAR 系统获取的不同回波波形将呈现不同的形态,复杂的回波波形实际上包含了激光脚印内目标的大量结构特征信息,如图 3.40 所示。

如果将激光脚印内各个反射平面的回波从波形数据中分离出来,那么就可以确定光斑内地物的垂直结构特征信息。相对于仅提供离散点云数据的 LiDAR 系统,波形 LiDAR 系统为最终用户的数据处理提供了更大的灵活性,增加了目标解译的可控因素。仅记录离散点云数据的 LiDAR 系统,由于受到回波量化记录方式和垂直分辨率的限制,往往忽略复杂地物的部分细节特征信息,从而影响了对目标进行三维结构重建的精度。因此,若想充分描述和刻画复杂地物的特性,波形数据是十分必要的。从波形数据中不仅可以获取目标的三维坐标信息,还可以从中提取目标的结构特征信息,用户完全可以根据自己的应用领域(如测绘、林业)对波形数据进行分析和处理,以获取更多有用信息。

③ 波形数据的处理

LiDAR 系统记录的回波波形可以视为回波强度对时间的函数。目前,波形数据的处理方法主要有三种:一是阈值法,二是反卷积法,三是波形分解法。

阈值法通过将回波中振幅大于某个定值的信号视为有效回波,并采用局部最大值的方法来计算目标的位置和振幅。该方法的实现主要取决于阈值和计算最值窗口大小的设定。

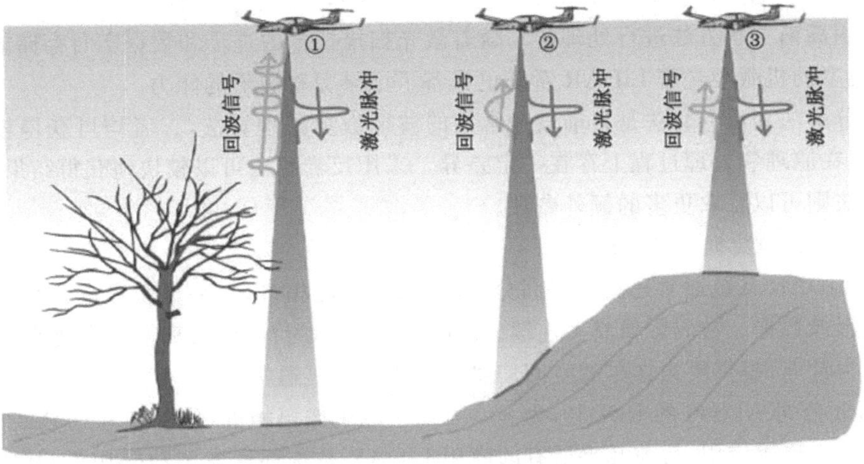

图 3.40　不同垂直结构对波形的影响

阈值法实现起来较为简单，能够快速对波形进行处理，但其缺点是只能对简单波形进行有效处理。对于较为复杂的回波，如林区的回波，由于未考虑光斑内不同目标回波间的相互影响，其处理结果的准确性存在一定问题。

反卷积法认为 LiDAR 的发射脉冲与地物的响应过程相当于一个卷积过程，即接收到的回波实际上是发射脉冲和地物响应的卷积。因此，在已知发射脉冲及回波信号的情况下，了解地物的特征相当于求解一个反卷积问题，可以表示为：

$$p(t)=s(t)*h(t)+n(t) \tag{3-16}$$

式中，$p(t)$表示回波信号，$s(t)$表示发射信号，$n(t)$为噪声，$h(t)$则为所需求得的目标物表面响应。

对波形数据采用反卷积法的处理步骤如下：首先去除回波信号的噪声，然后采用基于傅里叶变换的方法对发射脉冲和回波波形数据进行反卷积变换处理，并用维纳(Wiener)滤波器对表面响应函数进行估计，最后采用利文贝格-马夸特法拟合表面响应函数的参数。有研究结果表明，该方法能够有效提取高差大于 15 cm 的目标物。

波形分解法将回波的波形视为光斑内不同高度的目标物对激光脉冲反射后综合作用的结果，旨在将不同高度处的目标物回波从接收的波形信号中提取出来。波形分解的核心内容包括噪声提取和对目标物回波波形的准确定义。由于受到大气、航高、航速以及系统本身等因素的影响，回波中不可避免地包含大量噪声，尤其是对于回波信号较弱的情况，不能有效分离噪声将会影响波形分解的精度，甚至产生错误的分解结果。同时，在噪声滤波的基础上，对每个反射面的反射回波采用何种函数形式进行描述也非常关键。由于回波信号的获取需经过大气、目标、大气、接收装置等多个过程，每个环节都会对激光脉冲的响应产生影响，这是一个较为复杂的交互作用过程，使得回波的形状较为复杂，很难采用一个通用的模型进行描述。

目前，波形分解研究多基于回波信号理想化条件下的模拟分析，通常采用高斯函数或正态分布函数近似刻画单个目标的回波波形特征。其中，高斯函数形式是当前使用较多的且较为准确的一种方法。采用高斯函数对回波进行分析的技术最早应用于大光斑激光测高仪,如冰、云和陆地高程卫星(ICESat)上搭载的地球科学激光高度计系统(GLAS)获取的数据便是采用高斯分解方法进行处理的。随着激光扫描技术的进步和数据实时存储能力的提高,越来越多的机载小光斑 LiDAR 系统也具备了记录完整波形的能力。

波形分解法和反卷积法是目前较为常用的波形数据处理算法,二者均可获得较为理想的结果,但在原理和处理过程上存在一定差异。采用反卷积法可以较快地获得结果,而采用波形分解法则可以获取更多的额外参数。

(3) 数码影像数据及其处理

机载 LiDAR 系统通常还集成了高分辨率 CCD 数码相机,在采集激光点云数据的同时获取数码影像数据。数码影像具有连续、直观、易于判读的特点,与离散的激光点云数据配合可以互为补充,提供更为详尽的空间信息。集成的相机通常是中、小像幅的非量测数码相机,如 Leica 公司 ALS80 的 RCD30,为 800 万像素的中像幅相机,分辨率为 10 320×7 752。

为了适应遥感应用,目前几乎所有的商用 LiDAR 系统都配备了数码相机,其主要目的是为 LiDAR 点云数据提供辅助的光谱影像信息,帮助获得纹理和分类信息。由于传感器不同,因此尽管数据是同时获得的,也存在光谱数据与激光点云数据的配准问题。其解决方法为:利用 LiDAR 系统的 POS 设备获取相机曝光瞬间的方位元素,从而可以解算出各像素的空间位置。但是,由于采样频率的不一致,仍然需要进行内插,这样仍然存在配准误差。此外,POS 设备与相机位置之间的偏差也需要精确测量。

一般采用影像结合点云即 DSM 数据的方式,制作真正射影像。此外,在进行数据分类以及建筑物的三维建模时,也会用到数码影像数据。总体而言,目前 LiDAR 系统获得的数码影像数据更偏向于遥感方向的应用,而不是摄影测量方向的应用。

(4) LiDAR 点云数据及其处理

点云数据是 LiDAR 的主要数据,尤其是早期的 LiDAR 数据处理都是针对点云数据进行的。

机载 LiDAR 激光脚点的分布是按照时间序列进行采样和存储的,其在地面上的分布是不规则的,在空间分布上,呈现为离散的点云数据(图 3.41)。在这些点中,有些位于真实地形表面上,有些位于不同的地物上(如房屋、管线、烟囱等),还有些落在植被上(如树木、灌木、草等),见图 3.42。

LiDAR 点云数据中信息的分类提取,即点云数据的分类工作,在整个 LiDAR 数据后处理过程中占 60%～80%的工作量,但目前还没有一种全能的方法能有效提取复杂地形中的各种信息。此外,现有分类算法的具体操作细节也由于版权问题极少公开,这也增加了分类算法研究的难度。机载 LiDAR 数据采集具有一定的盲目性,激光脚点的位置是随机的,不能保证地形特征点和地物特征点都有数据,这给激光脚点性质的判别带来了很大困难,使得机载 LiDAR 数据的分类变得非常困难。

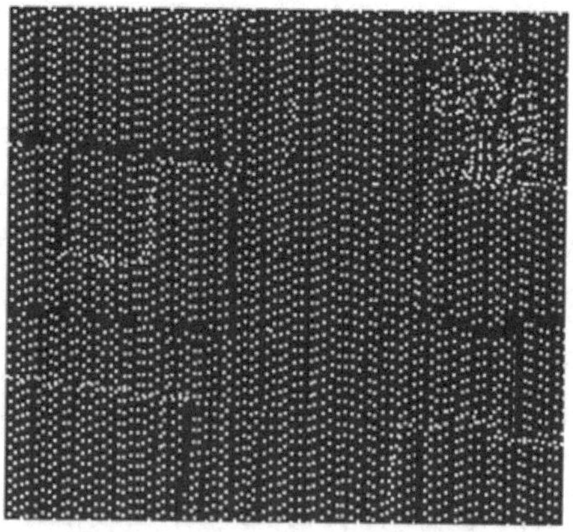

图 3.41　离散分布的点云数据

LiDAR 点云数据的分类可分为一级分类

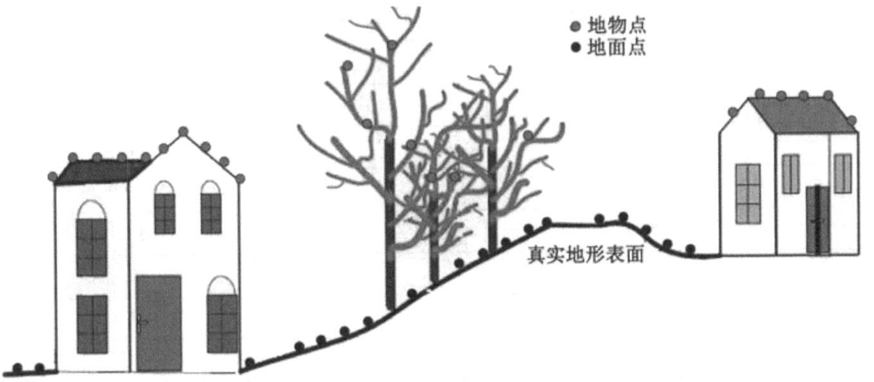

图 3.42 激光脚点分布示意图

和二级分类。一级分类主要指区分地面点和地物点，而二级分类则是在一级分类的基础上对地物点集的再分类，主要分类包括植被、建筑物、道路信息和电力线等。

3.6.2 数据特点

(1) 丰富的数据类型

机载 LiDAR 系统以多种数据形式采集大量被测目标信息。例如，通过 GNSS 和 INS 数据可解算出三维离散点云数据，同时还记录有反射强度数据，以及由高分辨率数码相机获取的测区影像图(图 3.43)。

(a) 点云数据　(b) 反射强度数据　(c) 真彩色影像

图 3.43 机载 LiDAR 系统获取的数据

其中，离散点云数据具有多回波特性。目前，大多数商业 LiDAR 系统都能够提供多重回波数据。例如，由德国 IGI 公司和奥地利 Riegl 公司联合制造的 LiteMapper 5600 系统，理论上可以同时获得无限次回波数据。然而，在实际作业中，超过 5 次以上回波的概率几乎为零。一般而言，只有具有高程的地物点才会产生多次回波，而地面点只会产生一次回波。因此，激光脚点的回波次数和回波号本身可以揭示激光脚点的类型，这可以很好地为机载 LiDAR 数据的后处理提供辅助信息。

机载 LiDAR 系统除了能获得多重回波数据之外，还能同时获得回波信号的强度。由于不同地物对激光的反射程度不同，理论上利用强度信号可以非常容易地区分不同地物，如表 3.3 所示。

表 3.3 不同介质对激光的反射率

介质	反射率
白纸	100%
形态规则的木料	94%
雪	80%～90%
啤酒泡沫	88%
白色的石块	85%
石灰石、黏土	75%
有印记的新闻纸	69%
绵纸	60%
落叶树	60%
松类、针类常青树	30%
碳酸盐类砂(干)	57%
碳酸盐类砂(湿)	41%
沙滩、沙漠裸露地	50%
粗糙木料	25%
光滑混凝土	24%
带小卵石的沥青	17%
火山岩	8%
黑色橡胶	2%～5%

(2) 海量数据

以每平方米有十几个点的点云密度为例，1 km^2 的测区内将包含 10^7 个激光脚点，其数据文件大小约为 420 MB。在实际工程应用中，测区面积可达几千平方千米甚至数万平方千米。这么大范围内的激光脚点构成的海量数据(图 3.44)，对数据压缩存储、数据处理环境、软件计算效率等都提出了很高的要求。如果同时考虑获取的影像数据，则机载 LiDAR 的数据量会更大。因此，如何进行数据压缩和简化，得到各种工程所需的满足一定分辨率要求的 LiDAR 数据，成为目前研究的热点之一。

图 3.44 机载 LiDAR 系统的海量点云数据示意图

(3) 激光脚点密度不均匀

由于激光扫描仪所采用的扫描方式不同，激光脚点在扫描带中的分布也不均匀(图 3.45)，即不同位置的光斑密度不同。例如，对于圆锥扫描方式所得到的数据，扫描带两侧数据密度大，中间部分稀疏；线扫描方式所得到的数据分布与圆锥扫描方式类似；对于光纤扫描方式所得到的数据，扫描线方向上的光斑密度大于垂直于扫描线方向上的光斑密度。此外，飞机的飞行速度及高度、扫描仪与地物(或地形)的相对位置等的变化，以及激光的发射功率、视场角、采样频率等都会使激光脚点分布不均匀。

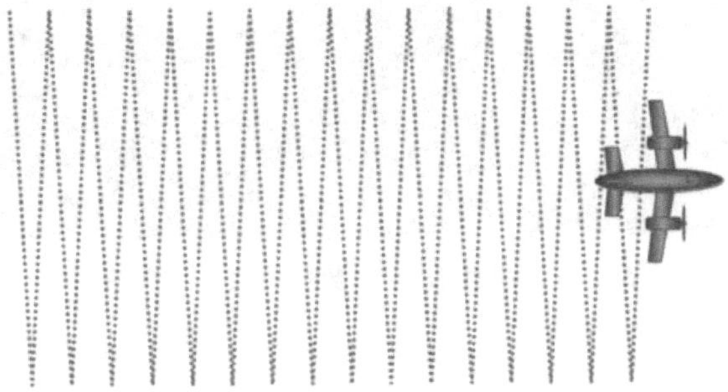

图 3.45　激光脚点密度不均匀示意图

(4) 航带覆盖面积较小

受 LiDAR 系统数据获取方式和硬件条件的限制，其扫描带覆盖面积较小。在飞行高度、速度、时间、航带重叠度相同的条件下，相机覆盖面积约为激光扫描仪的 2.9 倍。这意味着为获得相同的覆盖面积，需要对更多的扫描条带进行拼接等处理。同时，航带覆盖面积较小也可以避免大量建筑物等的遮蔽效应，有效减少数据盲区，有利于地形、地物信息的提取。

(5) 获取同名点困难

同名点在摄影测量、计算机视觉等诸多应用中扮演着重要的角色。尽管 LiDAR 系统可以直接获取地面点的三维坐标，从理论上讲不需要进行匹配、纠正等处理，但由于仪器误差或集成问题，相邻扫描带之间的点在高程和平面位置上存在一些差异，必须经过必要的处理才能获得整个测区的数据。此外，对于离散点云数据形式，还需要开发新的处理方法。因为，从 LiDAR 系统工作方式和数据特点分析，在相邻扫描带中获得同名点的可能性很小。如何获得同名点就成为一个摆在人们面前的新问题。

(6) 存在数据盲区或者数据空洞区域

机载 LiDAR 数据内部常常存在大面积的数据盲区，如图 3.46 所示。数据缺失主要由以下四方面原因引起：一是缺少条带间的覆盖。常规作业需保持适当航带重叠度以确保数据连续性，但飞机飞行过程中的偏航、摇晃、倾斜等易导致出现航带间隙。二是系统故障。三是具有高吸收性的物质会吸收激光的入射波，导致没有反射波进入激光接收器，从而没有数据记录。四是位于扫描带边缘的建筑物遮挡，导致数据缺失，这与 SAR 系统中的雷达盲区类似。大面积数据空洞区域的存在，要求人们在具体应用时，必须对这些区域进行特殊处理。

图 3.46　机载 LiDAR 数据的缺失示意图

3.6.3　数据精度评定

LiDAR 扫描数据的精度分析已得到广泛研究，涵盖绝对精度和相对精度两个方面。

(1) 绝对高程精度评定

由于机载 LiDAR 系统对地表进行的是非连续扫描，因此，地面实测点不一定能被扫描到。在这种情况下，通过对该实测点周围的激光点进行高程内插，并将内插得到的高程值与实测点高程进行比较，即可评价点云数据的绝对高程精度。此时需要避免地形起伏引起的二次高程误差的影响，可采用高程平均误差、最大误差、最小误差、最小二乘残差等指标进行评定。

(2) 绝对水平精度评定

绝对水平精度评定包括如下两种方法：① 基于人工标志物（或人工反射标）的评定方法。采用人工设计的一种特殊标志，如半径为 1 m，外形采用同心圆设计方式的标志：内圆采用高强度反射面，外圆采用弱反射面，通过采用霍夫变换提取该标志的中心，这样得到的标志中心的精度能够反映机载 LiDAR 的水平精度。② 机载 LiDAR 半随机的扫描特性使得不能保证采集到地表特征点，点云中的地表特征点和实际地表特征点很难一一对应。通常根据高程变化特征点检验数据的绝对水平精度，这些特征点主要来源于道路或者机场跑道上的斑马线、尖顶房屋屋顶、建筑物的垂直墙面、人行道路的中心线、道路交叉口、沟渠等。地面上某些特殊地物特征满足一定的直线或曲线方程，对激光点数据进行拟合得到该地物的表示方程，并与实际坐标拟合所得到的表示方程进行比较，可以得出拟合直线（或曲线）与实际直线（或曲线）的偏移量，利用这个偏移量可以评价点云数据的平面精度。如图 3.47 所示，灰色的点为 GNSS 测量的点，白色的点为激光点（强度值）。图 3.48 所示为两组点的拟合曲线，根据这两组曲线可以评价激光点的平面精度。

(3) 相对高程精度评定

相对高程精度评定可以采用如下两种方法：① 基于重叠区高程参考面的评定方法。其原理为：首先搜索重叠区域，针对重叠区域的不同航带数据构建 DEM，并将这些 DEM 取平

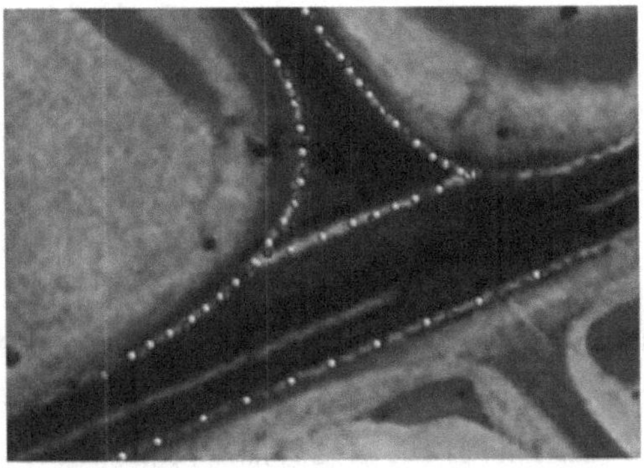

图 3.47　LiDAR 强度(白色)数据和 GNSS 测量的路面标志线

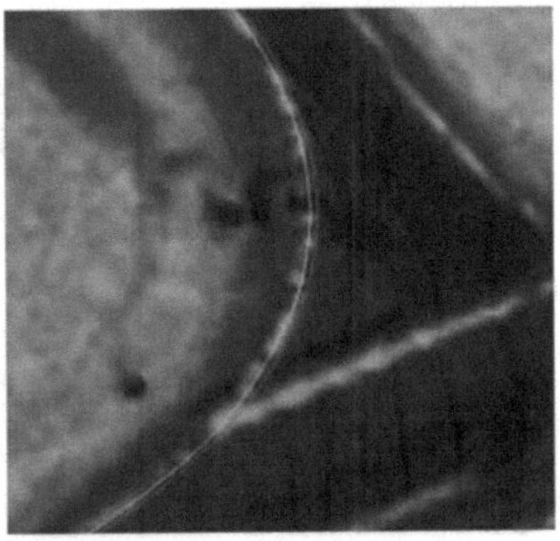

图 3.48　基于 LiDAR 数据和 GNSS 点的拟合曲线对比

均值作为参考 DEM，然后计算每个航带数据生成的 DEM 到参考 DEM 之间的距离。距离越小，说明数据相对高程精度越高；距离越大，则说明相对高程精度越低。本书对航带平差数据的相对高程精度评定选用了这种方式。② 基于航线重叠区统计特征的评定方法。其原理为：首先定义基本采样点(包含一定数目且满足一定条件的点集)及其面积大小，然后把整个重叠区分成若干个采样点，每个采样点包含多个 LiDAR 数据点(数据点的个数与扫描密度和采样点大小有关)。在重叠区中，每个采样点都分别对应于两个航带数据子集(两条航带)，在保证两个子集的激光点密度大致相等的情况下，分别对重叠区内的两个航带数据子集进行统计(包括均值 $\hat{h}_s^1$、$\hat{h}_s^2$ 和方差 σ_s^1、σ_s^2)。如果均值之差 $\delta_h=\hat{h}_s^1-\hat{h}_s^2$ 比较明显，则说明数据中存在系统误差、随机误差或坏点；如果数据中只存在系统误差，则方差 σ_s^1 和 σ_s^2 应大致相等。

重叠区内的每一个采样点都对应于一个 δ_h，故把所有采样点 δ_h 的平均值 $\bar{\delta}_h$ 及其标准差 σ_{δ_h} 作为评价两条航带间相对误差的标准。

这是目前广为应用的基于数据本身的 LiDAR 数据精度分析方法，但是这种方法没有对采样点的面积大小进行分析和讨论。

(4) 相对水平精度评定

相对水平精度评定可参考绝对水平精度评定的第二种方法。对两条航带激光点数据分别拟合得到特殊地物的直线(或曲线)方程，并与实际的直线(或曲线)方程进行比较得出偏移量，利用这个偏移量可以评价点云数据的相对水平精度。

3.6.4 数据组织

机载 LiDAR 数据量巨大，其组织形式直接影响数据处理效率和精度。目前，出现了多种机载 LiDAR 数据的组织形式，每种组织形式都有其各自的优缺点，具体如下。

(1) 离散的三维激光点云

直接利用最原始的点云数据进行数据处理不会产生插值等误差。但由于点云数据量庞大、缺少点间拓扑关系难以进行有效的数据组织、计算机速度和内存限制等，机载 LiIDAR 数据的实时渲染和处理仍未得到很好的解决。

(2) 规则格网

规则格网是由规则间隔的正方形格网点组成的影像阵列，每个格网点和其周围格网点的拓扑关系已经隐含在该阵列的行列号中。将离散的激光脚点通过一定的插值方法内插成规则格网，可简化数据组织方式，提高数据处理效率，并可以利用成熟的图像处理方法，但在插值的过程中会产生一定的误差。

(3) 伪格网索引

伪格网索引是一种简单的表示方式，与规则格网数据结构相比，伪格网不需要对原始数据进行内插，也是按照一定的单元格大小将数据划分成格网，每一格网存储落在其内部的数据，每个点的邻域只需要考虑其相邻格网内的点。但伪格网内的激光脚点之间仍然没有拓扑关系。这一索引通过把整个数据集分为若干个小块数据集，然后进行数据处理，可以极大地提高大数据量的处理速度、复杂程序的运算速度，现已成为 LiDAR 数据处理的常用组织形式。

(4) 不规则三角网(TIN)

将采集的数据点根据一定的规则连接成覆盖整个区域且互不重叠的多个三角形，即可构成一个 TIN，如图 3.49 所示。TIN 可以较好地表达地貌特征，并最大限度地利用原始激光点。但是这种方法的一个缺点是难以表达地形的突变。此外，它还需要重构和维护点间全局一致的拓扑关系，这增加了存储和传输的难度。特别是当原始数据在局部二维区域内有多个不同高程点交替起伏时，可能会产生严重的锯齿现象，这对数据处理是不利的。另外，如果仅使用二维邻域中的最高点(或最低点)进行数据表达，则可能会丢失附着在房屋墙面上或穿透植被树冠的多次回波点。

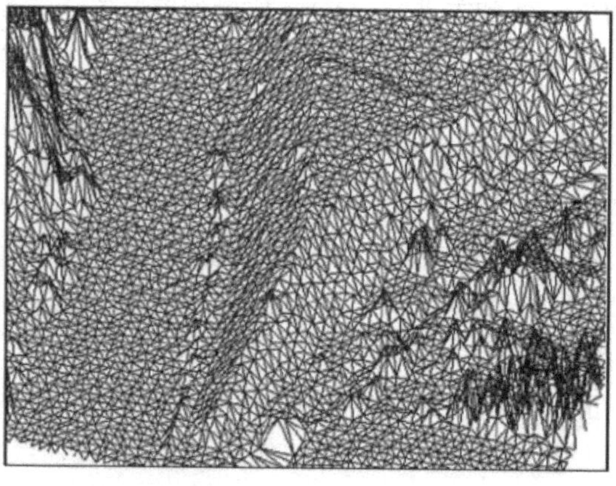

图 3.49　TIN

(5) 剖面

机载 LiDAR 能够接收多次回波信号，带来了更多的 Z 方向信息，有利于表达高层建筑物和地形陡峭的地方，如悬崖等。基于此，一种利用剖面描述离散激光脚点的方法被提出，并以此为基础进行分割。它通过两组相互垂直(X 和 Y 方向)的二维剖面集合表现三维空间，并使用线段组织剖面上的离散点。线段连接过程从剖面的第一个点开始，当两点间存在明显的高度或坡度差时结束这一个折线段的连接，继续搜索新的连接(图 3.50)。

(6) 基于几何索引的点集表示

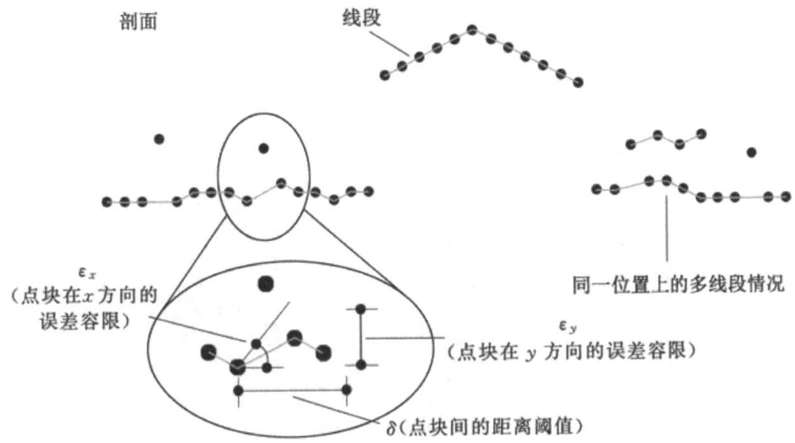

图 3.50　剖面数据结构及其原理示意图

三维离散的点云没有拓扑信息，不能得到数据处理所需的邻域信息。为了实现对数据邻域的快速检索和查询，需要一种高效的检索数据结构。逆向工程中常用的空间几何索引数据结构种类繁多，目前引入机载 LiDAR 数据来组织地表信息的主要有以下三种：① 基于 K 维树的空间索引方式。利用 K 维树组织 LiDAR 数据，这种方式无须存储和维护全局一致的拓扑关系，可以简单高效地对 LiDAR 点云数据进行组织。② 基于 BSP(二叉空间剖分树)树的空间索引方式。在 BSP 树中，每个节点用其线性半空间等式来表示，在二维空间中它是一条直线，在三维空间中它是一个平面。同样，在二维空间中每个节点块是一个凸多边形，而在三维空间中是一个凸多面体。③ 链式四叉树。链式四叉树在读取数据文件时，首先获取数据文件的 x、y、z 的最大值和最小值，用于建立四叉树的根节点。在获取最大值和最小值后，将最大值和最小值赋给对应的变量，并对四个子节点赋空值，以将其标识为叶子节点。根节点创建完成后，需要读取数据文件，每读入一个点，就创建一个点类对象，为其分配一个 ID 号，将 ID 信息存储在点类对象中，并把这个对象保存在对象数组中。然后根据该点所属的区域，将该 ID 插入四叉树，其插入过程是一个递归调用的过程。

(7) 体元

体元是用于表达三维空间的基本单位，其作用与二维平面中的像素类似。体元的形状可以是长方体、正方体，也可以是圆柱体(图 3.51)。体元可以记录多个不同类型的数据，如高程、回波强度、数据点个数、光谱信息、密度、材质等。一种最简单的方式是仅记录体元内是否有激光脚点。采用体元表达 LiDAR 数据具有多项优势：对环境及其复杂性不敏感、与观察角度无关、具有表达采样及模拟数据集的能力、可以表达对象内部特征以及不规则对象(如云、烟等)、支持各种块操作等。其不足之处包括采用离散形式存储、可能损失空间(关系)特征、对系统资源的要求高等。

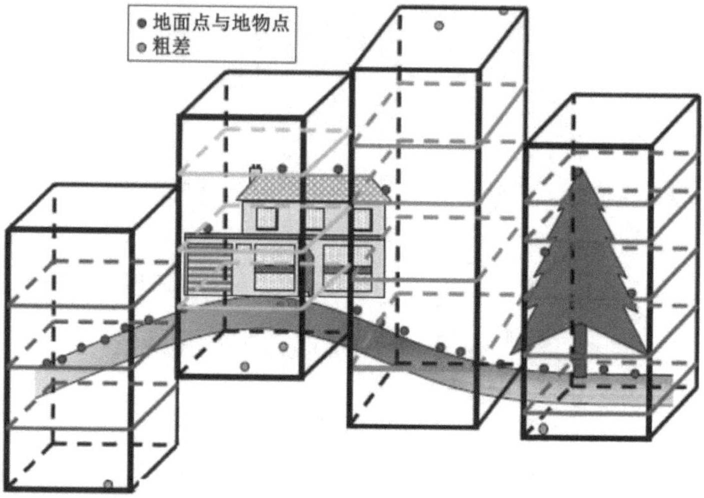

图 3.51　基于体元的机载激光脚点数据组织形式

3.7　机载 LiDAR 数据误差分析及消除

机载 LiDAR 系统集成了多个子系统，其定位精度会受到测姿误差、测距误差、定位误差及系统集成误差的影响。这些子系统对激光脚点定位结果的影响一般表现为系统性的，会在不同程度上影响定位结果。为了获取高精度的三维地表信息，就必须研究这些误差的大小及其影响规律，并采取一定的措施来减小这些误差的影响。本节首先对机载 LiDAR 数据的误差源进行系统分析，然后，分别研究激光测距误差、DGNSS 定位误差、姿态角测量误差等多种误差源对激光脚点定位精度的影响规律，并从理论上分析机载 LiDAR 系统的定位精度，最后总结现有的系统误差消除方法。

3.7.1　机载 LiDAR 数据的误差源分析

一般而言，机载 LiDAR 数据存在三种类型的误差：粗差、随机误差及系统误差。粗差表现为噪声点的形式，通常分为高位粗差和低位粗差。高位粗差的 z 值远高于周围数据点，一般较易剔除，而距离地面较近、成簇存在且远低于周围数据点的低位粗差则很难剔除，在数据后处理中，应先予以剔除。随机误差是不可消除的，但可以通过测量平差或采用重复观测削弱其影响。系统误差是由于机载 LiDAR 系统的硬件设备本身以及在执行测量任务过程中采用的量测方案不完善而产生的，其可以细分为：① 量测误差，主要包括激光测距误差、DGNSS 定位误差、姿态量测误差。② 集成误差，即系统各部件观测值集成过程中的系统误差，包括硬件安置误差和数据处理误差。硬件安置误差是 LiDAR 系统中各个子系统安置在一起时产生的误差，主要有偏心距误差、安置误差、角度步进误差、扭矩误差等；数据处理误差是在对各子系统获取的数据进行整合处理的过程中产生的误差，包括时间同步误差、内插误差、坐标转换误差等。

（1）激光测距误差

激光测距仪是 LiDAR 系统最重要的核心设备，激光测距精度会受到多种因素的影响，主要有以下三类。

① 测距仪引起的观测误差

激光测距的每一个工作过程都会带来一定的误差，但起主要作用的是电子光学电路对经过地面反射和空间传播后的不规则激光回波信号进行处理、估计和时间测量带来的误差，分为有时延估计误差和时间测量误差两类。此外，还包括传感器激光信号发射与接收时不平行(可校正)产生的误差，反光镜的旋转、振动误差，脉冲零点误差等。

② 大气折射误差

激光在穿透大气时，同 GNSS 信号一样，也会受到大气(对流层) 折射误差的影响，其影响程度取决于激光脉冲的波长。同一种信号的大气折射误差主要与气温、气压和大气湿度有关。激光脉冲的波长一般为 1 μm，而 GNSS 载波信号的波长一般为 20 cm，因此，与 GNSS 信号相比，激光脉冲信号受大气折射的影响要小得多。

③ 地物目标引起的误差

激光脉冲信号发射到地面时，会因地表物理特征的不同而产生不同的反射。当信号发生漫反射时，大量反射信号被接收，此时会形成较大的接收噪声；当信号发射到光滑物体表面，会形成镜面反射，此时可能会造成激光测距信号“丢失”；另外，有的信号可能经多次反射后返回，这样测定的时间延迟便不能代表真正的时间延迟。

激光测距精度还与地面粗糙程度、地面坡度、地面物体的干扰(如植被)等因素有关。在所有影响激光脚点坐标精度的因素中，激光测距误差是最复杂的。正是由于专家的重视和研究，LiDAR 系统的测距值在实际工作中所造成的误差一般为最小的。只有在航高较低、扫描角较小的情况下，测距造成的影响会相对大一些。一般而言，经过系统误差改正之后，激光测距的误差为 2～3 cm。

(2) DGNSS 定位误差

GNSS 定位误差主要包括卫星轨道误差、卫星钟差、接收机钟差、多路径效应影响误差、天线相位中心不稳定偏差，还有卫星星座、观测噪声、整周模糊度的求解不正确等带来的误差。尽管 DGNSS 定位误差较明显，但它会随着观测环境的变化而不断变化，不容易消除或者实现模型化。为削弱 DGNSS 定位误差的影响，通常采用的方法为在测区内建立多个分布比较均匀的基准站，以保证 GNSS 动态定位计算时离基准站不会太远。

飞机转弯时，若半径过小，GNSS 信号会被遮挡造成失锁；大气折射、多路径效应会造成距离测量误差；作业时刻的有效卫星数、分布等观测条件也会影响 DGNSS 的定位精度。除此之外，DGNSS 的处理方案也会影响 DGNSS 定位精度，伪距差分的定位精度仅能达到米级，而载波相位差分的定位精度可以达到厘米级。机载 LiDAR 数据处理一般采用载波相位差分，其处理的关键在于准确解算出载波相位测量的整周模糊度。一般而言，要求地面基站的间距不大于 25 km，最佳的 DGNSS 定位误差为 5 cm 左右。

(3) 姿态量测误差

姿态测量误差是影响机载 LiDAR 系统定位精度的因素之一。在机载 LiDAR 系统中，IMU 与激光扫描仪的姿态可以说是完全一致的。IMU 姿态测量的精度会受到加速度计比例误差、速度计常数误差、随机漂移、陀螺仪各种系统漂移等因素的影响，其姿态测量精度必然会直接影响定位结果。目前，国内民用 INS 系统的精度水平为：偏航角为 0.1°、侧滚角和俯仰角为 0.05°;采用 GNSS 与 INS 组合的精度水平为 0.03°;先进的 GNSS 与 INS 组合的精度水平为:偏航角为 0.01°、侧滚角和俯仰角为 0.005°。

(4) 偏心距误差

偏心距误差是各仪器坐标系之间的平移误差。由于各设备具有不同的坐标系中心,需要在安置后对各个设备位置的相互关系进行精确的测定,所以观测值会存在一定的误差。一般来说,这种误差在数据解算时已进行了消除,因此其带来的影响不大。

(5) 安置误差

仪器安置时产生的误差主要是指在非扫描状态下,因安装而造成的激光束偏离机下点的系统误差,包括偏航误差、俯仰误差、侧滚误差($\Delta\beta$、$\Delta\alpha$、$\Delta\psi$)。在机载 LiDAR 系统中,IMU 与激光扫描仪紧密固连,安装时会尽量保证 IMU 各轴与激光扫描仪的各轴指向精确平行,但实际安装后,IMU 各轴指向与激光扫描仪的各轴指向之间会存在一个微小的角度差,即偏心角,也称为安置角。在实际生产中,飞机落地时的剧烈振动可能造成仪器移位,并对数据造成干扰。因此,必须研究其形成机理和影响规律,并进行准确补偿。偏心角在实际应用中必须检校,精确测定其大小,并在各种转换中考虑该值,才能把 IMU 记录的姿态数据转化为能用于摄影测量生产的精确外方位元素,尤其在机载 LiDAR 这种直接对地定位的高精度应用中尤为重要。

(6) 角度步进误差

角度步进误差是角度记录装置在记录角度变化时产生的误差。

(7) 扭矩误差

如果将扫描镜视为刚体,在旋转和摆动时,由于惯性作用,其转动的实际角度必然会与预期的(记录装置的记录值)角度不一致,这种误差即扭矩误差。其与扫描镜旋转轴的弹性和机械性能有关。在扫描航带的边缘,扫描镜处于最大加速度时,其实际镜面位置与编码器计算位置之间存在细微差别;而在航带中心,由于加速度为零,所以此时不存在扭矩误差。

(8) 时间同步误差

机载 LiDAR 系统由 POS 和激光扫描系统组成,它们是各自独立的系统设备,具有不同的时间记录装置,其时间记录相互独立。为了确定一个激光点的三维坐标,必须保证激光发射的位置、姿态以及测距值均为同一时刻的观测值,如果存在时间偏差,或不能精确地确定这一偏差,就会导致点位误差。而且这种误差是变化的,会随着相关量测的变化率增加而增加。例如,飞机平稳飞行时,测距和测姿之间的时间偏差影响很小,因为此时姿态角一般保持不变或者变化很小;而当飞行不平稳时,时间偏差就会对激光点的量测精度造成很大影响。

(9) 内插误差

内插误差源于激光扫描测距系统与 POS 系统的数据采集频率差异。一般而言,激光扫描系统的频率最高,可达 150 kHz;IMU 次之,一般为 200 Hz;DGNSS 的频率最低,只有 20 Hz左右。因此,若想得到每个激光脚点的位置和姿态,就必须对 POS 数据进行内插。显然,这会带来内插误差。

(10) 坐标转换误差

机载 LiDAR 数据是基于 WGS-84 坐标系的。然而,测量的目的一般为服务于工程,需要将激光脚点的坐标转换到当地坐标系统中。由于高程异常的影响,这一转换过程会出现误差，即坐标转换误差。

3.7.2 机载 LiDAR 系统误差影响及定位精度分析

下面以线扫描为例，根据系统定位方程进行量测误差定量分析。

将式(3-5)中的各个矢量以分量分别代入，并经旋转矩阵变换后，可得到地面上的激光点在 WGS-84 坐标系中的坐标(X_e, Y_e, Z_e)为：

$$\begin{cases} X_e = X_g + C_{11}[A_{13}\,|\boldsymbol{l}(\mathrm{L})| + X_{gl}^{\mathrm{B}}] + C_{12}[A_{23}\,|\boldsymbol{l}(\mathrm{L})| + Y_{gl}^{\mathrm{B}}] + C_{13}[A_{33}\,|\boldsymbol{l}(\mathrm{L})| + Z_{gl}^{\mathrm{B}}] \\ Y_e = Y_g + C_{21}[A_{13}\,|\boldsymbol{l}(\mathrm{L})| + X_{gl}^{\mathrm{B}}] + C_{22}[A_{23}\,|\boldsymbol{l}(\mathrm{L})| + Y_{gl}^{\mathrm{B}}] + C_{23}[A_{33}\,|\boldsymbol{l}(\mathrm{L})| + Z_{gl}^{\mathrm{B}}] \\ Z_e = Z_g + C_{31}[A_{13}\,|\boldsymbol{l}(\mathrm{L})| + X_{gl}^{\mathrm{B}}] + C_{32}[A_{23}\,|\boldsymbol{l}(\mathrm{L})| + Y_{gl}^{\mathrm{B}}] + C_{33}[A_{33}\,|\boldsymbol{l}(L)| + Z_{gl}^{\mathrm{B}}] \end{cases} \tag{3-17}$$

式中，$\boldsymbol{C} = \boldsymbol{R}^{-1}(\lambda, \varphi - 90, 0)\boldsymbol{R}^{-1}(\beta, \alpha, \psi)$；$\boldsymbol{A} = \boldsymbol{R}^{-1}(0, 0, \psi_s)\boldsymbol{R}^{-1}(\Delta\beta, \Delta\alpha, \Delta\psi)$。

假设各项误差相互独立，根据误差传播定律，由式(3-17)可以得到中误差计算公式为：

$$\begin{cases} m_{X_e}^2 = \left(\dfrac{\partial X_e}{\partial X_g}\right)^2 m_{X_g}^2 + \left(\dfrac{\partial X_e}{\partial \beta}\right)^2 m_\beta^2 + \left(\dfrac{\partial X_e}{\partial \alpha}\right)^2 m_\alpha^2 + \left(\dfrac{\partial X_e}{\partial \psi}\right)^2 m_\psi^2 + \left(\dfrac{\partial X_e}{\partial l}\right)^2 m_l^2 + \\ \quad \left(\dfrac{\partial X_e}{\partial \psi_s}\right)^2 m_{\psi_s}^2 + \left(\dfrac{\partial X_e}{\partial \Delta\beta}\right)^2 m_{\Delta\beta}^2 + \left(\dfrac{\partial X_e}{\partial \Delta\alpha}\right)^2 m_{\Delta\alpha}^2 + \left(\dfrac{\partial X_e}{\partial \Delta\psi}\right)^2 m_{\Delta\psi}^2 + \left(\dfrac{\partial X_e}{\partial X_{gl}^{\mathrm{B}}}\right)^2 m_{X_{gl}^{\mathrm{B}}}^2 + \\ \quad \left(\dfrac{\partial X_e}{\partial Y_{gl}^{\mathrm{B}}}\right)^2 m_{Y_{gl}^{\mathrm{B}}}^2 + \left(\dfrac{\partial X_e}{\partial Z_{gl}^{\mathrm{B}}}\right)^2 m_{Z_{gl}^{\mathrm{B}}}^2 \\ m_{Y_e}^2 = \left(\dfrac{\partial Y_e}{\partial Y_g}\right)^2 m_{Y_g}^2 + \left(\dfrac{\partial Y_e}{\partial \beta}\right)^2 m_\beta^2 + \left(\dfrac{\partial Y_e}{\partial \alpha}\right)^2 m_\alpha^2 + \left(\dfrac{\partial Y_e}{\partial \psi}\right)^2 m_\psi^2 + \left(\dfrac{\partial Y_e}{\partial l}\right)^2 m_l^2 + \\ \quad \left(\dfrac{\partial Y_e}{\partial \psi_s}\right)^2 m_{\psi_s}^2 + \left(\dfrac{\partial Y_e}{\partial \Delta\beta}\right)^2 m_{\Delta\beta}^2 + \left(\dfrac{\partial Y_e}{\partial \Delta\alpha}\right)^2 m_{\Delta\alpha}^2 + \left(\dfrac{\partial Y_e}{\partial \Delta\psi}\right)^2 m_{\Delta\psi}^2 + \left(\dfrac{\partial Y_e}{\partial X_{gl}^{\mathrm{B}}}\right)^2 m_{X_{gl}^{\mathrm{B}}}^2 + \\ \quad \left(\dfrac{\partial Y_e}{\partial Y_{gl}^{\mathrm{B}}}\right)^2 m_{Y_{gl}^{\mathrm{B}}}^2 + \left(\dfrac{\partial Y_e}{\partial Z_{gl}^{\mathrm{B}}}\right)^2 m_{Z_{gl}^{\mathrm{B}}}^2 \\ m_{Z_e}^2 = \left(\dfrac{\partial Z_e}{\partial Z_g}\right)^2 m_{Z_g}^2 + \left(\dfrac{\partial Z_e}{\partial \beta}\right)^2 m_\beta^2 + \left(\dfrac{\partial Z_e}{\partial \alpha}\right)^2 m_\alpha^2 + \left(\dfrac{\partial Z_e}{\partial \psi}\right)^2 m_\psi^2 + \left(\dfrac{\partial Z_e}{\partial l}\right)^2 m_l^2 + \\ \quad \left(\dfrac{\partial Z_e}{\partial \psi_s}\right)^2 m_{\psi_s}^2 + \left(\dfrac{\partial Z_e}{\partial \Delta\beta}\right)^2 m_{\Delta\beta}^2 + \left(\dfrac{\partial Z_e}{\partial \Delta\alpha}\right)^2 m_{\Delta\alpha}^2 + \left(\dfrac{\partial Z_e}{\partial \Delta\psi}\right)^2 m_{\Delta\psi}^2 + \left(\dfrac{\partial Z_e}{\partial X_{gl}^{\mathrm{B}}}\right)^2 m_{X_{gl}^{\mathrm{B}}}^2 + \\ \quad \left(\dfrac{\partial Z_e}{\partial Y_{gl}^{\mathrm{B}}}\right)^2 m_{Y_{gl}^{\mathrm{B}}}^2 + \left(\dfrac{\partial Z_e}{\partial Z_{gl}^{\mathrm{B}}}\right)^2 m_{Z_{gl}^{\mathrm{B}}}^2 \end{cases} \tag{3-18}$$

式中，$m_{X_e}^2$、$m_{Y_e}^2$、$m_{Z_e}^2$ 分别为激光脚点 P 在 X、Y、Z 轴方向上的中误差；$m_{X_g}^2$、$m_{Y_g}^2$、$m_{Z_g}^2$ 分别为 GNSS 定位分量中误差；m_β^2、m_α^2、m_ψ^2 分别为姿态参数量测中误差；$m_{X_{gl}^{\mathrm{B}}}^2$、$m_{Y_{gl}^{\mathrm{B}}}^2$、$m_{Z_{gl}^{\mathrm{B}}}^2$ 分别为偏心距量测中误差；$m_{\psi_s}^2$、m_l^2 分别为扫描角和激光测距中误差；$m_{\Delta\beta}^2$、$m_{\Delta\alpha}^2$、$m_{\Delta\psi}^2$ 分别为安置角量测中误差；各个变量的一阶偏导数具体表达式见下文。由式(3-18)可知：LiDAR 数据精度主要由 GNSS 测量数据、姿态测量数据 (β, α, ψ)、激光测距数据 $\boldsymbol{l}(\mathrm{L})$、扫描角 (ψ_s)、多传感器集成安装时激光器在 INS 坐标系中的偏差 $(\Delta\beta, \Delta\alpha, \Delta\psi)$ 等多个测量值的精度决

定。在各项参数量测误差一定的情况下，除 $m_{X_g}^2$、$m_{Y_g}^2$、$m_{Z_g}^2$ 外，其余各项系数均随扫描角 ψ_s 及测距值 $\boldsymbol{l}$(L) 的变化而变化。在同一扫描线上，不同测距点上的坐标精度不同，而对于不同扫描线，各个系数具有周期性变化的特点。接下来，将对上述影响因素逐个进行分析。

1. 激光测距误差对激光脚点定位的影响

为方便分析、讨论激光测距误差对激光脚点定位的影响规律，引入“标准化扫描”概念。即飞机在空中的姿态非常平稳，不受气流、发动机振动的影响，激光扫描测距系统在理想状态下完成扫描，这样可避免不确定因素对定位的影响。

在“标准化扫描”条件下，只需考虑测距误差（即假设姿态角为 $\beta=\alpha=\psi=0°$），则 $\boldsymbol{C}$ 为单位矩阵；扫描角归算不存在误差，则 $\boldsymbol{A}=\boldsymbol{R}^{-1}(0,0,\psi_s)$。由式(3-18)可得激光测距误差对激光脚点定位的影响为：

$$\begin{cases} m_{X_e}^2=\left(\dfrac{\partial X_e}{\partial l}\right)^2 m_l^2=0 \\ m_{Y_e}^2=\left(\dfrac{\partial Y_e}{\partial l}\right)^2 m_l^2=(-\sin\psi_s)^2 m_l^2 \\ m_{Z_e}^2=\left(\dfrac{\partial Z_e}{\partial l}\right)^2 m_l^2=(\cos\psi_s)^2 m_l^2 \end{cases} \tag{3-19}$$

取测距误差 $m_l=0.03$ m、最大扫描角为 $\psi_{\max}$，可得到激光测距误差对地面激光点坐标分量 Y、Z 方向的影响（表 3.4）及其变化曲线图（图 3.52）。

表 3.4　0.03 m 测距误差对激光脚点定位精度的影响

扫描角/(°)		0	10	20	30	40	50	60	70
定位精度	ΔX_e/m	0	0	0	0	0	0	0	0
	ΔY_e/m	0	0.005	0.010	0.015	0.019	0.023	0.026	0.028
	ΔZ_e/m	0.030	0.029	0.028	0.026	0.023	0.019	0.015	0.010

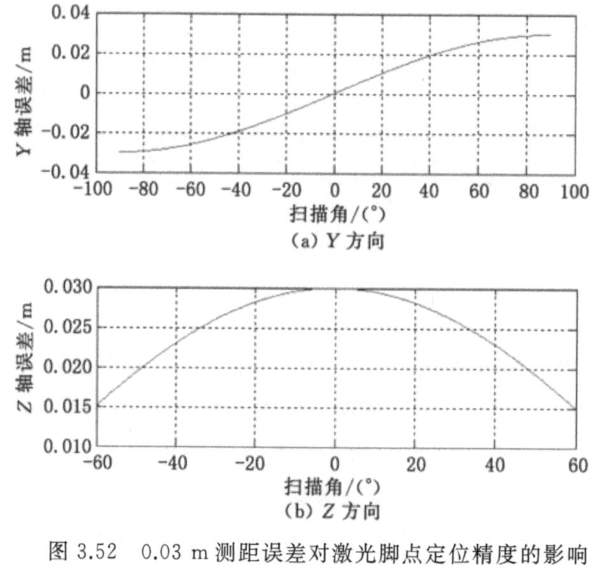

图 3.52　0.03 m 测距误差对激光脚点定位精度的影响

由图 3.52、表 3.4 可知：激光扫描测距误差对激光脚点航向定位精度没有影响；对激光脚点旁向定位精度的影响随着扫描角的增大而增大，扫描角为 0°时，平面定位误差为零，如图 3.52(a)所示；激光扫描测距误差对激光脚点高程精度的影响随着扫描角的增大而减小，扫描角为 0°时，对激光脚点高程精度的影响最大，如图 3.52(b)所示。

2. DGNSS 定位误差对激光脚点定位的影响

当只考虑 DGNSS 定位误差时，由式(3-17)可得 DGNSS 定位误差对激光脚点定位的影响为：

$$\begin{cases} m_{X_e}^2 = \left(\dfrac{\partial X_e}{\partial X_g}\right)^2 m_{X_g}^2 = m_{X_g}^2 \\ m_{Y_e}^2 = \left(\dfrac{\partial Y_e}{\partial Y_g}\right)^2 m_{Y_g}^2 = m_{Y_g}^2 \\ m_{Z_e}^2 = \left(\dfrac{\partial Z_e}{\partial Z_g}\right)^2 m_{Z_g}^2 = m_{Z_g}^2 \end{cases} \tag{3-20}$$

由式(3-20)可知：DGNSS 定位误差与激光脚点的定位误差是 1∶1的关系，而且仅在同一方向上产生影响。也就是说，DGNSS 定位误差会直接“克隆”到激光脚点坐标值，即 DGNSS 定位误差对直接定向测量精度的影响是平移影响。

3. 姿态角测量误差对激光脚点定位精度的影响

为方便讨论姿态角测量误差对激光脚点定位精度的影响规律，在讨论一个姿态角的影响时，假定另外两个姿态角无误差。为便于数值的计算，假设测得的三个姿态角均为 0°(即飞机按南北向飞行，$\beta=\alpha=\psi=0°$)，存在姿态误差，且不考虑测距误差和扫描角的量测误差。由式(3-17)对姿态角求偏导：

$$\begin{aligned} \frac{\partial X_e}{\partial \beta} &= [A_{13}|\boldsymbol{l}(\mathrm{L})| + X_{gl}^{\mathrm{B}}]\cdot\frac{\partial C_{11}}{\partial \beta} + [A_{23}|\boldsymbol{l}(\mathrm{L})| + Y_{gl}^{\mathrm{B}}]\cdot\frac{\partial C_{12}}{\partial \beta} + [A_{33}|\boldsymbol{l}(\mathrm{L})| + Z_{gl}^{\mathrm{B}}]\cdot\frac{\partial C_{13}}{\partial \beta} \\ &= X_{gl}^{\mathrm{B}}\cdot\frac{\partial C_{11}}{\partial \beta} + [-l\sin\psi_s + Y_{gl}^{\mathrm{B}}]\cdot\frac{\partial C_{12}}{\partial \beta} + [l\cos\psi_s + Z_{gl}^{\mathrm{B}}]\cdot\frac{\partial C_{13}}{\partial \beta} \end{aligned} \tag{3-21}$$

同理可得：

$$\begin{cases} \dfrac{\partial X_e}{\partial \alpha} = X_{gl}^{\mathrm{B}}\cdot\dfrac{\partial C_{11}}{\partial \alpha} + [-l\sin\psi_s + Y_{gl}^{\mathrm{B}}]\cdot\dfrac{\partial C_{12}}{\partial \alpha} + [l\cos\psi_s + Z_{gl}^{\mathrm{B}}]\cdot\dfrac{\partial C_{13}}{\partial \alpha} \\ \dfrac{\partial X_e}{\partial \psi} = X_{gl}^{\mathrm{B}}\cdot\dfrac{\partial C_{11}}{\partial \psi} + [-l\sin\psi_s + Y_{gl}^{\mathrm{B}}]\cdot\dfrac{\partial C_{12}}{\partial \psi} + [l\cos\psi_s + Z_{gl}^{\mathrm{B}}]\cdot\dfrac{\partial C_{13}}{\partial \psi} \\ \dfrac{\partial Y_e}{\partial \beta} = X_{gl}^{\mathrm{B}}\cdot\dfrac{\partial C_{21}}{\partial \beta} + [-l\sin\psi_s + Y_{gl}^{\mathrm{B}}]\cdot\dfrac{\partial C_{22}}{\partial \beta} + [l\cos\psi_s + Z_{gl}^{\mathrm{B}}]\cdot\dfrac{\partial C_{23}}{\partial \beta} \\ \dfrac{\partial Y_e}{\partial \alpha} = X_{gl}^{\mathrm{B}}\cdot\dfrac{\partial C_{21}}{\partial \alpha} + [-l\sin\psi_s + Y_{gl}^{\mathrm{B}}]\cdot\dfrac{\partial C_{22}}{\partial \alpha} + [l\cos\psi_s + Z_{gl}^{\mathrm{B}}]\cdot\dfrac{\partial C_{23}}{\partial \alpha} \\ \dfrac{\partial Y_e}{\partial \psi} = X_{gl}^{\mathrm{B}}\cdot\dfrac{\partial C_{21}}{\partial \psi} + [-l\sin\psi_s + Y_{gl}^{\mathrm{B}}]\cdot\dfrac{\partial C_{22}}{\partial \psi} + [l\cos\psi_s + Z_{gl}^{\mathrm{B}}]\cdot\dfrac{\partial C_{23}}{\partial \psi} \\ \dfrac{\partial Z_e}{\partial \beta} = X_{gl}^{\mathrm{B}}\cdot\dfrac{\partial C_{31}}{\partial \beta} + [-l\sin\psi_s + Y_{gl}^{\mathrm{B}}]\cdot\dfrac{\partial C_{32}}{\partial \beta} + [l\cos\psi_s + Z_{gl}^{\mathrm{B}}]\cdot\dfrac{\partial C_{33}}{\partial \beta} \\ \dfrac{\partial Z_e}{\partial \alpha} = X_{gl}^{\mathrm{B}}\cdot\dfrac{\partial C_{31}}{\partial \alpha} + [-l\sin\psi_s + Y_{gl}^{\mathrm{B}}]\cdot\dfrac{\partial C_{32}}{\partial \alpha} + [l\cos\psi_s + Z_{gl}^{\mathrm{B}}]\cdot\dfrac{\partial C_{33}}{\partial \alpha} \\ \dfrac{\partial Z_e}{\partial \psi} = X_{gl}^{\mathrm{B}}\cdot\dfrac{\partial C_{31}}{\partial \psi} + [-l\sin\psi_s + Y_{gl}^{\mathrm{B}}]\cdot\dfrac{\partial C_{32}}{\partial \psi} + [l\cos\psi_s + Z_{gl}^{\mathrm{B}}]\cdot\dfrac{\partial C_{33}}{\partial \psi} \end{cases} \tag{3-22}$$

把式(3-21)、式(3-22)代入式(3-18)，则可得姿态角量测误差对激光脚点坐标影响的公式为：

$$\left\{\begin{aligned}
m_{X_e}^2 &= \left(\frac{\partial X_e}{\partial \beta}\right)^2 m_\beta^2 + \left(\frac{\partial X_e}{\partial \alpha}\right)^2 m_\alpha^2 + \left(\frac{\partial X_e}{\partial \psi}\right)^2 m_\psi^2 \\
&= \left(X_{gl}^{\mathrm{B}} \cdot \frac{\partial C_{11}}{\partial \beta} + M_{12} \cdot \frac{\partial C_{12}}{\partial \beta} + M_{13} \cdot \frac{\partial C_{13}}{\partial \beta}\right)^2 m_\beta^2 + \\
&\quad \left(X_{gl}^{\mathrm{B}} \cdot \frac{\partial C_{11}}{\partial \alpha} + M_{12} \cdot \frac{\partial C_{12}}{\partial \alpha} + M_{13} \cdot \frac{\partial C_{13}}{\partial \alpha}\right)^2 m_\alpha^2 + \\
&\quad \left(X_{gl}^{\mathrm{B}} \cdot \frac{\partial C_{11}}{\partial \psi} + M_{12} \cdot \frac{\partial C_{12}}{\partial \psi} + M_{13} \cdot \frac{\partial C_{13}}{\partial \psi}\right)^2 m_\psi^2 \\
m_{Y_e}^2 &= \left(\frac{\partial Y_e}{\partial \beta}\right)^2 m_\beta^2 + \left(\frac{\partial Y_e}{\partial \alpha}\right)^2 m_\alpha^2 + \left(\frac{\partial Y_e}{\partial \psi}\right)^2 m_\psi^2 \\
&= \left(X_{gl}^{\mathrm{B}} \cdot \frac{\partial C_{21}}{\partial \beta} + M_{12} \cdot \frac{\partial C_{22}}{\partial \beta} + M_{13} \cdot \frac{\partial C_{23}}{\partial \beta}\right)^2 m_\beta^2 + \\
&\quad \left(X_{gl}^{\mathrm{B}} \cdot \frac{\partial C_{21}}{\partial \alpha} + M_{12} \cdot \frac{\partial C_{22}}{\partial \alpha} + M_{13} \cdot \frac{\partial C_{23}}{\partial \alpha}\right)^2 m_\alpha^2 + \\
&\quad \left(X_{gl}^{\mathrm{B}} \cdot \frac{\partial C_{21}}{\partial \psi} + M_{12} \cdot \frac{\partial C_{22}}{\partial \psi} + M_{13} \cdot \frac{\partial C_{23}}{\partial \psi}\right)^2 m_\psi^2 \\
m_{Z_e}^2 &= \left(\frac{\partial Z_e}{\partial \beta}\right)^2 m_\beta^2 + \left(\frac{\partial Z_e}{\partial \alpha}\right)^2 m_\alpha^2 + \left(\frac{\partial Z_e}{\partial \psi}\right)^2 m_\psi^2 \\
&= \left(X_{gl}^{\mathrm{B}} \cdot \frac{\partial C_{31}}{\partial \beta} + M_{12} \cdot \frac{\partial C_{32}}{\partial \beta} + M_{13} \cdot \frac{\partial C_{33}}{\partial \beta}\right)^2 m_\beta^2 + \\
&\quad \left(X_{gl}^{\mathrm{B}} \cdot \frac{\partial C_{31}}{\partial \alpha} + M_{12} \cdot \frac{\partial C_{32}}{\partial \alpha} + M_{13} \cdot \frac{\partial C_{33}}{\partial \alpha}\right)^2 m_\alpha^2 + \\
&\quad \left(X_{gl}^{\mathrm{B}} \cdot \frac{\partial C_{31}}{\partial \psi} + M_{12} \cdot \frac{\partial C_{32}}{\partial \psi} + M_{13} \cdot \frac{\partial C_{33}}{\partial \psi}\right)^2 m_\psi^2
\end{aligned}\right. \tag{3-23}$$

式中：

$$M_{12} = Y_{gl}^{\mathrm{B}} - l\sin\psi_s$$

$$M_{13} = Z_{gl}^{\mathrm{B}} + l\cos\psi_s$$

$$\boldsymbol{C} = \begin{bmatrix} \cos\beta\cos\alpha & -\sin\beta\cos\psi + \cos\beta\sin\alpha\sin\psi & \sin\beta\sin\psi + \cos\beta\sin\alpha\cos\psi \\ \sin\beta\cos\alpha & \cos\beta\cos\psi + \sin\beta\sin\alpha\sin\psi & -\cos\beta\sin\psi + \sin\beta\sin\alpha\cos\psi \\ -\sin\alpha & \cos\alpha\sin\psi & \cos\alpha\cos\psi \end{bmatrix}$$

① 偏航角测量误差对激光脚点定位精度的影响

$$
\left\{
\begin{aligned}
m_{X_e}^2 &= \left(X_{gl}^{B} \cdot \frac{\partial C_{11}}{\partial \beta} + M_{12} \cdot \frac{\partial C_{12}}{\partial \beta} + M_{13} \cdot \frac{\partial C_{13}}{\partial \beta}\right)^2 m_\beta^2 \\
&= [X_{gl}^{B} \cdot (-\sin\beta\cos\alpha) + M_{12} \cdot (-\cos\beta\cos\psi - \sin\beta\sin\alpha\sin\psi) + \\
&\quad M_{13} \cdot (\cos\beta\sin\psi - \sin\beta\sin\alpha\cos\psi)]^2 m_\beta^2 \\
&= [l\sin\psi_s - Y_{gl}^{B}]^2 m_\beta^2 \\
m_{Y_e}^2 &= \left(X_{gl}^{B} \cdot \frac{\partial C_{21}}{\partial \beta} + M_{12} \cdot \frac{\partial C_{22}}{\partial \beta} + M_{13} \cdot \frac{\partial C_{23}}{\partial \beta}\right)^2 m_\beta^2 \\
&= [X_{gl}^{B} \cdot (\cos\beta\cos\alpha) + M_{12} \cdot (-\sin\beta\cos\psi + \cos\beta\sin\alpha\sin\psi) + \\
&\quad M_{13} \cdot (\sin\beta\sin\psi + \cos\beta\sin\alpha\cos\psi)]^2 m_\beta^2 \\
&= [X_{gl}^{B}]^2 m_\beta^2 \\
m_{Z_e}^2 &= \left(X_{gl}^{B} \frac{\partial C_{31}}{\partial \beta} + M_{12} \cdot \frac{\partial C_{32}}{\partial \beta} + M_{13} \cdot \frac{\partial C_{33}}{\partial \beta}\right)^2 m_\beta^2 \\
&= [X_{gl}^{B} \cdot 0 + M_{12} \cdot 0 + M_{13} \cdot 0]^2 m_\beta^2 \\
&= 0
\end{aligned}
\right.
\tag{3-24}
$$

由式(3-24)可知：偏航角测量误差主要影响航向、旁向定位精度，对高程定位精度没有影响。在不同航高、不同扫描角情况下，偏航角测量误差(分别为 0.01°和 0.03°时)对激光脚点定位精度的影响分别如表 3.5 和表 3.6 所示。

表 3.5　0.01°偏航角误差对激光脚点定位精度的影响　　单位：m

航高/m	扫描角/(°)											
	0			10			20			30		
	X	Y	Z	X	Y	Z	X	Y	Z	X	Y	Z
500	0	0	0	0.015	0	0	0.032	0	0	0.050	0	0
1 000	0	0	0	0.031	0	0	0.063	0	0	0.101	0	0
2 000	0	0	0	0.062	0	0	0.127	0	0	0.201	0	0

表 3.6　0.03°偏航角误差对激光脚点定位精度的影响　　单位：m

航高/m	扫描角/(°)											
	0			10			20			30		
	X	Y	Z	X	Y	Z	X	Y	Z	X	Y	Z
500	0	0	0	0.046	0	0	0.095	0	0	0.151	0	0
1 000	0	0	0	0.092	0	0	0.190	0	0	0.302	0	0
2 000	0	0	0	0.184	0	0	0.381	0	0	0.604	0	0

由表 3.5 和表 3.6 可知：偏航角误差主要影响激光脚点的航向定位精度，对激光脚点的旁向定位精度和高程精度几乎没有影响，可忽略不计；航高越高，其对航向定位精度的影响越大；同一飞行高度下，其对激光脚点航向定位精度的影响随扫描角的增大而增大。对比表 3.5、表 3.6 可知：偏航角误差越大，激光脚点航向定位精度越差。

② 俯仰角测量误差对激光脚点定位精度的影响

$$
\begin{cases}
m_{X_e}^2 = \left(X_{gl}^{\mathrm{B}} \cdot \dfrac{\partial C_{11}}{\partial \alpha} + M_{12} \cdot \dfrac{\partial C_{12}}{\partial \alpha} + M_{13} \cdot \dfrac{\partial C_{13}}{\partial \alpha}\right)^2 m_\alpha^2 \\
\quad = [X_{gl}^{\mathrm{B}} \cdot (-\cos\beta\sin\alpha) + M_{12} \cdot (\cos\beta\cos\alpha\sin\psi) + M_{13} \cdot (\cos\beta\cos\alpha\cos\psi)]^2 m_\alpha^2 \\
\quad = [Z_{gl}^{\mathrm{B}} + l\cos\psi_s]^2 m_\alpha^2 \\
m_{Y_e}^2 = \left(X_{gl}^{\mathrm{B}} \cdot \dfrac{\partial C_{21}}{\partial \alpha} + M_{12} \cdot \dfrac{\partial C_{22}}{\partial \alpha} + M_{13} \cdot \dfrac{\partial C_{23}}{\partial \alpha}\right)^2 m_\alpha^2 \\
\quad = [X_{gl}^{\mathrm{B}} \cdot (-\sin\beta\sin\alpha) + M_{12} \cdot (\sin\beta\cos\alpha\sin\psi) + M_{13} \cdot (\sin\beta\cos\alpha\cos\psi)]^2 m_\alpha^2 \\
\quad = 0 \\
m_{Z_e}^2 = \left(X_{gl}^{\mathrm{B}} \cdot \dfrac{\partial C_{31}}{\partial \alpha} + M_{12} \cdot \dfrac{\partial C_{32}}{\partial \alpha} + M_{13} \cdot \dfrac{\partial C_{33}}{\partial \alpha}\right)^2 m_\alpha^2 \\
\quad = [X_{gl}^{\mathrm{B}} \cdot (-\cos\alpha) + M_{12} \cdot (-\sin\alpha\sin\psi) + M_{13} \cdot (-\sin\alpha\cos\psi)]^2 m_\alpha^2 \\
\quad = (X_{gl}^{\mathrm{B}})^2 m_\alpha^2
\end{cases}
\tag{3-25}
$$

由式(3-25)可知：俯仰角误差主要影响机载 LiDAR 系统的航向定位精度和高程精度。在不同航高、不同扫描角情况下，俯仰角测量误差(分别为 0.005°和 0.03°时)对激光脚点定位精度的影响如表 3.7、表 3.8 所示。

表 3.7 0.005°俯仰角误差对激光脚点定位精度的影响 单位：m

航高/m	扫描角/(°)											
	0			10			20			30		
	X	Y	Z	X	Y	Z	X	Y	Z	X	Y	Z
500	0.044	0	0	0.044	0	0	0.044	0	0	0.044	0	0
1 000	0.087	0	0	0.087	0	0	0.087	0	0	0.087	0	0
2 000	0.175	0	0	0.175	0	0	0.175	0	0	0.175	0	0

表 3.8 0.03°俯仰角误差对激光脚点定位精度的影响 单位：m

航高/m	扫描角/(°)											
	0			10			20			30		
	X	Y	Z	X	Y	Z	X	Y	Z	X	Y	Z
500	0.263	0	0	0.263	0	0	0.263	0	0	0.263	0	0
1 000	0.525	0	0	0.525	0	0	0.525	0	0	0.525	0	0
2 000	1.048	0	0	1.048	0	0	1.048	0	0	1.048	0	0

由表 3.7 和表 3.8 可知：俯仰角误差主要影响激光脚点的航向定位精度，航高越高，对航向定位精度的影响越大；俯仰角误差对激光脚点旁向定位和高程定位精度几乎没有影响，可

忽略不计。同一飞行高度下，激光脚点定位精度与激光扫描角大小无关。

③ 侧滚角测量误差对激光脚点定位精度的影响

$$\begin{cases} m_{X_e}^2=\left(X_{gl}^{\mathrm{B}}\cdot\dfrac{\partial C_{11}}{\partial\psi}+M_{12}\cdot\dfrac{\partial C_{12}}{\partial\psi}+M_{13}\cdot\dfrac{\partial C_{13}}{\partial\psi}\right)^2 m_\psi^2 \\ \quad =[X_{gl}^{\mathrm{B}}\cdot 0+M_{12}\cdot(\sin\beta\sin\psi+\cos\beta\sin\alpha\cos\psi)+ \\ \quad\quad M_{13}\cdot(\sin\beta\cos\psi-\cos\beta\sin\alpha\sin\psi)]^2 m_\psi^2 \\ \quad =0 \\ m_{Y_e}^2=\left(X_{gl}^{\mathrm{B}}\cdot\dfrac{\partial C_{21}}{\partial\psi}+M_{12}\cdot\dfrac{\partial C_{22}}{\partial\psi}+M_{13}\cdot\dfrac{\partial C_{23}}{\partial\psi}\right)^2 m_\psi^2 \\ \quad =[X_{gl}^{\mathrm{B}}\cdot 0+M_{12}\cdot(-\cos\beta\sin\psi+\sin\beta\sin\alpha\cos\psi)+ \\ \quad\quad M_{13}\cdot(-\cos\beta\cos\psi-\sin\beta\sin\alpha\sin\psi)]^2 m_\psi^2 \\ \quad =[Z_{gl}^{\mathrm{B}}+l\cos\psi_s]^2 m_\psi^2 \\ m_{Z_e}^2=\left(X_{gl}^{\mathrm{B}}\cdot\dfrac{\partial C_{31}}{\partial\psi}+M_{12}\cdot\dfrac{\partial C_{32}}{\partial\psi}+M_{13}\cdot\dfrac{\partial C_{33}}{\partial\psi}\right)^2 m_\psi^2 \\ \quad =[X_{gl}^{\mathrm{B}}\cdot 0+M_{12}\cdot(\cos\alpha\cos\psi)+M_{13}\cdot(-\cos\alpha\sin\psi)]^2 m_\psi^2 \\ \quad =[Y_{gl}^{\mathrm{B}}-\sin(\psi_s)l]^2 m_\psi^2 \end{cases} \tag{3-26}$$

由式(3-26)可知：侧滚角误差主要影响激光脚点的旁向定位精度和高程精度。在不同航高、不同扫描角情况下，侧滚角测量误差(分别为 0.005°和 0.03°时)对激光脚点定位精度的影响如表 3.9 和表 3.10 所示。

表 3.9　0.005°侧滚角误差对激光脚点定位精度的影响　　单位：m

航高/m	扫描角/(°)											
	0			10			20			30		
	X	*Y*	*Z*	*X*	*Y*	*Z*	*X*	*Y*	*Z*	*X*	*Y*	*Z*
500	0	0.044	0	0	0.044	0.008	0	0.044	0.016	0	0.044	0.025
1 000	0	0.087	0	0	0.087	0.015	0	0.087	0.032	0	0.087	0.050
2 000	0	0.175	0	0	0.175	0.031	0	0.175	0.064	0	0.175	0.101

表 3.10　0.03°侧滚角误差对激光脚点定位精度的影响　　单位：m

航高/m	扫描角/(°)											
	0			10			20			30		
	X	*Y*	*Z*	*X*	*Y*	*Z*	*X*	*Y*	*Z*	*X*	*Y*	*Z*
500	0	0.263	0	0	0.263	0.046	0	0.263	0.095	0	0.263	0.151
1 000	0	0.525	0	0	0.525	0.093	0	0.525	0.190	0	0.525	0.302
2 000	0	1.048	0	0	1.048	0.185	0	1.048	0.381	0	1.048	0.604

由表 3.9 和表 3.10 可知：侧滚角误差主要影响激光脚点的旁向定位精度，航高越高，对

旁向定位精度的影响越大；侧滚角误差对激光脚点高程精度的影响较小，航高越高，影响越大；侧滚角误差对激光脚点航向定位精度几乎没有影响，可忽略不计。同一飞行高度下，侧滚角误差对激光脚点旁向定位精度的影响与激光扫描角大小无关；对激光脚点高程精度的影响随着扫描角度的增大而增大。

④ IMU 姿态误差对激光脚点定位精度的影响

在“标准化扫描”中，设测得的姿态角为 $\beta=\alpha=\psi=0°$，姿态角测量误差分别为 $d\beta$、$d\alpha$、$d\psi$（均为微小量），不考虑激光测距误差和扫描角误差，由式(3-24)～式(3-26)可得姿态误差对激光脚点定位精度的影响为：

$$\begin{cases} m_{X_e}^2=(l\sin\psi_s-Y_{gl}^B)^2m_\beta^2+(Z_{gl}^B+l\cos\psi_s)^2m_\alpha^2+0 \\ m_{Y_e}^2=(X_{gl}^B)^2m_\beta^2+0+(Z_{gl}^B+l\cos\psi_s)^2m_\psi^2 \\ m_{Z_e}^2=0+(X_{gl}^B)^2m_\alpha^2+(Y_{gl}^B-l\sin\psi_s)^2m_\psi^2 \end{cases} \tag{3-27}$$

在不同航高、不同扫描角情况下，不同姿态误差对激光脚点定位精度的影响如表 3.11 和表 3.12 所示。

表 3.11 (0.01°,0.005°,0.005°)姿态误差对激光脚点定位精度的影响 单位：m

航高/m	扫描角/(°)											
	0			10			20			30		
	X	Y	Z	X	Y	Z	X	Y	Z	X	Y	Z
500	0.044	0.044	0	0.046	0.044	0.008	0.054	0.044	0.016	0.067	0.044	0.025
1 000	0.087	0.087	0	0.093	0.087	0.015	0.108	0.087	0.032	0.133	0.087	0.050
2 000	0.175	0.175	0	0.185	0.175	0.031	0.216	0.175	0.064	0.267	0.175	0.101

表 3.12 (0.03°,0.03°,0.03°)姿态误差对激光脚点定位精度的影响 单位：m

航高/m	扫描角/(°)											
	0			10			20			30		
	X	Y	Z	X	Y	Z	X	Y	Z	X	Y	Z
500	0.263	0.263	0	0.267	0.263	0.046	0.280	0.263	0.095	0.303	0.263	0.151
1 000	0.525	0.525	0	0.533	0.525	0.092	0.558	0.525	0.190	0.827	0.525	0.302
2 000	1.048	1.048	0	1.060	1.048	0.184	1.120	1.048	0.381	1.210	1.048	0.604

由表 3-11 和表 3-12 可知：随着航高的增加，姿态误差对激光脚点平面定位精度和高程精度的影响逐渐增大；同一航高下，姿态误差对激光脚点航向定位精度的影响随着扫描角的增大而增大，对激光脚点旁向定位精度的影响与扫描角大小无关，姿态误差对激光脚点航向定位精度的影响大于对旁向定位精度的影响；姿态误差对激光脚点高程精度的影响随着扫描角的增大而增大。姿态误差对平面坐标的影响远大于其对高程的影响，即激光脚点高程方面的精度优于平面精度。

4. 扫描角误差对激光脚点定位精度的影响

为了分析扫描角误差对激光脚点定位精度的影响规律，假设 $\beta=\alpha=\psi=0°$，且姿态误差为 0，则 $\boldsymbol{C}$ 为单位矩阵，$\boldsymbol{A}=\boldsymbol{R}^{-1}(0,0,\psi_s)$。扫描角误差对地面激光点坐标的影响公式为：

$$\begin{cases} m_{X_e}^2=\left(\dfrac{\partial X_e}{\partial \psi_s}\right)^2 m_{\psi_s}^2=0 \\ m_{Y_e}^2=\left(\dfrac{\partial Y_e}{\partial \psi_s}\right)^2 m_{\psi_s}^2=(-l\cos\psi_s)^2 m_{\psi_s}^2 \\ m_{Z_e}^2=\left(\dfrac{\partial Z_e}{\partial \psi_s}\right)^2 m_{\psi_s}^2=(-l\sin\psi_s)^2 m_{\psi_s}^2 \end{cases} \tag{3-28}$$

由式(3-28)、式(3-27)及式(3-19)可知，同激光测距误差一样，扫描角 ψ_s 不仅自身对定位精度有影响，同时还是许多其他影响因子的系数，其对定位精度的综合影响也较大。假设激光扫描角测角精度为 0.003°，在不同航高情况下，激光扫描角误差对激光脚点定位精度的影响如表 3.13 所示。

表 3.13　0.003°激光扫描角误差对激光脚点定位精度的影响　　单位：m

航高/m	扫描角/(°)											
	0			10			20			30		
	X	*Y*	*Z*	*X*	*Y*	*Z*	*X*	*Y*	*Z*	*X*	*Y*	*Z*
500	0	0.026	0	0	0.026	0.004 6	0	0.025	0.009 5	0	0.023	0.015
1 000	0	0.052	0	0	0.052	0.009 2	0	0.049	0.019 0	0	0.045	0.030
2 000	0	0.105	0	0	0.103	0.018 5	0	0.098	0.038 1	0	0.091	0.061

此时，激光扫描角误差对航向定位精度没有影响；对旁向定位精度的影响随着航高的增大而增大；在相同飞行高度下，对高程精度的影响随着扫描角的增大而增大。

5. 偏心距误差对激光脚点定位精度的影响

在“标准化扫描”条件下，只考虑 GNSS 与激光扫描仪之间的偏心距误差，并假设姿态角为 0°(即 $\beta=\alpha=\psi=0°$)且姿态误差为 0，则 $\boldsymbol{C}$ 为单位矩阵。偏心距误差对地面激光点坐标的影响公式为：

$$\begin{cases} m_{X_e}^2=\left(\dfrac{\partial X_e}{\partial X_{gl}^{\mathrm{B}}}\right)^2 m_{X_{gl}^{\mathrm{B}}}^2+\left(\dfrac{\partial X_e}{\partial Y_{gl}^{\mathrm{B}}}\right)^2 m_{Y_{gl}^{\mathrm{B}}}^2+\left(\dfrac{\partial X_e}{\partial Z_{gl}^{\mathrm{B}}}\right)^2 m_{Z_{gl}^{\mathrm{B}}}^2=m_{X_{gl}^{\mathrm{B}}}^2 \\ m_{Y_e}^2=\left(\dfrac{\partial Y_e}{\partial X_{gl}^{\mathrm{B}}}\right)^2 m_{X_{gl}^{\mathrm{B}}}^2+\left(\dfrac{\partial Y_e}{\partial Y_{gl}^{\mathrm{B}}}\right)^2 m_{Y_{gl}^{\mathrm{B}}}^2+\left(\dfrac{\partial Y_e}{\partial Z_{gl}^{\mathrm{B}}}\right)^2 m_{Z_{gl}^{\mathrm{B}}}^2=m_{Y_{gl}^{\mathrm{B}}}^2 \\ m_{Z_e}^2=\left(\dfrac{\partial Z_e}{\partial X_{gl}^{\mathrm{B}}}\right)^2 m_{X_{gl}^{\mathrm{B}}}^2+\left(\dfrac{\partial Z_e}{\partial Y_{gl}^{\mathrm{B}}}\right)^2 m_{Y_{gl}^{\mathrm{B}}}^2+\left(\dfrac{\partial Z_e}{\partial Z_{gl}^{\mathrm{B}}}\right)^2 m_{Z_{gl}^{\mathrm{B}}}^2=m_{Z_{gl}^{\mathrm{B}}}^2 \end{cases} \tag{3-29}$$

由式(3-29)可知：GNSS 与激光扫描仪之间的偏心距误差与激光脚点的定位误差是 1∶1 的关系，而且仅在同一方向上产生影响。在实际作业中，可采用地面测量的方式观测偏移量，其误差精度可达毫米级，因此，此项误差的影响可忽略。

6. 机载 LiDAR 系统定位精度分析

机载 LiDAR 系统由 POS 系统、激光扫描仪等多个设备组成，用于实现直接对地定位，各组成部分都会直接影响激光脚点的定位精度。以上分别讨论了激光测距误差、DGNSS 定位误差、姿态角测量误差、扫描角误差对激光脚点定位精度的影响规律，各组成部分对激光脚点定位精度的影响方式和作用大小不一。接下来综合考虑不同“标准化扫描”条件下各组成部分共同作用对激光脚点定位精度的影响，如表 3.14 和表 3.15 所示。

表 3.14 “标准化扫描”条件下的激光脚点定位精度 1 单位：m

航高/m	扫描角/(°)											
	0			10			20			30		
	X	*Y*	*Z*	*X*	*Y*	*Z*	*X*	*Y*	*Z*	*X*	*Y*	*Z*
500	0.066 5	0.071 4	0.058 3	0.068 2	0.071 6	0.058 7	0.073 7	0.072 2	0.060 3	0.083 3	0.073 0	0.063 5
1 000	0.100 7	0.113 5	0.058 3	0.105 2	0.113 6	0.060 8	0.118 9	0.114 0	0.068 3	0.142 3	0.114 5	0.081 3
2 000	0.181 7	0.209 7	0.058 3	0.191 8	0.209 8	0.068 2	0.221 6	0.210 0	0.093 6	0.271 2	0.210 3	0.130 2

注：姿态误差为(0.01°，0.005°，0.005°)；测距误差为 0.03 m；扫描角误差为 0.03°；GNSS 定位误差为 5 cm。

表 3.15 “标准化扫描”条件下的激光脚点定位精度 2 单位：m

航高/m	扫描角/(°)											
	0			10			20			30		
	X	*Y*	*Z*	*X*	*Y*	*Z*	*X*	*Y*	*Z*	*X*	*Y*	*Z*
500	0.267 6	0.268 8	0.058 3	0.271 4	0.268 9	0.073 8	0.283 8	0.269 0	0.111 0	0.306 9	0.269 3	0.161 3
1 000	0.527 0	0.529 5	0.058 3	0.534 9	0.529 6	0.108 8	0.560 2	0.529 7	0.199 2	0.607 2	0.529 8	0.308 2
2 000	1.049 4	1.054 6	0.058 3	1.065 4	1.054 7	0.193 7	1.116 2	1.054 7	0.386 6	1.210 7	1.054 8	0.609 4

注：姿态误差为(0.03°，0.03°，0.03°)；测距误差为 0.03 m；扫描角误差为 0.003°；GNSS 定位误差为 5 cm。

由表 3.14 和表 3.15 可知：机载 LiDAR 系统的高程定位精度明显优于其平面定位精度。在航高保持一致的情况下，航向定位误差随着扫描角的增大而增大，而旁向定位误差几乎不发生变化；高程定位误差随着扫描角的增大而增大。

影响机载 LiDAR 系统定位精度的因素有很多，除上述误差外，各组成部分的时间同步精度、地表的反射性能、地形起伏程度、大地高到水准高的转换模型精度等也会影响机载 LiDAR 系统的定位精度。结合前面的分析，可估算激光脚点的定位精度，如表 3.16 所示。

表 3.16 “标准化扫描”条件下的机载 LiDAR 系统典型精度指标 单位：m

航高	500	1 000	2 000
平面精度	0.3	0.6	1.2
高程精度	0.16	0.30	0.60

3.7.3 机载 LiDAR 数据系统误差消除

根据前面的分析，机载 LiDAR 系统会受到多种误差的影响，为最大限度地提高测量精度，降低系统误差的影响，一般采用三种方法：① 建立误差改正模型；② 系统检校；③ 航带平差。

在 LiDAR 系统开始工作之前，需要进行仔细的检校，以提高地面激光脚点坐标的定位精度。检校的最终目标是确定所有的系统误差,并对所求的原始点数据进行改正,使其只剩下随机误差。系统的检校主要包括对每个部件的检校以及确定它们之间的空间关系(位置与方向)。

此外,对于扫描方式不同的系统,其包含的检校参数有所不同,主要区别在于扫描角误差模型的不同。

① 对于摆动扫描方式的系统,其扫描角除受到归零误差的影响外,还受到大小随扫描角变化的扫描扭矩的影响,扫描扭矩参数与系统有关,一般情况下检校一次即可。

② 对于连续旋转扫描方式的系统,由于不同反射镜面的角度与设计值存在差异,因此不同的反射镜面的观测值会有不同的扫描角误差,这就需要对每个反射镜面进行一次检校,获取每个反射镜面的角度误差值。

③ 对于纤维光学阵列扫描方式的系统,纤维光学阵列中每个点对应一个固定的扫描角误差,因此也只需检校一次。

除检校参数误差外,机载 LiDAR 系统还受 DGNSS 定位误差和姿态量测误差等系统误差的影响。对于这些系统误差的处理,主要有三种方式:飞行前检校、飞行检校以及后处理平差。表 3.17 所示为摆动扫描方式机载 LiDAR 系统的主要系统误差类型及其对应的处理方法。

表 3.17　摆动扫描方式机载 LiDAR 系统的主要系统误差类型及其对应的处理方法

误差类型	误差大小	消除方法	稳定性
扫描仪与 INS 的安置误差	X 和 Y:0.5～5 m;Z:0.2～1.5 m	飞行检校	变化比较小,随飞行架次而变
陀螺仪漂移	0.1(°)/h～0.75 (°)/h	后处理平差	无
DGNSS 定位误差	X 和 Y:0～10 cm;Z:0～10 cm; X 和 Y:5～30 cm;Z:5～30 cm	后处理平差	随机,但有误差限
扫描仪角度编码器延迟改正	0～15 μs;X 和 Y:0～0.5 m;Z:0～0.5 m	飞行检校	稳定
扫描仪扭矩改正	X 和 Y:0～15 cm;Z:0～45 cm	飞行检校	与系统工作参数相关
扫描仪角度编码器常数误差	0.001°～0.02°;X 和 Y:2～35 cm;Z:2～20 cm	飞行前检校	稳定
测距改正(时间偏差引起)	Z:0.5～2 cm	飞行前检校	稳定
测距改正(测距系统偏差)	Z:0～2 m	飞行前检校	稳定

机载 LiDAR 数据及其衍生产品的精度取决于整个数据处理流程的精度。理论上,需要在每次飞行前后对机载 LiDAR 系统的每个部件进行严格检校,并采用控制点进行改正。然而,这样做是不切实际的,也是没有必要的,原因如下:一方面,对每个部件都进行检校和改正,不仅耗时,还会增加数据采集成本;另一方面,在这些系统检校参数中,有些是比较稳定的,没有必要在每次飞行计划中都重新检校。由表 3.17 可以看出,机载 LiDAR 系统的检校参数大多稳定不变,主要是安置参数会随飞行次数、时间以及仪器安装等因素变化而变化。因此,在实际作业中,对于其他参数,检校一次即可,平时作业中机载 LiDAR 系统的检

校主要集中在获取安置参数方面。安置参数中，偏心距可以通过地面测量得到，而安置角则需要通过飞行检校获取。

1. 飞行前检校

激光测距仪的许多检校参数都可以在飞行前检校确定。每次飞行之前，需要对惯性导航系统进行初始化，使其与当地水平坐标系统平行。早期的试验采用飞行前静态观测 45 min、飞行后静态观测 45 min 的方法对惯性导航系统进行初始化。随着差分 GNSS 技术、INS 技术及其集成技术的发展，INS 的初始化对准速度得到了很大的提高。目前，在作业中只需在飞行前静态观测 5 min、停止飞行后静态观测 5 min，并在实际飞行中进行“8”字飞行以激活 INS 即可。

高精度的差分 GNSS 是保证机载 LiDAR 数据精度的前提，因此在每次飞行计划中需要考虑差分 GNSS 的布设问题。参考基站应尽可能靠近移动 GNSS 接收机，并确保数据采集时有较好的卫星分布，以保证参考基站和移动 GNSS 接收机能够接收到至少 6 颗 GNSS 卫星信号。因此在确定飞行计划时，需要预先确定数据采集时移动 GNSS 接收机的可得卫星数，并在 GNSS 卫星几何分布条件较好的情况下进行数据采集。

关于偏心距的获取，尽管从理论上可以将偏心距作为未知数，利用控制点通过平差的方式来求解，但是从前面的分析可以看出，机载 LiDAR 系统各误差参数之间存在很强的相关性，偏心距和 GNSS 观测值就是其中一组相关性很强的参数。对于位置偏移的影响，难以彻底区分是偏心距误差还是 GNSS 观测值误差的影响；同时，根据摄影测量自检校区域网平差的经验，通过平差解算得到的偏心距精度不如通过地面经纬仪测量获取的精度。因此，在实际作业中，主要还是采用地面测量的方式获取偏心距。机载 LiDAR 系统中偏心距的测量方法与摄影测量中偏心距的测量方法相似，可直接借用摄影测量中的方法来进行机载 LiDAR 系统检校中的偏心距测量。

2. 飞行检校

在机载 LiDAR 系统的检校参数中，有些参数，如安置角、扫描仪扭矩、扫描仪角度编码器延迟等，无法在飞行前直接量测，必须通过机载 LiDAR 系统飞行获取数据后，对机载 LiDAR 数据进行处理得到，而确定这些参数的过程就是飞行检校。

飞行检校通常在检校场进行，LiDAR 系统本身以及所采用的检校方法，对检校场以及飞行航线模式等都有一定的要求。例如，Leica 公司推荐的飞行检校方法要求如下：检校场中的地物包含平地、尖顶房和街道等；控制点应布设在平地上，避开高反射或低反射地物和突兀地物；建议将地面控制点布设为一条直线。此外，由于机载 LiDAR 系统各定位参数之间存在一定的相关性，因此需要采用一定的飞行航线模式，以尽可能减少相关参数的影响并获取足够多的观测值。例如，GNSS 或 INS 测量的姿态角与安置角就是一组相关的参数，姿态角误差对安置角的求解有一定的影响，但若同时求解二者，不仅会使问题复杂化，还会因参数之间的相关性降低参数估计的精度。因此，可采用较短的航线、良好的 GNSS 卫星分布条件、使 GNSS 接收机靠近基站等措施，尽可能减少 GNSS 与 INS 测量的轨道、姿态误差对检校结果的影响。此外，对于飞行航线模式，采用不同高度的交叉飞行(图 3.53)可以获取尽可能多的观测值，这样便于参数的解算。

(1) 基于剖面的手工检校方式

该方法通过飞行获取关键检校参数，主要包括安置角(侧滚角、俯仰角、偏航角)、扫描仪

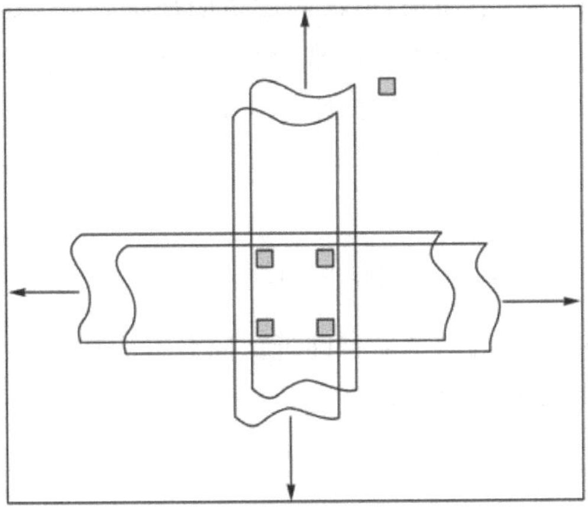

图 3.53　机载 LiDAR 系统检校典型飞行航线

扭矩、扫描仪角度编码器延迟。

① 安置角求解

基于剖面的手工检校方式的原理：根据各检校误差在由扫描点构成的高程剖面上的影响(图 3.54)来计算各检校参数及其改正值。其通过简单的公式推导，以迭代的方式来求解安置角。在每一次迭代过程中，依次对俯仰角、偏航角和侧滚角进行检校，并且每求得一个角度就重新计算所有的激光点坐标，再以新的激光点坐标进行下一次计算。当三个角度的改正值都收敛到可接受的范围内时，检校完成。

如图 3.54 所示，俯仰角引起的误差会导致激光斜距量测误差，这种误差在沿飞行方向的航迹底线上最为明显。当激光所测斜距因俯仰角参数影响而比实际斜距长时，整条航带会偏移到真实地面之下。侧滚角参数误差会造成激光观测斜距误差，较大的扫描角会导致较大的高程差。偏航角参数误差则会导致每一条扫描线产生扭曲现象。

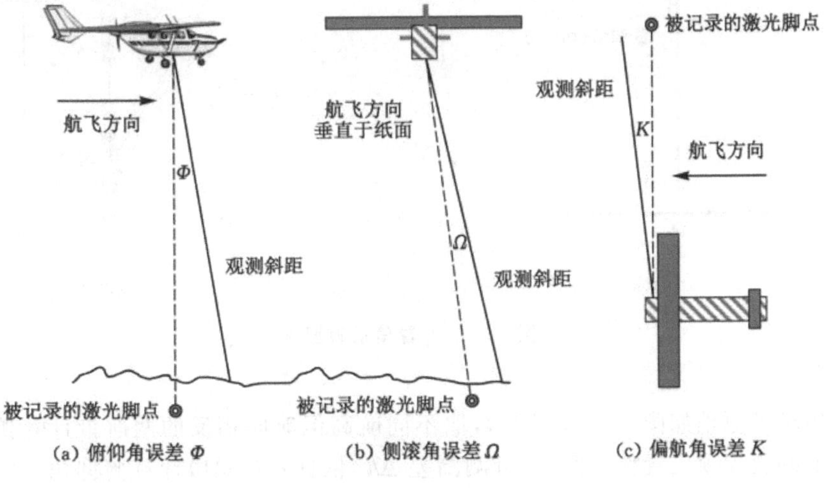

图 3.54　安置角误差示意图

侧滚角求解原理如图 3.55(a)所示，根据侧滚角的误差特性，选用航高相同但航向相反的两航带计算侧滚角。例如，选取两重叠航带边缘位置(如 P 点)，计算 P 点垂直于航迹底线的距离 r，绘制剖线并量测高差 Δh，再依据式(3-30)计算侧滚角。将此值替换原来的侧滚角值，其余设定不变，重新求解航带激光点的三维坐标。重复上述步骤，直到高差 Δh 消失。侧滚角的计算公式为：

$$\text{roll} = \arctan \frac{\Delta h}{2r} \tag{3-30}$$

式中，Δh 为航高相同、航向相反的两条航带间近似同名点的高差，r 为两重叠航带边缘位置处的近似同名点到航带中心的垂直距离。

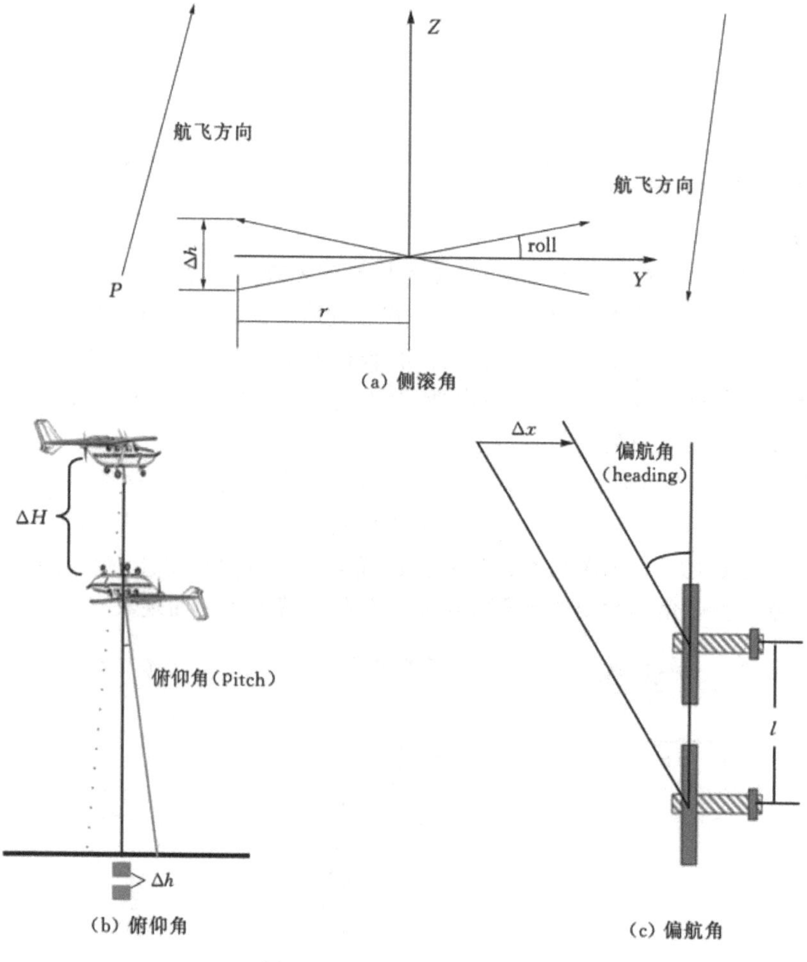

图 3.55　安置角求解原理

俯仰角求解原理如图 3.55(b)所示，取不同航高但航向相反的两航带计算俯仰角。在航迹底线上的斜屋顶位置作剖面，并量测高差 Δh，依据式(3-31)计算俯仰角。将此值替换原来的俯仰角值，其余设定不变，重新求解航带激光点的三维坐标。重复上述步骤，直到高差 Δh 消失。

$$\text{pitch} = \arccos \frac{\Delta H}{\Delta H + \Delta h} \tag{3-31}$$

式中，ΔH 为航高差；Δh 为同名点高差。

偏航角求解原理如图 3.55(c)所示，取航向相同、航高相同但在垂直于飞行方向有一定偏移量的两航带计算偏航角，以其中一条航线的坐标系为参考坐标系，可得偏航角的计算公式为：

$$\text{heading} = \arctan \frac{\Delta x}{l} \tag{3-32}$$

式中，Δx 为相同飞行高度下平行航带间同名点的水平平移，l 为两条航线之间的距离。

② 扫描仪扭矩改正

扫描仪扭矩导致的变形会随扫描角的变化而变化，在航带两边缘(即扫描角最大的地方)变形最大。由于扫描仪扭矩变形比较复杂，且不同的系统的扭矩改正模型多为商业机密，所以手工检校获通常采用参数遍历法，即在一定的变化范围内，依次改变相应的参数值后重新解算三维点云，根据新生成的三维点云来判断参数是否正确。

具体操作为：选取东西向飞行航带作为参考，要求航带中心经过公路或飞机跑道等水平地表。对该中心作一剖面，如果南北方向飞行航线的两端和东西方向飞行航带中心的高程一致，则表明扭矩误差影响已消除，否则，需调整扭矩改正值，重新生成点云，再重复前述操作，直至南北方向飞行航线的两端和东西方向飞行航带中心的高程一致。

③ 扫描仪角度编码器延迟改正

扫描仪角度编码器延迟是指测距和扫描角测量不同步所造成的时间差异。由于扫描镜持续旋转，时间延迟会导致观测得到的距离值和角度观测值不对应。

例如，选择一条垂直于高速公路的航线数据进行分析。由于角度编码器的时间延迟对正向扫描和反向扫描的影响不同，而高速公路两端的数据应具有一致性，所以在 ALSPP 软件中进行处理时，选择输出一条航线的正向扫描点云数据和反向扫描点云数据。将两种扫描数据按高程用彩色显示，通过正反向扫描数据的颜色对比来确定角度编码器的延迟值。如果两种扫描数据的颜色不一致，选择其他角度编码器延迟值，重复上述操作，直至高速公路区域的正反向扫描数据的颜色分布均匀，此时，使用当前的角度编码器延迟值作为整个系统的校验值。

对于摆动扫描方式的系统，由于各系统参数之间相互影响，其基于剖面的手工检校必须遵循一定的操作流程(图 3.56)，同时，为了便于目视判断与分析，需要借助不同的软件进行显示，此外还需要用到原始点云三维解算软件。

由于机载 LiDAR 点云是离散的三维点集，相邻航带重叠区域没有真正意义上的同名点，而检校参数是通过目视判断得到的特征来计算的，因此通过显示剖面观测特征计算得到的检校参数均为近似值，真正最终的检校参数值需要通过迭代处理的方式获取。

在获取检校参数的近似值后，需将其代入原始点云三维解算软件重新解算，得到新的三维点云，然后在新的三维点云中判断相应的误差影响是否消除，即剖面是否吻合。如果剖面吻合，则采用前一步的检校值作为该参数的最终结果；如果剖面不吻合，则在前一步获取的检校值的基础上，继续采用相似的方法继续观测解算，将解算值作为改正量加到前面获取的检校值上，作为新的检校值，直至显示剖面吻合。

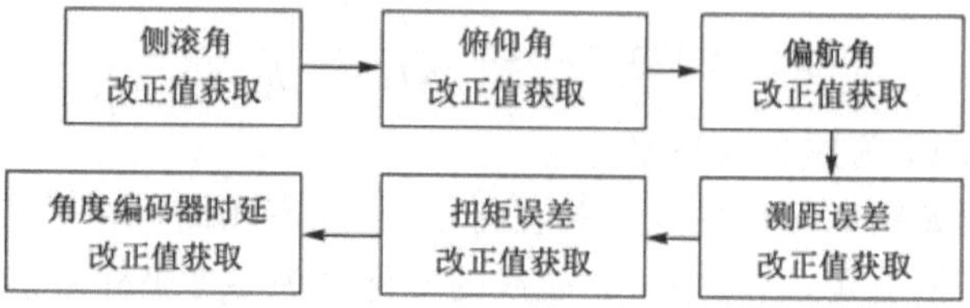

图 3.56 机载 LiDAR 系统手工检校流程

基于剖面的手工检校方式存在以下问题：a. 对飞行航线模式和检校场有比较高的要求，需要检校场具有通过剖面易于区分和量测平面偏移量的特征。以三角屋顶为例，飞机需要按一定的飞行航线和航向飞行。b. 每个参数的获取都需要通过不断地修改改正量来解算，工作量大。c. 由于对特征间偏移量的判断具有主观性，不同操作员检校的参数会有差异，同时对检校参数缺乏统计精度。

(2) Burman(伯尔曼)传感器检校模型

该模型考虑了安置角以及 GNSS 定位时造成的误差，推导出误差观测方程进行平差。除使用了航带重叠处的高程资料以外，其在平差模型中还加入了点的强度信息，利用 Sobel(索贝尔)算子寻找连接点，进行强度数据和高程数据的匹配，以求出地面点在空间中的唯一坐标。

Burman 采用的定位方程式为：

$$\begin{bmatrix} X \\ Y \\ Z \end{bmatrix}_G = \begin{bmatrix} X_0 \\ Y_0 \\ Z_0 \end{bmatrix} + \boldsymbol{R}_{\text{IMU}} \boldsymbol{R}_{\text{IMU}}^{\text{IRF}} \boldsymbol{R}_M \begin{bmatrix} 0 \\ 0 \\ l \end{bmatrix} = \begin{bmatrix} X_0 \\ Y_0 \\ Z_0 \end{bmatrix} + \boldsymbol{R}_{\text{IMU}} \boldsymbol{R}_{\text{IMU}}^{\text{IRF}} \begin{bmatrix} l_X \\ l_Y \\ l_Z \end{bmatrix} \tag{3-33}$$

式中，$(X,Y,Z)_G^{\mathrm{T}}$ 为激光角点地面坐标；$(X_0,Y_0,Z_0)^{\mathrm{T}}$ 为激光扫描仪的坐标；$\boldsymbol{R}_{\text{IMU}}$ 为 IMU 旋转矩阵；$\boldsymbol{R}_{\text{IMU}}^{\text{IRF}}$ 为由激光扫描仪和 IMU 的安置角误差构成的旋转矩阵；$\boldsymbol{R}_M$ 为扫描角旋转矩阵；l 为激光测距值；$(l_X,l_Y,l_Z)^{\mathrm{T}} = \boldsymbol{R}_M\ (0,0,l)^{\mathrm{T}}$，表示激光测距分量。

简记 $\boldsymbol{R} = \boldsymbol{R}_{\text{IMU}} \boldsymbol{R}_{\text{IMU}}^{\text{IRF}}$、$\bar{\boldsymbol{R}} = \boldsymbol{R}_{\text{IMU}} \bar{\boldsymbol{R}}_{\text{IMU}}^{\text{IRF}}$，并引入未知参数的微分量 $\boldsymbol{R} = \bar{\boldsymbol{R}} + \mathrm{d}\boldsymbol{R}$、$(X_0,Y_0,Z_0)^{\mathrm{T}} = (\bar{X}_0,\bar{Y}_0,\bar{Z}_0)^{\mathrm{T}} + (\mathrm{d}X_0,\mathrm{d}Y_0,\mathrm{d}Z_0)^{\mathrm{T}}$，可得微分方程为：

$$\begin{bmatrix} \mathrm{d}X \\ \mathrm{d}Y \\ \mathrm{d}Z \end{bmatrix} = \begin{bmatrix} \mathrm{d}X_0 \\ \mathrm{d}Y_0 \\ \mathrm{d}Z_0 \end{bmatrix} + \mathrm{d}\boldsymbol{R} \begin{bmatrix} l_X \\ l_Y \\ l_Z \end{bmatrix} \tag{3-34}$$

若 LiDAR 数据表达方式采用 TIN，则 TIN 表面任意一点的高程可表示为：

$$Z = f_Z(X,Y) \tag{3-35}$$

假设 X、Y 方向上的高程梯度存在且连续，则有(图 3.57)：

$$\begin{cases} Z'_X = \dfrac{\partial f_Z}{\partial X} = \dfrac{n_X}{n_Z} \\ Z'_Y = \dfrac{\partial f_Z}{\partial Y} = \dfrac{n_Y}{n_Z} \end{cases} \tag{3-36}$$

$$\mathrm{d}Z = Z'_X \mathrm{d}X + Z'_Y \mathrm{d}Y \tag{3-37}$$

由式(3-34)、式(3-37)可得误差观测方程为：

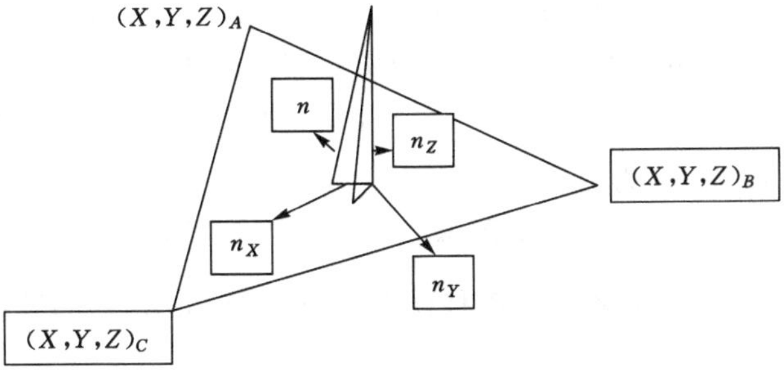

图 3.57　TIN 表面点梯度获取示意图

$$\begin{aligned}\lambda =& Z'_X \cdot \mathrm{d}X_0 + Z'_Y \cdot \mathrm{d}Y_0 - \mathrm{d}Z_0 + \\ & \left(Z'_X\frac{\partial \boldsymbol{R}_X}{\partial r} + Z'_Y\frac{\partial \boldsymbol{R}_Y}{\partial r} - \frac{\partial \boldsymbol{R}_Z}{\partial r}\right) \cdot \begin{bmatrix} l_X \\ l_Y \\ l_Z \end{bmatrix} \cdot \mathrm{d}r + \\ & \left(Z'_X\frac{\partial \boldsymbol{R}_X}{\partial p} + Z'_Y\frac{\partial \boldsymbol{R}_Y}{\partial p} - \frac{\partial \boldsymbol{R}_Z}{\partial p}\right) \cdot \begin{bmatrix} l_X \\ l_Y \\ l_Z \end{bmatrix} \cdot \mathrm{d}p + \\ & \left(Z'_X\frac{\partial \boldsymbol{R}_X}{\partial h} + Z'_Y\frac{\partial \boldsymbol{R}_Y}{\partial h} - \frac{\partial \boldsymbol{R}_Z}{\partial h}\right) \cdot \begin{bmatrix} l_X \\ l_Y \\ l_Z \end{bmatrix} \cdot \mathrm{d}h \end{aligned} \tag{3-38}$$

式中，λ 为观测高程与 TIN 内插高程的差值；$\mathrm{d}X_0$、$\mathrm{d}Y_0$、$\mathrm{d}Z_0$ 为扫描仪位置改正数；$\mathrm{d}r$、$\mathrm{d}p$、$\mathrm{d}h$ 为安置角改正数；$\boldsymbol{R}_X$、$\boldsymbol{R}_Y$、$\boldsymbol{R}_Z$ 为 $\boldsymbol{R}$ 的分量。

(3) Filin(菲林)自然表面检校模型

表面约束条件为：

$$g(x_l, y_l, z_l) = 0 \tag{3-39}$$

式中，g 为表面模型；x_l、y_l、z_l 为激光脚点坐标。如果表面约束条件为平面约束条件，则平面约束条件为：

$$s_1 x_l + s_2 y_l + s_3 z_l + s_4 = 0 \tag{3-40}$$

式中，s_1、s_2、s_3、s_4 为表面参数。激光脚点坐标可以表示为系统观测量(GNSS、INS、激光测距和扫描角等)、系统误差和随机误差的函数，即

$$[x_l, y_l, z_l]^{\mathrm{T}} = f(Y, \Xi, \bar{e}) \tag{3-41}$$

式中，Y 为系统观测量；Ξ 为系统误差；$\bar{e}$ 为随机误差。

整合式(3-39)和式(3-41)，可得：

$$g(x_l, y_l, z_l) = g(f(Y, \Xi, \bar{e})) = h(Y, \Xi, \bar{e}) = 0 \tag{3-42}$$

在局部参考坐标系下，激光脚点的定位方程式为：

$$\begin{bmatrix} x_l \\ y_l \\ z_l \end{bmatrix} = \begin{bmatrix} X_0 \\ Y_0 \\ Z_0 \end{bmatrix} + \boldsymbol{R}_{\mathrm{INS}}\left(\begin{bmatrix} \delta_x \\ \delta_y \\ \delta_z \end{bmatrix} + \boldsymbol{R}_m \boldsymbol{R}_{\mathrm{S}} \begin{bmatrix} 0 \\ 0 \\ -\rho \end{bmatrix}\right) + \begin{bmatrix} \bar{e}_x \\ \bar{e}_y \\ \bar{e}_z \end{bmatrix} \tag{3-43}$$

式中，$(x_l,y_l,z_l)^{\mathrm{T}}$ 为激光脚点位置；$(X_0,Y_0,Z_0)^{\mathrm{T}}$ 为 GNSS 接收机相位中心的位置；$\boldsymbol{R}_{\mathrm{INS}}$ 为 INS 旋转矩阵；$(\delta_x,\delta_y,\delta_z)^{\mathrm{T}}$ 为 GNSS 相位中心和激光发射点间的偏移矢量；$\boldsymbol{R}_m$ 为由激光扫描仪和 INS 的安置角误差构成的旋转矩阵；$\boldsymbol{R}_S$ 为激光扫描旋转矩阵；$[0,0,-\rho]^{\mathrm{T}}$ 为激光测距矢量；$[\bar{e}_x,\bar{e}_y,\bar{e}_z]^{\mathrm{T}}$ 为随机误差。

在模型中引入下述误差源：旋转矩阵 $\boldsymbol{R}_m$、激光测距误差 $\delta\rho$、扫描角误差 λ_{ω_s}、GNSS 观测误差、偏移误差 $[\delta X_0,\delta Y_0,\delta Z_0]^{\mathrm{T}}$、漂移误差 $[\delta\dot{X}_0,\delta\dot{Y}_0,\delta\dot{Z}_0]^{\mathrm{T}}$、INS 误差（即偏移矩阵 $\Delta\boldsymbol{R}_{\mathrm{INS}}$）、漂移矩阵 $\Delta\dot{\boldsymbol{R}}_{\mathrm{INS}}$，则式(3-43)变为：

$$\begin{bmatrix}x_l\\y_l\\z_l\end{bmatrix}=\begin{bmatrix}X_0\\Y_0\\Z_0\end{bmatrix}+\begin{bmatrix}\delta X_0\\\delta Y_0\\\delta Z_0\end{bmatrix}+\begin{bmatrix}\delta\dot{X}_0\\\delta\dot{Y}_0\\\delta\dot{Z}_0\end{bmatrix}t+(\Delta\boldsymbol{R}_{\mathrm{INS}}+\Delta\dot{\boldsymbol{R}}_{\mathrm{INS}}t)\boldsymbol{R}_{\mathrm{INS}}\left(\begin{bmatrix}\delta_x\\\delta_y\\\delta z\end{bmatrix}+\boldsymbol{R}_m\boldsymbol{R}_{Sf(\lambda_{\omega_s})}\begin{bmatrix}0\\0\\-(\rho+\delta\rho)\end{bmatrix}\right)+\begin{bmatrix}\bar{e}_x\\\bar{e}_y\\\bar{e}_z\end{bmatrix} \tag{3-44}$$

式中，t 为观测时间。

式(3-44)包含了各种观测量、系统误差和随机误差，是式(3-42)的具体表达式。把式(3-44)代入平面约束条件，并记 $x_l=\bar{x}_l+v_x$，$y_l=\bar{y}_l+v_y$，$z_l=\bar{z}_l+v_z$，建立如下误差方程式：

$$s_1(\bar{x}_l+v_x)+s_2(\bar{y}_l+v_y)+s_3(\bar{z}_l+v_z)+s_4=0 \tag{3-45}$$

$$s_1\bar{x}_l+s_2\bar{y}_l+s_3\bar{z}_l+\omega_i+s_4=0 \tag{3-46}$$

$$\begin{aligned}\boldsymbol{\omega}_i=\boldsymbol{s}\cdot&\left(\begin{bmatrix}\delta X_0\\\delta Y_0\\\delta Z_0\end{bmatrix}+\begin{bmatrix}\delta\dot{X}_0\\\delta\dot{Y}_0\\\delta\dot{Z}_0\end{bmatrix}t+\frac{\partial\Delta\boldsymbol{R}_{\mathrm{INS}}}{\partial\omega_I}\begin{bmatrix}u'_i\\v'_i\\\omega'_i\end{bmatrix}\mathrm{d}\omega_I+\frac{\partial\Delta\boldsymbol{R}_{\mathrm{INS}}}{\partial\varphi_I}\begin{bmatrix}u'_i\\v'_i\\\omega'_i\end{bmatrix}\mathrm{d}\varphi_I+\frac{\partial\Delta\boldsymbol{R}_{\mathrm{INS}}}{\partial\kappa_I}\begin{bmatrix}u'_i\\v'_i\\\omega'_i\end{bmatrix}\mathrm{d}\kappa_I+\right.\\&\frac{\partial\Delta\dot{\boldsymbol{R}}_{\mathrm{INS}}}{\partial\dot{\omega}_I}t\begin{bmatrix}u'_i\\v'_i\\\omega'_i\end{bmatrix}\mathrm{d}\dot{\omega}_I+\frac{\partial\Delta\dot{\boldsymbol{R}}_{\mathrm{INS}}}{\partial\dot{\varphi}_I}t\begin{bmatrix}u'_i\\v'_i\\\omega'_i\end{bmatrix}\mathrm{d}\dot{\varphi}_I+\frac{\partial\Delta\dot{\boldsymbol{R}}_{\mathrm{INS}}}{\partial\dot{\kappa}_I}t\begin{bmatrix}u'_i\\v'_i\\\omega'_i\end{bmatrix}\mathrm{d}\dot{\kappa}_I+\\&\boldsymbol{R}_{\mathrm{INS}}\frac{\partial\boldsymbol{R}_m}{\partial\omega}\boldsymbol{R}_S\begin{bmatrix}0\\0\\-\rho_i\end{bmatrix}\mathrm{d}\omega+\boldsymbol{R}_{\mathrm{INS}}\frac{\partial\boldsymbol{R}_m}{\partial\varphi}\boldsymbol{R}_S\begin{bmatrix}0\\0\\-\rho_i\end{bmatrix}\mathrm{d}\varphi+\boldsymbol{R}_{\mathrm{INS}}\frac{\partial\boldsymbol{R}_m}{\partial\kappa}\boldsymbol{R}_S\begin{bmatrix}0\\0\\-\rho_i\end{bmatrix}\mathrm{d}\kappa+\\&\left.\boldsymbol{R}_{\mathrm{INS}}\boldsymbol{R}_m\boldsymbol{R}_S\begin{bmatrix}0\\0\\-1\end{bmatrix}\delta\rho+\boldsymbol{R}_{\mathrm{INS}}\boldsymbol{R}_m\frac{\partial\boldsymbol{R}_S}{\partial\lambda_{\omega_s}}\begin{bmatrix}0\\0\\-\rho_i\end{bmatrix}\mathrm{d}\lambda_{\omega_s}\right)+\boldsymbol{s}\cdot\begin{bmatrix}\bar{e}_x\\\bar{e}_y\\\bar{e}_z\end{bmatrix}\end{aligned} \tag{3-47}$$

式中，$\boldsymbol{s}=[s_1,s_2,s_3]^{\mathrm{T}}$；$\mathrm{d}\omega_I$、$\mathrm{d}\varphi_I$、$\mathrm{d}\kappa_I$ 表示 INS 偏移的改变量；$\mathrm{d}\dot{\omega}_I$、$\mathrm{d}\dot{\varphi}_I$、$\mathrm{d}\dot{\kappa}_I$ 表示 INS 漂移的改变量；$\begin{bmatrix}u'_i\\v'_i\\\omega'_i\end{bmatrix}=\boldsymbol{R}_{\mathrm{INS}}\boldsymbol{R}_m\boldsymbol{R}_S\begin{bmatrix}0\\0\\-\rho_i\end{bmatrix}$。采用标准最小二乘原理解算高斯-赫尔默特模型，有：

$$\boldsymbol{\omega}_n = \boldsymbol{A}_{n\times m}\boldsymbol{\xi}_m + \boldsymbol{B}_{n\times 3n}\boldsymbol{e}_{3n\times 1}, \boldsymbol{e} \sim [0, \sigma_0^2\boldsymbol{P}^{-1}] \tag{3-48}$$

式中，$\boldsymbol{A}$ 为系数矩阵；$\boldsymbol{B}$ 为条件矩阵；$\boldsymbol{\xi}$ 为未知参数向量；$\boldsymbol{e}$ 为噪声；$\boldsymbol{P}$ 为权矩阵；σ_0^2 为单位权中误差；n 为激光点数；m 为未知参数个数。则未知参数的解为：

$$\boldsymbol{\xi} = [\boldsymbol{A}^{\mathrm{T}}(\boldsymbol{BP}^{-1}\boldsymbol{B}^{\mathrm{T}})\boldsymbol{A}]^{-1}\boldsymbol{A}^{\mathrm{T}}(\boldsymbol{BP}^{-1}\boldsymbol{B}^{\mathrm{T}})\boldsymbol{\omega} \tag{3-49}$$

3.8 机载 LiDAR 数据预处理

机载 LiDAR 采集到的原始数据包括激光数据（包含每个激光点的发射角、测量距离、反射率等信息）、数码影像数据（无坐标、姿态等空间信息）、惯导 IMU 数据、机载 GNSS 观测数据、地面基准站 GNSS 观测数据。只有经过数据预处理后，才能完成激光和影像数据的大地定向，使其具有空间坐标和姿态等信息，如图 3.58 所示。原始激光点云数据的大地定向包括数据定位和定向两部分，需要使用机载 GNSS 观测数据、地面基准站 GNSS 观测数据、IMU 姿态数据及系统参数（IMU、激光扫描仪、相机之间的相对位置及姿态参数）等。

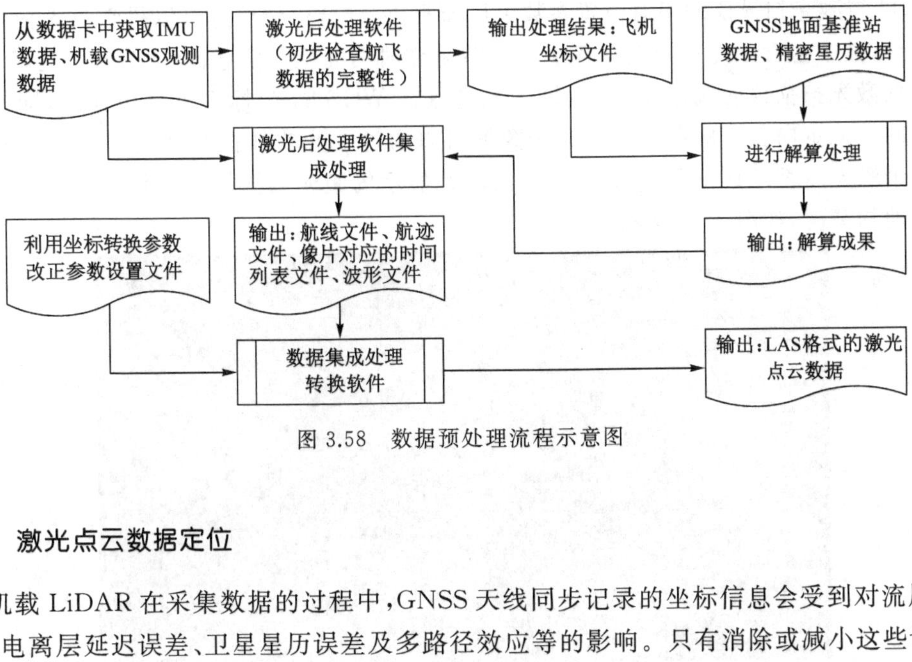

图 3.58　数据预处理流程示意图

3.8.1 激光点云数据定位

机载 LiDAR 在采集数据的过程中，GNSS 天线同步记录的坐标信息会受到对流层延迟误差、电离层延迟误差、卫星星历误差及多路径效应等的影响。只有消除或减小这些误差的影响，才能提高定位精度。消除上述误差，通常采用的方法有两种：精密单点定位和 DGNSS 双差分定位。

精密单点定位又称为绝对定位，即利用 GNSS 卫星和用户接收机之间的伪距观测值，确定测站在 WGS-84 坐标系中的位置。使用精密单点定位方法时，精密星历和钟差文件是必需的，可以直接从 IGS（国际导航卫星系统服务）等组织的网站免费下载。当然，有些软件也具备下载精密星历和钟差文件的功能，可以参考使用。使用精密单点定位最大的优势是不需要布设地面基准站，这样就可以节省大量人力和物力。然而，精密单点定位的精度劣于 DGNSS 双差分定位精度，在精度要求不高的情况下可以使用。

DGNSS 双差分定位可以保证较高的定位精度，即在地面布设基准站（设在坐标精确已知的点上），与机载 GNSS 装置进行同步观测，基准站用于测定具有空间相关性的误差或对测量定位结果的影响，并供机载 GNSS 装置改正其观测值或定位结果。基准站的布设数量和位置应根据测区大小、地形及数据精度要求等具体确定。一般情况下，为保证仪器工作的同步性及初始化精度，机场需布设一个基准站。若测区面积较小且距离机场较近，在机场布设一个基准站基本可以满足生产需要。但有些项目，如电力选线项目，作业区域为带状，且地形多为山地，一般情况下离机场较远，此时需在测区增设一个或多个地面基准站。DGNSS 双差分定位方法也可以使精密星历和钟差文件结合，此时定位精度较高。实际生产中一般使用这种定位方法。

3.8.2 激光点云数据定向

无论通过精密单点定位还是 DGNSS 双差分定位得到的都是 GNSS 接收装置处的坐标信息，而我们最终需要的是激光扫描仪处的坐标信息，所以还需要根据 GNSS 天线和激光扫描仪的偏心分量来确定激光扫描仪处的坐标信息。一般情况下，只要重新安装设备，GNSS 天线和激光扫描仪的偏心分量就会发生变化，所以每次都需要重新测量。

IMU 与激光扫描仪的相对位置参数由厂家提供，结合定位信息可以得到激光扫描仪的航迹文件，其中包含激光扫描仪在各个 GNSS 采样时间的位置信息、姿态信息及速度。

根据激光扫描仪的航迹文件，为每个激光点在 WGS-84 坐标系下赋坐标值，即完成激光数据的大地定向。大地定向后的激光数据可以通过专业软件打开浏览（如 TerraSolid）。由于每个激光点都已具备坐标属性，所以按高程显示的激光数据能够比较清晰地反映地面起伏及地物情况，如图 3.59 所示。

图 3.59　按高程显示的激光点云数据

上述激光数据的大地定向对应于机载 LiDAR 系统数据处理流程中的“GNSS 与 IMU 联合解算”和“激光点云数据生成”两个处理操作，其在工程实践中的软件（以 ALS60 系统为例）操作流程如下。

（1）利用 IPAS Pro 软件解算 POS 数据，首先从原始观测数据中提取 GNSS 数据、IMU 数据和辅助传感器数据（图 3.60）。

（2）利用 GrafNav 软件（图 3.61）将地面基准站 GNSS 接收机采集的数据与机载 GNSS 接收机接收的数据进行载波相位差分处理，得到飞行平台精确的三维坐标。处理完成后，一

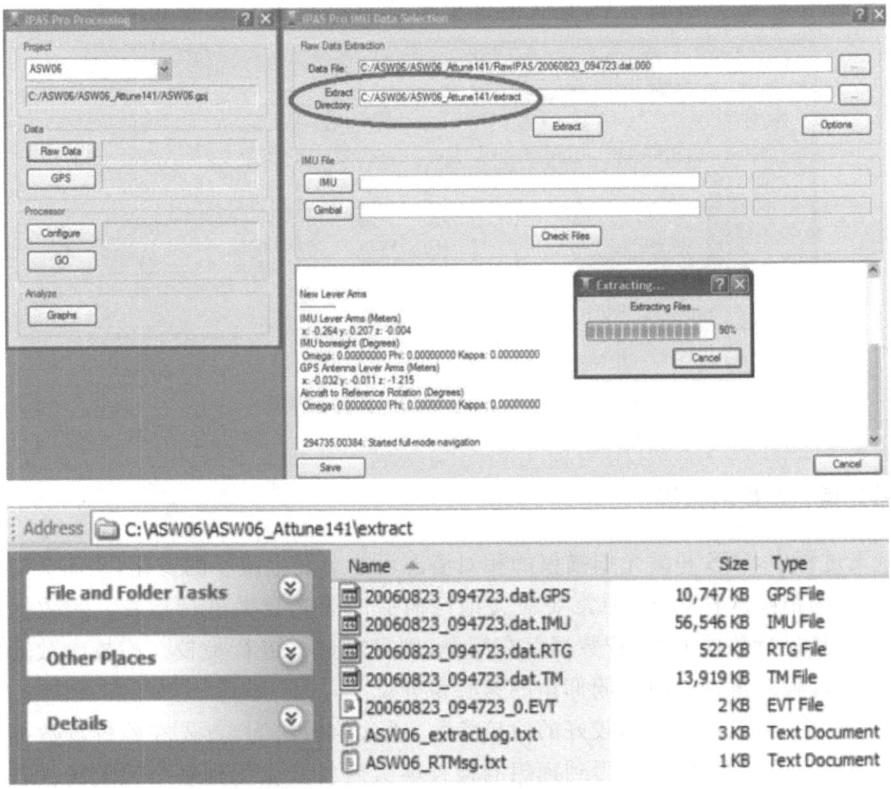

图 3.60　POS 数据解算的数据提取界面

般利用该软件评估点位精度，还可评估各点的质量等。最后，利用 IPAS Pro Processor 将 GNSS 数据与 IMU 数据通过卡尔曼滤波融合，得到最终精确的 *.sol(或 *.out)格式的航迹文件。该文件描述了不同时刻激光扫描仪的空间位置及姿态(即外方位元素)。

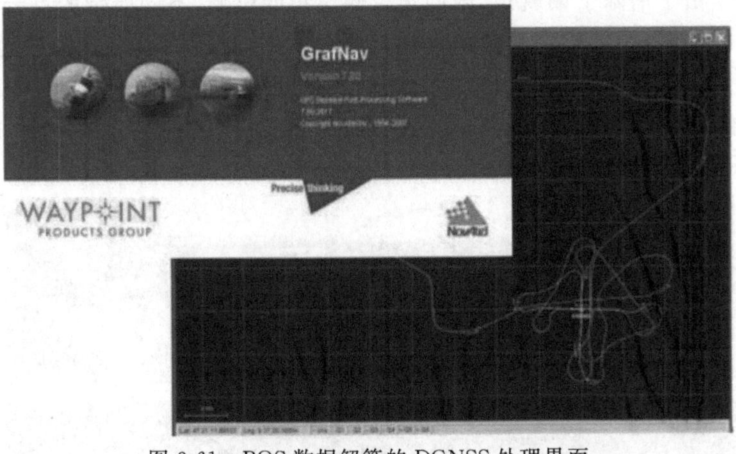

图 3.61　POS 数据解算的 DGNSS 处理界面

(3) 利用 ALS Post Processor 软件，结合航迹文件和激光测距数据，并设置大气校正参数，距离校正参数，扫描仪校正参数，POS 误差允许参数，以及输出文件的路径、格式和选项，点击“Run”(运行)后得到LAS格式的点文件，如图3.62所示。

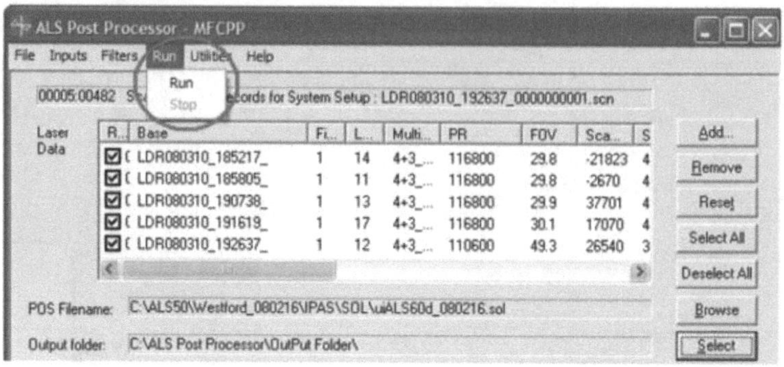

图3.62　标准LAS格式点文件生成图

3.8.3　激光点云数据的检校

在航飞过程中，INS和激光扫描仪的相对姿态可能会发生微小的变化，从而会对激光数据产生影响，为消除这种影响，通常要对大地定向后的激光数据进行检查。若数据质量较好，则可以直接进行数据加工；若数据存在问题，则需对数据进行检校。检校参数通常是指偏心角分量，即偏航角、侧滚角、俯仰角的偏心角分量。

实际生产中，为较快地得到较好的检校参数，通常的做法为：首先在检校场数据中选择一块典型的地形进行数据检校，得到理想的检校参数后将其应用到整个检校场。若存在问题，经过微调即可得到另一组检校参数，然后将该组检校参数应用到整个测区，即可实现对测区激光数据的检校。经过检校后，不同航带、不同架次的数据都能很好地匹配，由此便可进行进一步的数据处理。

图3.63所示为应用TerraSolid系列软件中的TerraMatch进行点云数据检校的示例。检校前，由于IMU和激光扫描仪相对姿态的影响，相邻航带的点云之间明显存在不同程度的偏移；检校后，由于消除了偏航角、俯仰角及侧滚角的影响，不同航带的点云很好地吻合在一起。在检校之前，需要把航迹文件加载到工程文件中，然后将航迹和点云对应起来，这样便可以把地面点按不同航带分离出来。通过对重叠区域内的点进行计算，可以得到精确的侧滚角、俯仰角和偏航角，然后重新解算数据或将其直接应用到点云数据中，这样可大大消除系统误差，提高点云数据精度。

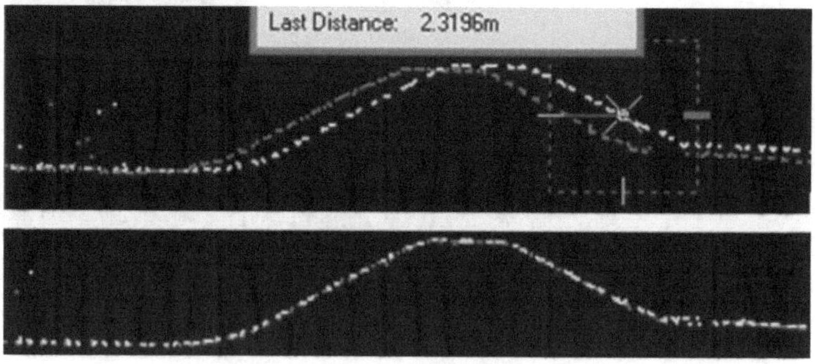

图3.63　检校前后数据对比示意图

3.8.4　激光点云数据坐标转换

检校后的 LiDAR 点云数据为 WGS-84 坐标系数据，国内客户要求的成果坐标一般为工程坐标系（平面系统通常为 1954 北京坐标系、1980 西安坐标系或当地独立坐标系；高程系统则为 1956 黄海高程系统、1985 国家高程系统或地方独立高程系统）。要完成两个坐标系统之间的转换，首先需要控制点在两套坐标系统中的坐标，求出转换参数，然后将转换参数应用于激光数据，完成激光数据的坐标转换。转换后的激光数据及基于此生成的 DEM 或 DSM 等数字产品均在工程坐标系下。

平面坐标转换通常使用的是布尔莎七参数法，平面坐标转换流程如图 3.64 和图 3.65 所示。

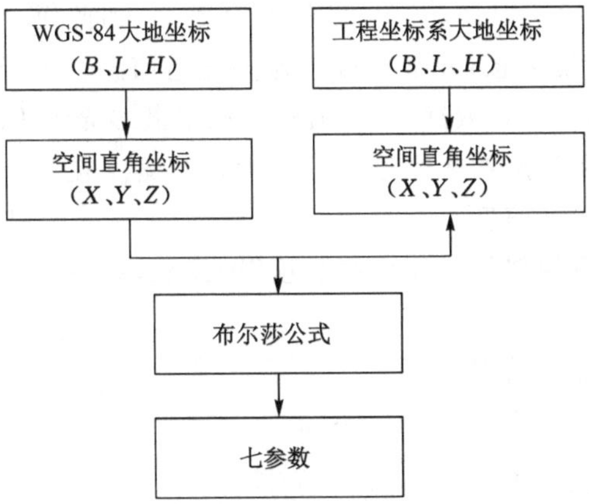

图 3.64　计算七参数流程

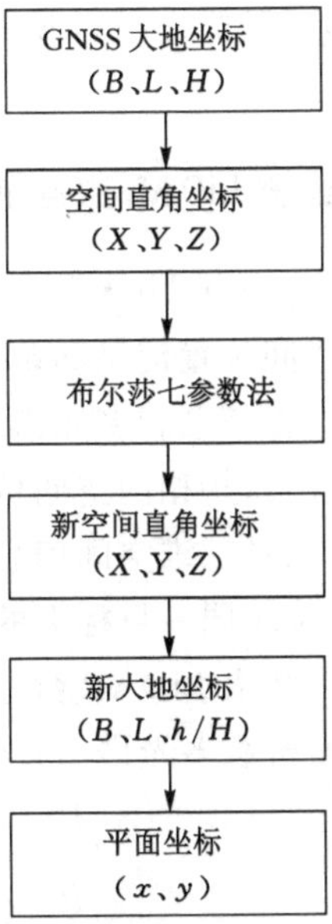

图 3.65　利用布尔莎七参数法换算流程

高程系统的转换比较简单，根据控制点在两套坐标系统中的高程，求得高程异常，应用于激光数据便可实现激光数据的高程系统转换。

激光数据的坐标转换可以在检校后进行，也可以在激光数据分类后进行，或者不对激光数据进行坐标转换而直接转换成果的坐标，这些方法都是可行的。目前，比较成熟的做法为：激光数据检校后进行坐标转换，将激光数据直接转换到成果要求的工程坐标系下，再进行数字产品生产。这样基于激光数据生成的所有产品均在工程坐标系下，避免了其他转换方法中可能需要进行多次转换的麻烦。

3.8.5　影像外方位元素确定

相机与激光扫描仪的相对位置参数由厂家提供，联合定位信息可以得到相机的航迹文件，包括相机在各个 GNSS 采样时间的位置信息、姿态信息及速度。初始航迹文件在 WGS-84 坐标系下，可以根据生产需要将航迹文件转换到相应的工程坐标系下，转换方法同激光数据坐标转换方法相同。

根据仪器记录的曝光点信息及原始影像的编号可以得到每幅原始影像的曝光时间，以GNSS时表示。将航迹文件与原始影像的曝光时间文件相结合，便可以得到每幅原始影像的外方位元素。

在工程实践中，可应用IPAS CO软件进行数码相机的检校，检校结果为相机的内方位元素以及像空间坐标系与载体坐标系3个坐标轴间的偏心角，再综合航迹文件和像片的曝光时间记录，经计算可得到精确的影像外方位元素。

3.9 机载LiDAR数据后处理

在完成数据预处理工作后，可得到经大地定向后的激光数据和影像外方位元素。在此基础上，即可正式进行常见的DEM和DOM成果数据的加工生产，这一过程称为数据后处理。

3.9.1 多光谱LiDAR数据融合

由于Optech Titan原始机载多光谱LiDAR数据的三个波段相互独立，因此每个激光点仅包含空间位置信息和单一波段的反射强度信息，并不直接包含多光谱信息。为了获得兼具空间位置信息和多光谱反射强度信息的激光点数据集，必须对原始机载多光谱LiDAR数据进行融合，将相同空间位置处不同波段激光点的多光谱反射强度信息集中在一个激光点上，使其兼具三维空间信息和多光谱反射强度信息。

基于“位于同一目标上的空间邻近点具有相似的激光反射强度”的思想，利用反距离加权法实现多光谱LiDAR数据融合。

记原始机载多光谱LiDAR多波段独立点云数据为：

$$\begin{cases} P_{C_1}=\{p_{i_1}(x_{i_1},y_{i_1},z_{i_1},I_{i_1}^{C_1}),i=1,\cdots,n_1\} \\ P_{C_2}=\{p_{i_2}(x_{i_2},y_{i_2},z_{i_2},I_{i_2}^{C_2}),i=1,\cdots,n_2\} \\ \vdots \\ P_{C_f}=\{p_{i_f}(x_{i_f},y_{i_f},z_{i_f},I_{i_f}^{C_f}),i=1,\cdots,n_f\} \end{cases} \tag{3-50}$$

式中，C_1、C_2、C_f对应于LiDAR点云数据的f个波段；i_1、i_2、i_f为各波段LiDAR点云数据的索引；n_1、n_2、n_f为各波段LiDAR点云数据的个数；I代表反射强度值；p和(x,y,z)分别对应于各波段激光点及其对应的坐标。接下来，对各LiDAR点在半径为R的球体邻域内搜寻其在其他波段的空间邻近点，若存在，则依据反距离加权法插值确定该LiDAR点在其他波段的反射强度值，否则，将该LiDAR点在其他波段的强度值设置为0（认为被完全吸收）。

记融合后的单一点云数据集为：

$$P=\{p_i(x_i,y_i,z_i,I_i^{C_1},I_i^{C_2},\cdots,I_i^{C_f}),i=1,\cdots,(n_1'+n_2'+\cdots+n_f')\} \tag{3-51}$$

式中，i为融合数据中激光点的索引。

3.9.2 点云地面滤波

地面滤波是将点云划分为地面点和非地面点两类。地面滤波是机载LiDAR数据处理及应用的一个必要环节和重要步骤。但是，受实际场景中地形起伏差异、地物结构复杂等因素的影响，地面滤波依然具有挑战性。经典的地面滤波算法根据其原理的差异，可分为以下几类。

(1) 线性预测法

该方法首先将所有激光脚点的高程值按照等权法进行定权拟合，得到曲面模型，得到的曲面模型应位于真实 DTM 和 DSM 之间。将原始点云数据与拟合面进行对比，得到各点云数据的残差，通常地面点会低于地物点，所以大部分残差为负值。而地物点则会出现两种情况：一部分残差为正值，且偏差较大，这部分为高大建筑物或其他较高的地物；另一部分残差为负值，且绝对值较小，这部分通常为低矮的值被。其具体步骤如下。

① 根据点云到曲面模型的残差 v_i 给当前点云的高程值定权。定权函数如下：

$$P_i=\begin{cases}1 & (v_i\leqslant g)\\ \dfrac{-1}{1+a\ (v_i-g)^b} & (g<v_i\leqslant g+w)\\ 0 & (g+w<v_i)\end{cases} \tag{3-52}$$

式中，参数 a 和 b 决定了权函数的陡峭程度；g 为取值恰当的负数，可由残差统计直方图来确定。对于在当前迭代周期中不能依据残差直接判定属性的数据，通过设置缓冲区间 w 进行处理。权函数 P_i 如图 3.66 所示。

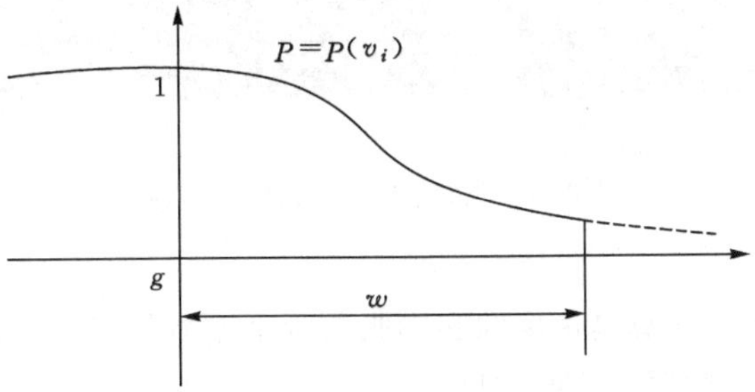

图 3.66　权函数示意图

② 如图 3.66 所示，当残差小于 g 时，为当前点云高程赋权值 1，判定为地面点；当残差落在缓冲区域 w 内时，为当前点云高程赋递减的权值，不对点云属性进行判定；当残差位于缓冲区右侧时，赋权值 0，判定为地物点，不参加下一次的曲面拟合。

③ 在更新拟合曲面后，重新计算点云数据的权 P_i，重复步骤②，直至达到预定标准。

线性预测法的优点：① 可以通过多次迭代获得高质量 DEM，适用于稀疏林区 DEM 的获取；② 可以直接基于原始点云数据进行操作，也可事先对原始点云进行粗略滤波；③ 充分考虑了地形和地物间的联系，能够实现自动分类。但该方法存在一定的局限性：① 其假设小范围内激光脚点均匀分布或局部水平分布，然而，LiDAR 点云数据往往是离散、不规则的，具有分布不均匀的特点；② 为了在不同的地形中使其具有适应性，该算法在应用过程中必须不断地调整滤波参数，且参数设置复杂，计算耗时；③ 在地形起伏较大的地方不适用，在地形断裂处往往会出现地形特征边界模糊的现象，不能很好地过滤大型地物。

(2) 数学形态学法

其核心思想为:将原始激光点云数据内插为规则的格网数据,以地物点高于其周围的地面点为前提,在局部区域设定一定大小的滤波窗口,把窗口内最低的激光脚点作为地面种子点。首先运用开运算中的腐蚀操作剔除窗口内高于地面的激光脚点,然后通过开运算中的膨胀操作恢复被腐蚀掉的建筑物边缘形状,不断调整窗口的大小并迭代下去,直至逼近地面。其滤波效果如图 3.67 所示。

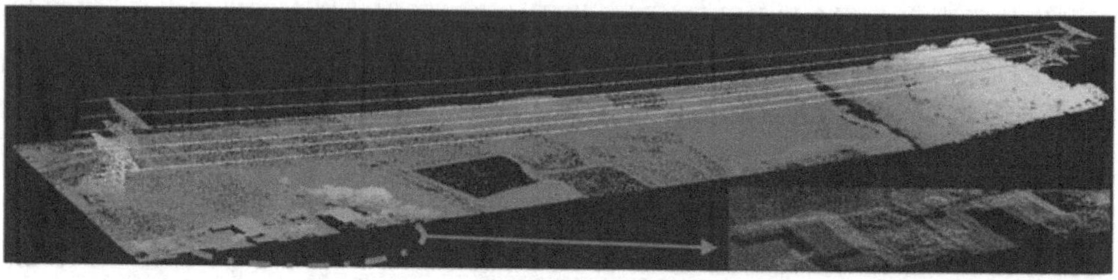

(a)

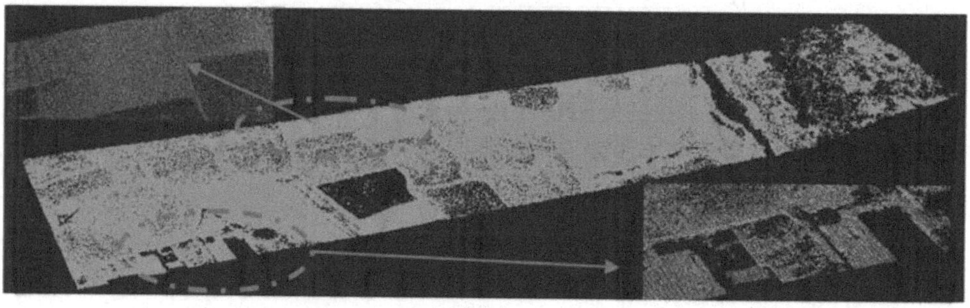

(b)

图 3.67　滤波前后结果对比示意图

数学形态学法中的开运算是由腐蚀和膨胀这两个基本算子组成的,组合顺序为先腐蚀后膨胀,而闭运算的组合顺序则正好相反。

数学形态学法的优点:采用规则格网组织点云数据,可以借鉴图像处理中的成熟算法,并且基于此种数据表达方式,数据查询速度快、操作简便、滤波效率高。其缺点为:内插格网时重构了点云的空间结构,丢失了真实的地形细节信息,且填充空白区域将会影响滤波精度;滤波效果受窗口大小的影响较为严重,需要根据地形类型的不同对窗口的大小加以调整,容易产生“过大地物保留”以及“地形过度腐蚀”的问题,处理起来比较费时。

(3) 坡度法

其核心思想为:在连续变化的地形中,两个邻近的激光脚点间的高程差值会较小;当相邻点间的高程差值超过规定的阈值时,一般不认为该现象是由地形陡然变化引起的,而是因为一个数据点在地表,另一个数据点在较高的地物上。其操作过程如下。

① 通过比较两个脚点间的高程差,对候选的激光脚点赋予点云属性,以两点间所允许的最大高差阈值 $\Delta h_{\max}(d)$ 作为判别条件。

$$\Delta h_{\max}(d) = S * d + 1.65\sqrt{2}\sigma \tag{3-53}$$

式中,假定地形的坡度为 S,d 为两激光脚点间的水平距离,σ 为标准差。

② 当待定点与已知地面点的高程差小于最大高差阈值 $\Delta h_{\max}(d)$ 时,将其纳入地面

点集。

坡度法直接利用原始点云数据，最大程度上保留了数据的原始精度，可以最大限度地维持地形表面信息。其计算相对简单，可以将基于坡度的计算转换为基于高差的计算，并且需要设置的参数较少，容易操作实施，相比于其他算法精度较高，适用于多种地形。其缺点为：① 自适应性差，需要依据先验知识对不同的地形设置不同的阈值；② 在地形陡然变化地区滤波难度变大，因而其一般适用于地形变化较为缓和的地面；③ 基于坡度的滤波算法需要逐点计算坡度值，将每个候选点与其邻域内的点进行坡度计算，离散点的空间邻域搜索比较困难，因此计算量较大，运行速度较慢。

(4) 渐进加密法

其基本思想为：以 TIN 为基本地形表达方式，计算激光点到其所落入的三角面的垂直距离和与三角面构成的夹角，并以此作为判断点云属性的依据。该算法的某个版本已在 Terrasolid 软件中产品化。其基本步骤如下。

① 首先找到点云数据中 x 和 y 方向上的最大值(x_{max}，y_{max})和最小值(x_{min}，y_{min})，以此确定包含 LiDAR 点云的最小水平面包围盒。将 LiDAR 点云在水平面上沿 x 和 y 方向分割成多个块，以此建立 LiDAR 点云二维分块索引结构，如图 3.68 所示。

② 在每个块内选取高程最低的激光点，作为地面种子点，构建初始地形的不规则三角网，如图 3.69 所示。

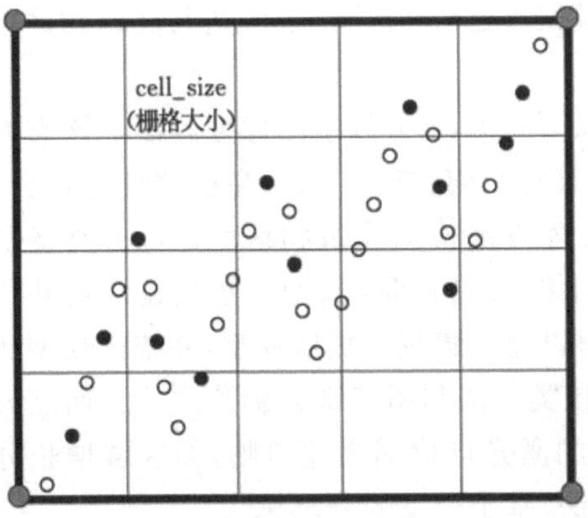

图 3.68　二维分块索引结构

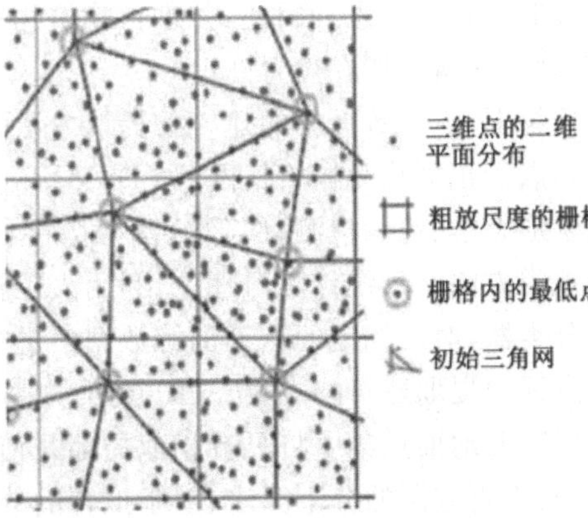

图 3.69　TIN 构建示意图

③ 对于每一个激光点，找到该点落入的三角形，计算该点到三角面的垂直距离(d)和与三角面构成的夹角(α、β、γ)，如图 3.70 所示。如果它们满足设定阈值，则判定该点为地面点。不断迭代新的三角面，直到满足条件的点筛选完毕。

基于 TIN 的渐进加密法的优点在于该算法直接对原始点云数据进行滤波操作，无内插产生的精度损失，适用于高密度的点云数据。

然而，在处理过程中，如果之前的 TIN 迭代处理中存在将地物点或位于陡峭地形上的点误判为地面点的情况，则会对下一次迭代中的点云属性判断造成影响，导致误差累积。同时，基于 TIN 滤波算法计算量较大，需要多次迭代更新 TIN 和计算点到三角面的距离及形成的角度等，效率较低；在对不同地形分块时需要考虑地形的因素，由于缺少地形特征的合理引导，需要不断调整滤波阈值。此外，在点云数据趋于海量化和密集化的情况下，该算法的处理效率将大大降低。其耗费时间较长，且对计算机硬件的要求相对较高。

（5）聚类分割法

该算法的基本流程为：① 将 LiDAR 点云数据处理为深度栅格影像；② 基于传统的聚类分割思想对数据进行聚类分块；③ 利用各相邻分块区域之间的高差、平滑性等参数判断各分块区域的属性。

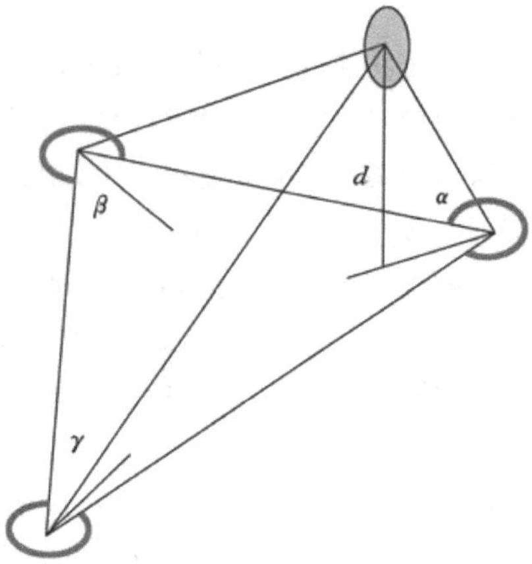

图 3.70 滤波条件

其滤波速度较快，不依赖几何假设来描述地形与地物形态特征，可以处理较为复杂的地貌，并能有效保护地貌特征点。其缺点在于建立特征与聚类结果之间的关系存在一定困难。目前，聚类分割算法研究主要针对地形较为平坦的地区，在地形剧烈变化的山区及林区，由于 LiDAR 点云高程波动范围较大且纹理灰度特征不清晰，此类算法容易失效。

3.9.3 建筑物提取

机载 LiDAR 系统获取的数据中既包含反射自建筑物的激光脚点，也包含地面、树木、车辆等非建筑物信息。因此，在进行建筑物三维模型重建时，通常需要先进行建筑物区域检测，即确定建筑物所在位置。

传统上，点云数据中的建筑物提取方法包括以下三类：(1) 数字图像处理法。该类方法将原始点云正则化为栅格格网（如 DSM），利用建筑物几何、空间分布、高程纹理等特征，采用数学形态学、边缘检测、图像分割等数字图像处理方法检测建筑物区域。(2) 监督学习法。该类方法基于统计学习理论，利用人工神经网络、支持向量机、期望最大化及贝叶斯决策等分类器，对已标记的点云训练数据集进行学习以建立建筑物提取模型，并依此模型从给定的点云中提取建筑物点集。(3) 聚类分割法。该类方法利用三维分割算法从原始点云或滤波所得非地面点集中将具有相似局部几何特征的激光点检测为建筑物，如区域增长分割算法、基于直方图的分割算法、基于拟合的分割算法、基于聚类的分割算法。

此外，建筑物提取方法可根据点云数据处理策略分为两类：一是通过分割数据实现地面、植被、建筑物等的同时分离；二是先分离地面以及非地面的离散激光点，再实现非地面点内建筑物激光脚点的识别。商用软件 Terrasolid 采用了第二种方法，其处理流程简述如下。

（1）新建工程文件

新建工程文件，如图 3.71 所示。

（2）配置功能模块

按步骤依次配置好 TerraScan、TerraModeler、TerraMatch、TerraPhoto 等功能模块，并将其加载至界面，如图 3.72 所示。

（3）加载原始数据

加载原始数据，如图 3.73 所示。

（4）点云分类

① 设置分类层

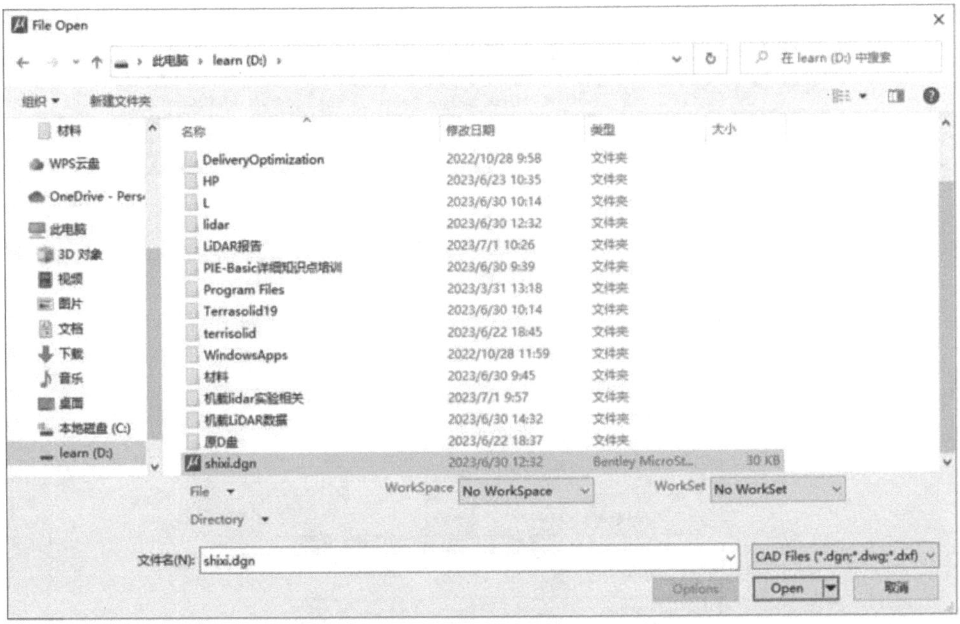

图 3.71　新建工程文件

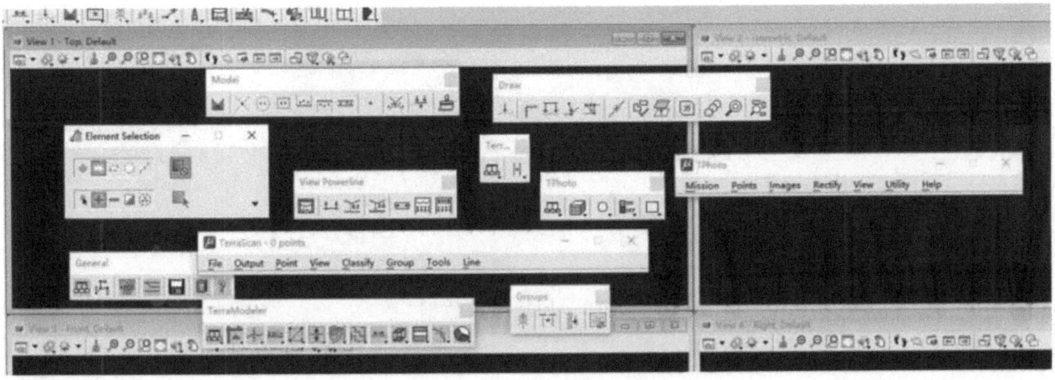

图 3.72　配置功能模块

根据点云分类的需求，设定分类层及其扫描语、编号、颜色等显示信息。具体操作为：在“General”工具栏中，选择“Define Classes”工具，如图 3.74 所示。

② 噪声点分离

分离离群点、簇状噪声点、单个噪声点等噪声点，可通过按类别分类的宏指令实现，具体操作如图 3.75 所示。

③ 地面点分离

分离地面点和非地面点，采用 TIN 渐进加密的地面滤波算法加以实现，具体步骤如图 3.76 所示。

④ 建筑物提取

从非地面点集中依次分离出低植被、中植被、高植被以及建筑物，如图 3.77 所示。

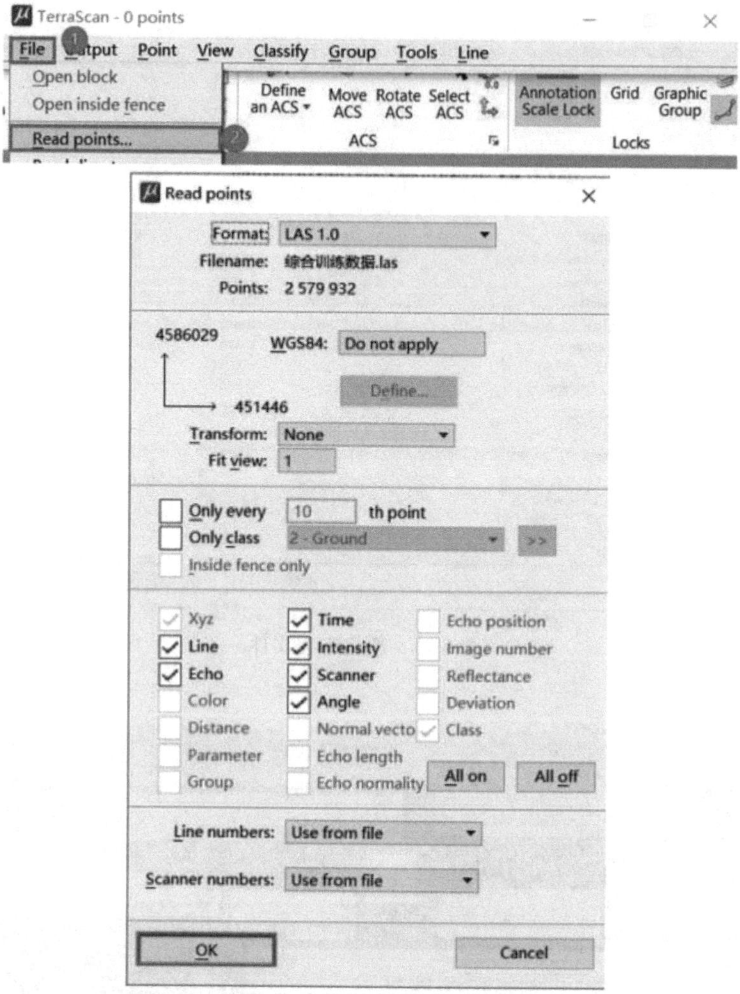

图 3.73　加载原始数据

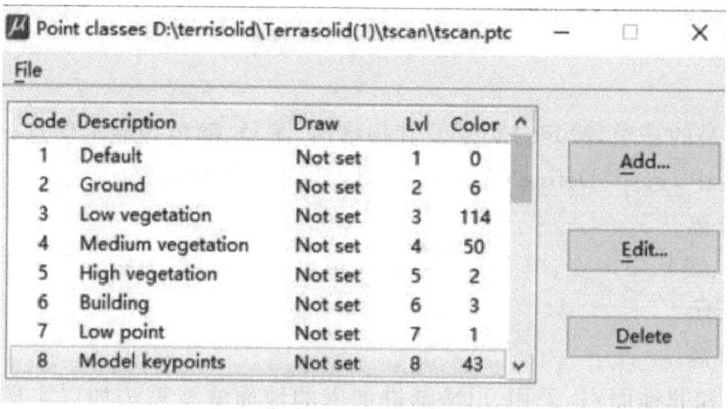

图 3.74　设置分类层

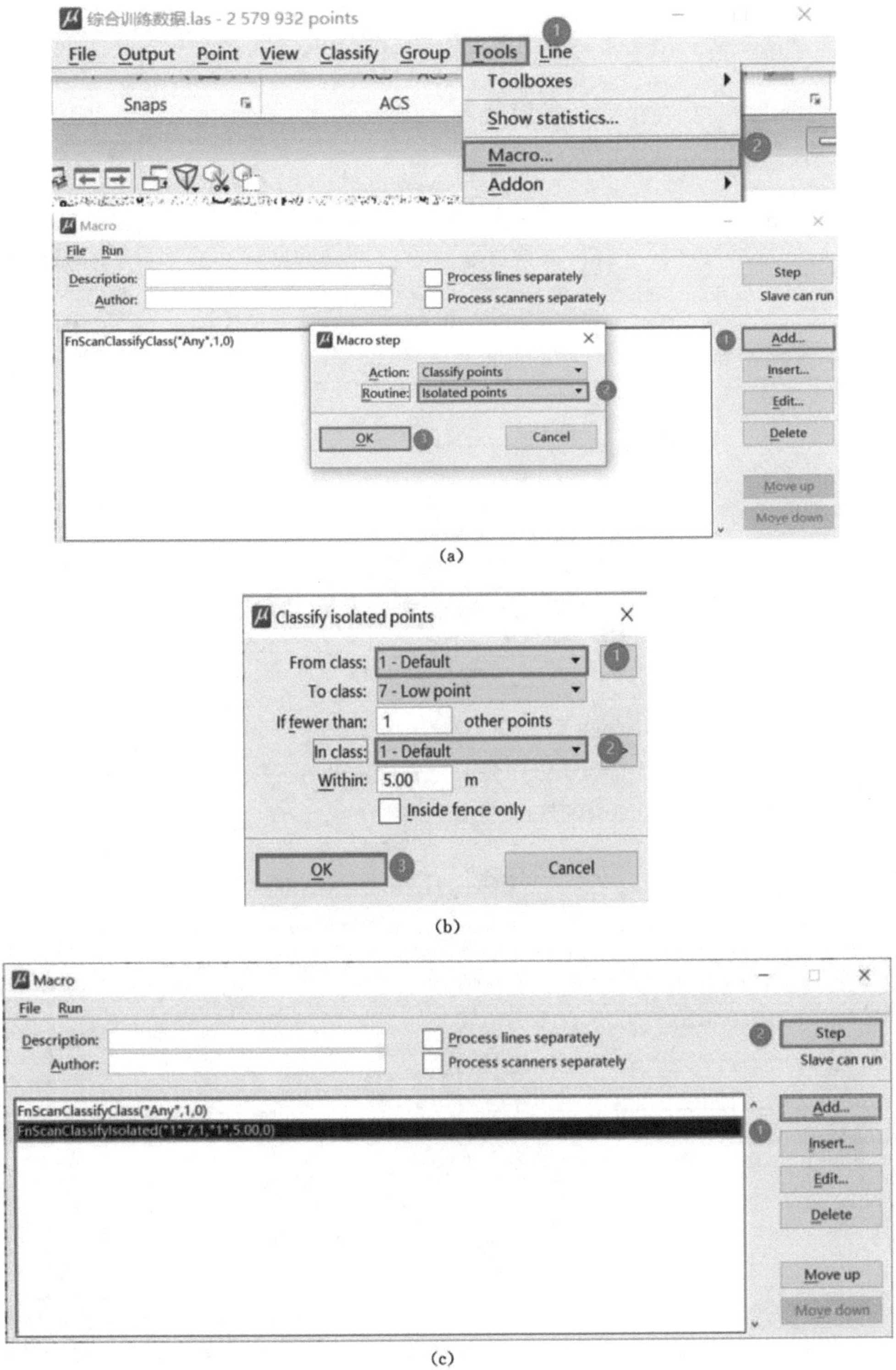

综合训练数据.las - 2 579 932 points
File Output Point View Classify Group Tools Line
Toolboxes
Show statistics...
Macro...
Addon
Snaps
ACS
Macro
File Run
Description:
Author:
Process lines separately
Process scanners separately
Step
Slave can run
FnScanClassifyClass("Any",1,0)
Macro step
Action: Classify points
Routine: Isolated points
OK
Cancel
Add...
Insert...
Edit...
Delete
Move up
Move down
(a)
Classify isolated points
From class: 1 - Default
To class: 7 - Low point
If fewer than: 1 other points
In class: 1 - Default
Within: 5.00 m
Inside fence only
OK
Cancel
(b)
Macro
File Run
Description:
Author:
Process lines separately
Process scanners separately
Step
Slave can run
FnScanClassifyClass("Any",1,0)
FnScanClassifyIsolated("1",7,1,"1",5.00,0)
Add...
Insert...
Edit...
Delete
Move up
Move down
(c)

图 3.75　噪声点分离

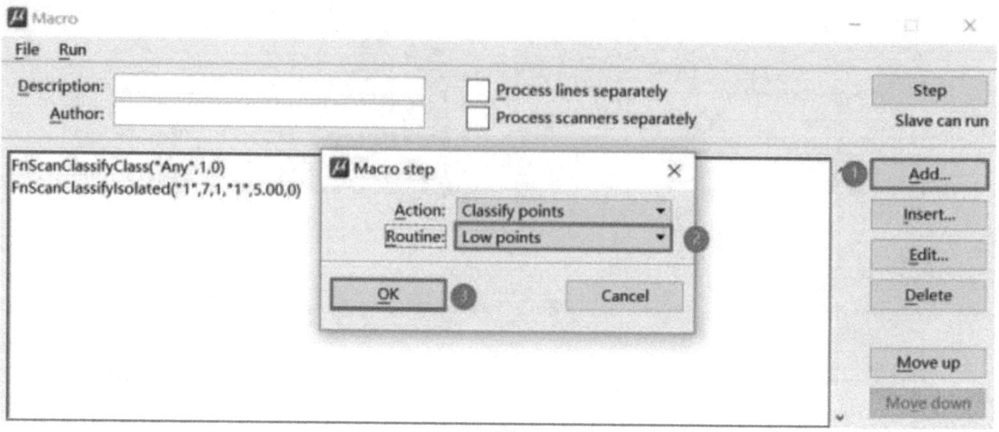
Macro
File Run
Description:
Author:
Process lines separately
Process scanners separately
Step
Slave can run
FnScanClassifyClass("Any",1,0)
FnScanClassifyIsolated("1",7,1,"1",5.00,0)
Macro step
Action: Classify points
Routine: Low points
OK
Cancel
Add...
Insert...
Edit...
Delete
Move up
Move down

(d)

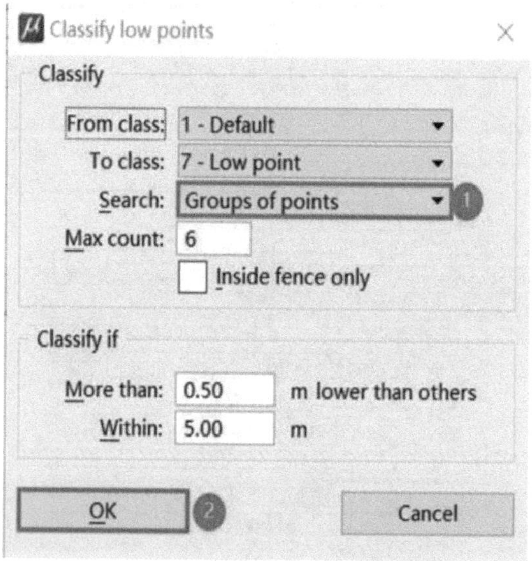
Classify low points
Classify
From class: 1 - Default
To class: 7 - Low point
Search: Groups of points
Max count: 6
Inside fence only
Classify if
More than: 0.50 m lower than others
Within: 5.00 m
OK
Cancel

(e)

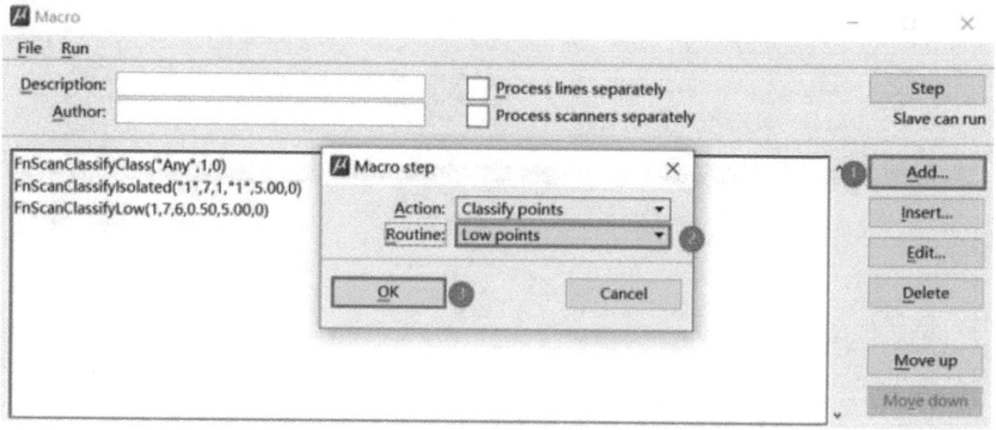
Macro
File Run
Description:
Author:
Process lines separately
Process scanners separately
Step
Slave can run
FnScanClassifyClass("Any",1,0)
FnScanClassifyIsolated("1",7,1,"1",5.00,0)
FnScanClassifyLow(1,7,6,0.50,5.00,0)
Macro step
Action: Classify points
Routine: Low points
OK
Cancel
Add...
Insert...
Edit...
Delete
Move up
Move down

(f)

图 3.75(续)

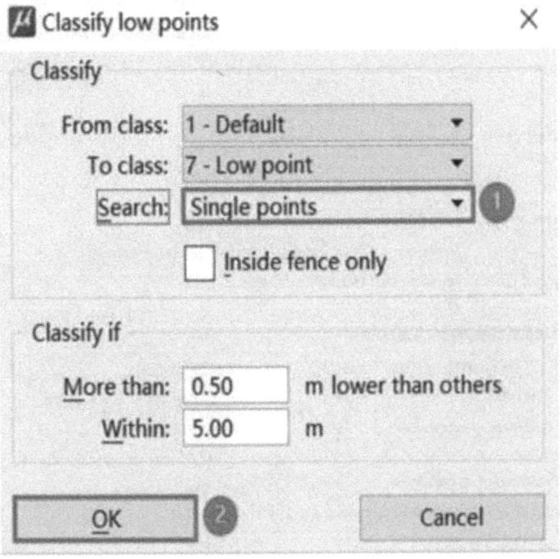

(g)

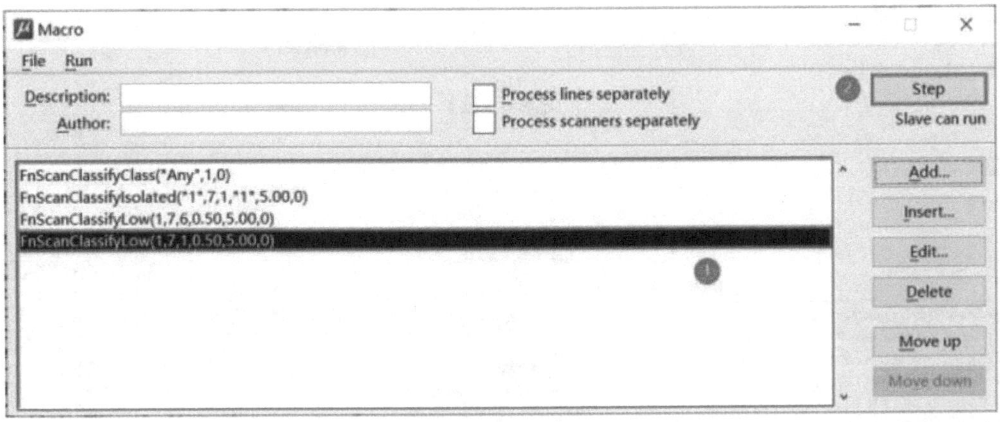

(h)

图 3.75(续)

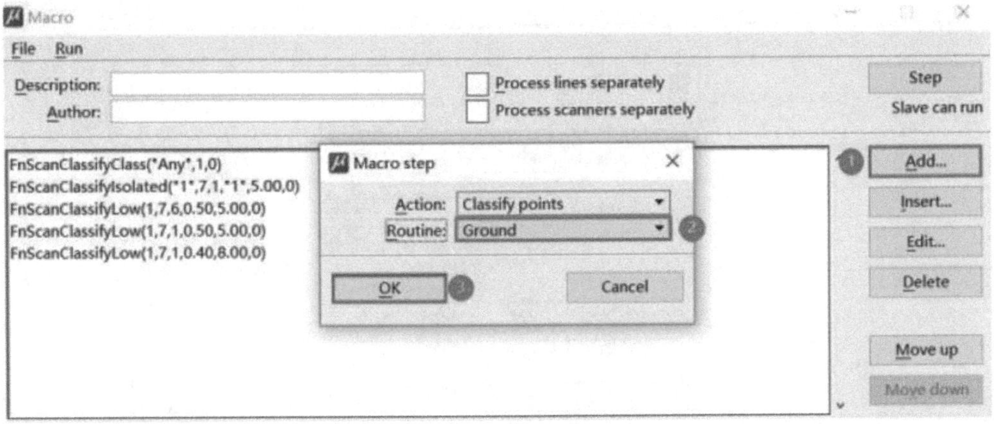

(a)

图 3.76　地面点分离

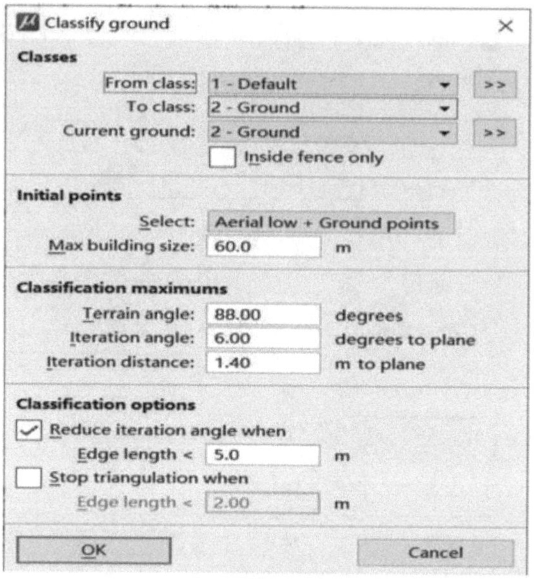

(b)

图 3.76(续)

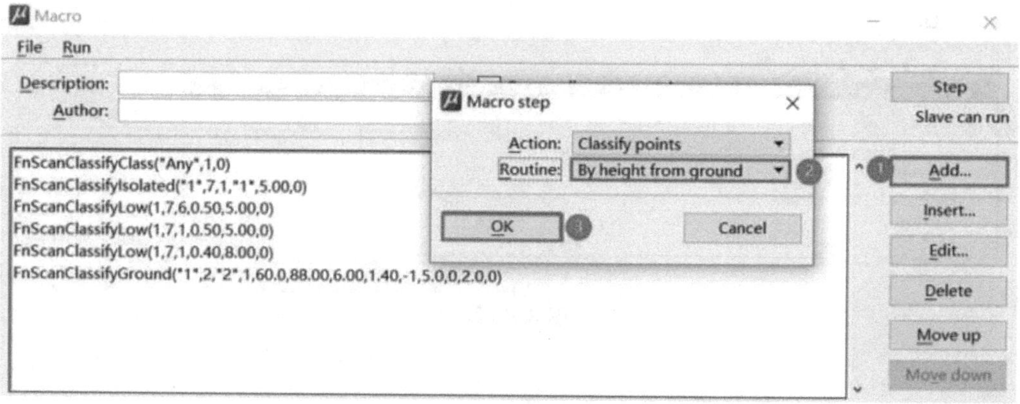

(a)

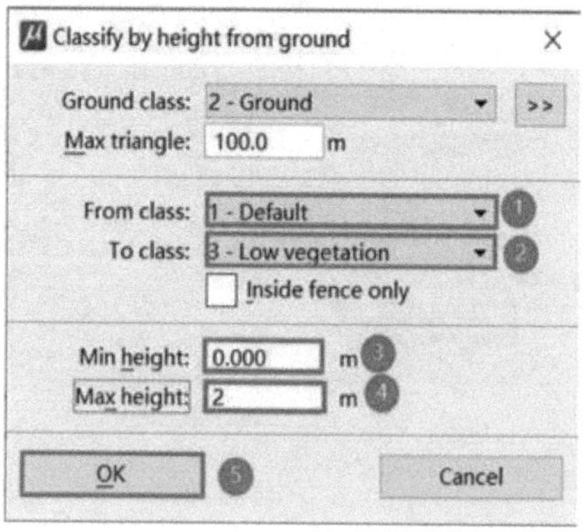

(b)

图 3.77 建筑物提取

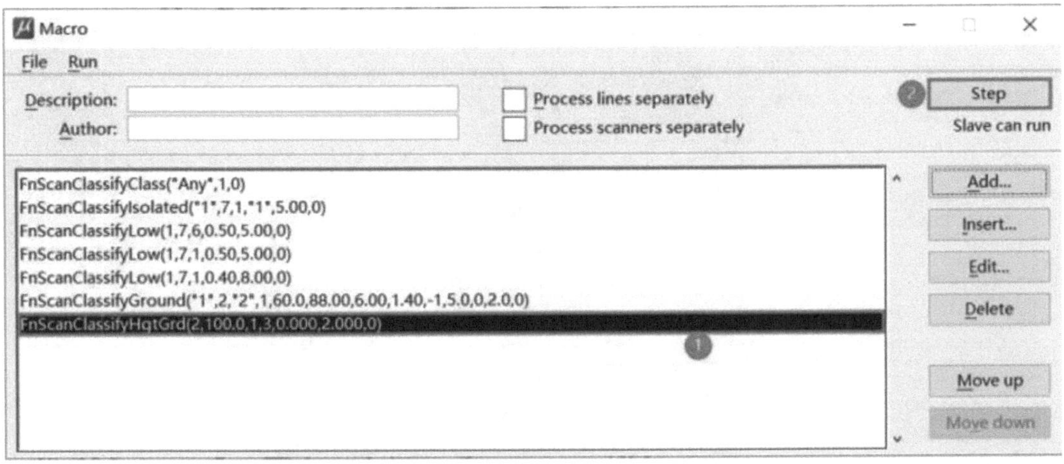
Macro
File Run
Description:
Author:
Process lines separately
Process scanners separately
Step
Slave can run
FnScanClassifyClass("Any",1,0)
FnScanClassifyIsolated("1",7,1,"1",5.00,0)
FnScanClassifyLow(1,7,6,0.50,5.00,0)
FnScanClassifyLow(1,7,1,0.50,5.00,0)
FnScanClassifyLow(1,7,1,0.40,8.00,0)
FnScanClassifyGround("1",2,"2",1,60.0,88.00,6.00,1.40,-1,5.0,0,2.0,0)
FnScanClassifyHgtGrd(2,100.0,1,3,0.000,2.000,0)
Add...
Insert...
Edit...
Delete
Move up
Move down

(c)

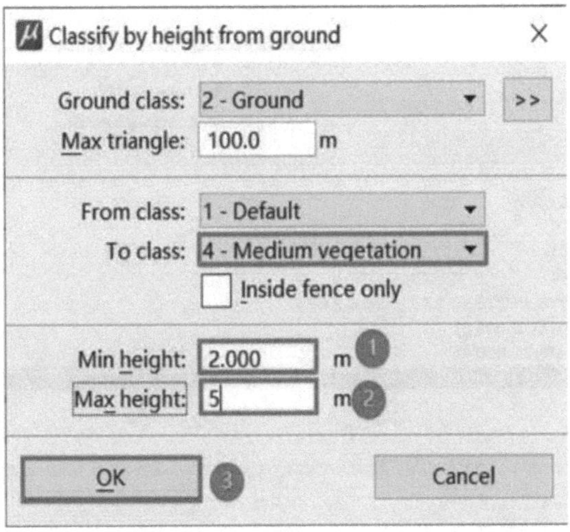
Classify by height from ground
Ground class: 2 - Ground
Max triangle: 100.0 m
From class: 1 - Default
To class: 4 - Medium vegetation
Inside fence only
Min height: 2.000 m
Max height: 5 m
OK
Cancel

(d)

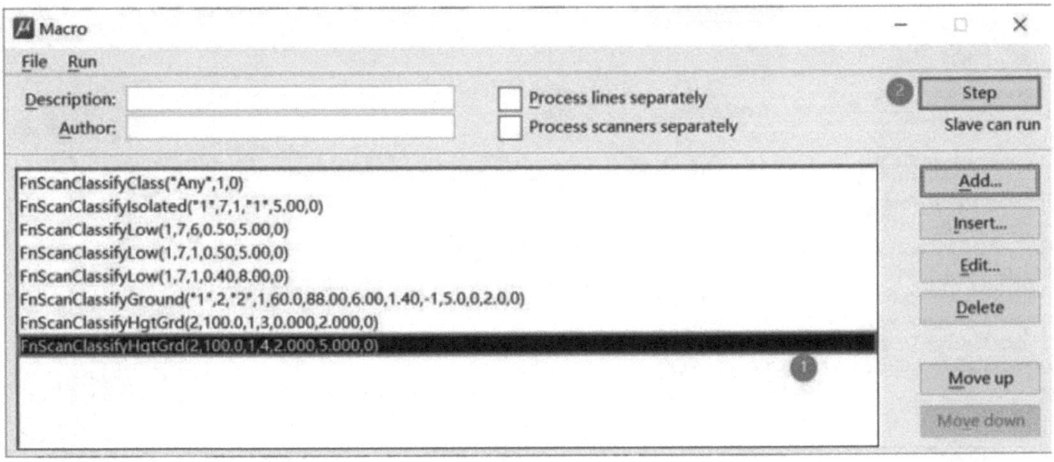
Macro
File Run
Description:
Author:
Process lines separately
Process scanners separately
Step
Slave can run
FnScanClassifyClass("Any",1,0)
FnScanClassifyIsolated("1",7,1,"1",5.00,0)
FnScanClassifyLow(1,7,6,0.50,5.00,0)
FnScanClassifyLow(1,7,1,0.50,5.00,0)
FnScanClassifyLow(1,7,1,0.40,8.00,0)
FnScanClassifyGround("1",2,"2",1,60.0,88.00,6.00,1.40,-1,5.0,0,2.0,0)
FnScanClassifyHgtGrd(2,100.0,1,3,0.000,2.000,0)
FnScanClassifyHgtGrd(2,100.0,1,4,2.000,5.000,0)
Add...
Insert...
Edit...
Delete
Move up
Move down

(e)

图 3.77(续)

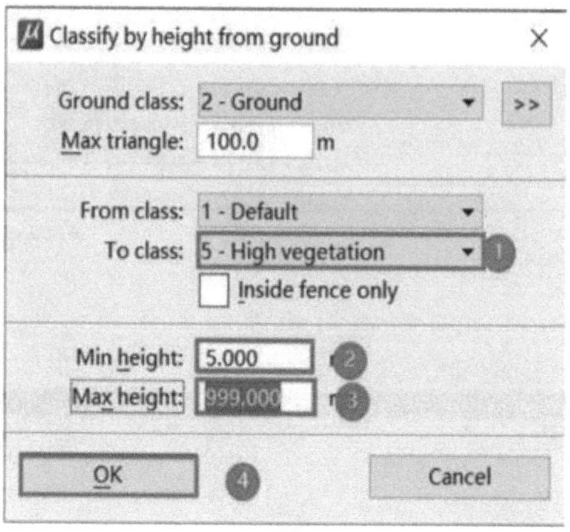
Classify by height from ground
Ground class: 2 - Ground
>>
Max triangle: 100.0 m
From class: 1 - Default
To class: 5 - High vegetation
Inside fence only
Min height: 5.000
Max height: 999.000
OK
Cancel

(f)

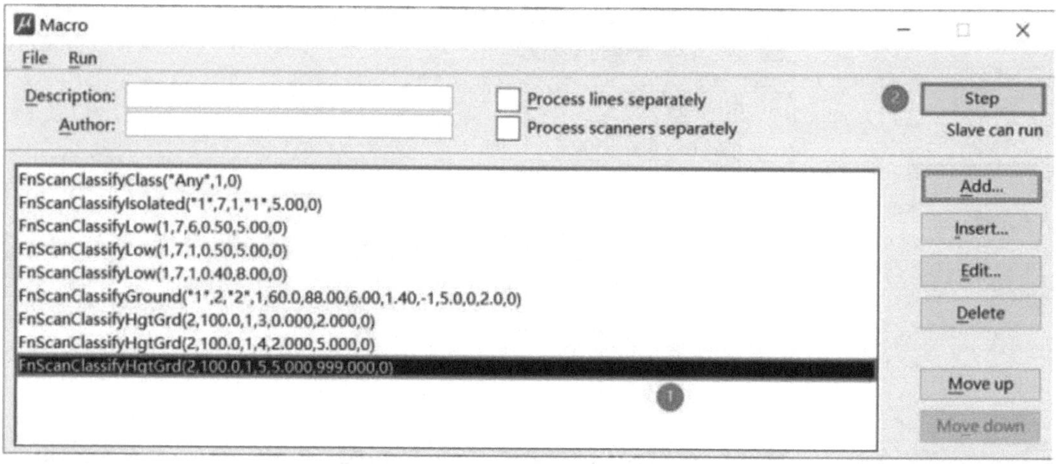
Macro
File Run
Description:
Author:
Process lines separately
Process scanners separately
Step
Slave can run
FnScanClassifyClass("Any",1,0)
FnScanClassifyIsolated("1",7,1,"1",5.00,0)
FnScanClassifyLow(1,7,6,0.50,5.00,0)
FnScanClassifyLow(1,7,1,0.50,5.00,0)
FnScanClassifyLow(1,7,1,0.40,8.00,0)
FnScanClassifyGround("1",2,"2",1,60.0,88.00,6.00,1.40,-1,5.0,0,2.0,0)
FnScanClassifyHgtGrd(2,100.0,1,3,0.000,2.000,0)
FnScanClassifyHgtGrd(2,100.0,1,4,2.000,5.000,0)
FnScanClassifyHgtGrd(2,100.0,1,5,5.000,999.000,0)
Add...
Insert...
Edit...
Delete
Move up
Move down

(g)

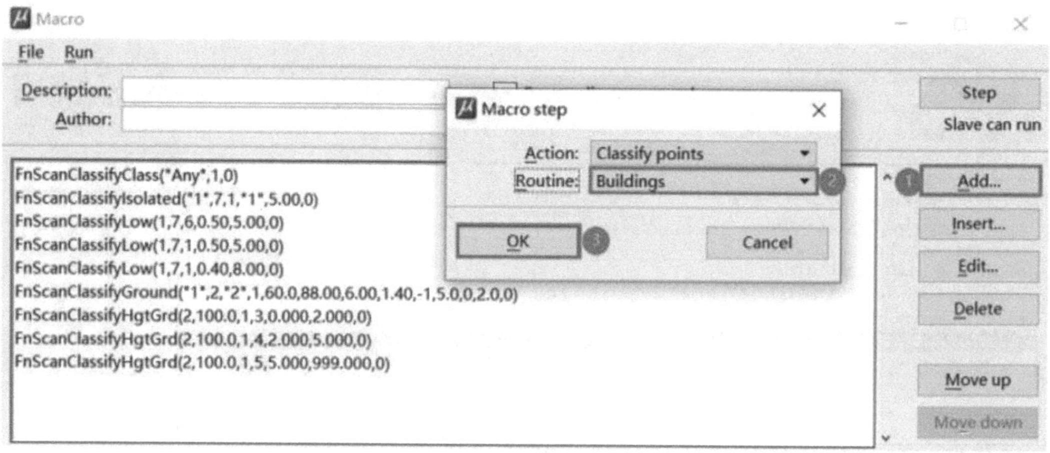
Macro
File Run
Description:
Author:
Macro step
Action: Classify points
Routine: Buildings
OK
Cancel
Step
Slave can run
FnScanClassifyClass("Any",1,0)
FnScanClassifyIsolated("1",7,1,"1",5.00,0)
FnScanClassifyLow(1,7,6,0.50,5.00,0)
FnScanClassifyLow(1,7,1,0.50,5.00,0)
FnScanClassifyLow(1,7,1,0.40,8.00,0)
FnScanClassifyGround("1",2,"2",1,60.0,88.00,6.00,1.40,-1,5.0,0,2.0,0)
FnScanClassifyHgtGrd(2,100.0,1,3,0.000,2.000,0)
FnScanClassifyHgtGrd(2,100.0,1,4,2.000,5.000,0)
FnScanClassifyHgtGrd(2,100.0,1,5,5.000,999.000,0)
Add...
Insert...
Edit...
Delete
Move up
Move down

(h)

图 3.77(续)

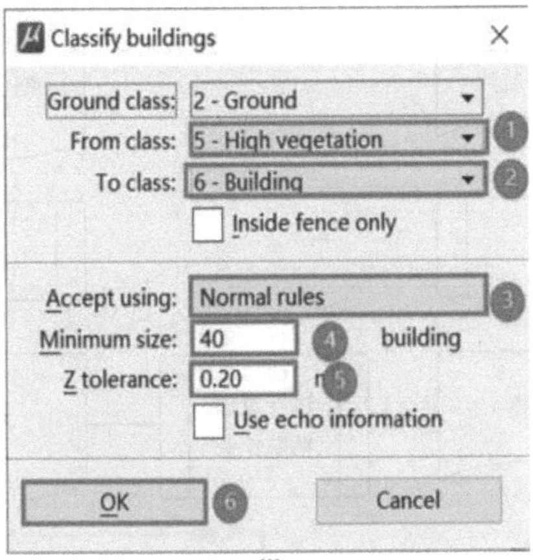

(i)

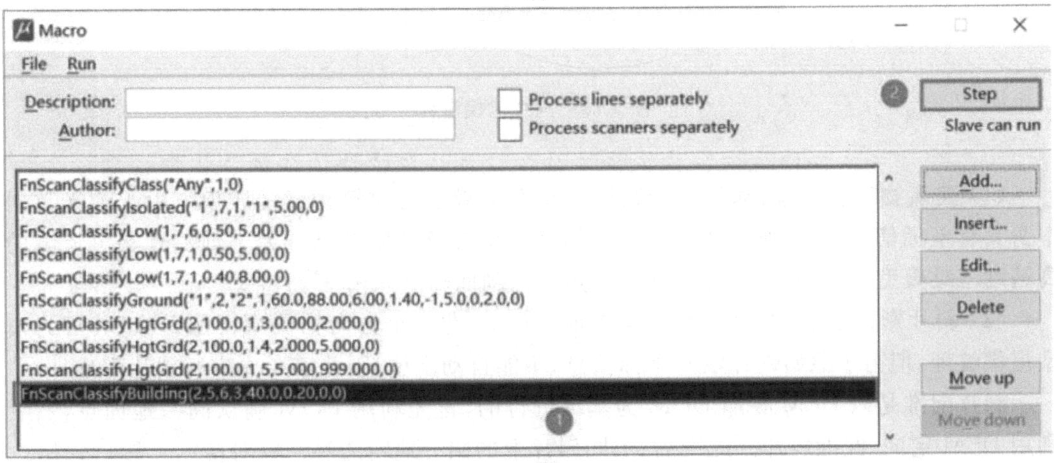

(j)

图 3.77(续)

3.9.4　影像数据处理及 DOM 制作

通过对原始影像进行预处理,可获得每幅原始影像的外方位元素。结合 LiDAR 系统中已知的影像内方位元素,便可以完成影像的相对定向和绝对定向,从而生成正射影像。

然而,预处理获得的外方位元素精度可能达不到生产要求,需要进行进一步的纠正,一般通过寻找影像连接点的方式进行。

根据与影像对应的纯地表激光数据寻找连接点,即重叠影像上的同名点,一般每对重叠影像至少需要 4 个连接点,而实际生产中为保证产品质量,通常需保证至少 8 个连接点,所有连接点必须为地面点且分布均匀。根据影像连接点重新计算影像外方位元素,最终使用优化后的外方位元素进行 DOM 的生产。

3.9.5　三维模型制作

对于基于 LiDAR 技术采集的城市区域数据,常需对建筑物进行三维建模,现以建筑物三维模型制作为例加以说明,其主要流程如图 3.78 所示。

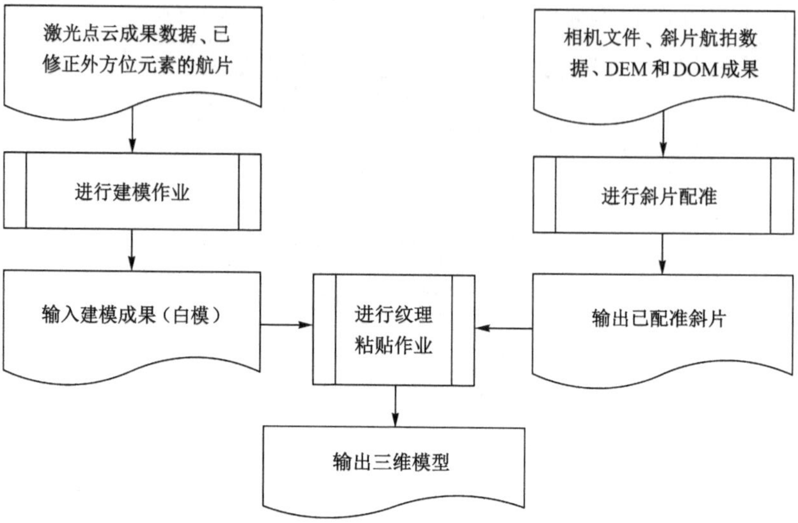

图 3.78　三维建模流程

(1) 建筑物三维建模：基于激光数据和正射影像进行建筑物三维建模。由于激光数据本身具有坐标信息，因此所有建筑物模型均具有位置及高度信息。为了创建真实可量测的高精度三维模型，可以对激光点云从各个角度拉剖面辅助建模。

(2) 斜片影像配准：斜片是对建筑物东、西、南、北四个方向拍摄所得的影像，其可为模型提供纹理，但由于原始斜片没有坐标信息，不能自动定位，因此需要先进行斜片配准。

斜片配准是以 DEM 叠加 DOM 为基准进行的，首先利用 DOM 确认同一地面点，然后利用 DEM 定向，配准斜片。配准后，不同斜片上的同一地物能够一一对应。

对斜片进行配准时，要求每幅影像上至少有 4 个配准点，且点位分布均匀，在影像上近似呈矩形或平行四边形；要求配准误差小于 0.4 mm，地形起伏特别大的区域可以适当降低标准，但应尽量保证精度。

经过配准的斜片具有了量测功能，成为可量测斜片，可以在斜片上对地物进行读取及地物距离的量测。

(3) 纹理粘贴：基于激光数据建立的建筑物三维模型，已经具有位置及高度属性，但此时的模型没有纹理，我们称之为白模，它并不能形象地反映建筑物的原貌。使用配准后的斜片能够快速对白模实现纹理粘贴。

3.9.6　线划图制作

线划图制作具体步骤如下：

(1) 提取房屋、道路及其地类界限等。参考正射影像和原始激光点云数据，提取房屋、道路、地类界、电线杆等地物要素。

(2) 提取等高线。利用分类后的地面点云数据提取等高线，然后参考 DOM 对等高线进行二次编辑，并进行圆滑处理。

(3) 图幅整饰、出图。结合外业调绘成果，修改并输出最终成图。

3.10　机载 LiDAR 测深系统及应用

3.10.1　测深原理

如图 3.79 所示，从飞机竖直向海面发射两种波段的激光束：波长为 1 064 nm 的红外光和波长为 532 nm 的绿光。红外光被海面反射；绿光则透射到海水中，到达海底后被反射回来。

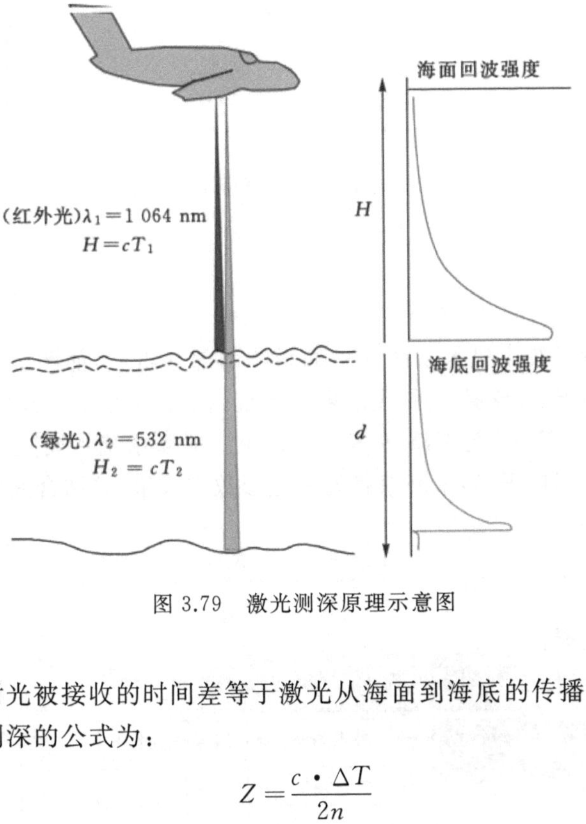

图 3.79　激光测深原理示意图

这样，两束发射光被接收的时间差等于激光从海面到海底的传播时间的两倍。在考虑海水折射后，激光测深的公式为：

$$Z=\frac{c\cdot\Delta T}{2n} \tag{3-54}$$

式中，c 为光速；n 为海水折射率（一般为 1.33）；ΔT 为接收到绿光和红外光的时间差。

如图 3.80 所示，定义机载 LiDAR 坐标系：令发射点为原点，飞行方向为 y 轴正方向，竖直向上的方向为 z 轴正方向，飞机右翼的方向为 x 轴正方向。

若从飞机斜向下发射激光束，则激光束与 xz 面的夹角为 θ，激光束的投影与 z 轴的夹角为 φ。令红外激光的往返时间为 t，则海底扫描点的坐标（x_s，y_s，z_s）及飞机相对海面的航高 H 和深度 d 为：

$$\begin{cases}x_s=(H+d)\tan\varphi\\ y_s=(H+d)\tan\theta/\cos\varphi,\\ z_s=-(H+d)\end{cases}\quad\begin{cases}H=C\cdot\dfrac{t}{2}\cos\theta\cdot\cos\varphi\\ d=C\cdot\dfrac{\Delta T}{2n}\cos\theta\cdot\cos\varphi\end{cases} \tag{3-55}$$

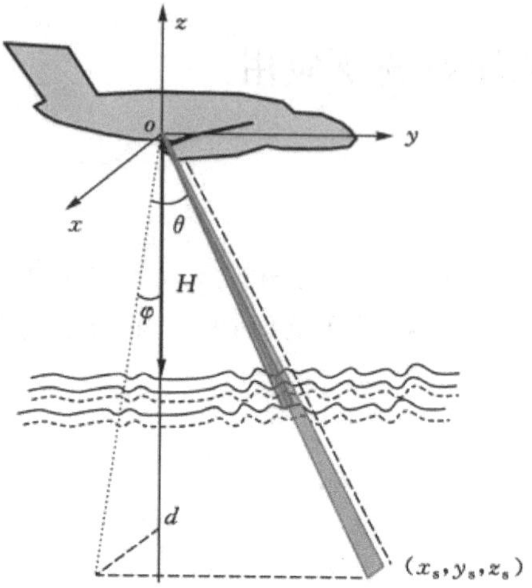

图 3.80 斜向下发射激光测深示意图

3.10.2 系统组成

机载 LiDAR 测深系统由机上系统和地面系统两部分组成，如图 3.81 所示。机上系统包括激光发射器、扫描器、光学接收和数据采集系统、控制和实时显示系统、CCD 数字摄像机、海况实时监测系统、GNSS 与 INS 等多个分系统。地面系统主要完成数据后处理，包括深度信息处理、飞机姿态校正等，最终获得海底地形数字成果，并结合其他海洋地理信息，绘制高精度海底地形图。

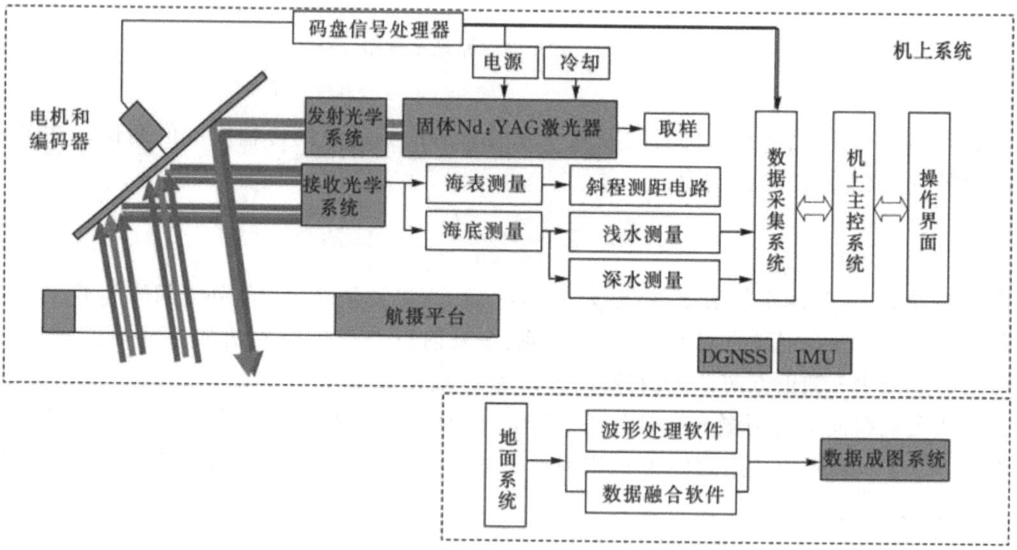

图 3.81 机载 LiDAR 测深系统组成示意图

与机载 LiDAR 测地形系统的区别在于，机载 LiDAR 测深系统的激光器能够发射和接收红外及蓝绿激光。图 3.82 所示为机载 LiDAR 测深系统激光器的组成结构示意图，包括半导体激光器(LD)驱动电源、调 Q 高压电源、激光振荡器、倍频器、冷却系统等。其中,倍频器控制输出红外和蓝绿激光。激光器还配备一个电接口和一个光输出口:电接口接收机载 LiDAR 测深系统主控单元给出的触发同步信号,用于控制激光器的工作频率;光输出口则将激光输出,传送到机载 LiDAR 测深系统的扫描主镜上进行发射,以形成双源单道方式的发射和接收模式。

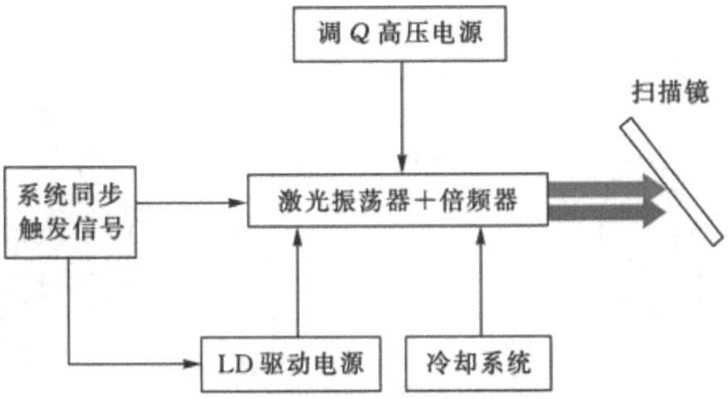

图 3.82 激光器组成示意图

3.10.3 机载 LiDAR 测深系统的指标

除了具有一般机载 LiDAR 测量系统的指标外,机载 LiDAR 测深系统还有如下特别指标。

(1) 圆盘透明深度

图 3.83(a)所示为西奇盘(secchi disk),该圆盘直径为 30 cm(淡水环境下直径可取 20 cm),圆面为白色或分为对角黑白相间的四部分。在阳光充足的情况下,将该圆盘(配重后)由水面悬入水中,直至看不清楚时所处的深度,即西奇深度,西奇深度与水体透明度有关,也称为圆盘透明深度。

圆盘透明深度的测量方法:在船体上将圆盘沿绳慢慢垂直悬入水中,直到圆盘快消失时,记录深度 h_1,继续下放圆盘,然后慢慢向上回收绳子,记录恰好看见圆盘的深度 h_2,取两次深度的平均值 $(h_1+h_2)/2$ 作为圆盘透明深度。

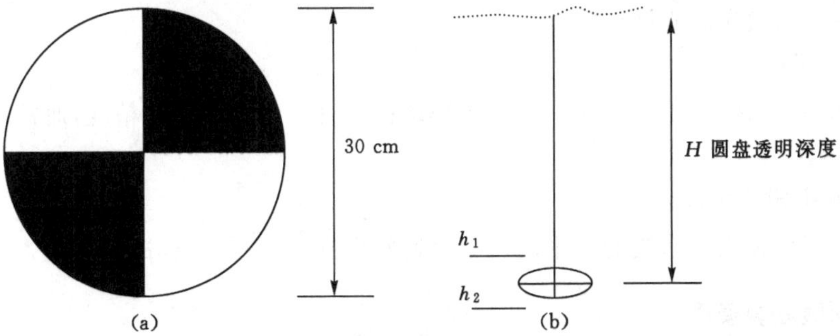

图 3.83 西奇盘及圆盘透明深度测定方法

理论上,圆盘透明深度可表示为:

$$Z_\delta=\frac{\ln[(b_1-b_\delta)/(b_0\cdot\mu_{\text{eye}})]}{(\eta+k)} \tag{3-56}$$

式中，μ_{eye}为人眼视觉对比度的阈值极限；b_1 为圆盘亮度；b_0 为圆盘在水深为 0 时的亮度；b_δ 为圆盘处于水深 h_δ时的亮度；η 为海水衰减系数；k 为垂直海水衰减系数。

圆盘透明亮度的大小反映了水质的好坏。图 3.84 所示为我国东部海域水质分布的大致情况。

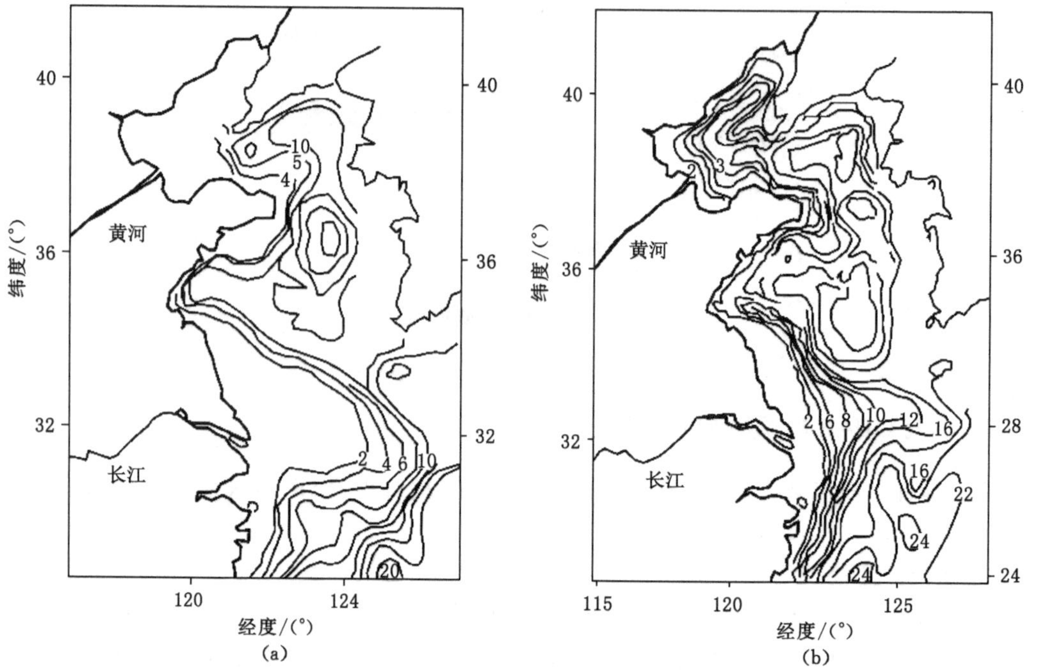

图 3.84　中国东部海域圆盘透明深度测量图

（2）测深范围

测深范围由最浅测量深度和最大测量深度标定。最大测量深度表示系统的最大测深范围，通常采用圆盘透明深度的倍数来标定。最浅测量深度表示系统最小的测深范围，除水质影响外，主要与激光器能量有关。

（3）测深精度

测深精度是指在测深条件下，机载 LiDAR 在竖直方向上的测距精度，通常根据 IHO-S44 标准来标定。

（4）水平定位精度

机载 LiDAR 测深系统的水平定位精度通常根据 IHO-S44 标准来标定。

3.10.4 深度归算模型

机载 LiDAR 测深系统的空间几何结构如图 3.85 所示。其中，H 为机载 LiDAR 的大地高，h_1 为航高，h_2 为机载激光测得的瞬时深度，h_t 为海面地形高，ζ 为平均海水面的高程异常，L 为理论深度基准面的固定值，D 为图载水深（海底在深度基准面下的垂直距离），

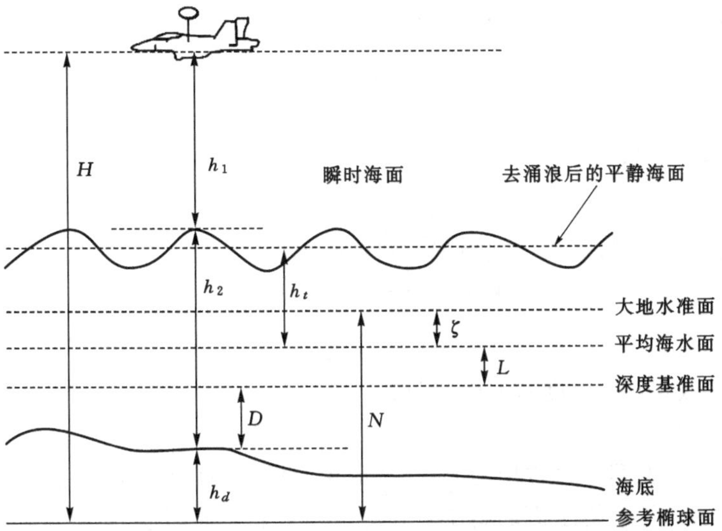

图 3.85　机载 LiDAR 测深系统的空间几何结构图

N 为大地水准面高差(或大地水准面的大地高),h_d 为海底点的大地高。

以下介绍两种将机载 LiDAR 测得的瞬时水深归算到深度基准面的方法:无修正法和波浪潮汐改正法。

(1) 无修正法

如图 3.85 所示,无修正法基于 GNSS 提供的飞机平台的高精度三维坐标,以海底作为过渡面进行深度归算。无修正法的主要计算步骤如下。

① 计算海底点的大地高 h_d:

$$h_d = H - (h_1 + h_2) \tag{3-57}$$

② 计算平均海水面到参考椭球面的距离 h_m:

$$h_m = N - \zeta \tag{3-58}$$

式中,N 和 ζ 可通过大地水准面模型和海面地形模型求出。

③ 计算海底点相对于平均海水面的距离 D_m:

$$D_m = h_m - h_d = N - \zeta - H + (h_1 + h_2) \tag{3-59}$$

④ 计算海底点相对于深度基准面的距离:

$$D = D_m - L \tag{3-60}$$

无修正法无论从作业过程还是从数据后处理的计算量来说都简单明了,其应用前提是获得大地水准面模型与海面地形模型(由重力资料得到)。其缺点是在陆海交界带及海面缺少实测重力资料,这增加了获得高精度大地水准面模型的难度,该方法的精度也会受到影响。

(2) 波浪潮汐改正法

波浪潮汐改正法的主要计算步骤如下。

① 计算瞬时的海面大地高 h_s:

$$h_s = H - h_1 \tag{3-61}$$

② 计算海面大地高在一定时间内的平均值 $\bar{h}_s$：

$$\bar{h}_s = \sum_i h_{s_i} / n \tag{3-62}$$

③ 计算波浪改正数 $\Delta\bar{h}_s$：

$$\Delta\bar{h}_s = h_s - \bar{h}_s \tag{3-63}$$

④ 利用潮汐数值预报或水位观测值得到潮位改正数 h_{tide}。

⑤ 计算海底点相对于平均海水面的距离：

$$D_m = h_2 - h_{\text{tide}} - \Delta\bar{h}_s \tag{3-64}$$

⑥ 计算海底点相对于深度基准面的距离：

$$D = D_m - L \tag{3-65}$$

波浪潮汐改正法是目前最常用的方法，其应用前提是获得测区的波浪和潮汐数据，并推算出测深时潮汐相对平均海水面的高度。其优点是外业作业简便，缺点是精度易受潮汐监测能力影响，数据后处理较为复杂，潮汐改正精度一般为 20 cm。

3.11 机载 LiDAR 技术应用介绍

机载 LiDAR 测量不受日照和天气条件的限制，能全天候地对地观测，这些特点使它在灾害监测、环境监测、资源勘查、森林调查、地形测绘等方面的应用具有独特的优势。

(1) 农林业应用

利用 LiDAR 技术能够精确地获取树木和林冠下的地形地貌和农作物信息，在农业和林业调查与规划中，可以利用激光雷达数据，分析树木和农作物的覆盖率、面积、疏密程度以及不同树龄树木的情况，并推算其数量，以便于人们进行合理规划和利用。

传统的光学遥感技术仅能提供树木的二维信息，需要借助其他辅助信息才能获得其三维结构参数，而由 LiDAR 数据可直接获取森林的三维结构信息，其三维可视化结果可直接用于树木垂直分布参数的评估(图 3.86)。通过激光扫描数据可以准确地估测林分特征(森林参数)，如树高、胸高断面积以及林分蓄积量。还有的研究将 LiDAR 数据和其他多光谱影像融合以获取高精度的森林参数；此外，也有的研究将 LiDAR 数据的三维信息和摄影测量技术相结合，来进行森林参数的提取。

(2) 交通测量

随着交通建设的不断发展，道路和铁路的选线科学化、精确化的需求日益增加。如何在复杂的地形条件下实现低成本、高效率的交通线路维护，预见并降低各种地质灾害对交通线路的损害，成为各级交通设施维护部门面临的主要问题。机载 LiDAR 系统可以快速提供交通线路走廊范围内的详细、直观的影像资料、微地貌数据以及植被覆盖数据，并可基于上述数据建立交通线路走廊数据库，为交通线路选线和维护提供详尽、完备的资料支持。极少的野外勘测工作可以进一步降低成本，并可以在该数据库基础上结合 GIS 技术提供如剖面图制图、土方量计算、交通线路选线分析、地质灾害分析与管理、交通设施维护、基础数据管理等交通应用的综合解决方案，从而能够提高交通线路管理和规划的现代化与科学化水平。如图 3.87 所示，机载 LiDAR 数据在高速公路测量中的应用有：监控高速公路及其周围环

图 3.86　机载 LiDAR 数据在林业领域的应用

境；利用影像数据检测周围的地物；利用高程数据评估高速公路的质量；展示重要细节以支持重建和修复任务。

图 3.87　机载 LiDAR 数据在高速公路测量中的应用

(3) 测制带状目标地形图

机载 LiDAR 系统具备独特的多重回波特点，并能同时记录地物的反射回波强度，从而可以迅速、准确地提取电力线。通过回波分类和回波强度处理技术，可生产三维电力线模型、植被模型和裸地三维模型等。基于上述模型，还可实现悬挂线的弯曲度计算、下垂度测算、净高评估、电塔位置制图以及电力选线等应用。与传统的摄影测量相比，机载 LiDAR 系统弥补了其在电力线测量方面的不足，节省了大量的外业勘测时间和人力投入，缩短了数据提供周期，节约了成本，同时显著提高了数据精度。

在进行电力线路设计时，通过 LiDAR 数据可以了解整个线路设计区域内的地形和地物要素情况，尤其是在树木密集区域，可以估算出需要砍伐的树木面积和木材量。在进行电力线抢修和维护时，根据电力线路上的 LiDAR 数据点及相应地面裸露点的高程，可以测算出任意一处线路距离地面的高度(图 3.88)，从而为抢修和维护提供便利。

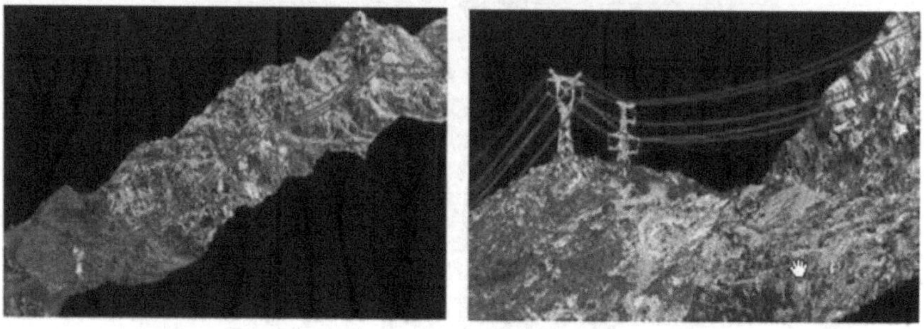

图 3.88　机载 LiDAR 数据在电力领域的应用

(4) 城市三维建模

3D 城市模型作为 GIS 研究的一个重要方向，已引起 GIS 学术界和应用部门的广泛关注，同时也是近年来提出的“数字地球”概念的重要组成部分。高密集的机载激光扫描数据在 3D 城市模型领域有着广阔的应用前景，有望彻底解决利用摄影测量手段建立三维城市模型时遇到的瓶颈问题(图 3.89)。

图 3.89　三维城市模型

(5) 灾害调查与环境监测

机载 LiDAR 技术在自然灾害(如飓风、地震、洪水等)的灾后评估和响应中具有重要应用(图 3.90)。

利用机载 LiDAR 测量快速、全天候和高精度的特点，可以在灾害发生后迅速获取灾害现场的具体情况，从而快速提供可靠的灾害损失数据，用于制定救灾方案和评价灾害损失。

由于 LiDAR 数据构成的三角网高程具有可以通过颜色赋值渲染的特点，水利部门可以按某一高程值进行颜色渲染，这样可直观显示淹没范围，并可测算出水位达到该高程时淹没的区域面积及其危害程度。

(6) 海岸带侵蚀情况监测

海滩、海岸以及近海区域是一个特殊的测量区域，传统测量和航测在这一区域都会受到

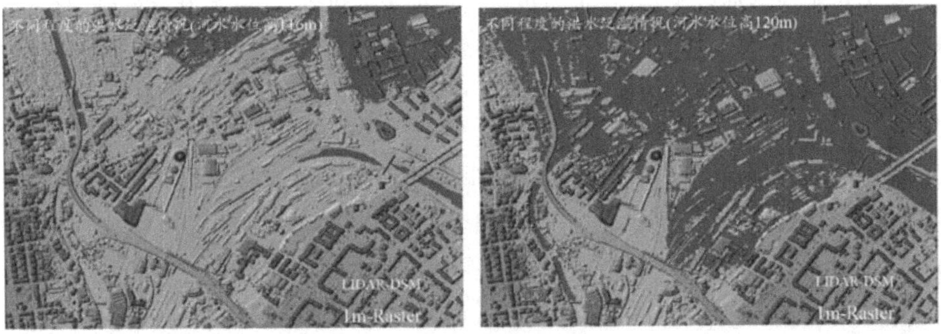

图 3.90　城市淹没分析

一定的限制，作业非常困难。利用机载 LiDAR 这种主动传感技术，能够以低成本在高动态环境下完成常规基础海岸线测量(图 3.91)。此外，LiDAR 技术还具有一定的水下探测能力，可测量近海水深 70 m 以内的水下地形，适用于海岸带、海边沙丘、海边堤防和海岸森林的三维测量与动态监测。

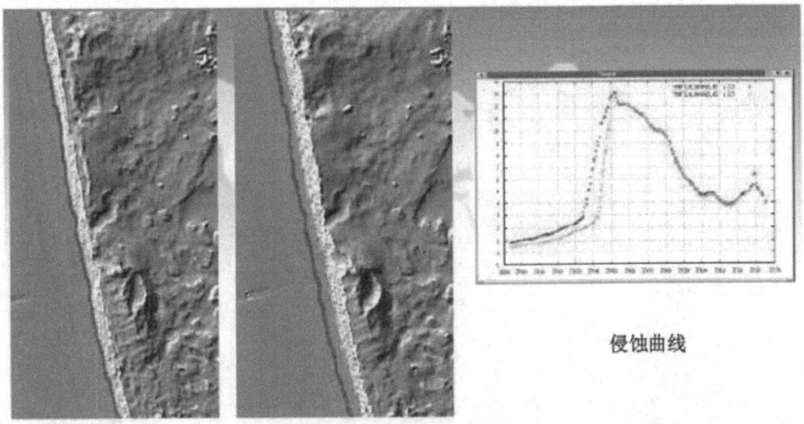

图 3.91　海岸带侵蚀情况监测

3.12　输电线路选址项目应用案例

3.12.1　工程概况

工程线路起于已建兰陵 500 kV 变电站 220 kV 出线构架，止于拟建马陵 220 kV 变电站 220 kV 进线构架，全线采用同塔双回路架设，路径途经临沂市兰陵县、郯城县。线路全长为 44.3 km，航空距离为 35.9 km。全线为平地，以沂河为界，以北为旱地，以南为稻田。线路总体呈北南走向，沿线有县道、乡道和村道，交通条件良好。

3.12.2　采集方式分析

目前机载 LiDAR 系统搭载的飞行器平台主要包括固定翼有人机、无人机和动力三角翼(动力悬挂滑翔机)等。固定翼有人机适合高空飞行，机动灵活性较差，主要用于大面积数据采集;无人机则适合低空飞行,在小面积数据采集方面机动灵活,但其续航时间较短,在数据采集时效性方面不具备优势;动力三角翼可中低空飞行,兼具无人机的机动灵活性与固定翼有人机的长续航特点,在路径长度较短的工程中具有较大优势。因此,本项目选用了动力三角翼方式。

机载 LiDAR 系统在 2 h 内完成了全部测区(约 3.84 km^2)的数据采集工作,其数据采集时效性优势明显。

3.12.3 航飞数据采集

1. 测区概况

① 测区范围

测区位于山东省临沂市郯城县,具体范围(框选部分)如图 3.92 所示。

图 3.92 测区范围示意

② 摄区航空摄影困难类别

从气候条件、空域条件、地形地貌条件等方面综合分析,该地区实施航空摄影较为容易,属于一般区域。

③ 最佳航摄时间

根据气象统计资料,4—10 月为最佳航摄时间。尽量安排在白天完成航摄任务,以获取可见光影像,辅助后期点云处理。

2. 设备投入

① 设备投入情况

根据本次项目的技术要求、进度安排和工作量,投入表 3.18 所示设备来保障项目的顺利实施。

表 3.18　设备列表

设备类型	设备名称	数量
摄影设备	LC-3500 机载 LiDAR 系统	1 套
惯导系统	POS AV610	1 套
基准站	Trimble 5700 GNSS 接收机	2 个
影像后处理系统	DELL(戴尔)计算机及相关软件后处理系统	8 台
飞行器平台	动力三角翼	1 架
布控设备	南方 RTK	1 套
车辆	—	2 辆

② 主要设备介绍

飞行器平台选用动力三角翼，如图 3.93 所示。它具有体积小、重量轻、操作简单、安全可靠等特点，是一种广受欢迎的动力飞行器。其参数具体见表 3.19。

图 3.93　动力三角翼

表 3.19　飞行器参数

飞机型号	ST912	最大平飞速度	125 km/h
机长	2.86 m	巡航速度	85 km/h
机高	2.45 m	爬升速率	1.9 m/s
机翼展长	10.38 m	起飞滑行距离	65 m
最大起飞质量	450 kg	着陆滑跑距离	65 m
最大有效载荷	232 kg	起飞场地	一般公路、机场跑道
最大载油量	48 kg	抗风能力	4 级
升限	3 000 m	飞机特点	机动灵活、价格便宜
最大航程	320 km	备注	

本项目投入一套国产 LC-3500 机载 LiDAR 系统，如图 3.94 所示。该系统的硬件部分包括三大核心组件：机载激光扫描仪、航空数码相机（SWDC-2）、POS 系统以及可选部件陀螺稳定座架 PAV80。该系统涵盖航线设计、飞行控制、数据预处理等模块，能够实现航线敷设、POS 数据处理、坐标转换、影像处理和点云分类等功能。其具体参数见表 3.20。

(a)

(b)

图 3.94　机载 LiDAR 系统及现场设备组装示意图

表 3.20　机载 LiDAR 系统参数

参数		设计指标	参数	设计指标
扫描机制		旋转四棱镜	激光发散角	～0.4 mrad
最小测距		50 m	激光脉冲频率	300 kHz（最大）
最大测距	ρ（反射率）≥20%	2 000 m	回波探测模式	多回波
	ρ≥90%	3 900 m	扫描线频率	3～120 线/s
设备重量		<50 kg	采样频率	300 kHz

表 3.20(续)

参数	设计指标	参数	设计指标
工作电压	18～32 V(直流)	激光测距精度	8～10 mm
系统功耗	<120 W	指向分辨率	0.001°
激光波长	1 064 nm	扫描视场角	≥70°
激光等级	Ⅳ	工作温度	－20～50 ℃

3. 组织实施

航摄飞行的组织人员安排见表 3.21。

表 3.21　航摄飞行的组织人员安排

序号	作业人员的类型	作业人员的数量	职责
1	技术人员	2	负责技术设计，解决项目实施过程中的技术问题，并进行技术监督
2	航管协调人员	1	负责与空军、民航等航管调度部门的协调工作
3	航摄人员	能载两人	负责航拍和摄影过程中的数据获取及现场协调等相关工作
4	外业测量人员	5	负责每天架设基站并进行观测记录，完成精度验证区的控制点测设
5	质量检查员	2	负责采集成果的质量检查

4. 技术设计

依据项目要求，点云间隔平均为 0.5 m，符合 1∶1 000 的测图要求。

采用动力三角翼搭载一套 LC-3500 机载 LiDAR 系统(包括惯导系统、相机等相关设备)，同时获取该摄区的点云数据及辅助影像数据。

① 基本设计

综合考虑点云密度、精度要求等因素，点云密度应大于或等于 4 点/m²。根据 LC-3500 机载 LiDAR 系统的设备特性，航向点云间距 $D_1=\frac{v}{4r}$；旁向点云间距 $D_2=\frac{2h\times 4r}{f}$，其中，$v$ 为飞机飞行速度，h 为飞行高度，r 为电机转速，f 为激光扫描频率。当飞机飞行速度为 80 km/h时，飞行方向的电机转速 r 大于 12 r/s。

根据激光发射频率与飞行高度的关系：

$$f<\frac{1}{\frac{2(h-\Delta h)}{c}+3.5\times 10^{-6}}<f_{\max} \tag{3-66}$$

当飞行高度为 600 m，激光扫描频率为 133 kHz，$D_1=0.463\text{ m}<0.5\text{ m}$，$D_2=0.432\text{ m}<0.5\text{ m}$ 时，可满足点云密度要求。

② 航摄分区

利用 SRTM(航天飞机雷达地形测绘使命)数据，对摄区范围内的高程进行统计。摄区高程大部分为 40 m,地势平坦,东西跨度约为 2 km,南北跨度约为 2.5 km。根据飞机的巡航速度,单条航线的直飞时间为 2 min。综合考虑,将整个测区划分为 1 个航摄分区。

③ 航线设计

共设计 5 条航线,总航线长度为 15.64 km。按照 80 km/h 的飞行速度计算,有效飞行时间为 11.7 min。航线设计如图 3.95 所示。

图 3.95 航线设计示意图

④ 地面 GNSS 基准站架设

采用 GNSS+CORS(卫星导航定位连续运行基准站)数据,基准站的观测时间应长于 LC-3500 机载 LiDAR 系统的有效作业时间,因此要求在航飞前 30 min 架设好基准站并开机,航飞结束后继续观测 30 min 后关机。CORS 站数据观测时间应覆盖 GNSS 基准站观测时间。GNSS 接收机的接收频率一般设为 2 Hz,如果接收机达不到 2 Hz 的接收频率,需在后处理中进行内插以加密采样间隔。基准站仪器高需量测两次并记录,同时准确记录开关机时间。

⑤ 检校场布设

检校场主要用于检校激光扫描仪和 IMU 之间的安置角误差以及数码相机和 IMU 之间的偏心角和偏心距。

检校场经实地踏勘后,选择地形平坦、区域有大量"人"字形建筑物和平直公路的区域。检校场附近应无大片水域和强磁场。选择天气良好的时间段进行航摄飞行工作。

飞行方案:航高为 635 m,共有 5 条航线,其中有两条对飞航线和两条平行航线。

检校场控制点布设方案:a. 地面控制点(含检查点)用于进行控制测量,一般布设为一条直线(如机场跑道);b. 检校高程精度的控制点应布设在平坦的地面上(如机场跑道);c. 检校平面精度的控制点可布设为三维地标点或高大建筑物的房角点。

⑥ 平面与高程控制网布设

在 LiDAR 航摄数据采集前,摄区范围内应布设 4 个平高(平面与高程)控制点。控制点通常布设在路基稳定的道路沿线,需满足 10°以上地平高度角的卫星通视条件,远离多路径地物和电磁干扰区 200 m 以上,同时要避开高压线与通信设备等强磁场的干扰。

平高控制点的精度需达到 GNSS D 级控制网的精度要求。

⑦ LiDAR 平面精度与高程精度检验点设计与测量

在摄区内布设检验点进行数据精度验证，检验点应均匀分布于摄区范围内。高程检验点应选择在平整的路面、学校操场或广场等地点，平面检验点应选取高大且规则的建筑物。检验点的数量一般不少于 15 个。宜采用快速静态测量或 RTK 测量进行检验。

⑧ 数据采集质量控制

在进行航飞之前，摄影员与飞行员需要进行认真的沟通和技术交流，确保飞行员对激光 LiDAR 设备的飞行要求有充分的理解和掌握。否则，一旦在空中出现问题，不但会降低整个飞行的效率，而且会对最终的数据成果质量造成不同程度的影响。一般来说，装载了 GNSS 和 IMU 的设备对飞行的要求大致如下。

a. "8"字飞行

IMU 容易受到累积误差的影响（如漂移），高精度的 IMU 可以达到 0.01°/h 的累计误差，低精度的 IMU 仅可达到 0.5°/h 的累计误差，但即使最好的 IMU 所造成的漂移累计误差也会对数据精度产生影响。因此，装载了 IMU 的 LiDAR 设备，在进入第一条航线前和完成最后一条航线后，都必须进行 IMU 初始化飞行，以提高 IMU 的后处理精度，即在进入第一条航线前先平飞 5 min，然后进行"8"字转弯飞行，以及在完成最后一条航线后，再次进行"8"字转弯飞行，最后平飞 5 min。

b. 静态观测

如果测区距离机场较近，动力三角翼启动后，需要静态观测 5 min。飞机落地后，也需要静态观测 5 min。如果测区距离机场较远，直线飞行时间在 30 min 以上，则无须进行地面静态观测，但要保证空中直线飞行的时间足够长，以便锁定 GNSS 卫星。

c. 盘旋转弯坡度要求

转弯坡度＜22°，最好保持在 15°～20°之间。

d. 飞行姿态要求

侧滚角＜5°，俯仰角＜5°；偏航角＜20°；左右偏航距离＜75 m，超过 200 m 时自动停止曝光；上下偏航距离＜100 m，超过 300 m 时自动停止曝光。

5. 采集成果

外业采集数据成果包括以下内容：① GNSS 地面基准站观测数据；② 原始 GNSS 与 IMU 数据；③ 原始激光点云数据；④ 原始影像数据。各数据均应符合精度要求，以用于后续数据处理。

3.12.4　内业数据处理

点云数据的内业处理包括数据预处理、点云分类、构建 DEM 等步骤；影像数据的内业处理包括数据预处理、正射纠正、匀色处理、镶嵌等操作。

1. 数据预处理及检查

（1）点云数据预处理

点云数据预处理：将原始的角度、时间文件解算为距离、角度，并对距离和角度进行改正，融合组合导航数据，完成坐标转换，解算出点云文件，并进行安置角检校。其操作流程如图 3.96 所示。

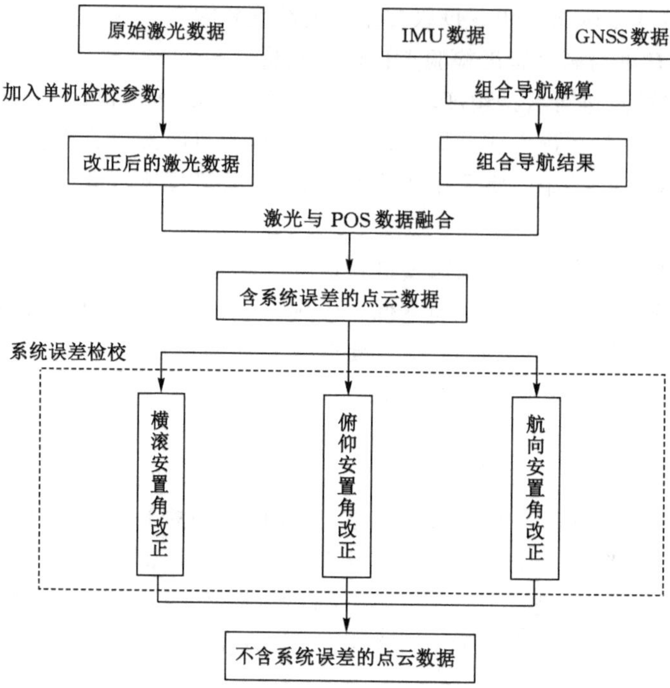

图 3.96　点云预处理流程图

激光扫描数据采用系统配套的 UI-AP 软件进行预处理，该软件针对 LiDAR 产品所获取的原始扫描数据，经过解码分类、数据检查、灰度映射、坐标转换及坐标解算，实时快速地生成含有坐标信息、回波层次信息和反射强度信息的点云数据文件（*.las 或 *.xyzi 格式）。

激光数据解算过程包括以下几个步骤：

① 创建工作区。打开解算软件，单击“项目”→“创建工作区”，选择项目存储路径。

② 设置解算路径。右键单击工程“目录树”（或目录树一侧的空白区域），选择“解算路径设置”，依次设置 IMP（惯性测量单元与 GNSS 组合数据文件）输入路径、点云数据解算输出路径，并选择相应的 POS 数据文件。

③ 设置解算参数。需要设置的参数包括测距范围、测距修正信息、滤波参数（距离、角度、高度）、安置参数（安置角和偏心分量）、大地转换关系、投影坐标、数据输出格式、回波信息以及配置信息等。

④ 点云解算。设置完成后，点击“开始解算”按钮，点云解算随即启动，软件界面右下方会自动显示解算进度信息（上方进度条显示当前解算任务的进度，下方进度条显示当前解算文件的进度）。解算完成后，两个进度条均会滚动至 100%。此时，点击“停止解算”按钮。解算后的点云数据将存放在预先设定的输出目录中。

（2）影像数据预处理

影像数据预处理包括以下内容：

① 原始影像航摄漏洞检查。使用航摄漏洞检查软件对航摄飞行的影像数据进行漏洞检查。通过检查，及时决定是否需要在测区进行航摄补拍。

② 影像畸变纠正处理。使用纠正软件对原始影像进行处理，消除影像的畸变差和主点

偏移量。

③ 影像匀光匀色处理。使用专门软件对数字影像进行处理，消除成像条件（如天气条件、光照条件、硬件条件等）对数字影像的各类影响。

④ 虚拟影像生成。使用虚拟影像生成软件对经过步骤②、③处理后的影像进行处理，主要包括纠正为水平影像、影像子像元相关、求解双影像相对姿态、虚拟影像生成等步骤。

2. DEM 数据处理

DEM 生产的流程如图 3.97 所示。

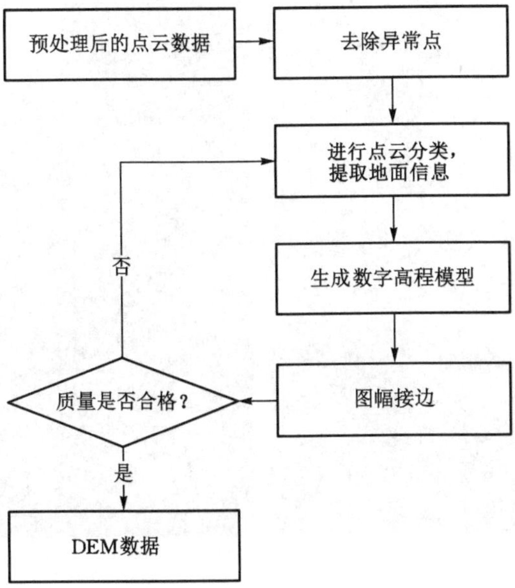

图 3.97　DEM 数据处理流程图

LiDAR 获取的是按照时间进行采样和存储的不规则三维激光脚点数据。这些离散的激光脚点有些落在地面上，有些落在建筑物、植被、车辆等地物上。为了生成 DEM 以及方便后续的地物提取及三维重建，需要提取地面点，从原始点云数据中去除非地面点的过程被称为滤波。点云分类是对激光脚点打在何种地物上进行区分，将打在不同地物上的激光脚点按属性分层。点云的滤波分类借助 Terrasolid 软件完成。其具体步骤如下。

(1) 去除异常点

利用 Terrasolid 软件的自动滤波功能，将单个低点、群低点和奇异高点这些明显错误的异常点剔除。

(2) 点云分类

分离地面点是整个分离过程中最重要的一步，首先利用软件的自动分类功能，得到初步分离地面点的分类结果。为保证数据的准确性，需要通过人工参与进行更精细的分类。

(3) 点云手动滤波分类

通过自动方法分离能够大大减少人为工作量，提高工作效率。但实践证明，仅通过自动分离在很多情况下无法满足工程的需要，还需要人工参与进行更精细的分类。

手动滤波分类的方法主要包括断面辅助滤波、TIN 模型辅助滤波分类、野外测量成果辅助手动分类、局部人工辅助滤波分类、正射影像辅助滤波，以及立体模型辅助滤波分类。

本次主要采用以下分类方法：

① 断面辅助滤波

断面辅助滤波是最常用的手动滤波方法，利用拉断面工具沿任意一条直线拉断面，并在单独的视窗中显示，通过观察投影到断面的点云走势来判断自动分类的正确性。对于不正确的分类点，需使用点云分类工具进行手工编辑，将其重新划分为其他类别(图 3.98)。

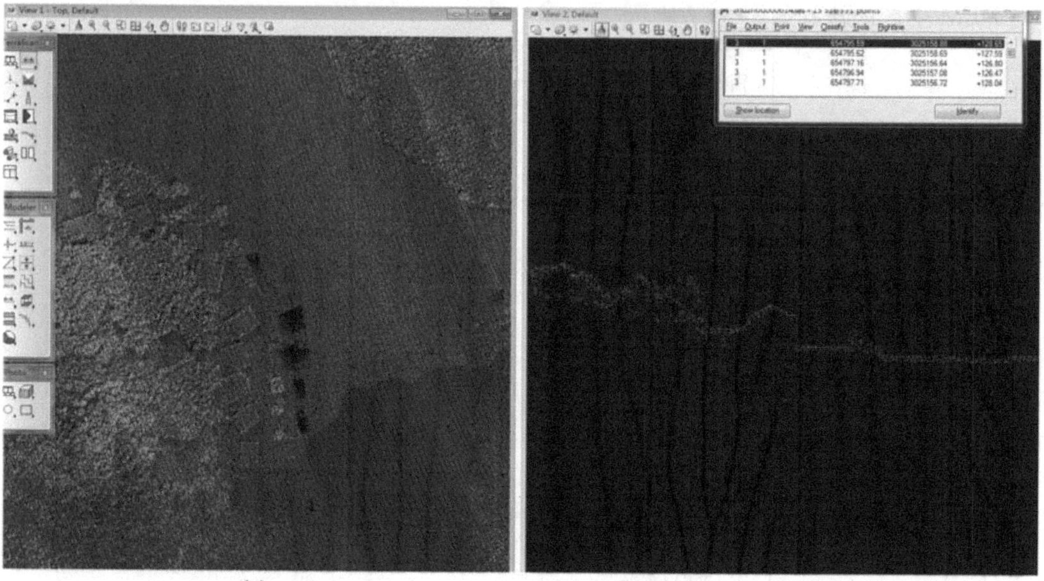

(a)　　(b)

图 3.98　断面辅助滤波示意图

② TIN 模型辅助滤波分类

在检查滤波结果时，可以利用分离出来的地面点生成可实时更新的 TIN 模型，辅助检查分类结果的准确性。

点云中的所有地面点均可作为特征点参与 DEM 的构建。为提高 DEM 成果的精度，根据实际情况，可选择带有高程信息的精确匹配的道路特征线、河流边线、面状水域(如湖泊、水库、池塘等)范围线等参与 DEM 的生成(图 3.99)。

在每幅数据边缘处进行插值时，取相邻图幅一定范围内的数据参与运算，确保图幅接边处的地形过渡自然。完成图幅接边后，同名格网点的高程值应保持一致。经质量检查合格后，形成最终的 DEM 成果。

3. DOM 数据处理

DOM 是根据单张航片的内外方位元素和 DEM(由激光点云生成)，采用微分纠正软件对各个模型的数字化航空像片进行影像重采样，纠正因地面起伏、飞机倾斜等因素引起的影像失真，把中心投影转换为垂直投影，从而得到单张像片的正射影像。对单片正射影像进行调色、匀光、镶嵌、裁切、检查编辑等操作后(图 3.100)，可生成标准分幅的正射影像图。

4. 质量控制与保障措施

为保证航摄产品质量符合业务应用的技术要求，特制定了一系列严格的质量控制方案与保证措施，具体内容如下。

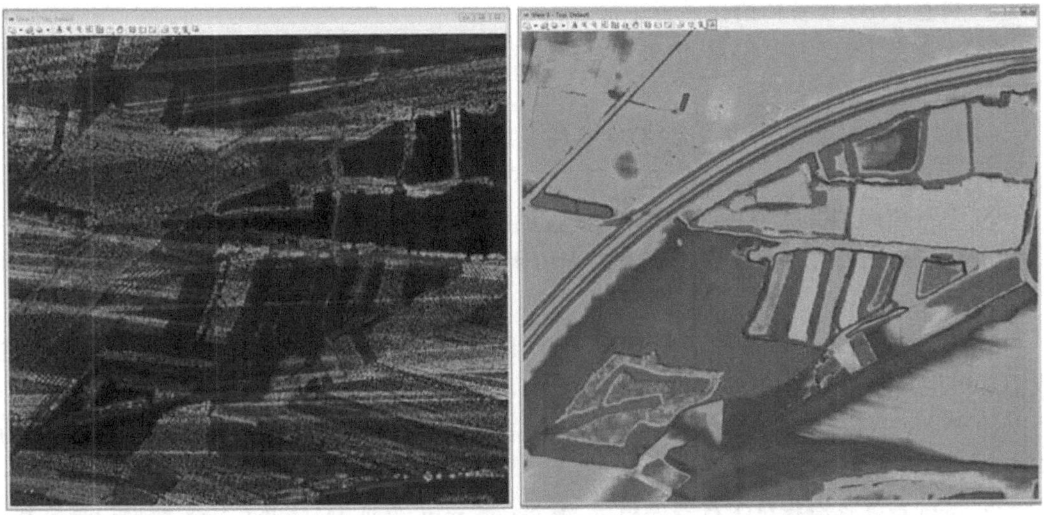

(a)　(b)

图 3.99　DEM 生成示意图

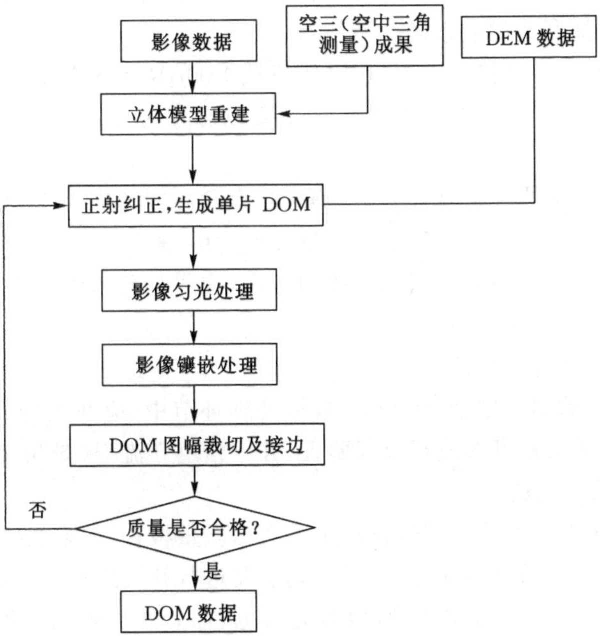

图 3.100　DOM 数据处理流程图

(1) 技术设计方案质量保障措施

严格按照投标文件中的技术要求及相关规范和标准进行航摄方案设计,同时考虑摄区的气候特点、地形地貌、交通等相关因素,并充分利用摄区范围内的测绘成果资料。

(2) 飞行和摄影质量控制措施

飞行措施包括以下内容:

① 为确保设备安全,待飞行器上的所有发动机启动后,方可打开航摄仪的电源开关;必须在完成航摄系统初始化、检查各项设置和状态正常后,飞行器才能开始滑行。

② 检查 IMU 设备初始化是否正常。

③ 为避免 IMU 误差积累，应采用左转弯和右转弯交替进行的方式，且每次持续时间不超过 30 min。

④ 每次进入摄区前需飞一个“8”字航线完成寻北，完成后在出摄区前需再飞行一个“8”字航线。

⑤ 飞行期间，基准站和机载 GNSS 接收机的数据采样间隔不大于 1 s。

⑥ 飞行器滑行期间应避免附近有高大树木或建筑物等遮挡，以免造成 GNSS 卫星信号失锁。

⑦ 飞行器上升、下降速率不大于 10 m/s，且飞行过程中转弯坡度不宜超过 20°，以免造成 GNSS 卫星信号失锁。

⑧ 航摄飞行过程中应及时观察 GNSS 信号的状态，根据实际情况及时处理出现的问题。

⑨ 飞行器降落滑行至飞行器停稳后，需等待 5 min，保证 IMU 及 GNSS 数据记录完整，待航摄系统设备电源关闭后，方可关闭飞行器上的发动机。

⑩ 飞行器起飞前 10 min 开始进行机载 GNSS 初始化，升空后进行 3 min 直线、水平、匀速飞行，以初始化捷联式导航系统。

航向与旁向重叠度控制措施如下：在采用机载 LiDAR 系统获取点云数据的同时，采用数码相机进行影像采集。航向和旁向重叠度主要以影像为准，航向重叠度不低于 60%，旁向重叠度不低于 30%。

摄影时间要求：为减少航摄像片阴影的影响，太阳高度角应大于 20°。摄影时间应根据不同地形和太阳高度角合理选择，以确保景物反差适中、影像清晰。

影像质量控制措施如下：为了获取优质的影像，应尽量延长快门时间，同时注意像移大小应控制在 1 倍地面分辨率之内。

（3）POS 数据处理保证措施

为保障整个摄区数据的精度，在 POS 数据处理环节中，应在数据采集、控制点测量、像点量测、偏心角检校等关键环节进行反复验证，并严格遵守流程（图 3.101）。

（4）数据质量检查措施

对航摄采集回来的数据应立即进行初步的数据质量检查，如果数据质量满足要求，则需要进行归档和备份；如果数据质量存在问题，则需要进行补飞或重飞。需要检查的数据包括原始 GNSS 与 IMU 数据、轨迹文件、原始激光数据、原始影像数据。检查的流程和内容涵盖以下几个方面：

① GNSS 与 IMU 数据检查

将原始数据进行解压，并将解压后的数据导入软件，软件会对 GNSS 与 IMU 数据的整体状态做出最终评估。大于 5 个 IMU 采样时间间隔的漏洞会导致飞行轨迹数据的精度严重下降，而 1 个或者 2 个 IMU 采样时间间隔的漏洞可以在后处理中进行内插，数据处理仍然可以正常进行。

② 轨迹文件检查

高质量的轨迹文件是保证高质量检校和点云数据精度的关键，因此需要严格控制和检查。解算后可输出精度指标，供航摄员评估数据质量。

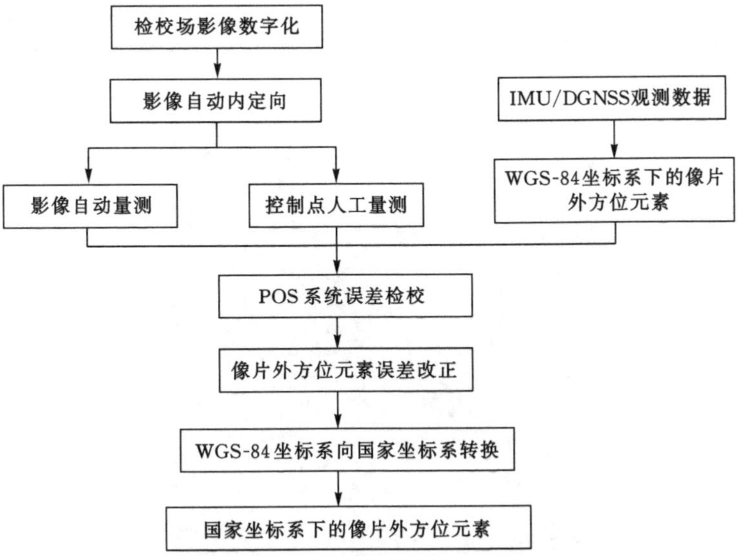

图 3.101 POS 数据处理流程图

③ 激光数据检查

回波比例：在以建筑物、植被、道路为主体的地区，正常的激光回波比例应达到 95%以上，部分地区可以达到 100%。

航线重叠度：检查航线数据的旁向重叠度是否满足要求。

数据完整性：检查航线中部和边缘是否有数据丢失的现象。

④ 影像数据检查

影像数量：主要检查影像存储数据量是否与预计拍摄数量相同，是否存在漏片现象。

影像重叠度：检查航向重叠是否满足 65%的要求，旁向重叠是否满足 35%的要求。

影像质量：检查影像辐射纠正后的亮度、色彩均匀度、分辨率是否正常，以及影像的 CCD 像元是否完好，是否存在坏点、坏线等情况。

(5) 数据保密措施

严格遵守双方签订的保密协议，妥善保管成果资料。在作业过程中，杜绝处理数据的电脑连接外网，封锁 USB 接口，防止数据流失。所有的存储介质均应存放在保险柜中，不得将存储介质带出单位。

3.12.5 项目成果

本次机载 LiDAR 航摄数据采集成果包括分类后的点云数据、DEM、DOM。数据成果精度执行标准见表 3.22。

表 3.22 数据成果精度标准

点云密度要求	≥4 点/m^2
DEM 格网间距	≤1 m
DOM 分辨率	≤0.1 m

分类后点云数据如图 3.102 所示。经内业检查，航迹解算正确，点云密度及航带间的匹配精度满足设计要求，数据完整。利用外业测量的高程点与点云数据进行对比，共计 39 个点，其高程中误差为 0.100 m，满足项目要求。

图 3.102　点云数据按高程渲染的效果

DEM 成果如图 3.103 所示。经内业检查，DEM 成果数据正确、完整、无异常高程，水域过渡自然，接边处高程一致。利用外业测量点进行检核，共计 39 个点，其高程中误差为 0.121 m，满足项目要求。

DOM 成果如图 3.104 所示。经内业检查，DOM 成果影像清晰、层次丰富、反差适中、色调柔和均匀，能够辨认与航摄比例尺相适应的细小地物影像。利用外业测量点进行检核，共计 17 个点，其平面中误差为 0.420 m，满足项目要求。

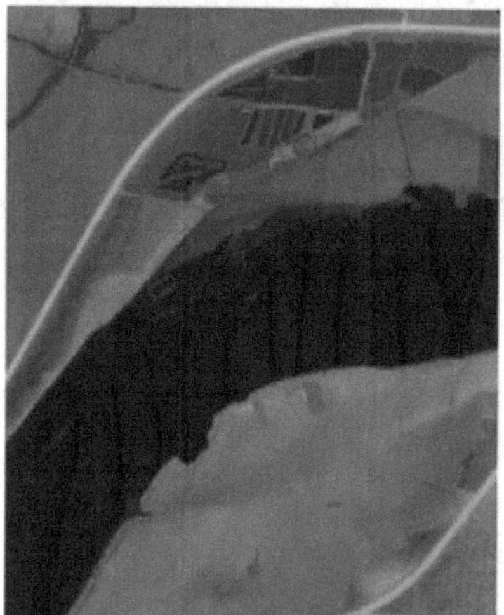

图 3.103　DEM 成果

图 3.104　DOM 成果

通过对激光点云与数码航片进行处理，可得到高精度的 DEM 与 DOM。经过数据精度质量验证，DEM 与 DOM 成果均达到 1∶1 000 的比例尺精度要求。结合 DEM 与 DOM 在三维场景模型中进行立体模型重建工作时，设计人员可根据 DEM 数据生成平、断面图，并在其数据成果基础上进行预排杆，还可以绘制塔基断面。针对不能立塔及无法跨越的山头、山谷等地形区域，可进行线路路径调整，以使设计的立杆点位和线路更合理、更经济。

习题与思考题

1. 试述摆镜扫描方式的原理及其激光脚点的分布特点。

2. 试述机载 LiDAR 系统的组成及各部件的功能。

3. 试述机载 LiDAR 系统对地定位的原理。

4. 激光扫描仪由哪些单元构成？各单元的作用是什么？

5. 设计一个基于机载 LiDAR 技术构建城区建筑物三维模型的完整技术流程。

6. 试述机载 LiDAR 系统的外业数据采集作业流程。

7. 机载 LiDAR 系统的误差源有哪些？其中最大的误差源是什么？实际生产中如何消除该项误差？

8. 简述目前主要的机载 LiDAR 系统扫描方式及其优缺点。

9. 机载 LiDAR 测深系统的原理是什么？

第 4 章　车载 LiDAR 数据处理及应用

随着现代城市数字化、信息化进程的加快及地理空间信息服务产业的快速发展，对地理空间数据的要求越来越高。地理空间数据必须快速更新，这样才能使其具备实时性、完整性、准确性等实用特征。目前，对地理空间数据的要求正朝着大信息量、高精度、可视化和可挖掘的方向发展。为了满足日益增长的地理空间信息的需要，必须寻求新的高效、廉价且更新速度快的地理空间数据获取技术和方式。

21 世纪初，为了提高机载 LiDAR 系统的测量精度和灵活性，研究人员根据机载 LiDAR 系统的测量原理，将测量平台更换为汽车，研制了车载 LiDAR 系统。车载 LiDAR 系统将激光扫描仪等传感器安装在地面移动平台(如汽车、摩托车、三轮车、船只等)上，能够在地面移动平台高速行进过程中，快速采集道路及两旁地物的空间位置和影像数据，并同步存储在车载计算机中。经过专门软件的编辑处理，这些数据可以形成各种有用的专题数据成果。车载 LiDAR 系统已经在公路改(扩)建、道路资产管理、数字城市建设、三维测绘、应急救灾、城市街景扫描等领域得到了广泛的应用，是测量领域最具有发展潜力的技术之一，也是目前的研究热点之一。

4.1　车载 LiDAR 技术特点

与传统测量方法相比，车载 LiDAR 技术具有以下特点。

(1) 数据采集自动化程度高，劳动强度低。车载 LiDAR 系统基本实现了数据采集的自动化，外业采集的数据均由计算机控制，数据采集过程仅需 2 人左右进行人工干预。该系统大大减少了测量人员的工作量，降低了劳动强度，改善了工作环境。

(2) 数据采集速度快。目前，现有车载 LiDAR 系统的正常数据采集速度一般能达到 60 km/h，并且一般配置两台扫描仪，以保证系统一次性采集道路两旁的数据。此外，数据采集过程中不影响道路正常使用，无须封锁交通，采集非常方便。对于城市等大规模建筑物密集区域，也可在较短时间内完成作业任务。

(3) 数据采集精度高。车载 LiDAR 系统采集的数据量大、密度高，能够全面反映城市道路两侧目标物的立面特征。采集的数据精度可以控制在厘米级，测量精度远高于机载 LiDAR 数据和通过摄影测量采集的数据的精度，适合高精度模型的构建。

(4) 数据采集全面。车载 LiDAR 系统不仅能够获取计划所需的数据，而且高密度的采样频率(在道路测量中，点密度一般可以达到 300 点/m^2 以上)保证了数据的完整性和丰富性。例如，在道路维护测量中，其不仅可以获取道路路面的点云数据，还可以获取路边设施数据、道路边坡数据等。

（5）主动性强，能全天候工作。由于车载 LiDAR 系统的主要传感器为激光扫描仪，其通过发射激光脉冲来测定目标地物上的某点到脉冲发射器的相对距离，因此不需要考虑光线的影响。此外，整个系统以测量车为平台，不受外界天气变化的限制，具有较强的抗干扰能力，从而显著提高了数据采集的工作效率。

（6）全数字特征，信息传输、加工、表达容易。由于各种原始数据以及处理得到的结果均以数字形式表示，其处理过程非常便捷。

（7）应用范围广。车载 LiDAR 系统克服了机载 LiDAR 获取点云数据精度低、点云密度小和地面三维激光扫描仪扫描范围小、数据拼接麻烦的缺点，目前在公路维护测量、道路改（扩）建测量、海岸线测量、电力线测量、铁路测量、数字城管测量、数字城市构建等方面均有应用。

车载 LiDAR 系统在大规模城市场景的三维重建、建设与应用支撑中具有越来越明显的优势，显著提升了城市信息化建设及管理的水平。同时，由于获取的数据具有海量特性，且带有噪声并存在遮挡，这也给点云数据的存储、传输、管理、处理等带来了巨大的挑战。

4.2　车载 LiDAR 系统组成

车载 LiDAR 系统主要由差分 GNSS 系统、IMU、激光扫描仪、数字相机、控制装置、测速仪、移动测量平台、DMI 系统等硬件以及数据采集和处理软件构成。其中，硬件部分可按模块划分如下：控制各个传感器的同步及数据采集、记录和传输的主控制模块；由 GNSS、IMU、DMI 等联合组成的定位定姿导航模块；由激光扫描仪和数字相机构成的数据采集模块。各部分的主要功能如下。

（1）差分 GNSS 系统

① 实时获取测量车移动瞬间的 GNSS 接收机天线中心的大地坐标，为 GNSS 和 IMU 后处理组合导航提供数据来源；

② 为 IMU 提供初始位置信息，同时修正 IMU 中的陀螺漂移等累积误差；

③ 为整个系统提供时间基准以及秒脉冲（PPS）。

（2）IMU

① 实时获取空间姿态参数，包括偏航角、侧滚角及俯仰角，为激光扫描仪和数字相机提供姿态信息；

② 与 GNSS 数据进行组合导航，获得载体的位置。

（3）激光扫描仪

激光扫描仪用于测量地面点在扫描仪内置坐标系中的坐标，一般采用二维激光扫描仪，可在测量车上安置多台扫描仪。

（4）数字相机

数字相机是一种通过数字成像技术利用电子传感器把光学影像转换成电子数据的照相机，包括工业相机、单反相机、全景相机等。其功能为：提供纹理信息和色彩信息，通过与点云数据融合生成彩色点云。在车载 LiDAR 系统中，利用组合导航获得移动测量平台的运动轨迹以及数字相机曝光时刻的外方位元素，然后根据立体像对的内外方位元素以及同名像点的像点坐标，利用空间前方交会便可解算出目标点的物方坐标。

(5) 控制装置

控制装置主要包括控制设备、存储设备和显示设备。控制设备主要用来对各传感器进行启动、参数设置和关闭等操作。此外,由于各传感器开始采集的时间和采集数据的频率不同,需要对激光扫描仪、IMU、数字相机进行时间上的同步,因此,控制设备还用于控制车载LiDAR系统各部分协调、同步工作。存储设备用来记录数字相机、激光扫描仪、差分GNSS系统、IMU采集的数据。显示设备用于显示系统各部件的工作情况。

(6) 测速仪

测速仪用于实时测得系统速度。

(7) 移动测量平台

移动测量平台用于搭载设备和人员,所有数据获取设备均安置在车辆顶部的装备架上。

(8) DMI 系统

DMI系统是通过测量汽车轮胎走过的距离来反映车辆行驶里程的装置,主要使用非接触式的电磁或光电速度传感器,其基本原理为霍尔效应。DMI与后车轮同轴安装(图4.1),并随车轮转动而产生脉冲。DMI在移动测量系统中的主要作用:当车载LiDAR系统进入建筑遮挡区或隧道导致GNSS失锁时,其测量值可作为GNSS辅助信息的一个替代源,即当GNSS失锁时,DMI的测量值可用于辅助组合导航解算,从而保证定姿定位的精度。同时,DMI还用于控制数字相机的曝光。

图4.1 与车轮同轴安装的DMI

软件部分则主要用于解算点云和影像的位置、进行坐标转换以及数据后处理(如点云的自动分类及提取、点云浏览、三维建模、矢量测图及部件测量、地面滤波、数据交换)等。

4.3 车载LiDAR系统定位原理

车载LiDAR系统通过GNSS提供汽车精确的位置信息,借助IMU获取汽车的空间姿态信息,并将激光数据及影像数据进行融合,最终生成带有绝对坐标的三维彩色点云数据,其定位模型见式(4-1)。

$$\begin{bmatrix} x_p \\ y_p \\ z_p \end{bmatrix} = \boldsymbol{R}_{\mathrm{LH}}^{\mathrm{W}}(t)\boldsymbol{R}_{\mathrm{IMU}}^{\mathrm{LH}}(t)\left[\boldsymbol{R}_{\mathrm{L}}^{\mathrm{IMU}}\begin{bmatrix} x_{\mathrm{L}} \\ y_{\mathrm{L}} \\ z_{\mathrm{L}} \end{bmatrix} + \begin{bmatrix} x_{\mathrm{L}}^{\mathrm{IMU}} \\ y_{\mathrm{L}}^{\mathrm{IMU}} \\ z_{\mathrm{L}}^{\mathrm{IMU}} \end{bmatrix}\right] + \begin{bmatrix} x_{\mathrm{LH}}^{\mathrm{W}}(t) \\ y_{\mathrm{LH}}^{\mathrm{W}}(t) \\ z_{\mathrm{LH}}^{\mathrm{W}}(t) \end{bmatrix} \tag{4-1}$$

式中，$(x_p, y_p, z_p)^{\mathrm{T}}$ 为激光脚点在 WGS-84 坐标系下的坐标，$\boldsymbol{R}_{\mathrm{LH}}^{\mathrm{W}}(t)$ 为由当地水平坐标系到 WGS-84 坐标系的旋转矩阵，$\boldsymbol{R}_{\mathrm{IMU}}^{\mathrm{LH}}(t)$ 为由 IMU 坐标系到当地水平坐标系的旋转矩阵，$\boldsymbol{R}_{\mathrm{L}}^{\mathrm{IMU}}$ 为由激光扫描仪坐标系到 IMU 坐标系的旋转矩阵，$(x_{\mathrm{L}}, y_{\mathrm{L}}, z_{\mathrm{L}})^{\mathrm{T}}$ 为激光脚点在激光扫描仪坐标系中的坐标，$(x_{\mathrm{L}}^{\mathrm{IMU}}, y_{\mathrm{L}}^{\mathrm{IMU}}, z_{\mathrm{L}}^{\mathrm{IMU}})^{\mathrm{T}}$ 为激光扫描仪中心在 IMU 坐标系中的坐标，$(x_{\mathrm{LH}}^{\mathrm{W}}, y_{\mathrm{LH}}^{\mathrm{W}}, z_{\mathrm{LH}}^{\mathrm{W}})^{\mathrm{T}}$ 为 IMU 中心在 WGS-84 坐标系中的坐标。

由式(4-1)可知，车载 LiDAR 系统的定位模型实际上是不同坐标系之间的转换过程，即通过一系列的坐标转换，将激光脚点在激光扫描仪坐标系中的坐标转换为在 WGS-84 坐标系中的坐标。下面介绍车载 LiDAR 系统中常用的坐标系，并详细推导其定位模型。

4.3.1　坐标系统

(1) 地心地固坐标系(WGS-84 坐标系)

如图 4.2 所示，地心地固坐标系的原点与地球质心重合，Z 轴指向 BIH(国际时间局)1984.0 定义的协议地球极(CTP)方向，X 轴指向 BIH 1984.0 的零子午面和 CTP 赤道的交点，Y 轴与 Z、X 轴构成右手坐标系。地球表面点的位置用大地经度、大地纬度和大地高[(B, L, H)]表示。其中，将地球表面点投射到地球椭球体上，投影点法线方向与赤道平面的夹角为该点的大地纬度；起始大地子午面与椭球面上一点的大地子午面间的夹角为该点的大地经度。

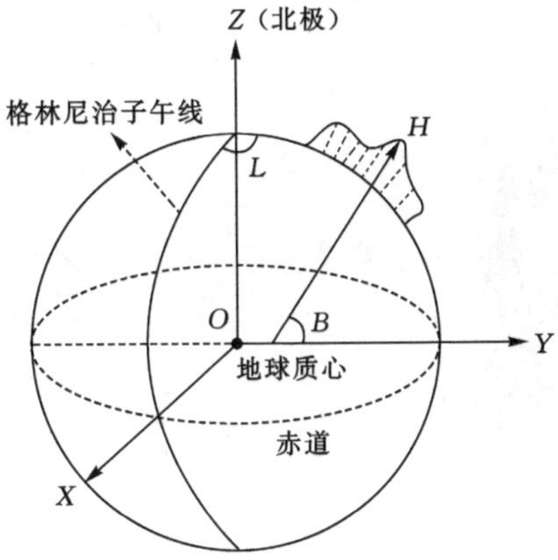

图 4.2　地心地固坐标系

(2) 当地水平坐标系

当地水平坐标系选取运动载体上的某一点为坐标原点，如 GNSS 接收机的天线相位中心。当地水平坐标系包括北东地坐标系(NED)和东北天坐标系(ENU)两种，如图 4.3 所示。载体姿态角是相对当地水平坐标系来测定的。

(3) 惯导坐标系

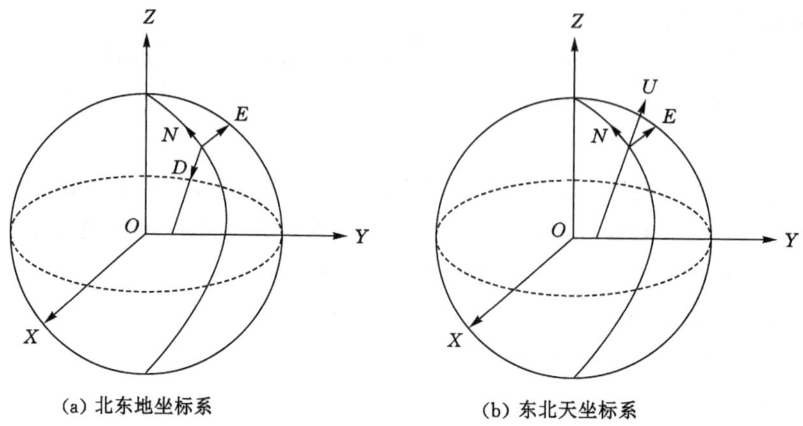

图 4.3　当地水平坐标系

惯导坐标系的原点位于 IMU 几何中心，坐标轴方向在 IMU 传感器的盒子顶端都有标注。惯导坐标系的测量标志点距离 IMU 传感器中心的距离标识在 IMU 盒子的顶端，如 POSLV 220 的 IMU 测量标志点距离 IMU 传感器中心的距离为 $X=0, Y=0, Z=-0.066$ m。但是，不同厂家的 IMU 标注的指向不尽相同，如图 4.4 所示。

(4) 载体坐标系

载体坐标系的原点 O 位于载体的质心或几何中心；X 轴为载体的纵轴，指向前进方向；Y 轴为载体的横轴，垂直前进方向向右；Z 轴则由右手定则确定，如图 4.5 所示。

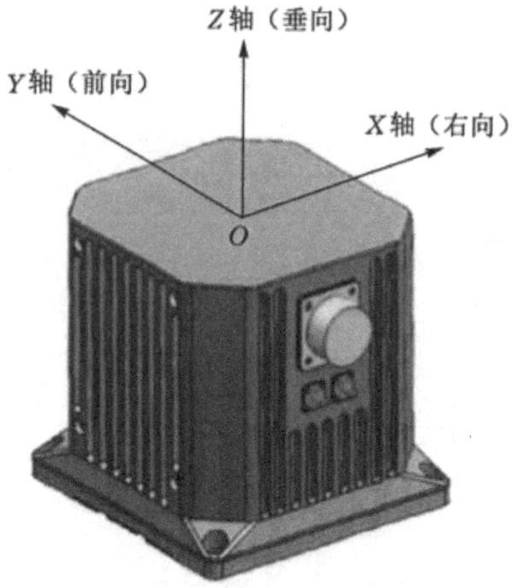

图 4.4　惯导坐标系

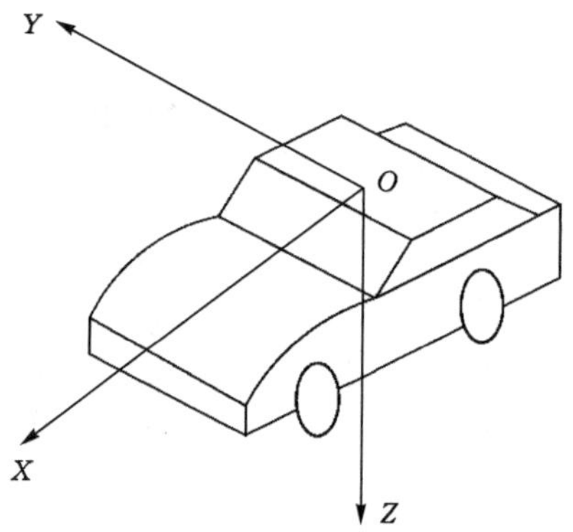

图 4.5　载体坐标系

(5) 激光扫描仪坐标系

该坐标系原点为激光扫描仪的激光发射中心，激光扫描平面内的 0°角对应的位置为 X 轴，激光扫描平面内的 90°角对应的位置为 Y 轴，根据右手定则垂直于 XOY 平面的轴为 Z 轴，如图 4.6 所示。

(6) 高斯投影坐标系

在车载 LiDAR 系统的实际工程应用中，通常需要将大地坐标系下的坐标按一定数学法则归算到平面上。测绘中通常采用高斯投影坐标系。

(7) 相机坐标系

相机坐标系定义为一个满足右手定则的空间直角坐标系，该坐标系固定在相机上，其坐标原点位于相机透镜的投影中心，x 轴指向行车方向，y 轴指向相机的右侧，z 轴垂直向下。从设计上讲，相机坐标系与载体坐标系的各坐标轴应该相互平行，但是受安置影响，二者之间存在安置偏心角。

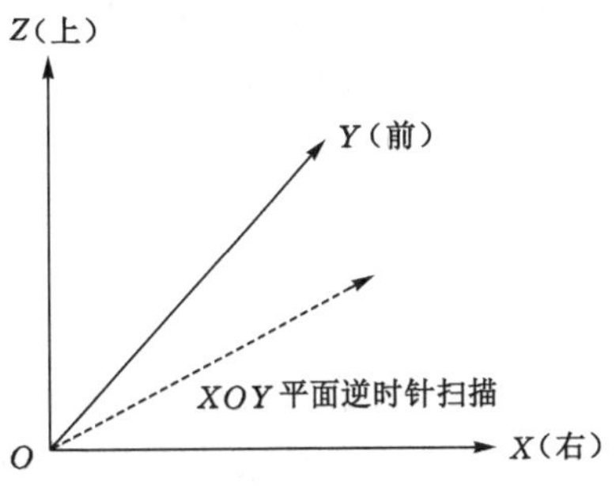

图 4.6　激光扫描仪坐标系

(8) DMI 坐标系

DMI 应严格地安装在后车轮上，使 DMI 的轴线与车轮的轴线保持一致，无偏心旋转误差。DMI 坐标系定义为一个右手空间直角坐标系，其坐标原点位于车载平台的车轮中心线与路面相切的地面点上，x 轴指向移动平台的前进方向，z 轴垂直向下，y 轴指向车轮的右侧，各坐标轴的指向与载体坐标系保持一致。

为了将激光脚点的坐标从激光扫描仪坐标系转换到 WGS-84 坐标系，需要进行以下坐标转换过程。

4.3.2 坐标转换

(1) 激光扫描仪坐标系到惯导坐标系的转换

激光扫描仪坐标系和惯导坐标系都为空间直角坐标系，因此二者之间的坐标转换可通过 3 个平移参数、3 个旋转参数实现。其坐标转换模型为：

$$\begin{bmatrix} x_{\mathrm{IMU}} \\ y_{\mathrm{IMU}} \\ z_{\mathrm{IMU}} \end{bmatrix} = \boldsymbol{R}_{\mathrm{L}}^{\mathrm{IMU}} \begin{bmatrix} x_{\mathrm{L}} \\ y_{\mathrm{L}} \\ z_{\mathrm{L}} \end{bmatrix} + \begin{bmatrix} x_{\mathrm{L}}^{\mathrm{IMU}} \\ y_{\mathrm{L}}^{\mathrm{IMU}} \\ z_{\mathrm{L}}^{\mathrm{IMU}} \end{bmatrix} \tag{4-2}$$

式中，$(x_{\mathrm{IMU}}, y_{\mathrm{IMU}}, z_{\mathrm{IMU}})^{\mathrm{T}}$ 为激光脚点在惯导坐标系下的坐标。

当采用激光扫描仪的原始观测值表示时，对于二维激光扫描仪，存在一个扫描角 φ 和一个锥扫角 θ，则坐标转换模型可写为：

$$\begin{bmatrix} x_{\mathrm{IMU}} \\ y_{\mathrm{IMU}} \\ z_{\mathrm{IMU}} \end{bmatrix} = \boldsymbol{R}_{\mathrm{L}}^{\mathrm{IMU}} \begin{bmatrix} \rho\cos\theta\cos\varphi \\ \rho\cos\theta\sin\varphi \\ \rho\sin\theta \end{bmatrix} + \begin{bmatrix} x_{\mathrm{L}}^{\mathrm{IMU}} \\ y_{\mathrm{L}}^{\mathrm{IMU}} \\ z_{\mathrm{L}}^{\mathrm{IMU}} \end{bmatrix} \tag{4-3}$$

式中，ρ 为旋转矩阵的归一化系数。

(2) 惯导坐标系到当地水平坐标系的转换

惯导坐标系到当地水平坐标系的转换是通过 IMU 测量的三个姿态角按照一定的旋转顺序确定的。旋转按照 Y(偏航角)→P(俯仰角)→R(侧滚角)的顺序进行，根据式(4-4)可得旋转矩阵 $\boldsymbol{R}_{\mathrm{IMU}}^{\mathrm{LH}}(t)$：

$$\begin{aligned} \boldsymbol{R}_{\mathrm{IMU}}^{\mathrm{LH}}(t) &= \boldsymbol{R}(Y_t)\boldsymbol{R}(P_t)\boldsymbol{R}(R_t) \\ &= \begin{bmatrix} \cos Y & \sin Y & 0 \\ -\sin Y & \cos Y & 0 \\ 0 & 0 & 1 \end{bmatrix} \begin{bmatrix} 1 & 0 & 0 \\ 0 & \cos P & \sin P \\ 0 & -\sin P & \cos P \end{bmatrix} \begin{bmatrix} \cos R & 0 & -\sin R \\ 0 & 1 & 0 \\ \sin R & 0 & \cos R \end{bmatrix} \end{aligned} \tag{4-4}$$

$\boldsymbol{R}_{\mathrm{IMU}}^{\mathrm{LH}}(t)$ 为一个与时间相关的矩阵。IMU 中心在当地水平坐标系下的坐标为 $(x_{\mathrm{LH}}^{\mathrm{IMU}}, y_{\mathrm{LH}}^{\mathrm{IMU}}, z_{\mathrm{LH}}^{\mathrm{IMU}})^{\mathrm{T}}$，则激光脚点在当地水平坐标系下的坐标 $(x_{\mathrm{LH}}, y_{\mathrm{LH}}, z_{\mathrm{LH}})^{\mathrm{T}}$ 可表示为：

$$\begin{bmatrix} x_{\mathrm{LH}} \\ y_{\mathrm{LH}} \\ z_{\mathrm{LH}} \end{bmatrix} = \boldsymbol{R}_{\mathrm{IMU}}^{\mathrm{LH}} \begin{bmatrix} x_{\mathrm{IMU}} \\ y_{\mathrm{IMU}} \\ z_{\mathrm{IMU}} \end{bmatrix} - \begin{bmatrix} x_{\mathrm{LH}}^{\mathrm{IMU}} \\ y_{\mathrm{LH}}^{\mathrm{IMU}} \\ z_{\mathrm{LH}}^{\mathrm{IMU}} \end{bmatrix} \tag{4-5}$$

(3) 当地水平坐标系到地心地固坐标系的转换

记当地水平坐标系的原点在 WGS-84 坐标系下的大地坐标为(B,L,H)，其在 WGS-84 坐标系下的空间直角坐标为 $(x_{\mathrm{LH}}^{\mathrm{W}}, y_{\mathrm{LH}}^{\mathrm{W}}, z_{\mathrm{LH}}^{\mathrm{W}})^{\mathrm{T}}$，二者之间的旋转关系由当地水平坐标系原点的经纬度确定。将当地水平坐标系绕 Y 轴逆时针旋转$(B+90°)$，再绕 Z 轴顺时针旋转 L，此时当地水平坐标系与地心地固坐标系的方向平行，旋转矩阵为：

$$\boldsymbol{R}_{\mathrm{LH}}^{\mathrm{W}}(t) = \boldsymbol{R}_Z(t)\boldsymbol{R}_Y(t)$$

$$= \begin{bmatrix} \cos(-L_t) & \sin(-L_t) & 0 \\ -\sin(-L_t) & \cos(-L_t) & 0 \\ 0 & 0 & 1 \end{bmatrix} \begin{bmatrix} \cos(90° + B_t) & 0 & -\sin(90° + B_t) \\ 0 & 1 & 0 \\ \sin(90° + B_t) & 0 & \cos(90° + B_t) \end{bmatrix} \tag{4-6}$$

激光脚点在地心地固坐标系中的坐标 $(x_p, y_p, z_p)^{\mathrm{T}}$ 为：

$$\begin{bmatrix} x_p \\ y_p \\ z_p \end{bmatrix} = \boldsymbol{R}_{\mathrm{LH}}^{\mathrm{W}} \begin{bmatrix} x_{\mathrm{LH}} \\ y_{\mathrm{LH}} \\ z_{\mathrm{LH}} \end{bmatrix} - \begin{bmatrix} x_{\mathrm{LH}}^{\mathrm{W}}(t) \\ y_{\mathrm{LH}}^{\mathrm{W}}(t) \\ z_{\mathrm{LH}}^{\mathrm{W}}(t) \end{bmatrix} \tag{4-7}$$

式中，$(x_{\mathrm{LH}}^{\mathrm{W}}, y_{\mathrm{LH}}^{\mathrm{W}}, z_{\mathrm{LH}}^{\mathrm{W}})^{\mathrm{T}}$ 可经坐标变换得到，见式(4-8)。

$$\begin{bmatrix} x \\ y \\ z \end{bmatrix} = \begin{bmatrix} (N+H)\cos B\cos L \\ (N+H)\cos B\sin L \\ [N(1-e^2)+H]\sin B \end{bmatrix} \tag{4-8}$$

式中，e 为扁率，N 为卯酉圈的半径。

4.4 车载 LiDAR 系统工作原理

激光扫描仪安装在汽车的顶端，用于向地面发射激光脉冲，并采集信号从发出到返回所用的时间、返回时的强度信息以及扫描的角度信息。由于光速是已知的，且 GNSS 可以测得平台的坐标位置，再加上 IMU 所获得的姿态信息，因此可以很容易地计算出激光到达的地面与激光发出点之间的距离。GNSS 和 IMU 用于确定汽车行驶时的位置和姿态，从而定义了距离测量值的原点，经过坐标变换等计算，可以较精确地获得激光所到达地表的三维坐标信息。车载 LiDAR 系统工作原理如图 4.7 所示。

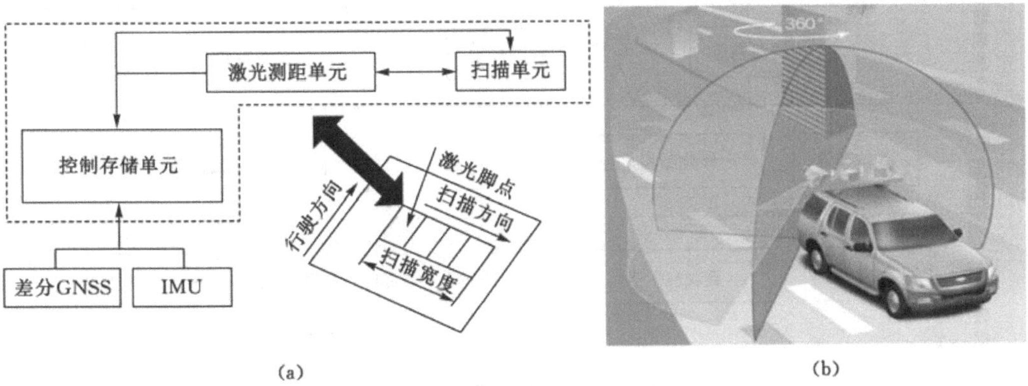

图 4.7　车载 LiDAR 系统工作原理

4.5　野外数据采集与预处理

4.5.1　野外数据采集作业流程

野外数据采集过程：将测量设备架设在移动载体上，根据规划的采集线路进行数据采集，最终获得点云、全景影像、绝对坐标和定位定姿等原始数据。野外数据采集作业流程如图 4.8 所示。

野外数据采集作业主要分为两个阶段进行，分别为前期准备阶段和野外采集作业阶段。前期准备阶段包括线路勘查、线路规划和设备检查，野外采集作业阶段包括设备安装、数据预采集、数据采集、设备卸载以及数据整理。

4.5.2　前期准备

野外数据采集作业人员接收到采集任务后，首先需要对待测区域的大致情况进行了解，根据测区的实际情况、街景用途、精度要求等做出初步的采集路线规划。在检查和确认采集设备状况后，即可开始野外数据采集。

1. 线路勘查

数据采集区域一般范围较广，为避免重复外业劳动，在进行采集线路规划前，有必要对测区进行线路勘查。线路勘查工作主要解决以下几个问题：

(1) 道路是否能够通行以及存在限高(设备高度一般为 3 m)。

(2) 道路数据是否需要更新。例如，地图暂时未更新新修道路；道路尚未正式通车，而地图上存在此道路；实际路况与电子地图不匹配；等等。

(3) 其他问题。例如，当道路正在施工时，不适合采集数据。

2. 线路规划

良好的线路规划可提高采集作业效率以及作业有效覆盖率(有效覆盖率＝采集线路长度/汽车行驶路程)，同时可避免因采集线路不合理而出现漏采、错采的情况。根据测区的具体情况，对采集线路进行规划(图 4.9)。线路规划工作主要解决以下几个问题：

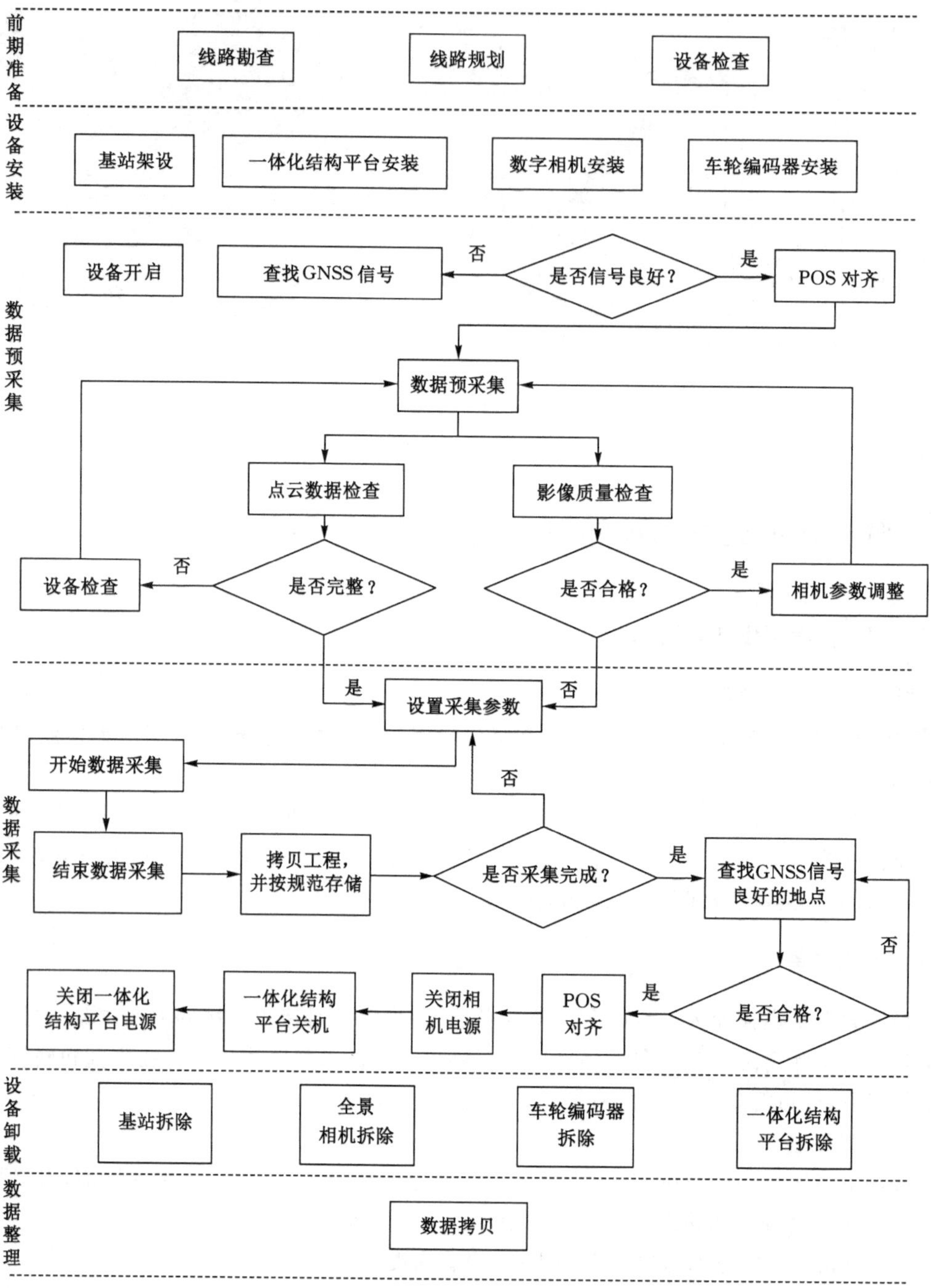

图 4.8　野外数据采集作业流程图

(1) 需要采集的是哪些道路?

(2) 哪些道路是双向采集,哪些道路是单向采集,哪些道路需要采集辅路?

(3) 在开始采集前,设备在哪里进行 POS 对齐?采集结束后,设备又在哪里进行 POS 对齐?

(4) 道路采集的顺序是怎么样的？先采哪条道路，再采哪条道路？

(5) 采集数据时，基站在哪里架设？

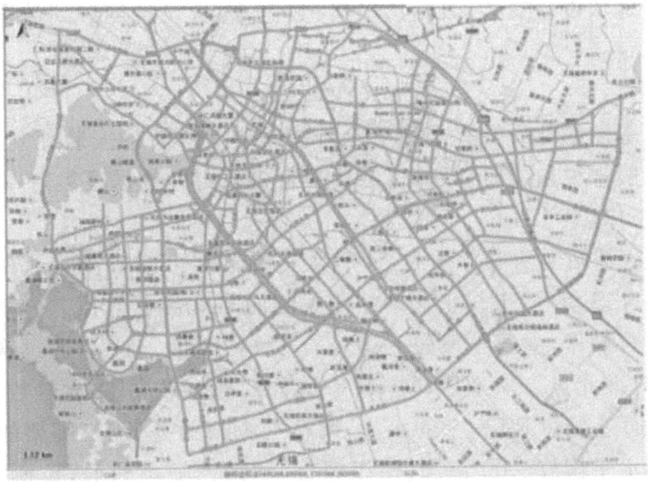

图 4.9　线路规划示意图

3. 设备检查

设备检查主要包括设备完整性检查和设备状态检查两个步骤。

(1) 设备完整性检查。设备完整性检查主要检查采集设备是否存在缺失，设备完整是确保正常进行野外数据采集的前提。车载 LiDAR 系统主要由基站、一体化结构平台、数字相机以及车轮编码器等四部分组成。以中海达 Iscan 移动采集系统为例，其以二维线扫激光扫描仪为基础，以高精度 POS 系统为依托，集成数字相机模块、数据采集模块、同步控制模块、电源模块、嵌入式计算机等硬件设备(图 4.10)。

图 4.10　移动采集系统示意图

(2) 设备状态检查。在每次进行野外数据采集前，应对所有的采集设备状态进行检查。当且仅当所有的采集设备状态都显示正常的情况下，才可以进行野外数据采集作业。开始野外数据采集作业前，需制定野外采集设备状态检查表。在进行野外数据采集时，必须严格按照此检查表逐项检查，确保每个阶段、每个设备的每个状态均正常后，方可继续进行野外数据采集工作。

4.5.3 野外采集作业

野外采集作业是从设备安装、数据预采集、数据采集、设备卸载到数据整理等一系列完整的过程。

1. 设备安装

设备安装包括基站的架设及车载测量设备的安装。两者的安装独立进行，没有严格的先后顺序要求。一般来说，在利用一体化结构平台进行野外数据采集前，基站必须已经架设完毕，并开始正常工作。

(1) 基站架设。基站由两部分构成，分别为三脚架和 RTK。架设基站的目的是通过固定基站所观测的 GNSS 信号，来校正移动站所观测的 GNSS 信号误差。基站架设必须按照严格的先后顺序进行操作，主要步骤如下——① 对中：选择一个点，通过观察目镜移动三脚架，将十字标中心对准此点。对准后，将 RTK 底部凹槽对准底座，轻轻放入并小心旋转，拧紧螺丝。② 整平：通过观察 RTK 上的水泡，调整三脚架的高低（三脚架的三个脚点位置绝对不能移动），使其水平摆放。③ 测高：使用卷尺，测量已知点到 RTK 测量线的直线距离，并记录下来，后续差分解算时需用到此值。④ 采集：打开 RTK。最左边的卫星信号灯闪烁表示正在查找卫星信号，查找完成后，指示灯熄灭并自动生成一个静态文件（可通过液晶屏看到文件名），此时中间的指示灯闪烁，表明基站已经开始工作。

基站位置选择要正确。一般来说，移动站（即车载一体化结构平台）与基站之间的距离不能超过 20 km，即每次架设好基站后，移动站的工作范围限定在以基站为中心，半径为 20 km的圆形区域内。

(2) 车载测量设备安装。安装车载测量设备时，应先安装一体化结构平台，再安装相机与车轮编码器，具体安装步骤如图 4.11 所示。

2. 数据预采集

在进行正式野外数据采集作业前，必须进行至少一次数据预采集。通过数据预采集工作，确保所有设备能够正常工作，采集的点云、全景照片等数据正常，相机曝光参数正确。其具体步骤如图 4.12 所示。

在进行数据采集前，必须先进行 POS 对齐。POS 对齐的目的是方便在后续 POS 解算时获得高精度的行车轨迹。POS 对齐分为静态对齐和动态对齐两种方式，具体对齐方式因 POS 设备型号不同而有所差异。

(1) 静态对齐。静态对齐的精度较高，当 POS 型号为 FANS 时，应该选用静态对齐方式进行 POS 对齐。其操作步骤如下：① 查看 IMU 姿态监控面板，查看三个角度的收敛值是否在 0.5°以下，如果不在 0.5°以下，则通知汽车驾驶员在行车过程中不停地转弯，直至三个角度的收敛值均在 0.5°以下。② 在汽车驾驶过程中，通过星历图监控面板实时查看卫星颗数。当绿色卫星颗数大于或等于 5 颗时，表示 GNSS 信号良好。③ 在 GNSS 信号良好的情况下，将汽车停靠在安全地点并拉上手刹。④ 车上人员全部下车并关好车门后，开始 POS 采集。在确保设备不动的情况下，持续采集 POS 数据 5 min 以上。如果在 POS 静止采集时车上人员不下车，则车内人员必须保持静坐，确保车体不晃动。

(2) 动态对齐。动态对齐的精度相对较低，当 POS 型号为 CPT 时，只能选用动态对齐的方式进行 POS 对齐。其操作步骤如下：查看 IMU 姿态监控面板，查看三个角度的收敛值

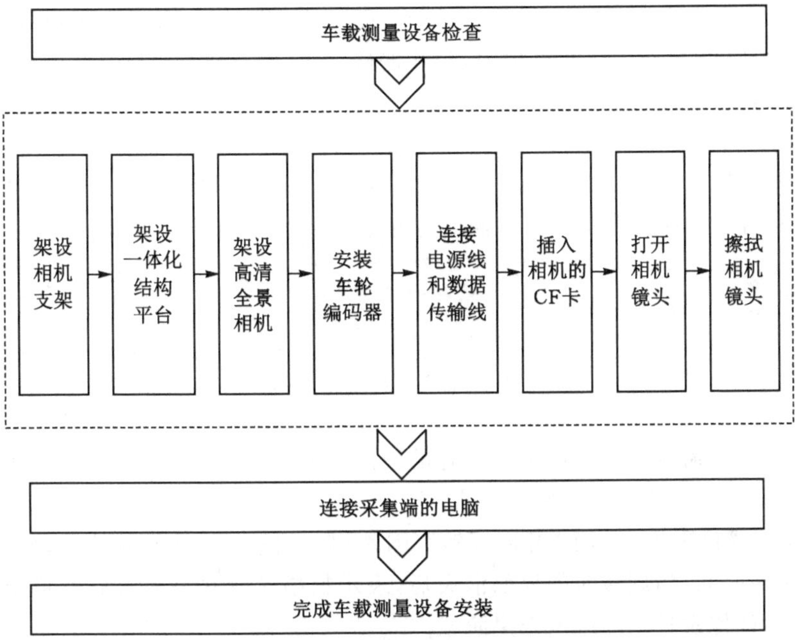

图 4.11　车载测量设备安装示意图

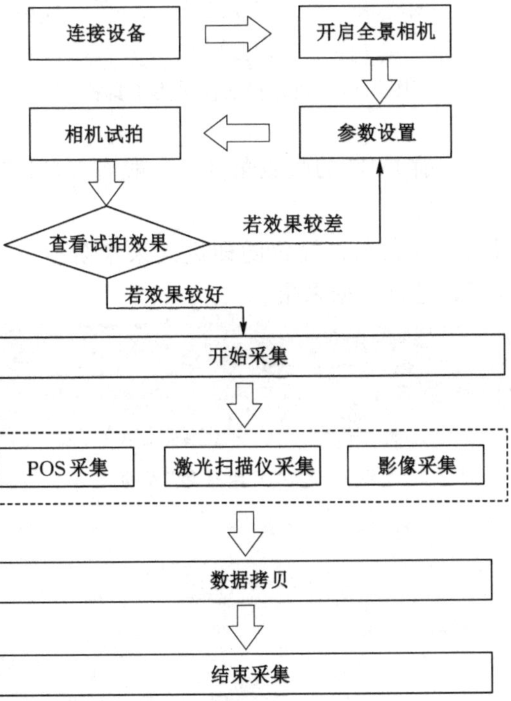

图 4.12　数据预采集流程图

是否在 0.5°以下，若不在 0.5°以下，则通知汽车驾驶员驾驶汽车不停地顺时针和逆时针转圈，直至三个角度的收敛值均在 0.5°以下。在进行 POS 动态对齐时，应在不违反交通规则且不影响行车安全的前提下，尽可能地保持较高的车速。

在数据预采集阶段开始 POS 采集后，POS 采集应持续进行，直至整个数据采集作业完成，并再次进行 POS 对齐。在此过程中，必须保持 POS 采集一直进行。

3. 数据采集

数据采集分为三个步骤：POS 采集、激光扫描仪采集和影像采集。

(1) POS 采集。单击“开启 POS 采集”(图 4.13)，进行 POS 采集。开始 POS 采集后，需静止 5 min。在此期间，需要保证车辆绝对静止，避免开关车门或车身摇晃。

图 4.13　“开启 POS 采集”工具栏

在采集开始前，需要寻找卫星信号较好的地段。卫星信号达到 45 dB 时视为有效，有效卫星达到 4 颗以上方可满足定位精度要求。

(2) 激光扫描仪采集。单击“开启旋转”(图 4.14)，扫描仪进入预热阶段，界面上会显示扫描仪剩余旋转时间，当旋转时间界面消失后，表示扫描仪预热完成且旋转稳定。此时，单击“开启采集”，硬件设备随即进入采集阶段。

图 4.14　激光扫描仪采集工具栏

在采集开始前，需验证当前 IMU 的收敛角度。一般而言，当偏航角收敛值小于 0.5°时，方可保证测量精度。

单击“开启采集”(图 4.15)，激光扫描仪随即进入采集阶段。输入当前采集路径(图 4.16)，单击“确定”后，正式开始进行数据采集。

图 4.15　“开启采集”界面

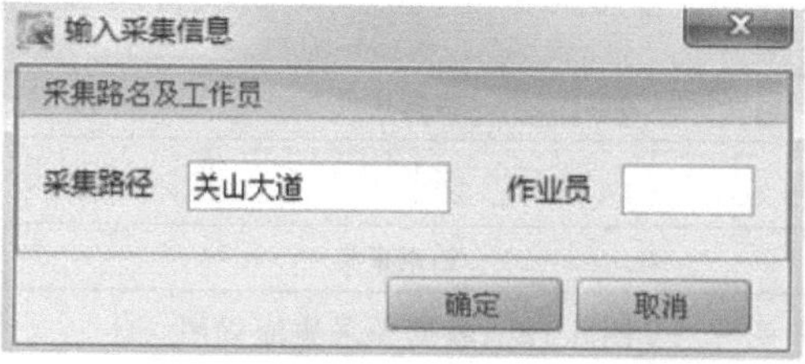

图 4.16　“输入采集信息”界面

(3) 影像采集。单击“拍照”(图 4.17)，操控全景相机强制触发一帧影像。仅当影像未自动触发拍照时，方可单击此按钮。

图 4.17　“全景相机操控”界面

数据预采集完成并确保采集到的数据没有问题后，方可开始进行野外数据采集作业。根据预先规划好的采集路线及采集顺序，进行数据采集。

数据采集完成后，需对数据的存储目录有一定的认识，明确其含义及各类文件的存放位置。以中海达 Iscan 设备采集的数据为例，采集后的数据组织目录结构如图 4.18 所示，数据组织目录的含义解释见表 4.1。

图 4.18　数据组织目录结构示意图

表 4.1　数据组织目录的含义解释

目录名称	含义解释
T379P_20150604	即车牌号_日期，表示车牌号为 T379P 的汽车搭载 Iscan 采集设备于 2015 年 6 月 4 号采集数据
T379P_20150604_2	即车牌号_日期_POS 排序号，包含一个 POS 文件和多个采集工程，所有采集工程共用一个 POS 文件
001_通沙路 1_1	即同级目录下的工程排序号_路径名_同名路径的排序号
iScan-00010007-20150604134425	即 iScan-iScan 出厂 ID 号-工程开始采集时间
Image	每个工程影像同步时间
PointCloud	点云数据
Pos	存放诺瓦泰轨迹解算软件 Inertial Explorer(后简称 IE)数据处理后导出的.pos 数据，在融合处理阶段使用
POS 目录	iScan 子文件夹用于存放移动站.GNSS 数据；Base 子文件夹用于存放基站数据；IE 子文件夹用于存放 IE 数据处理后生成的所有相关数据，处理过程中需使用移动站.GNSS 数据和转换后的基站数据

4. 设备卸载

在全部电源关闭后，方可卸载设备。与设备安装类似，设备卸载分为基站拆除、一体化结构平台拆除、全景相机拆除以及车轮编码器拆除四个部分。其中，基站拆除与车载测量设备拆除需独立进行，没有严格的先后顺序要求。基站拆除包括关闭 GNSS、取下 GNSS、取下基座、收好三脚架以及设备整理装箱等五个步骤。拆除其他设备的具体步骤如图 4.19 所示。

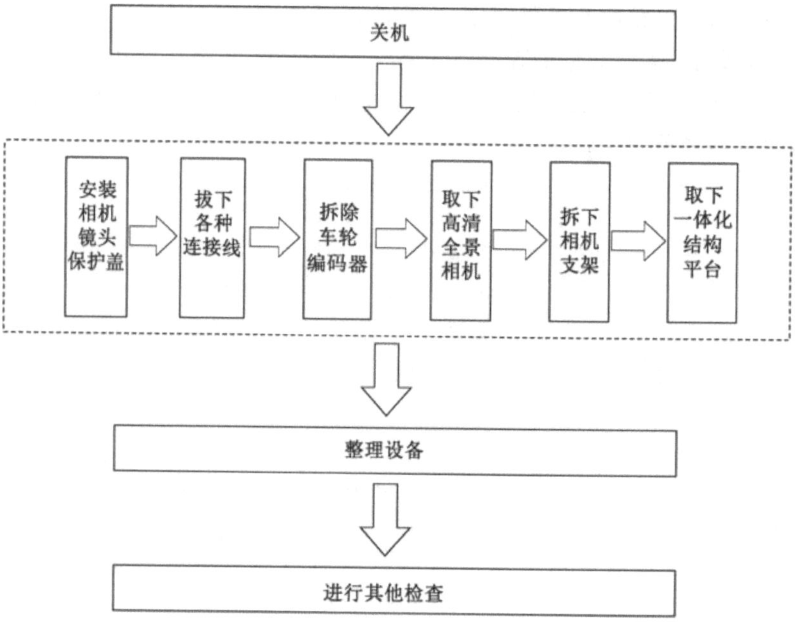

图 4.19　车载测量设备拆除流程图

5. 数据整理

拆除设备后，需将数据从不同设备拷贝至数据存储磁盘。野外采集数据包括存储在操控电脑中的一体化结构平台采集的点云数据以及相机同步信息、存储在基站中的基站观测数据、存储在全景相机存储卡中的影像数据。

完成三个设备的数据整理后，将所有原始数据作为野外数据采集成果进行提交，并附上原始数据清单。

4.5.4 野外采集数据预处理

由一体化结构平台采集的原始数据必须经过相关处理后，方可被其他软件使用。原始数据的处理主要包括 POS 解算和融合解算等。

1. POS 解算

POS 解算的主要任务是将基站数据和 GNSS 数据的格式转换为融合软件所支持的 POS 文件格式。POS 解算操作主要包括基站数据预处理和 IE 解算两个步骤。

(1) 基站数据预处理

在进行 POS 解算前，需要将原始基站数据转换为 IE 软件支持的格式(.14o 文件)。使用 HGO 数据处理软件将原始基站数据转换为 Rinex 格式。其操作步骤如下。

① 打开 HGO 数据处理软件包中的程序 ConvertRinex.exe，如图 4.20 所示。

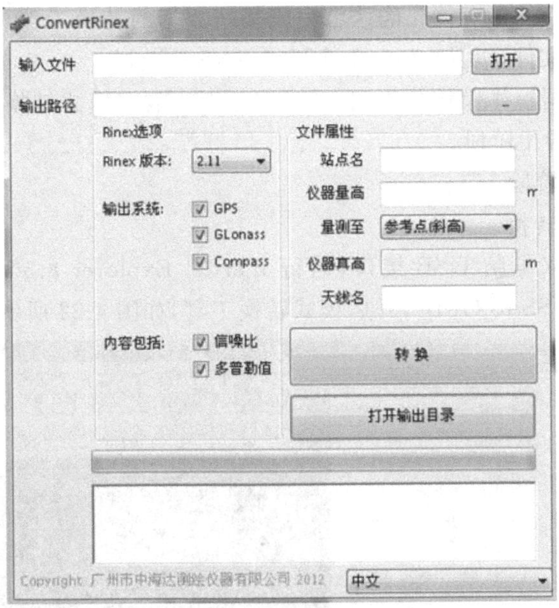

图 4.20　HGO 软件主界面

② 单击"打开"按钮，打开.GNS 数据，输入准确的仪器量高。单击"转换"按钮，进行原始基站数据转换，转换完成后，如图 4.21 所示。转换完成后，生成".14o"".14g"以及".14n"文件，存放在 Base 文件夹中。

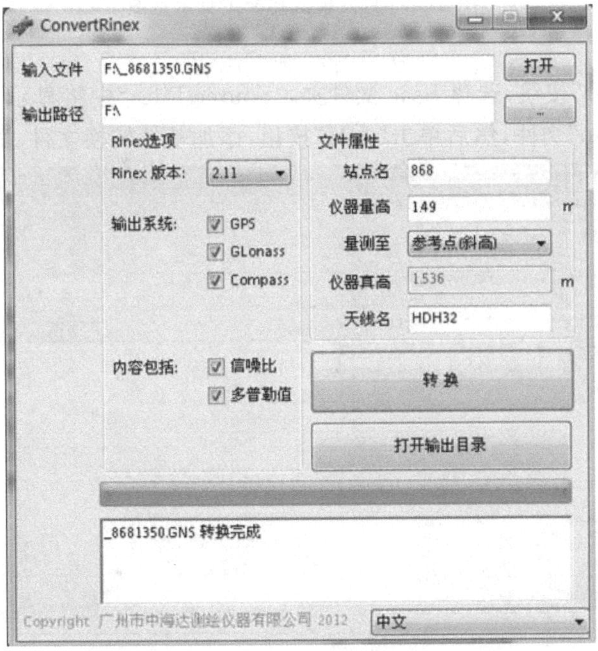

图 4.21　HGO 软件完成数据转换示意图

(2) IE 解算

在进行 IE 数据解算前,应首先确认已完成基站数据的转换工作,确保以下格式文件存在:".14o 文件"".14g 文件"以及".14n 文件"和".GNSS 文件"。

IE8.50 软件的数据解算操作分为四个阶段,分别为数据模式转换阶段、添加数据阶段、数据处理阶段和数据导出阶段。

① 数据模式转换阶段

A. 基站数据模式转换

将 8.5 软件狗插入电脑 USB 接口,运行 Inertial Explorer 8.50 软件。单击"File"→"Convert"→"Raw GNSS to GPB",开启模式转换工具,如图 4.22 所示。

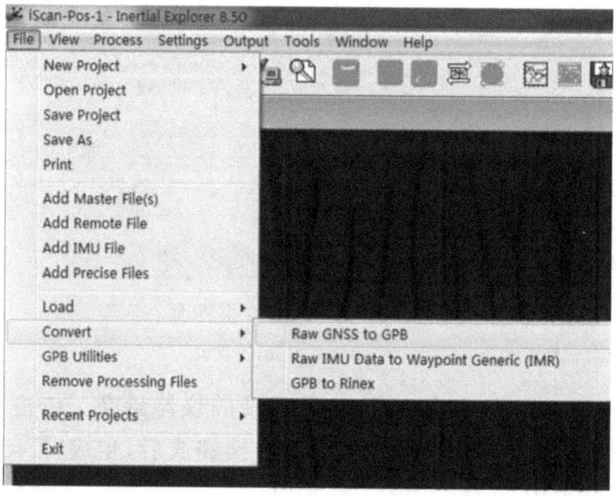

图 4.22　打开模式转换工具示意图

单击"Get Folder"按钮,选择 Bsae 文件夹,"Source Files"中将显示 Base 文件夹中的所有文件。先单击".14o"文件,然后单击"Add"按钮,添加基站转换文件,如图 4.23 所示。

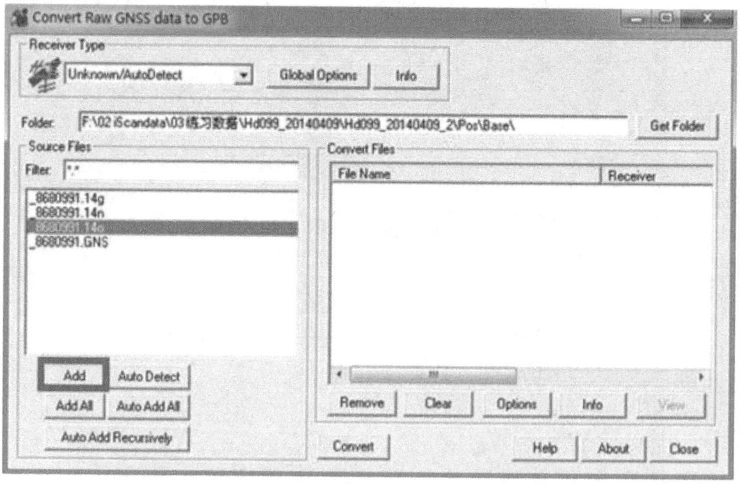

图 4.23　添加基站转换文件示意图

单击“Convert Files”中“.14o”文件，然后单击“Options”按钮，弹出选项对话框后选择静态模式，如图 4.24 所示，然后单击“OK”按钮。

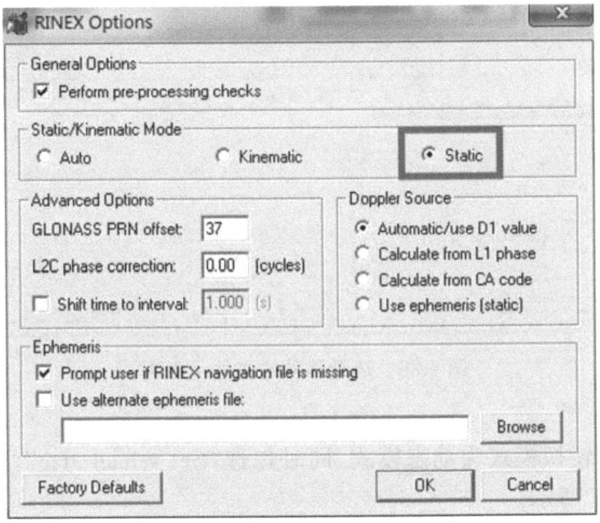

图 4.24　静态模式选择示意图

单击“Convert”按钮，开启基站数据模式转换。完成转换后，“Convert Files”中显示基站数据转换成功，如图 4.25 所示。

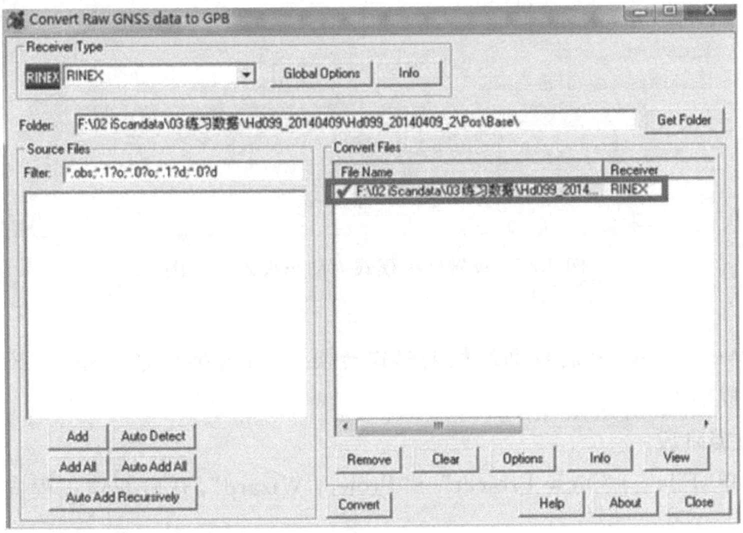

图 4.25　完成转换示意图

B. 移动站数据模式转换

选择“Receiver Type”为“Unknown/AutoDetect”类型。单击“Get Folder”按钮，选择文件夹，“Source Files”中将显示该文件夹中的所有文件。选择移动站转换文件，如图 4.26 所示。

添加“＊.GNSS”文件为转换文件。单击“Convert Files”中“＊.GNSS”文件，然后单击

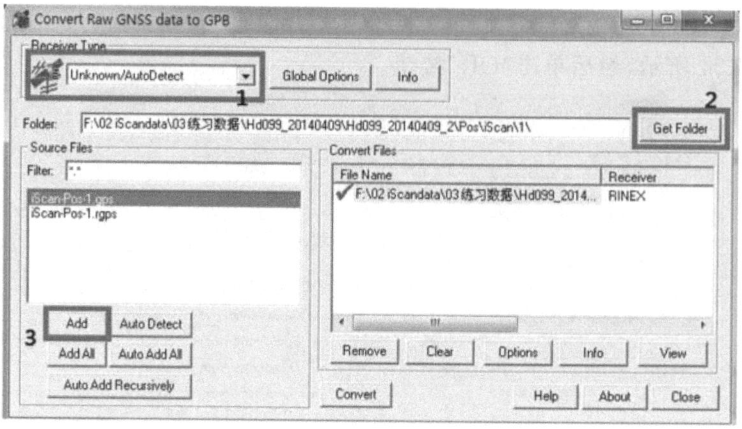

图 4.26　选择移动站文件示意图

"Options"按钮；选择转换模式为动态模式，同时勾选"Set wheel size"，输入车轮周长，单击"OK"按钮，如图 4.27 所示。

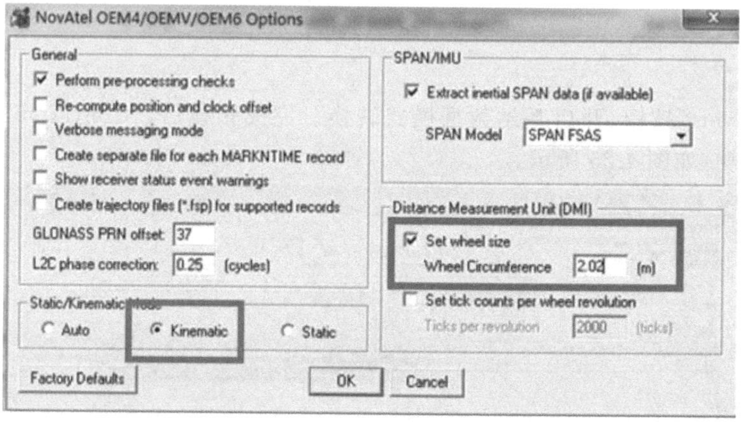

图 4.27　设置转换模式为动态模式示意图

单击"Convert"按钮，开启移动站数据模式转换，完成转换后，"Convert Files"中显示移动站数据转换成功。

② 添加数据阶段

a. 单击菜单"File"→"New Project"→"Project Wizard"，开启新建工程向导，如图 4.28 所示。

b. 单击"Create"按钮，选择 IE 文件夹，输入工程名，单击"保存"。此时界面显示工程存储路径，单击"下一步"按钮，如图 4.29 所示。

c. 单击"Browse"按钮，选择 iScan 文件夹下的"＊.gpb"文件，单击"打开"按钮。此时界面显示移动站转换后的数据，单击"下一步"按钮，如图 4.30 所示。

d. 单击"Browse"按钮，选择 Base 文件夹下的"＊.gpb"文件，单击"打开"按钮。此时界面显示基站转换后的数据，单击"下一步"按钮，如图 4.31 所示。

e. 输入控制点坐标，单击"下一步"按钮，如图 4.32 所示。

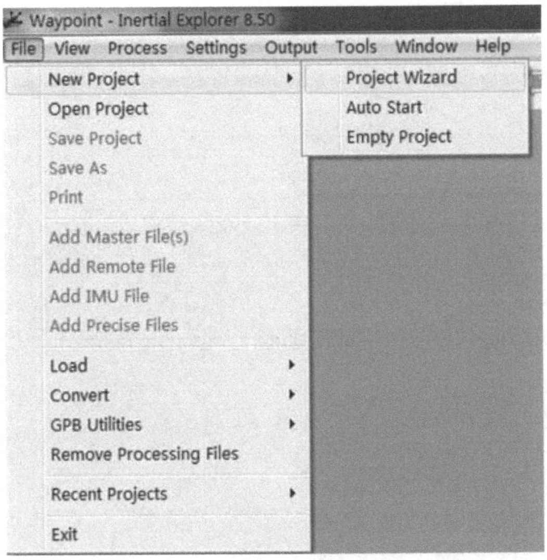

图 4.28　开启新建工程向导示意图

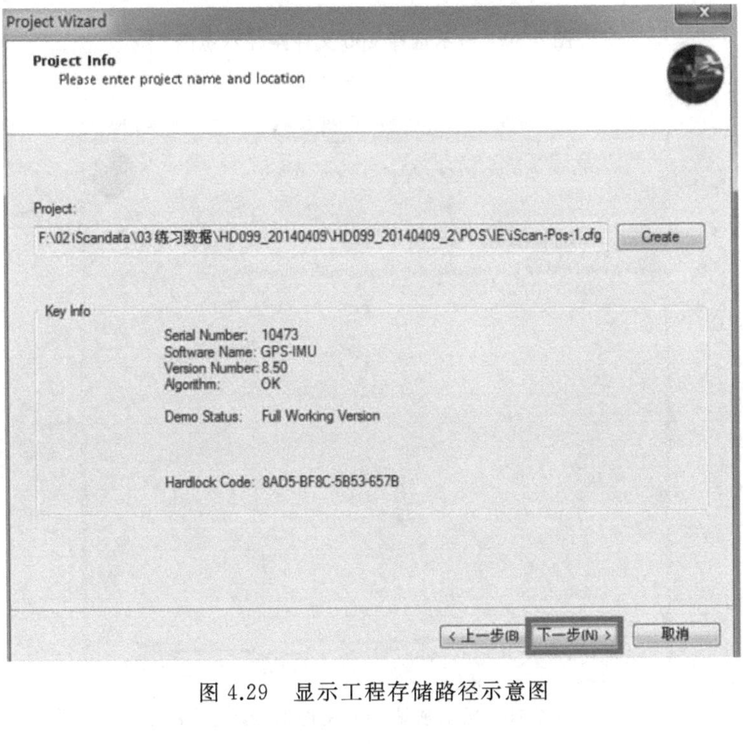

图 4.29　显示工程存储路径示意图

f. 单击“是”，确认使用基站平均位置坐标。单击“下一步”，单击“完成”即可。

③ 数据处理阶段

a. 紧耦合解算：单击“Process”→“Process TC(Tightly Coupled)”，如图 4.33 所示。

b. 单击“Profile”下拉按钮选择“SPAN Ground(FSAS)”，如图 4.34 所示。

c. IMU 设置：单击“Advanced IMU”按钮。

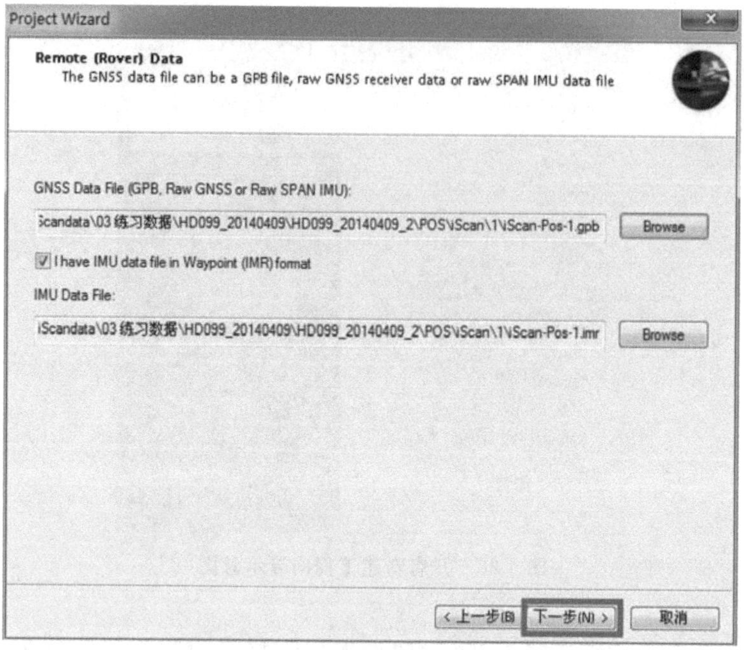

图 4.30　显示选择 gpb 文件路径示意图

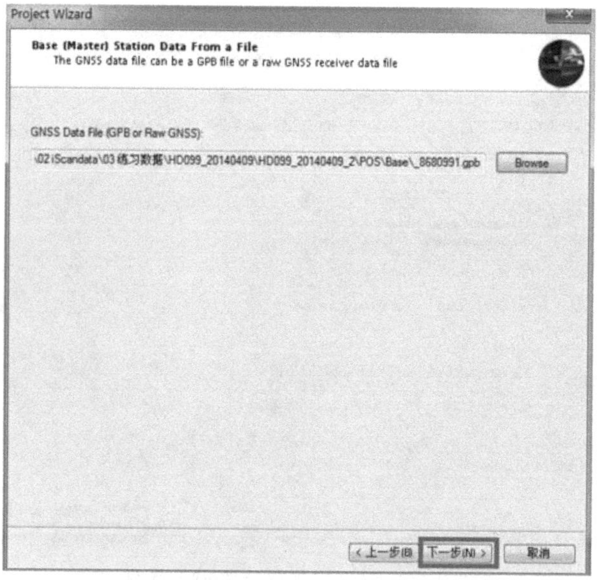

图 4.31　显示基站 gpb 文件路径示意图

d. 单击“Options”按钮，进行对齐模式设置，如图 4.35 所示。

e. 选择“Static coarse＋fine align”(静态对齐模式)，设置对齐时间“Coarse：60 s，Fine：240 s”，设置完成后，单击“OK”按钮，如图 4.36 所示，然后单击“确定”按钮。

f. 杆壁值设置：单击“Favorites”，如图 4.37 所示。

g. 加载已存储杆壁值：单击已存储的杆壁值，单击“Update”按钮，如图 4.38 所示。

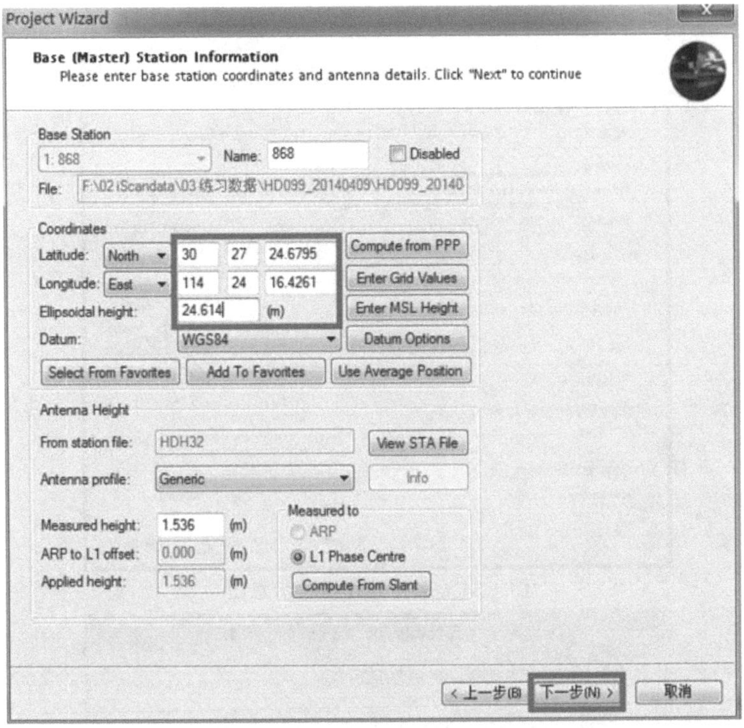

图 4.32　输入控制点坐标示意图

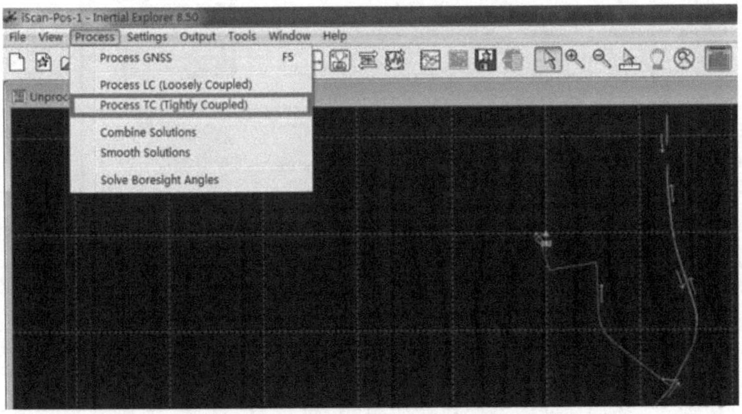

图 4.33　选择紧耦合解算示意图

h. 设置 IMU 旋转角为－90°，如图 4.39 所示。

i. 参数设置完成，开始对数据进行处理。

④ 数据导出阶段

a. 单击菜单“Output”→“Export Wizard”，如图 4.40 所示。

b. 自定义数据导出格式。严格按照图 4.41～图 4.53 的顺序设置参数，共 13 项数据。

参数设置完成，进行坐标轴及经纬度设置：坐标轴选择“Gauss Kruger(3 deg)”；“Zone”输入值为当地经度的三分之一，如图 4.54 所示。

数据导出时间间隔设置为 0.005 0 s，如图 4.55 所示。

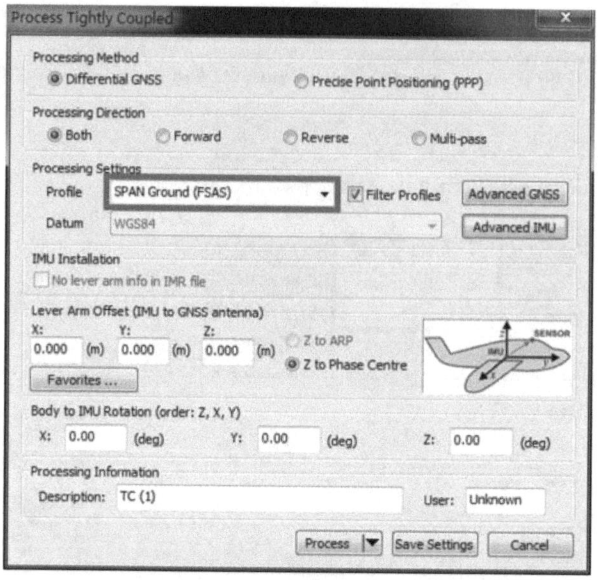

图 4.34　选择处理模式示意图

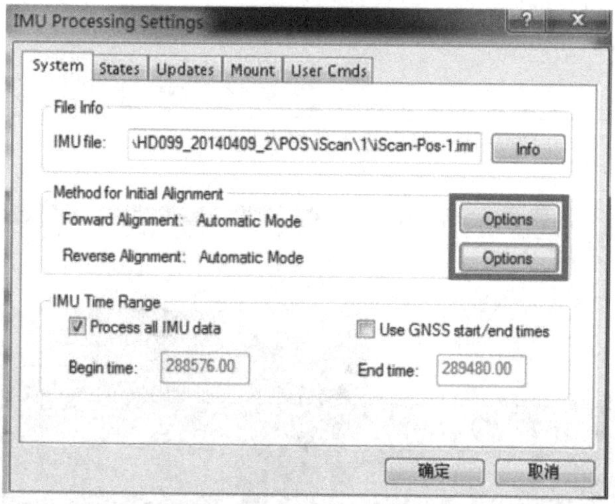

图 4.35　设置对齐模式示意图

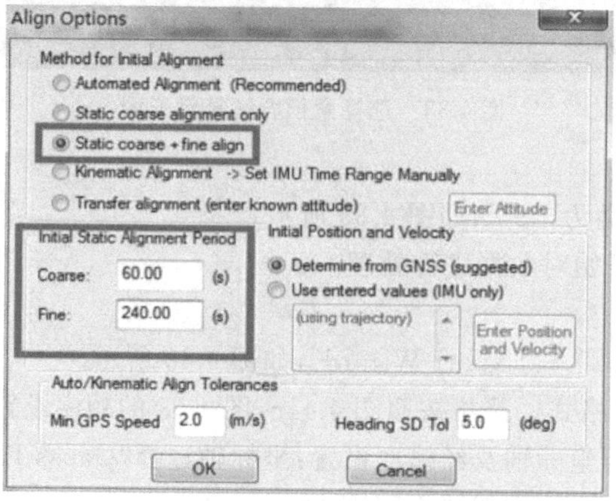

图 4.36　设置对齐模式和对齐事件示意图

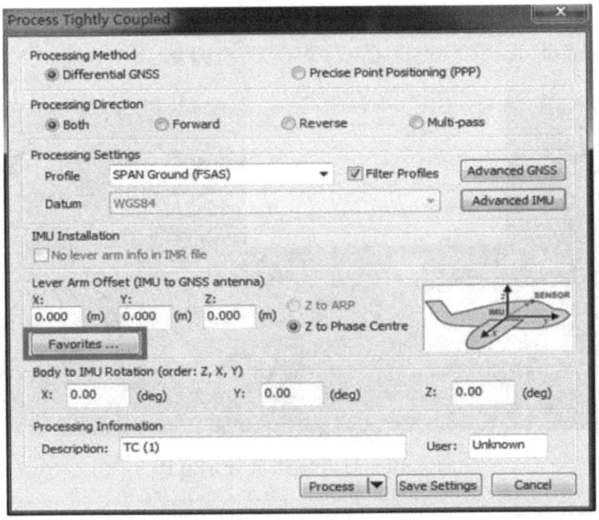

图 4.37　设置杆壁值示意图

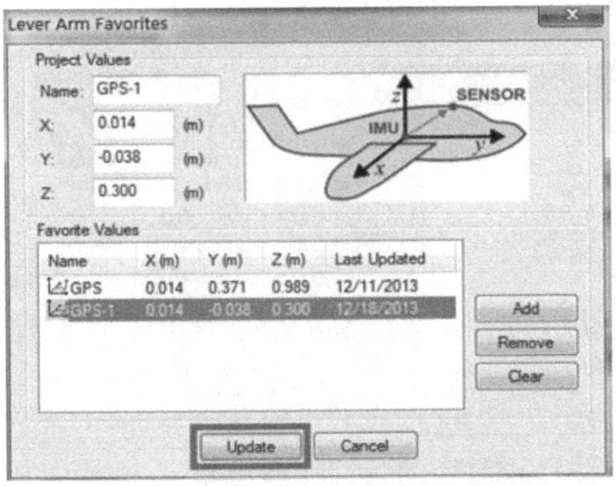

图 4.38　加载已存储杆壁值示意图

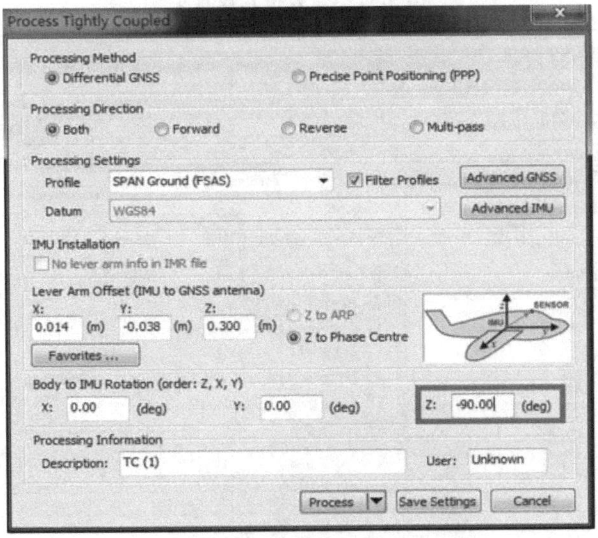

图 4.39　设置 IMU 旋转角示意图

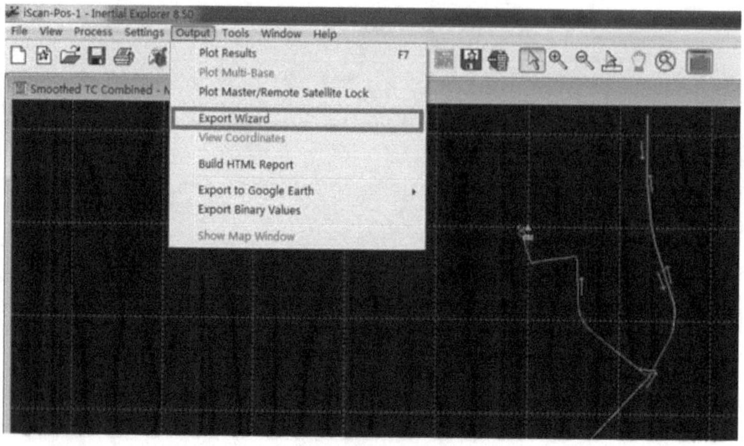

图 4.40　打开输出向导示意图

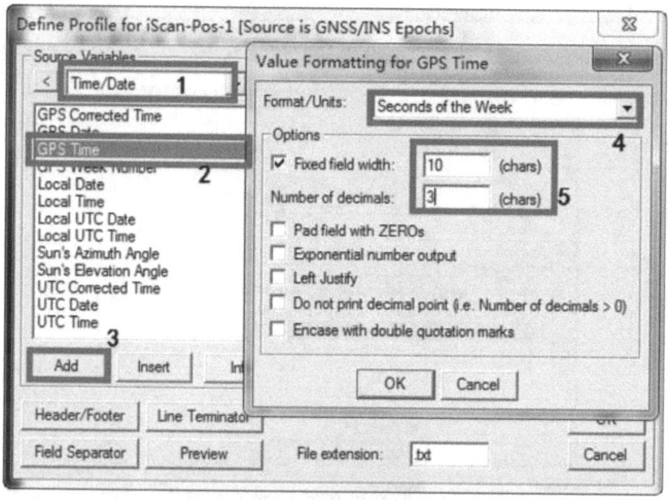

图 4.41　参数格式设置 1

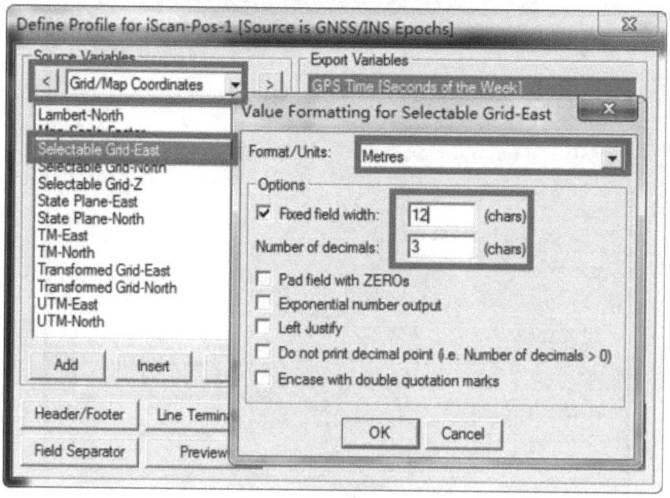

图 4.42　参数格式设置 2

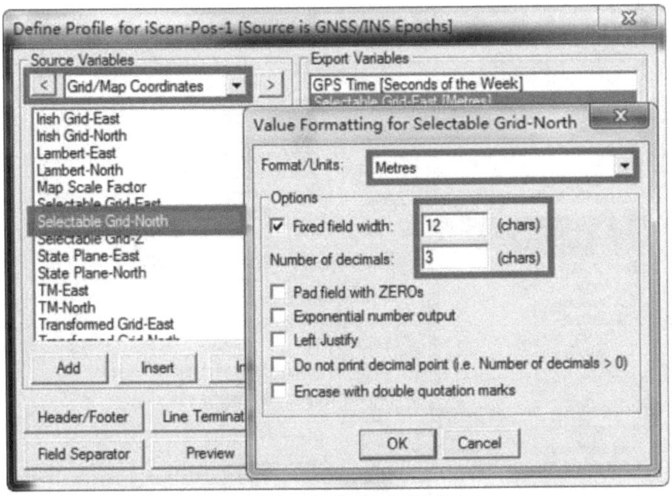

图 4.43　参数格式设置 3

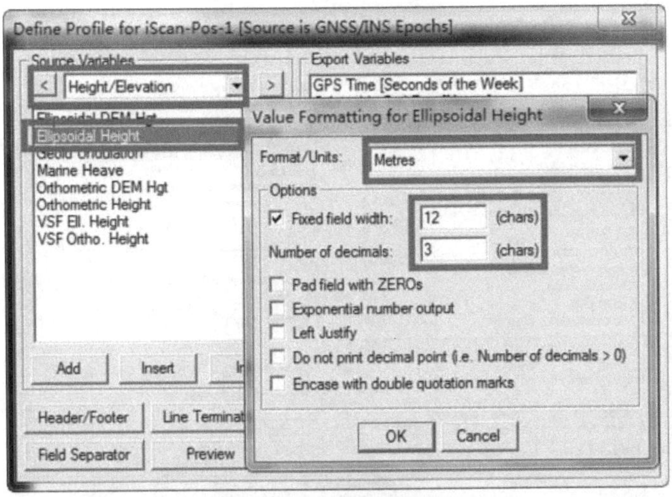

图 4.44　参数格式设置 4

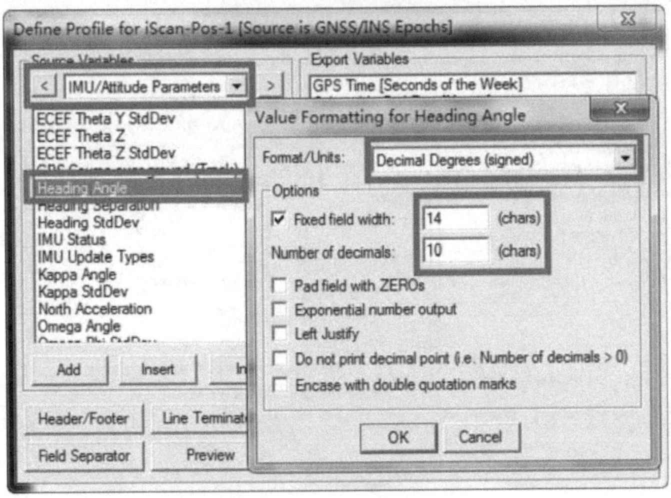

图 4.45　参数格式设置 5

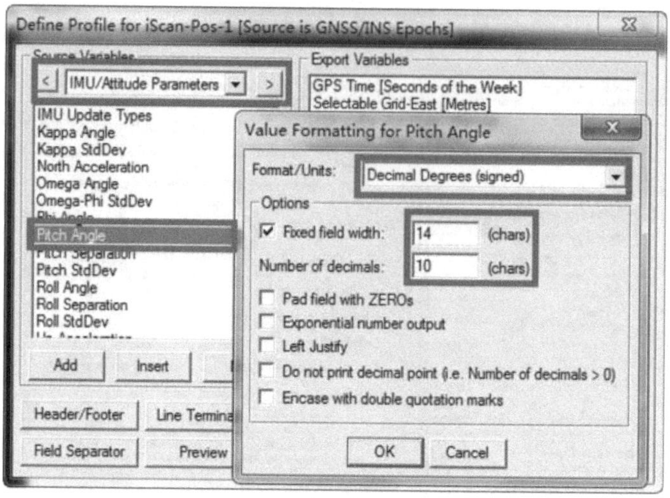

图 4.46　参数格式设置 6

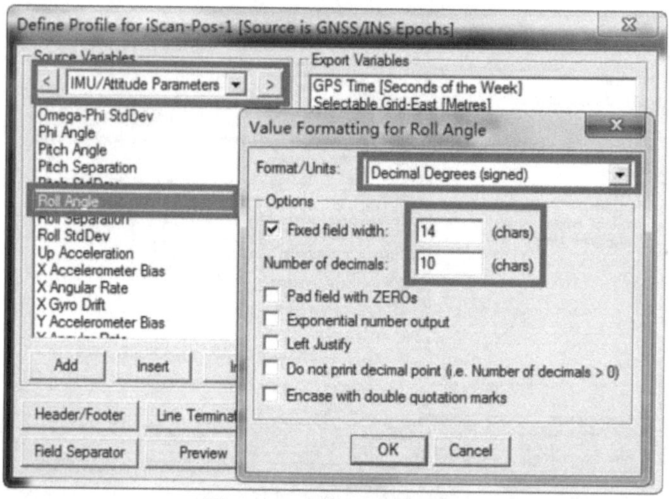

图 4.47　参数格式设置 7

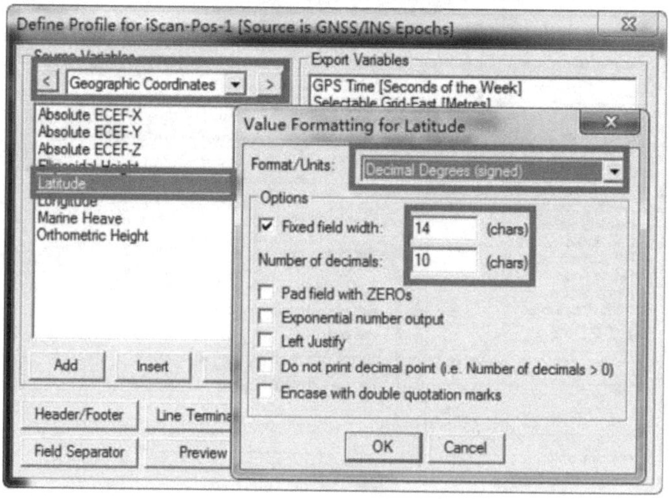

图 4.48　参数格式设置 8

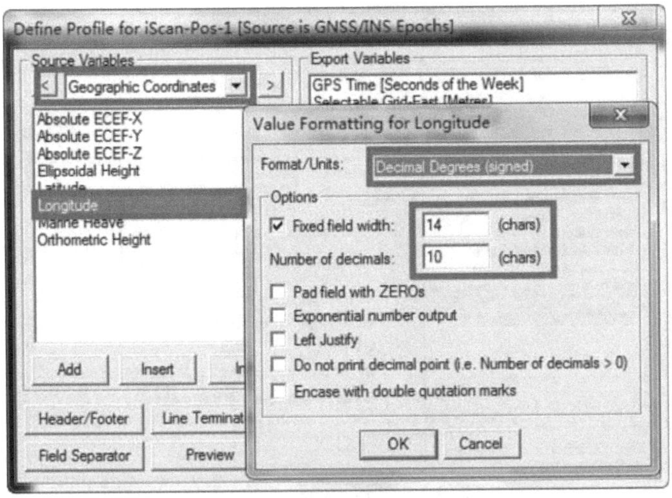

图 4.49　参数格式设置 9

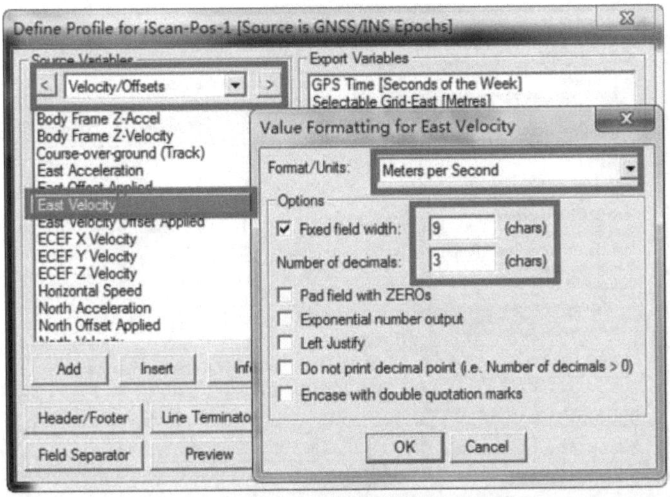

图 4.50　参数格式设置 10

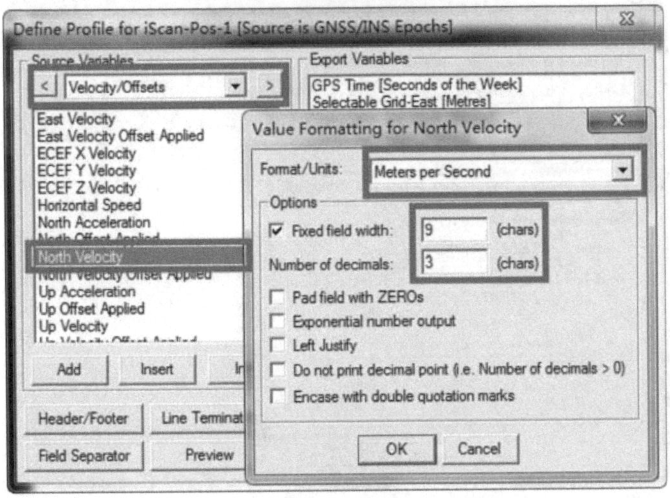

图 4.51　参数格式设置 11

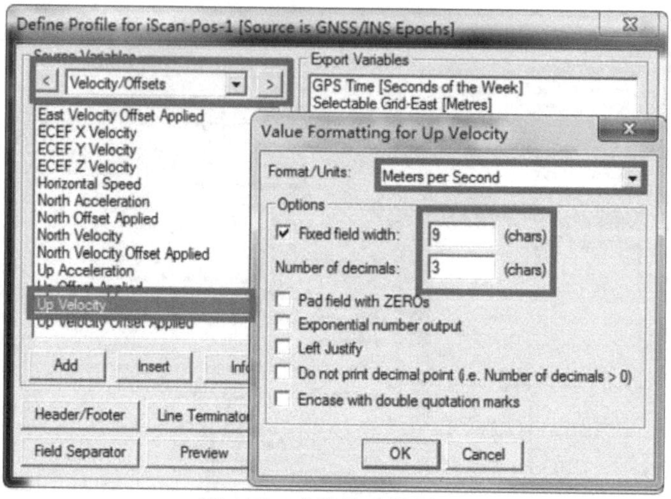

图 4.52　参数格式设置 12

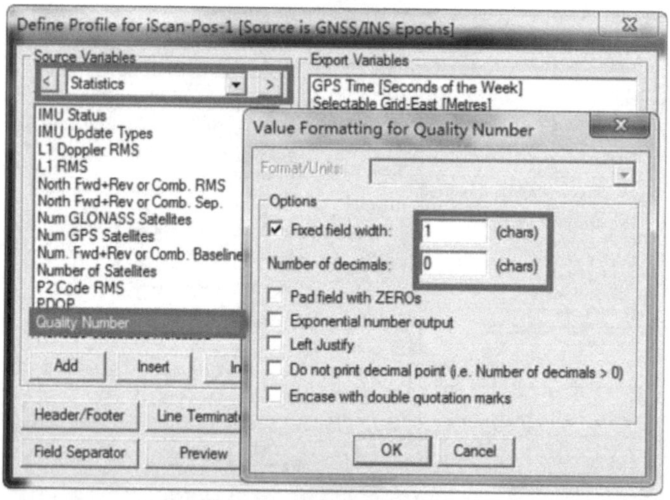

图 4.53　参数格式设置 13

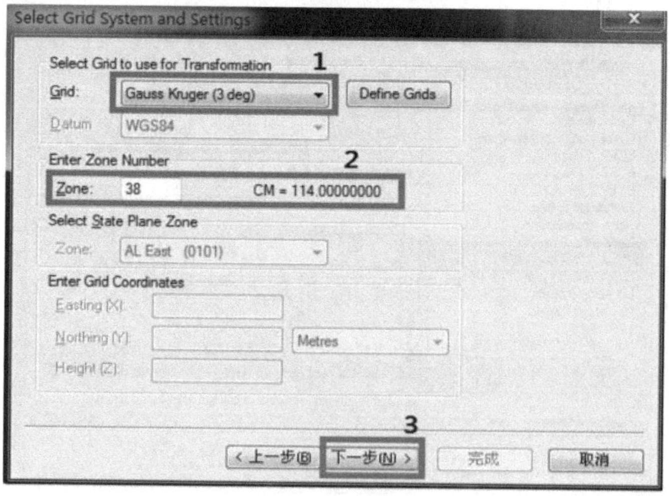

图 4.54　设置坐标轴及经纬度示意图

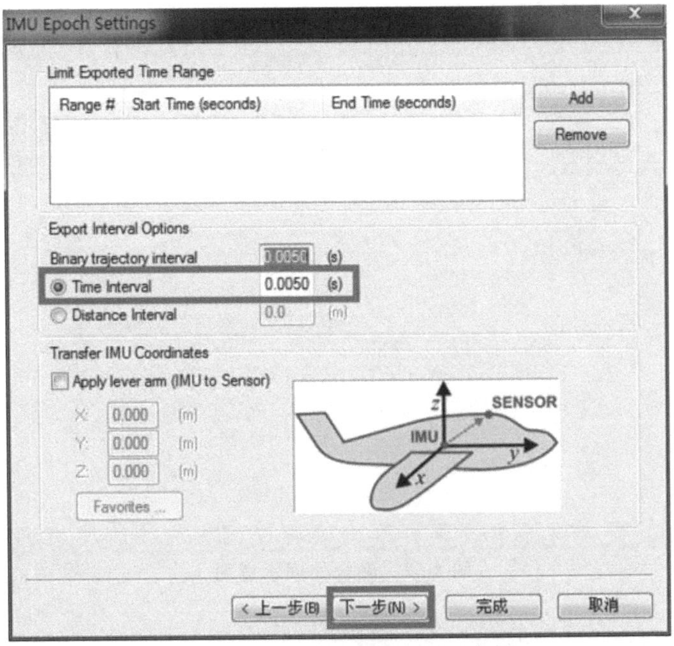

图 4.55　设置导出时间间隔示意图

单击“完成”，进行数据导出。导出完成后，可以以文本形式查看导出的文件（ *.pos 文件）。

2. 融合解算

融合解算：对由一体化车载 LiDAR 系统采集的原始数据进行融合处理，生成 *.hls 或 *.las 或 *.xyz 格式的点云文件以及全景影像的数据库，以供其他系列软件进行后续处理。一般使用移动采集设备配套的软件进行处理。

在开始进行融合处理前，需对相关参数进行设置，以保证数据处理的正确性。根据实际扫描仪的类型，选择相应的配置文件进行参数导入，如图 4.56 所示。

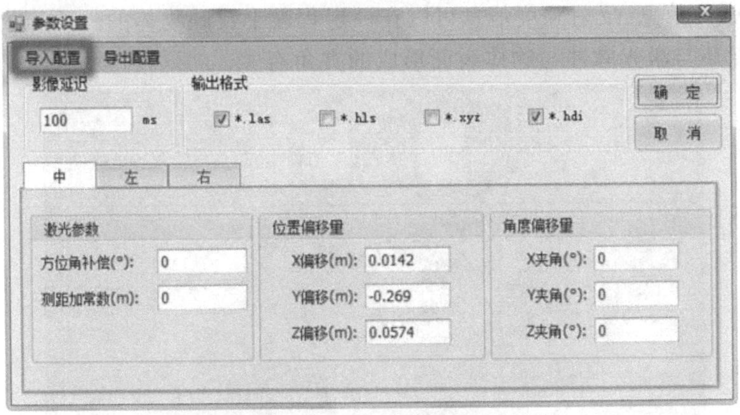

图 4.56　融合处理参数导入示意图

确保导入工程无误且参数设置正常后，选中轨迹名，开始融合处理(图 4.57)。完成上述步骤后，融合处理结束。

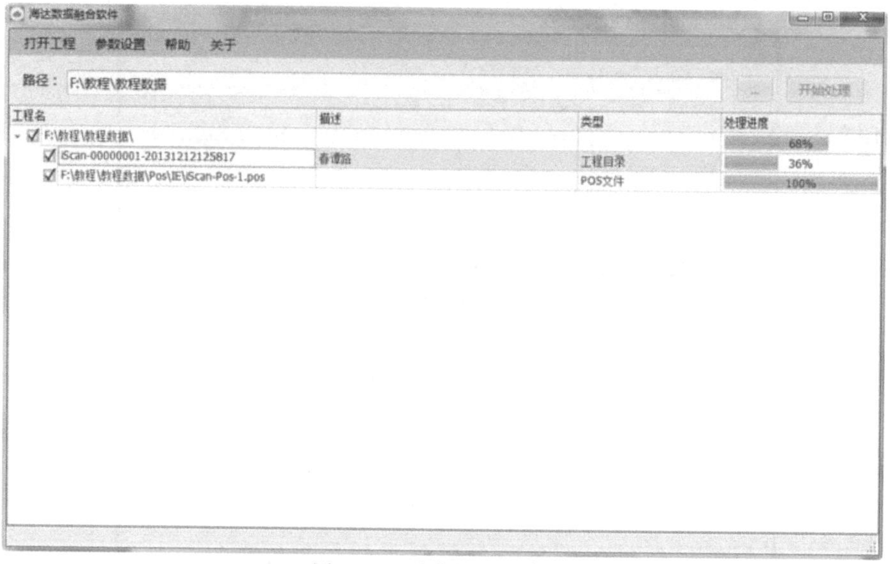

图 4.57　融合处理示意图

4.6　车载激光扫描数据

4.6.1　车载激光扫描数据属性

车载点云数据包含的主要信息如下。

(1) 三维空间坐标：由于车载 LiDAR 系统上搭载了可以实时计算车载平台地理空间位置的定位系统，而激光扫描仪可以测定目标点相对于车载平台的角度与距离，所以通过计算就可以获得每个目标点的地理空间位置信息，在数据存储文件中一般以(X,Y,Z)坐标来表示。

(2) 反射强度信息：反射强度信息可以在一定程度上反映物体的材质和状态(图 4.58)。另外，反射强度还与激光脉冲与物体表面形成的夹角有关。

图 4.58　点云反射强度信息示意图

(3) 扫描角度信息：扫描角度信息记录了激光脉冲与物体表面形成的夹角。

(4) 回波次数：回波次数与物体类别密切相关，可用于辅助区分不同物体。

(5) RGB 值：RGB 值一般不通过激光扫描仪直接获取，而是通过计算数字影像像素与点云激光点之间的坐标对应关系间接获得。激光点的颜色信息是分类中的重要参考信息之一，可用于反映物体的材质和状态(图 4.59)。例如，在冬季采集的街道点云数据中，利用颜色信息可提取植被信息。

图 4.59　点云 RGB 信息示意图

4.6.2　车载激光扫描数据特点

由于搭载平台、扫描方式、适用范围等方面的差异，虽然车载 LiDAR 系统和机载 LiDAR 系统都能高效、快速获取地物表面高精度的三维信息，但车载 LiDAR 数据具有其独特特点，内容如下。

(1) 点密度高。相较机载系统搭载的长距离扫描仪，车载 LiDAR 系统搭载的激光扫描仪扫描距离较短(70～300 m)且发射频率高。例如，Riegl VQ-250 激光扫描仪每秒能发射 300 000 个点，每小时能采集近 20 GB 数据。许多车载 LiDAR 系统都配置两个激光扫描仪，因此车载 LiDAR 系统获取的点云数据量庞大，平均点密度一般为每平方米 50～200 个点。较高的点密度能够提供更高精度和更精细的目标几何特征，但数据处理更为耗时。

(2) 点云空间分布不均匀。机载 LiDAR 系统在一定的飞行高度和飞行速度下，采用摆镜式均匀推扫方式，其获取的点云密度相对均匀。而车载 LiDAR 系统多采用由双激光扫描仪组成的 360°全方位线性扫描方式，导致采样点在空间上分布不均匀：越靠近激光扫描仪，采样点越密集(如道路目标)；越远离激光扫描仪，采样点越稀疏(如建筑物目标)。同时，车辆行驶中的速度差异，也导致不同区域的点密度不一致。点云的空间分布不均匀给点云的分割和目标识别带来了很大挑战。

(3) 数据不完整和存在遮挡。车载 LiDAR 系统因平台的高度和扫描仪的测距范围，只能获取建筑物立面的部分信息，难以获取其顶部数据。此外，激光扫描仪光束在建筑物立面窗户上会产生透射现象。同时，当路面有障碍物(如车辆、行人)或有其他地物遮挡时，会造成场景数据不完整。这种不完整的点云数据会影响目标识别的完整性和正确性。

(4) 场景复杂且目标多样。机载 LiDAR 系统获取的点云数据精度较低、点密度较低，因飞行高度的限制，难以获取地物的细节特征，如细小的电线、电杆、道路几何边界等。车载LiDAR系统能够获取精细的城市场景数据，不仅包括道路表面、建筑物立面、植被等信息，还包括大量细小地物，如道路几何边界、交通标线、交通标志杆、电杆、电线等交通要素。车载LiDAR系统获取的地物目标多样、细节丰富、场景复杂，这增加了道路特征自动分类识别的难度。

(5) 存在数据噪声。在行进过程中，车载LiDAR系统受加速、减速、改变行驶方向以及道路起伏等因素影响，获取的点云数据中不可避免地包含噪声。这些噪声主要表现为孤立点、局部区域以外的点以及局部区域扫描点的位置突变等。

(6) 具有反射强度信息。反射强度信息反映了从目标表面反射回来的能量，是不同物体属性的反映。激光点云的反射强度信息与多种因素有关，并不是一个定值，即使对于同一个介质表面，当激光系统、天气状况等具体情况不同时，其反射强度信息也会有很大差异。由于一些技术上的原因，如缺乏有效的定标手段等，反射强度信息目前还没有得到有效的应用。

(7) 呈扫描线排列方式。目前，车载LiDAR系统的主要扫描方式为线扫描，获得的扫描点在目标上按扫描线排列。在真实环境中，由于不同物体的结构差异，扫描点在不同物体上的分布也各不相同。例如，建筑物点在扫描线上呈光滑、分段连续的近似垂直线性分布，而行树点则呈离散分布。

(8) 具有盲目性。车载LiDAR点云数据是一种“盲目”的数据，每个激光脚点的采样是随机的，点云数据仅提供物体表面的空间坐标信息，没有关于物体所属类别的信息，这使得建筑物等目标的自动识别和特征提取面临较大困难。

4.7 车载LiDAR系统的误差分析

4.7.1 车载LiDAR系统的误差来源

车载LiDAR系统的误差可以分为与传感器相关的误差和与系统集成相关的误差。

1. 定姿定位误差

POS系统是车载LiDAR系统的核心部件，也是影响系统精度的主要误差源之一。定姿定位误差主要包括以下三部分。

(1) GNSS动态定位误差

GNSS动态定位误差主要包括接收机钟误差、多路径效应、卫星钟差、星历误差、整周模糊度求解误差、大气电离层误差和观测噪声。为了削弱GNSS动态定位误差对定位精度的影响，可以在测区建立多个基准站，以保证GNSS动态定位差分解算结果符合要求。目前，GNSS定位精度可达2～5 cm。

(2) IMU姿态测量误差

IMU姿态测量误差主要包括元件误差、安装误差、初始条件误差、原理误差、外干扰误差。元件误差是指加速度计与陀螺仪的不完善所引起的误差，主要包括陀螺仪的漂移误差和加速度计的零位偏差，以及元件刻度因数误差；安装误差是指加速度计和陀螺仪安装在惯导平台上时不准确造成的误差；初始条件误差是指初始对准及输入计算机的初始位置、初始速度不准确所形成的误差；原理误差是由力学编排中数学模型的近似、地球形状的差别和重力异常等引起的误差；外干扰误差主要是指车辆行驶时由于振动而引起的加速度干扰误差。

IMU 姿态测量误差是影响车载 LiDAR 系统数据成果精度的主要因素之一。国内的 IMU 一般只能达到偏航 0.1°、侧滚和俯仰 0.05°的精度水平，采用组合导航的定姿精度也仅达到 0.03°的精度水平。国外先进的组合导航系统的定姿精度一般可达到偏航 0.01°、侧滚和俯仰 0.005°的水平。

(3) DMI 距离测量误差

DMI 距离测量误差主要是指由于 DMI 尺度因子不准而导致的误差。

2. 激光扫描仪误差

按照误差来源，激光扫描仪误差分为仪器本身误差、外界环境引起的误差和反射目标特性引起的误差。

(1) 仪器本身误差

仪器本身误差包括仪器设计误差和加工制造误差。机械设计时所使用的部件性能的局限性以及各部件同步性带来的误差，如激光发散角误差、探测器灵敏度误差、扫描与测距非同步误差等，这些误差很难消除或减弱。由于仪器加工制造不足以及组装产生的误差，如零位误差、轴系误差等，这部分误差可以通过检校减弱甚至消除。

(2) 外界环境引起的误差

外界环境误差主要由湿度、温度、气压、光照条件、振动等因素引起。湿度、温度和气压等大气条件会改变大气折射率，从而会影响激光扫描仪的测距精度；光照条件会改变扫描物体的反射率，同样会影响激光扫描仪的测距精度；振动会影响激光的传播方向，导致激光测角误差。

(3) 反射目标特性引起的误差

反射目标特性引起的误差，主要指不同颜色、不同材质、不同纹理、不同入射角等自然和人工形成的反射面对激光扫描仪测程和测距造成的影响。由于反射面的种类千差万别，虽然国内外学者进行了相关研究，但完全消除其误差影响仍较困难，只能通过研究其变化规律，尽量减少误差。

3. 数字相机误差

数字相机误差主要由机械误差、电学误差和光学误差三部分构成。

机械误差是指光学镜头获取的影像转化为数字化阵列影像时产生的误差，主要原因有：① 扫描阵列不平行于光学影像，导致数字化阵列影像相对光学影像存在旋转；② 每个阵列元素尺寸不同，产生不均匀变形，主要包括像素定位不准、行列不垂直等误差。随着数字相机加工水平的提高，机械误差与其他误差相比要小得多。

电学误差主要是指影像信号经 A/D 转换(模数转换)时产生的几何误差，包括行同步误差、场同步误差和像素采样误差。电学误差不仅会影响像素的几何位置，而且会影响像素的灰度值。

光学误差主要指光学畸变误差，是影响像点坐标质量的重要误差来源。光学误差由相机物镜系统的设计、制作和装配引起，表现为像点偏离其理想位置。光学畸变误差可分为径向畸变差、偏心畸变差和像平面内仿射性畸变。

径向畸变差是指像点沿物镜径向方向偏离其理想位置的畸变差，径向畸变差是对称的，有正有负。

偏心畸变差是由于装配和振动使得物镜系统各单元透镜偏离轴线，从而引起像点偏离其理想位置的畸变差。一般情况下，偏心畸变差比径向畸变差小得多，仅为径向畸变差的1/7～1/5，对于高质量物镜系统，偏心畸变差更小。

像平面内仿射性畸变由像素采样时刻不同步和暗电流等噪声引起，会导致像素的水平间距与垂直间距存在比例因子，以及像坐标系的 X 轴与 Y 轴不正交等，其引起的误差较小。光学误差可以通过检校方法进行改正，从而可以减少其对成像质量的影响。

4. 系统集成误差

系统集成误差主要包括传感器安置误差、时间同步误差、坐标转换误差和内插误差。

(1) 传感器安置误差

在安置传感器设备时，各传感器无法同心同轴，因此各传感器之间存在偏心距和偏心角，即安置误差。通常以 IMU 的中心作为车载 LiDAR 系统的中心，因此安置误差主要体现在以下几个方面：① GNSS 天线中心与 IMU 中心的偏心距；② 激光扫描仪坐标系与 IMU 坐标系的偏心距和偏心角；③ 数字相机坐标系与 IMU 坐标系的偏心距和偏心角。安置误差会使车载 LiDAR 系统数据结果出现系统性偏差，因此在系统作业前需要确定该安置误差。

(2) 时间同步误差

由于各传感器的时间基准不同，所以需要将它们统一到标准 UTC(协调世界时)时间系统上。在多源数据融合时，如果各传感器时间系统不一致或存在偏差，就会对系统的解算结果产生影响。目前，车载 LiDAR 系统的时间同步误差控制在 1 ms 以内。

(3) 坐标转换误差

在多源数据融合过程中，由于各传感器坐标系转换而引起的误差称为坐标转换误差。该误差一般影响较小，可忽略不计。

(4) 内插误差

由于车载 LiDAR 系统的各传感器采样频率不同，所以需要对原始观测数据进行内插处理，由此产生的误差称为内插误差。常用的插值算法包括多项式插值，一般能满足要求。

4.7.2 车载 LiDAR 系统的精度估计

车载 LiDAR 系统的点云数据精度主要与 GNSS 定位精度、IMU 的测角精度、激光扫描仪的测距和测角精度以及检校参数的精度有关，可根据误差传播定律以及各传感器的标称精度，从理论上估计车载 LiDAR 系统能够达到的精度。

将式(4-1)表达成函数形式，内容如下：

$$X_{\mathrm{W}} = f(x_{\mathrm{GNSS}}, x_{\mathrm{IMU}}, x_{\mathrm{Laser}}, x_{\mathrm{LevelArm}}, x_{\mathrm{Broesight}}) \tag{4-9}$$

假设各项误差相互独立，根据误差传播定律，中误差计算公式为：

$$\sigma_{X_{\mathrm{W}}}^2 = \left(\frac{\partial f}{\partial x_{\mathrm{GNSS}}}\right)^2 \sigma_{x_{\mathrm{GNSS}}}^2 + \left(\frac{\partial f}{\partial x_{\mathrm{IMU}}}\right)^2 \sigma_{x_{\mathrm{IMU}}}^2 + \left(\frac{\partial f}{\partial x_{\mathrm{Laser}}}\right)^2 \sigma_{x_{\mathrm{Laser}}}^2 + \left(\frac{\partial f}{\partial x_{\mathrm{LevelArm}}}\right)^2 \sigma_{x_{\mathrm{LevelArm}}}^2 + \left(\frac{\partial f}{\partial x_{\mathrm{Broesight}}}\right)^2 \sigma_{x_{\mathrm{Broesight}}}^2 \tag{4-10}$$

式中，$\sigma^2_{X_W}$ 为某一激光脚点 P 的方差；$\sigma^2_{x_{GNSS}}$ 为 GNSS 定位分量方差；$\sigma^2_{x_{IMU}}$ 为姿态参数量测方差；$\sigma^2_{x_{Laser}}$ 为扫描角和激光测距方差；$\sigma^2_{x_{LevelArm}}$ 为偏心距量测方差；$\sigma^2_{x_{Broesight}}$ 为安置角方差。因此，只需求得式(4-10)中各个变量的一阶偏导数，便可估计出车载 LiDAR 系统的精度，具体指标见表 4.2。

表 4.2　车载 LiDAR 系统的精度

误差项		观测值	标准差 1 （短期或单次测量标准差）	标准差 2 （系统或长期测量标准差）
GNSS 标准差	经度方向	39.862 790 524 6°	0.02°	0.02°
	纬度方向	116.235 525 870 4°	0.02°	0.02°
	高程方向/m	48.805	0.02	0.02
IMU 标准差	Yaw（偏航）方向	287.487 256	0.01°	1°
	Pitch（俯仰）方向	2.438 366	0.01°	1°
	Roll（侧滚）方向	0.248 975	0.01°	1°
激光测距标准差		50.597	0.035	0.035
激光扫描仪测角标准差		88.25	0.020	0.020
偏心距测量标准差	Δx/m	−0.035	0	0
	Δy/m	0.153	0	0
	Δz/m	0.199	0	0
偏心角测量标准差	$\Delta\omega$/(°)	−89.691	0	0
	$\Delta\varphi$/(°)	−90	0	0
	Δk/(°)	−0.217	0	0
点云定位精度	Δx/m		0.020 067	0.157 607
	Δy/m		0.020 988	0.192 963
	Δz/m		0.022 098	0.243 739

4.8　车载 LiDAR 点云数据处理与三维建模

车载 LiDAR 点云数据只能表示物体的几何信息，不能表示物体的拓扑和和纹理等信息。若要将原始有限的三维点云转换为完整的三维几何物体，必须经过三维重建。基于点云数据的三维重建需要经历一系列处理过程，现简单归纳如下。

4.8.1　车载 LiDAR 系统检校

车载 LiDAR 系统检校包括针对每个传感器的单机检校和传感器之间的组合检校。车载 LiDAR 系统是一个由 GNSS、IMU、激光扫描仪、数字相机、DMI 等多传感器集成的系统。各传感器的性能指标影响着系统的综合精度，为了提高系统的综合精度，各传感器在系统工作前需要进行检校，否则传感器的精度无法得到保证，这就是车载 LiDAR 系统的单机检校。各传感器以一定的方式固定在运动载体上，由于各传感器间存在位置偏差以及各自坐标系的定义不同，因此需要确定各传感器之间的位置关系和角度关系，即确定各传感器坐标系之间存在的偏心距和偏心角，这就是车载 LiDAR 系统的组合检校。传感器之间的组合检校主要包括 GNSS 与 IMU 的组合检校、激光扫描仪与 IMU 的组合检校、数字相机和 IMU 的组合检校以及激光扫描仪和数字相机的组合检校。

传感器的单机检校一般由生产厂家在实验室内完成，这里不对此进行讨论。在传感器的组合检校中，激光扫描仪与 IMU 的偏心距和偏心角是车载 LiDAR 系统中影响最大的系统误差。因此，接下来重点对其检校方案进行阐述。其中，偏心距可以直接在室内通过经纬仪和全站仪测角测边的方法来测定。偏心角是由于激光扫描仪与 IMU 在车载 LiDAR 系统设备安置过程中，坐标系各轴之间彼此不平行而产生的，偏心角在系统集成过程中是一个常量，若偏心角确定不准确，将严重影响系统精度。偏心角无法通过直接测量获得，只能通过相应的检校方法确定偏心角构成的旋转矩阵。确定偏心角的检校方法主要有以下两种。

1. 基于特征点的偏心角检校

偏心角检校的一个关键问题是对空间点的查找，与面阵 CCD 影像不同，车载 LiDAR 系统中的激光扫描仪是线阵的，对目标点的确定比较困难。可设计如图 4.60 所示的装置：在一个木质框架上并排拉紧两根韧性好的细线，在细线上粘贴三个面积为 1 cm^2 的反射片。根据激光扫描仪自身的性能，其对 1 cm^2 的目标能够产生回波信号，实际上在获取的数据中，每个反射片会产生 1～2 个反射信号。深色细线的回波信号非常微弱，对测量结果的影响很小，可以忽略不计，它的作用是把反射片固定在空中，以便于观测反射信息和查找数据。粘贴三个反射片的目的是确保由反射片确定的直线都落在激光扫描仪的扫描平面内。

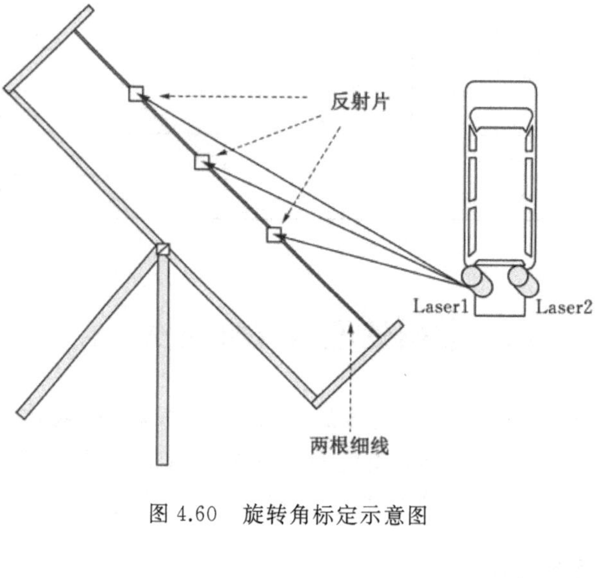

图 4.60　旋转角标定示意图

在进行标定时，应把标定场选在一个平坦开阔的地方，启动系统运行程序，反复调整车辆的位置和方向，尽量使三个旋转角度接近零。然后固定车辆，并调整标定支架上反射片的位置和角度，通过系统实时显示的点云图像观测反射片信息，并进行反复调整。当三点都有比较稳定的反射信号时，记录时间，然后用全站仪精确测定反射片的位置，同时测定激光扫描仪中心的位置。在后处理中，查找反射片信息在扫描线数据中的序号与距离值。

三个待标定的旋转角是分别求算的，以 $\Delta\omega$ 为例，如图 4.61 所示，o 为激光扫描仪中心，x^n、x^b和 z^n、z^b分别为当地水平坐标系和惯导坐标系的 x 轴和 z 轴平移后的坐标轴，x^l和 z^l分别为激光扫描仪坐标系的 x 轴和 z 轴，p 为一个激光反射片。ω 角为惯导坐标系相对当地水平坐标系的翻转角，可由系统直接读出；$\Delta\omega$ 为激光扫描仪坐标系相对惯导坐标系的翻转角，是未知的；θ_1 为 p 点所在的扫描线与激光扫描仪坐标系 x^l轴 (90°)的夹角，可以由反射点的序号求得；θ 为激光扫描仪中心 o 点和 p 点的连线与 x^n轴之间的夹角。因此，$\Delta\omega=\theta-\theta_1-\omega$即待定参数 $\Delta\omega$ 的标定值，类似地可以求得其他两个待定角度参数。

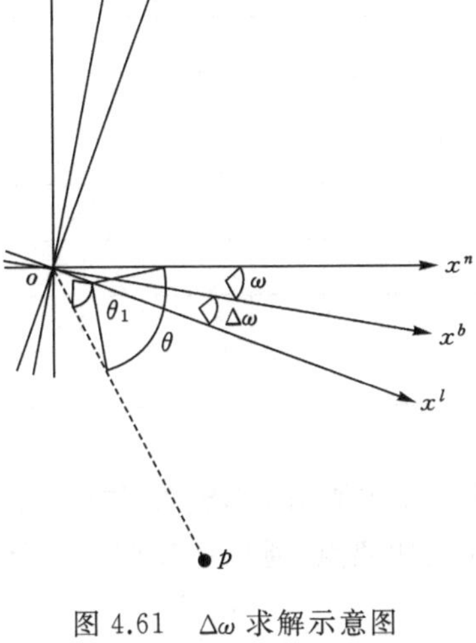

图 4.61　$\Delta\omega$ 求解示意图

2. 基于 TMatch 软件的偏心角误差检校

(1) 检校原理

采用 Lynx 系统的激光扫描仪和惯性测量装置之间的未对准会对扫描数据产生两个方面的影响：① Lynx 系统联合了两个激光扫描仪，实现了 360°的测量视角。然而，两个激光扫描仪扫描同一目标时会出现偏差，如图 4.62 所示，白色和黄色分别代表两个激光扫描仪的扫描数据。② 沿不同轨道扫描时，同一目标在不同轨道的扫描数据之间也会出现偏差，如图 4.63 所示。

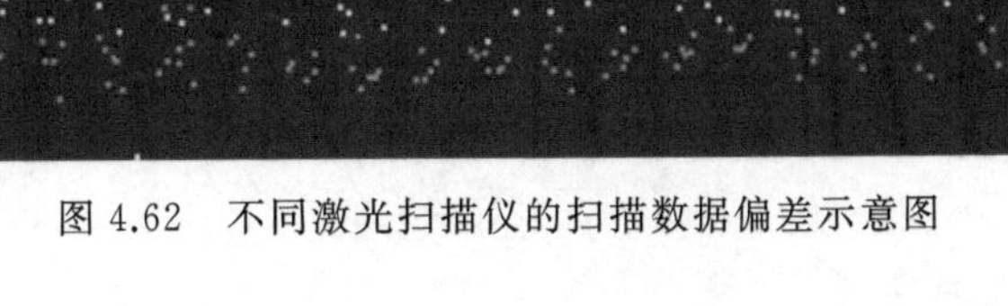

图 4.62　不同激光扫描仪的扫描数据偏差示意图

由装置间的未对准带来的扫描数据偏差大小与目标和激光扫描仪之间的距离有关，如表 4.3 所示。其中，Xyz 偏差表示 GNSS 定位误差引起的航带偏差；Hrp 偏差表示不同的安

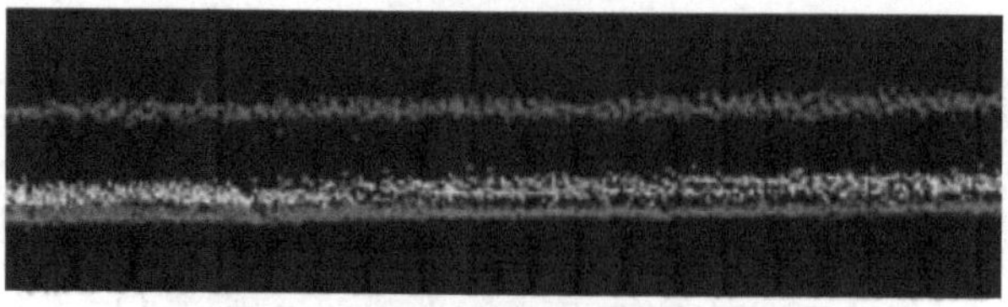

图 4.63　不同轨道的扫描数据偏差示意图

置角误差所造成的航带偏差。例如，测距为 5 m、安置角估计精度为 0.03°时，GNSS 定位误差引起的航带偏差为 15 cm，安置角误差造成的航带偏差为 0.3 cm。

表 4.3　距离与偏差之间的关系

距离/m	Xyz 偏差/cm	Hrp 偏差/cm	
		0.03°	0.10°
5	15	0.3	0.87
10	15	0.5	1.75
20	15	1.0	3.49
50	15	2.6	8.73
100	15	5.2	17.45

由表 4.3 可知：近距离点的误差主要由 GNSS 定位误差引起；远距离点的误差主要由安置角误差引起。因此，可以利用远距离点，通过比较同一目标上数据之间的差异，来完成安置角误差的求解。

基于 TMatch 软件的检校原理如图 4.64 所示，检校前后同一目标并不是严格吻合，而是将有偏差的同一目标"拉"到中间某个位置，具体位置取决于二者的精度高低，略靠近精度高的扫描数据，并且检校前后同一目标互相平行。

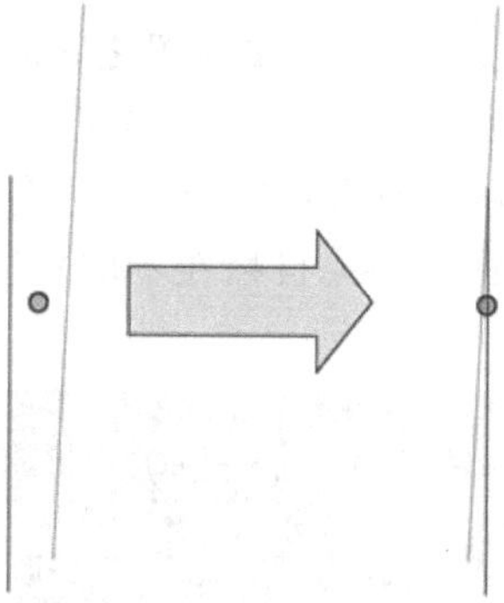

图 4.64　检校原理示意图

(2) 安置角误差影响分析

如前文所述，可以利用远距离点，通过比较同一目标上数据之间的差异，完成安置角误差求解。那么远距离点且数据之间存在差异的点都可以成为可用目标（即软件中的 Tie line),如地面点(ground)、建筑物墙面(wall)、电杆、建筑物角点等,所以下文在分析安置角误差的影响时,主要结合安置角误差对这些可用目标的影响进行分析。

① 侧滚向安置误差对激光脚点坐标的影响

侧滚向安置误差会使扫描线产生倾斜,如图 4.65 所示。

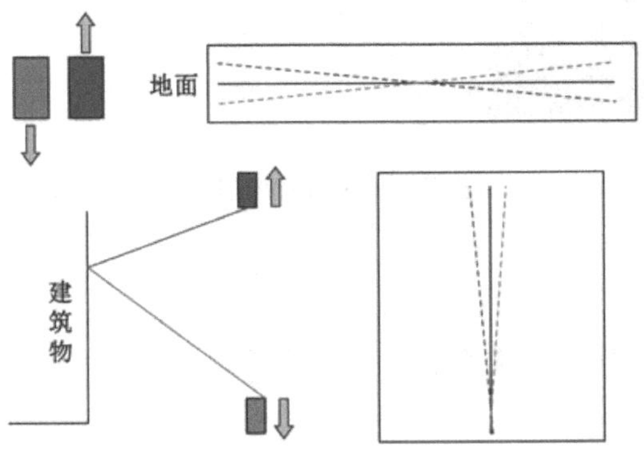

图 4.65 侧滚向安置误差对地面、墙面激光点的影响剖面图

② 俯仰向安置误差对激光脚点坐标的影响

俯仰向安置误差会使地面上的激光点产生前移或后退现象,如图 4.66 所示。

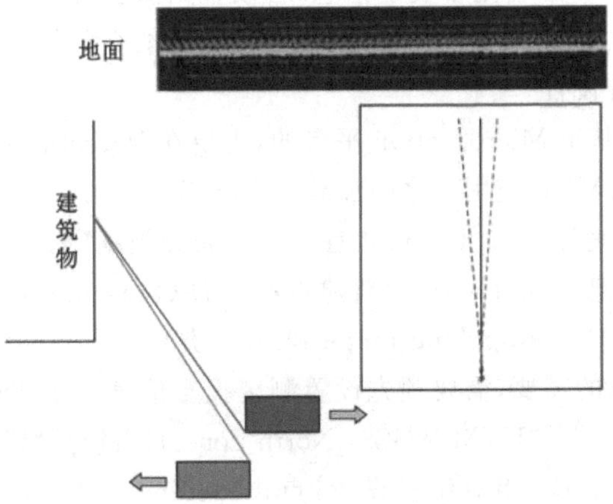

图 4.66 俯仰向安置误差对地面、墙面激光点的影响剖面图

③ 航向安置误差对激光脚点坐标的影响

对于特征点(如电杆或建筑物角点),航向安置误差会使其不垂直或直径、位置发生改变;对于建筑物墙面,航向安置误差会使其产生平面位置偏差,如图 4.67 所示。

(3) 检校步骤

① 选择合适的行车路线,沿道路往返测量两次完成目标的扫描,在扫描过程中保持建筑物墙面的良好通视性;

② 自动搜索建筑物墙面上的 Tie lines;

③ 自动搜索地面上的 Tie lines;

④ 基于搜索的 Tie lines 解算安置角误差的改正值,并将该改正值应用于原始激光

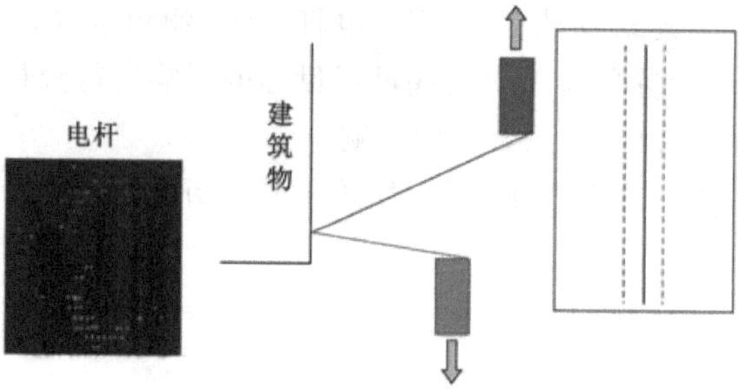

图 4.67 航向安置误差对电杆、墙面激光点的影响俯视图

数据。

(4) 基于 TMatch 软件的系统检校流程

① 资料准备

a. 激光点数据：*.las 等格式，必备数据；

b. 轨道信息数据：*.out 格式，必备数据；

c. 轨道位置精度数据：*.out 格式，可选；

d. 激光点类别信息文件：*.ptc 格式，必备数据，主要确定激光点的分类类别及存储的属性信息，激光点云数据一般会附带类别信息，若没有则需要自行创建；

e. 必要的投影坐标资料：根据测区决定，点云数据一般会附带。

② 软件调用及系统设置

TerraSolid 软件是基于 MicroStation 平台的，需要在 MicroStation 软件中调入 MDL 应用程序后才能使用。在 MDL 应用程序中加载 TScan 模块。

如果激光点数据不是纯 xyz 坐标格式且含有地表分类编码，那么在读取激光数据之前需要定义激光点分类信息。在 TScan 中新建点类文件(lynx.ptc)，在默认的点类文件中加入 14、15 和 16 类(分别对应 stop、long range 和 turn 类)。

另外，根据不同成果的需要，需要预先设置测区投影信息。在 TScan 中，通过"setting"→"Builtin projection systems"→"UTM WGS84 North Zone:17"进行设置。

IMU 和 Scanner(扫描仪)相对位置设置：点击"setting"→"scanner system"→"Lynx"→"edit"输入二者相对位置。

③ 载入轨迹文件及轨迹精度文件

轨迹文件及轨迹精度文件支持 *.out 格式，该格式为轨迹数据处理软件 Applanix POSPac 的输出格式。

载入轨迹文件：在 TScan 中通过命令"import trajectories"，设置"thin positions = 0.10m/0.100deg"，然后载入"sbet_xxx.out"文件。

载入轨迹精度文件：在 TScan 中通过命令"import accuracy file"，载入"smrmsg_xxx.out"文件。

数据显示及精度查看：在 TScan 中通过命令"draw trajectories by elevation accuracy"查看数据，如图 4.68 所示，其中蓝色数据表示精度最佳、黄色次之、红色精度最差。实际参与运算的为蓝色数据。

④ 定义工程，按工程完成激光点的读入和存储

在处理激光点前，需要先定义一个工程，可以使用 define project 工具来定义。设置“scanner = mobile；storage=LAS 1.2”后保存工程。然后将原始激光点数据（*.las）导入工程。在 Tscan 中通过“File”→“Import points into project”命令导入，设置“line numbers=increase by file；scanner number = from file name”。

⑤ 分离航迹线

分离航迹线：在 TScan 中使用“tools”→“split trajectories”功能，如图 4.69 所示，得到 6 条航迹线。

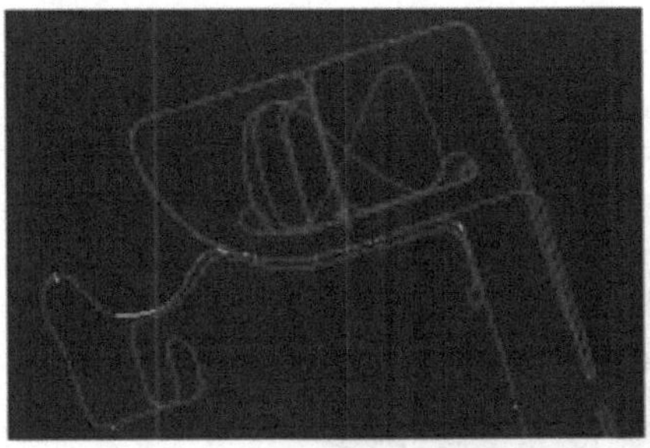

图 4.68　轨迹精度文件

图 4.69　分享航迹线示意图

将航迹线与激光点进行对应：在 TScan 中使用“tools”→“deduce using flightlines”功能，将条带号赋给每个点云。

⑥ 分离 Scanner 1 和 Scanner 2 扫描数据

软件并不能自动以不同 Scanner（扫描仪）的方式显示数据，但可以通过把 Scanner 1 数据放入 class 1-default，Scanner 2 数据放入 class 2-ground 实现数据分离。

⑦ “坏点”剔除

“bad points（坏点）”指的是精度较低的点，具体如下：

Stop 点：测量车由于红绿灯等原因临时停车时，激光点密度过高，需要进行剔除；判断依据：1 s 内移动距离小于 10 cm。

Long range 点：距离扫描仪太远的激光点精度不可靠，需要进行剔除；判断依据：距扫描仪的距离大于 120 m。

Turn 点：测量车转弯时获取的数据精度比直线行驶时的数据精度低、可靠性弱，需要进行剔除；判断依据：1 s 内的方向变化大于 4°。

⑧ 地面点分类

判断依据：距离中心线 2 m 范围内的点都认为是地面点。

在 TScan 中，通过“classify”→“routine by centerline”命令，设置“from class = any class；to class=8 model key points；compare with =any line；side=on other side；offset=0～2 m”。

⑨ Tie line 自动搜索及手工检查、编辑

在 MicroStation 软件中调入 MDL 应用程序，加载 TMatch 模块。

在 TMatch 中，通过“define Tie lines”命令，设置“Ground classes=8；Wall classes=1～2”。

通过"File"→"search tie lines"命令，设置"Find vertical walls，Length= 8.00 m；depth= 0.50 m；Max angle= 1.50 deg from vertical"，则软件自动搜索基于垂直墙面的 Tie line，如图 4.70所示。

通过"File"→"search tie lines"命令，设置"Tie line density Spacing=2.00 m；Find flat ground，Length=2.00 m；depth=0.25 m；Max angle= 1.50 deg from average"，则软件自动搜索基于平面的 Tie line。

手工检查 Tie lines，并删除精度最差的 Tie line：通过"Tie lines"→"position"→"identify"命令对 Tie line 进行查看，通过"Tie lines"→"position"→"find worst"命令，依结果判断是否删除。

保存 Tie line："File"→"save tie line"。

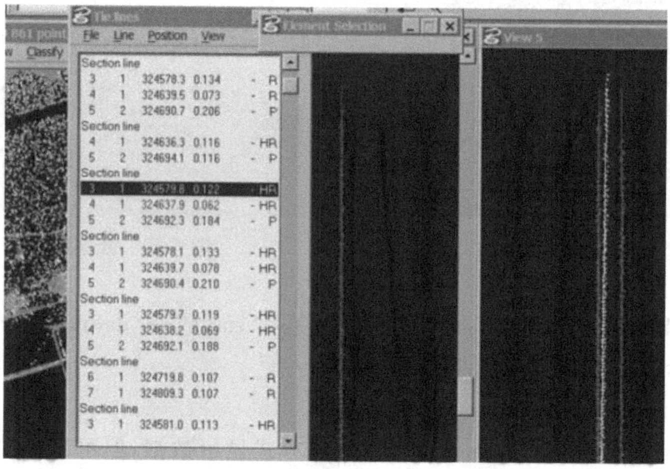

图 4.70　自动搜索 Tie line 示意图

⑩ 解算安置角误差

运用上一步提取的 Tie line 解算安置角误差，具体步骤如下。

通过"TMatch：find Tie lines match"命令，设置"Solve for= Whole data set；Scanners= Solution per scanner"。

解算结果如下：

Scanner 1：r(侧滚角)=−0.182 2，　p(俯仰角)=−0.207 1，　h(偏航角)=+0.300 1

Scanner 2：r=−0.754 6，　p=−0.324 9，　h=−0.296 0

保存改正值备用。

⑪ 改正值应用

对激光点应用改正值，具体步骤如下。

TMatch：通过"Apply corrections"命令，设置"apply to =loaded points；corrections= load from file；file= hrp_per_scanner.tms"。如图 4.71(a)、图 4.71(b)所示，改正值应用前后的不同航迹数据偏差明显变小，但是 Tie lines 之间的位置关系并未改变，所以需另外对 Tie Lines 应用安置角误差。

对 Tie lines 应用改正值，具体步骤如下。

TMatch：通过"Apply corrections"命令，设置"apply to =loaded tie lines；corrections =load

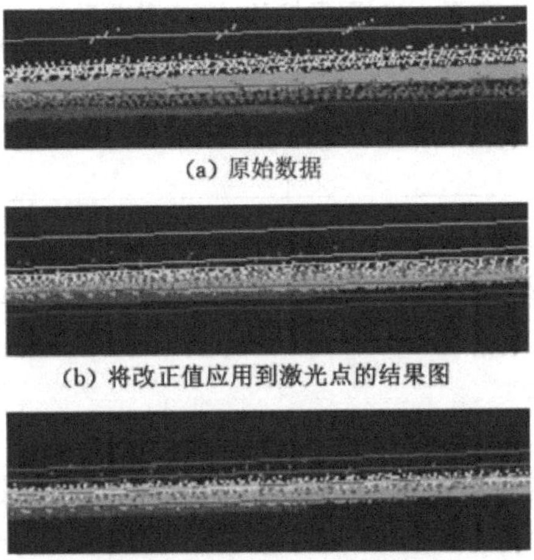

(a) 原始数据

(b) 将改正值应用到激光点的结果图

(c) 将改正值应用到Tie lines的结果图

图 4.71　改正值应用结果

from file; file= hrp_per_scanner.tms”,结果如图 4.71(c)所示。

⑫ 精度检查

检校完毕后,可通过不同 Scanner 方式对数据精度进行查看,如果还存在系统误差(图 4.72),则可利用“Tools”→“transform”命令进行调整,如图 4.73 所示。如果不存在残余系统误差,则跳过这一步骤。

图 4.72　残余系统误差示意图

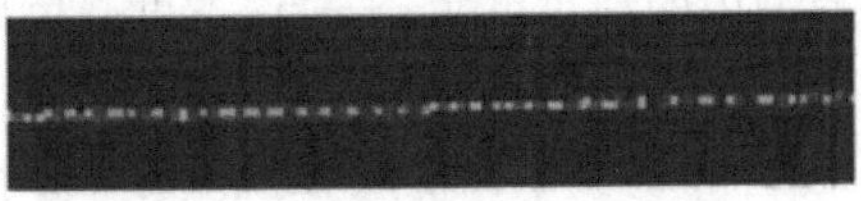

图 4.73　理想的检校结果示意图

不同航带扫描数据检校前后的对比示意图如图 4.74 所示,由图 4.74 可以看出,检校后,不同航带扫描数据基本吻合。

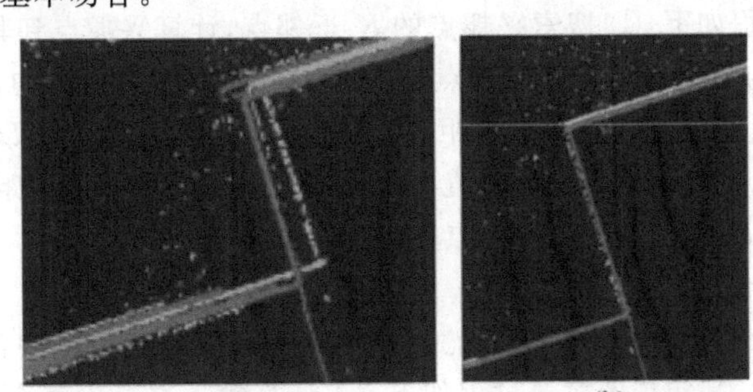

(a)　(b)

图 4.74　不同航带扫描数据检校前后的对比示意图

精度检查:对两条航带进行剖面分析,比较二者的偏差。由多次测量结果得出的距离与 Hrp 偏差的关系如表 4.4所示,由此推算:安置角估计精度优于 0.001°。

表 4.4 距离与 Hrp 偏差的关系

距离/m	Hrp 偏差/mm
10	0.17
20	0.35
50	0.87
100	1.70

4.8.2 点云位置偏差改正

受 GNSS 定位误差、IMU 定姿误差、扫描仪测角和测距误差、多传感器安装误差、传感器同步误差、数据解算误差等的综合影响，激光扫描点云的位置在不同环境中存在较大的差异。当卫星信号良好时，GNSS 和 IMU 组合导航的实时定位精度优于 5 cm，定姿精度优于 0.050°，车载点云的点位精度可达厘米级。然而，在高楼林立的城区，卫星信号受到严重遮挡，导致定位精度变差，从而使激光扫描系统测得的数据存在分米级甚至米级的偏差，这无法满足科学研究和工程应用的精度要求。在工程应用中，通常沿车辆采集路线布设一系列密集的控制点，并利用这些地面控制点来校正车载点云的相对与绝对精度。

4.8.3 点云去噪

受到扫描设备精度、环境因素、电磁波衍射特性、被测物体表面性质变化等因素的影响，点云模型中的最小单元——点，不可避免地存在噪声。除此之外，由于受到视线遮挡、障碍物等外界因素的影响，往往存在一些远离目标点云的离群点。噪声点和离群点会严重影响局部点云特征（如表面法线、曲率）的计算精度，从而会影响点云配准、目标提取、模型重建等点云处理模型的结果。

1. Statistical Outlier Removal 滤波器

该滤波器主要用来剔除离群点。其本质是通过统计输入点云区域内点的分布密度来判别离群点。点云越聚集的地方，分布密度越大，反之越小。

其实现的主要过程如下：① 搜索兴趣点的 K 近邻点，计算兴趣点到其 K 近邻点的距离均值，记作该点的平均距离；② 假设输入点云中所有点的密度满足由均值和标准差决定的高斯分布，计算目标点云中所有点的平均距离及标准差，设置距离阈值 D，D 为平均距离加上 1～3 倍标准差；③ 根据设定的距离阈值与步骤①中求得的点的平均距离进行比较，将平均距离大于距离阈值 D 的点标记为离群点并去除。

2. Radius Outlier Removal 滤波器

该滤波器以半径作为判别依据，能够滤除在输入点云的一定范围内没有达到足够邻域点数量的所有查询点。其实现的主要过程如下：① 计算输入点云中每个查询点的 D(D 为半径）邻域内邻域点的数量，记作 k。② 设置点数阈值 K。③ 若 $k<K$，则标记该查询点为离群点；若 $k\geqslant K$，则保留该点。

4.8.4 点云目标三维提取

点云是物理世界数字化的三维描述，点云目标三维提取是点云场景理解和各种应用（如智能驾驶、智慧城市等)的基础。当前,点云目标三维提取主要集中在基于特征(模板)和基于深度学习的三维提取两个方面。基于特征(模板)的点云目标三维提取方法依赖特征描述子的特征描述能力。然而,由于场景中相邻目标之间存在不同程度的遮挡、目标之间可能存在形态上的差异(如尺寸、纹理、空间拓扑结构等)及数据的不完整性等实际情况,基于特征(模板)的点云目标三维提取方法在提取的地物目标种类、完整度及正确性方面还不能达到令人满意的结果。基于深度学习的点云目标三维提取方法依赖于训练样本的选择和学习网络的泛化能力,在网络架构设计、训练样本方面及处理大规模点云场景方面均存在不足。针对点云场景的特点,围绕点云目标三维提取的实际需求,本小节主要介绍点云目标三维提取研究现状、车载激光扫描数据中多类目标的层次化提取等内容。

1. 点云目标三维提取研究现状

点云目标三维提取的关键是点云特征的提取(学习)与表达。当前点云目标三维提取的研究重点主要集中在基于机器学习的逐点分类提取、先分割后目标识别的提取、基于深度学习的提取等方面。

(1) 基于机器学习的逐点分类提取

基于机器学习的逐点分类提取方法的流程:先计算点云的局部特征描述子,然后利用训练数据集的特征描述和点类别作为输入来训练分类器,最后根据训练出来的分类器和待检测点的局部特征描述子实现逐点分类。

在局部特征描述子计算方面,主要有二进制形状上下文特征描述算子,法向量、主曲率和表面曲率、维数特征,基于特征值和特征向量的特征,全波形特征,协方差矩阵特征,离地面的高度、点密度、回波强度,平滑性等。除定义特征描述子外,设计合适的分类器也是必不可少的。常用于点云逐点分类的分类器有人工神经网络、最大期望算法、贝叶斯分类、支持向量机、自组织图、决策树、增强决策树、随机森林、霍夫森林等。

该类方法只需要对每一类目标训练相应的分类器,适用于多类别目标提取的场景。但是,由于仅利用了点云的局部特征,缺少邻域上下文和全局的信息,因此,该类方法对弱局部特征和大尺度目标的分类精度较差。另外,此类方法一般通过遍历的方式进行特征计算、训练和分类,计算复杂度也相对较高。

(2) 先分割后目标识别的提取

基于局部特征描述子的逐点分类方法仅利用了有限邻域范围内的信息,缺乏对邻域上下文及目标的全局描述,因此对弱局部特征和大尺度目标的分类精度较差。因此,需要对点云进行相应的分割处理,将目标点云和背景点云分开;然后综合考虑目标点云的局部、全局及上下文特征实现分割目标的识别。该类方法主要包括两个步骤:点云分割和目标识别。

点云分割:根据三维坐标、回波强度、波形、纹理和形状等特征把点云划分成若干互不重叠的区域,并使这些特征在同一区域内呈现相似性,而在不同区域间呈现差异性。目前主流的点云分割方法包括基于欧氏空间相邻关系的连通性分析、基于特征空间聚类的点云分割、多层次点云分割、基于图论的点云分割,以及融合过分割和指导性合并的点云分割等。

① 基于欧氏空间相邻关系的连通性分析

基于欧氏空间相邻关系的连通性分析方法具有原理简单、计算速度快等特点,是常用的点云分割方法之一。该算法遵循低密度区域距离阈值大、高密度区域距离阈值小的原则,根据局部区域的点密度及其变化自适应地计算每个点的距离阈值,从而在一定程度上解决了分割不足和过分割的问题。

② 基于特征空间聚类的点云分割

基于特征空间聚类的点云分割算法可以直接着眼于点云本身的结构特性，通过特征相似性测度所反映的内在属性来区分不同目标，实现点云的自动、快速、准确分割。该类方法根据点云的局部特征（如法向量、局部粗糙度、回波强度等），在特征空间中利用 k-means（k 均值聚类）、模糊 K 均值、均值迁移等聚类算法对点云进行分组。

③ 多层次点云分割

该方法将原始点云重采样为不同尺度的点云，并将重采样后的点云聚合成多层次点集，通过借助 LDA（线性判别分析）对各个层次下的点集特征进行表达，再将每个点集通过分类器进行类别归属判别。由于多层次结构能够表达类别之间的语义相关性或视觉相似性，因此采用多层次点云分割方法有利于提高点云分类与识别的精度。但该方式得到的分割结果以目标的部分结构为主，并未实现对地物目标的整体分割。

④ 基于图论的点云分割

该类方法利用图割理论完成目标提取。例如，层次化最小割方法首先检测树木的树干，并以当前最高的树干作为“前景点云”，其一定邻域范围内的其他树干作为“背景点云”；然后以点到前景点云的归一化距离作为边的权值构建加权无向图，并利用最小割的方式把当前邻域内的点云划分为前景点云和背景点云；从点云中移除前景点云后，重复上述过程，直至所有树木分割完成。体素归一化割方法则将包含多个重叠语义目标的聚类分割成单独的语义目标，具体内容如下：首先剔除地面点云，并采用欧氏距离聚类方法对非地面点进行分割，分离出空间上相互独立的目标；然后以体素作为节点，相邻体素之间的水平和垂直距离作为边的权值构建加权图；最后采用基于体素的归一化割方法将包含多个重叠语义目标的聚类分割成单独的语义目标。

⑤ 融合过分割和指导性合并的点云分割

该类方法首先将点云过分割为多尺度的超体素，并将超体素分类为线状、面状和球状三类；然后采用多规则区域生长的策略，分别对这三类超体素进行聚类，得到地物目标的组成结构；最后将地物目标的先验知识编码为组成结构的合并规则，指导其合并成有意义的地物目标。该类方法在点云分割过程中融合了地物目标的语义知识，一定程度上实现了点云分割和目标识别的协同。

目标识别：在点云分割的基础上，通过定义一定的规则对目标进行三维提取，主要有以下几种方法。

① 基于语义规则或先验知识的目标提取

基于语义规则或先验知识的目标提取方法通过定义待提取目标一系列的语义规则，如尺寸、形状、反射强度、上下文信息等，来提取特定的三维目标。

② 基于机器学习的目标提取

在点云分割的基础上，基于机器学习的目标提取方法首先计算出待识别目标的局部、全局或上下文特征；然后利用待识别目标的训练样本，通过机器学习方法对分类器进行训练，构造出识别特定目标的分类器或概率估计模型；最后根据训练出来的分类器对待识别目标进行分类。

这些方法大多基于目标的全局形状特征，因此算法的性能严重依赖分割目标的正确性和完整性，对复杂场景中遮挡、重叠等现象的鲁棒性较差。

③ 基于模型匹配的目标识到

基于模型匹配的目标识别方法主要利用待检测目标的模型点云与场景点云分割区域的局部或整体特征相似性，通过局部特征描述子或整体形状匹配的方法实现对特定三维目标的检测。该类方法对点云分割结果有较强的鲁棒性，对包含附属物的目标或多个重叠的目标也具有较佳的处理效果；但此类方法对点云局部特征的描述性和鲁棒性要求较高。

(3) 基于深度学习的提取

借鉴深度学习在图像识别领域的成功经验，学者们针对点云的特点，提出了多种深度学习网络结构用于三维目标的识别与检测。这些方法按照其输入数据的形式，分为基于多视图的深度学习、基于体素的深度学习和基于不规则点云的深度学习三类。

① 基于多视图的深度学习方法首先将三维数据按照一定的方式，从不同的视角渲染成多幅图像，然后直接在这些图像上利用成熟的图像卷积神经网络结构对三维对象进行特征学习与识别。这类方法的优点在于能够直接应用深度学习在图像处理领域的已有成果，并且能够获得较好的结果；但其缺点在于数据分类的结果依赖于渲染的方式和渲染的视角。

② 基于体素的深度学习方法将空间划分成规则的体素，然后将二维卷积神经网络推广至三维卷积神经网络，同样具有卷积层(convolution)和池化层(pooling)。

③ 基于不规则点云的深度学习方法是将卷积计算建立在不规则的原始点云上来实现目标识别与检测的。

2. 车载激光扫描数据中多类目标的层次化提取

本部分提供了一种从车载 LiDAR 数据中层次化提取多类型目标的方法。该方法首先利用颜色、激光反射强度、空间距离等特征，生成多尺度超级体素；然后综合超级体素的颜色、激光反射强度、法向量、主方向等特征利用图分割方法对体素进行分割；同时计算分割区域的显著性，以当前显著性最大的区域为种子区域进行邻域聚类得到目标；最后结合聚类区域的几何特性判断目标可能所属的类别，并按照目标类别采用不同的聚类准则重新聚类得到最终目标。该方法包括数据预处理、多尺度超级体素生成、基于多特征的点云分割和多类型目标层次化提取 4 个步骤(图 4.75)。

(1) 数据预处理

对测量过程中的各种系统误差和随机误差导致的噪声点，利用 4.8.3 节中的 Statistical Outlier Removal 滤波器进行去除，同时利用基于 TIN 加密的滤波方法区分地面点和非地面点。

(2) 多尺度超级体素生成

车载 LiDAR 数据量大且密度分布不均匀，直接对其进行分割和目标提取时，计算量大且比较耗时。受图像处理方法中“超级像素”的启发，通过分析点云空间分布特征以及激光点颜色，发展了车载 LiDAR 数据的多尺度超级体素生成算法。超级体素生成算法的伪代码如下：

/＊初始化＊/

将车载 LiDAR 数据划分成尺寸为 S 的规则体素，将距离每个体素中心最近的激光点初始化为超级体素的中心：

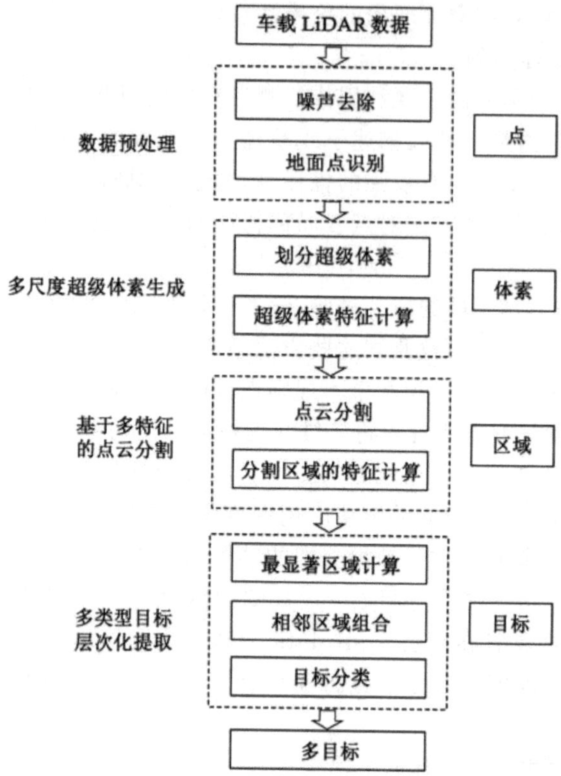

图 4.75 从车载 LiDAR 数据中层次化提取多类型目标的方法

$$C_k = (R_k, G_k, B_k, x_k, y_k, z_k)$$

R_k、G_k、B_k、x_k、y_k、z_k 分别为第 k 个超级体素颜色的 R、G、B 分量以及 x、y、z 坐标。对于每个点 i，设置其超级体素的标识为 $l(i)=-1$，点到体素中心的距离 $d(i)=\infty$。

```
repeat
  /*赋值*/
   for 每个超级体素 k,do
        for 以 C_k 为中心，以 S 为半径的球内的任意点 i，计算点 i 到 C_k 的距离 d_ik。
   if d_ik < d(i) then
      set d(i) = d_ik
      set l(i) = k
      end if
   end for
  end for
/*更新*/
   for 每个超级体素 k,do
        把 l(i) = k 的所有点的平均值作为超级体素 k 的新的中心 C_k，并计算新的体素中心和前一次迭代的体素中心的位置偏移量 p。
   end for
```

until $p \leqslant$ threshold(阈值)

加权距离计算公式为：

$$\begin{cases} d_{ik} = \sqrt{\left(\dfrac{d_{ik}^{c}}{N_c}\right)^2 + \left(\dfrac{d_{ik}^{s}}{N_s}\right)^2} \\ d_{ik}^{s} = \sqrt{(x_i - c_k^x)^2 + (y_i - c_k^y)^2 + (z_i - c_k^z)^2} \\ d_{ik}^{c} = \sqrt{(R_i - c_k^R)^2 + (G_i - c_k^G)^2 + (B_i - c_k^B)^2} \end{cases} \tag{4-11}$$

式中，d_{ik}、d_{ik}^{s}、d_{ik}^{c} 分别为点 i 到体素中心 C_k 的加权距离、空间距离和颜色距离；x_i、y_i、z_i、R_i、G_i、B_i 分别为点 i 的坐标以及颜色分量；c_k^x、c_k^y、c_k^z、c_k^R、c_k^G、c_k^B 分别为超级体素 k 的中心 C_k 的坐标以及颜色分量；N_s 和 N_c 为权值因子，可以通过调整 N_c 和 N_s 的大小来权衡体素的紧凑性和边缘准确性。

由于场景的复杂性及目标的多样性，单一尺度的体素无法准确表达目标的局部几何特征。例如，尺度较小时，虽然可以减少混合体素的出现，但不利于树干等较粗杆状目标的特征识别；尺度较大时，虽然有利于树干等较粗杆状目标的特征识别，但不利于细节特征识别。因此，提出多尺度的超级体素划分方法。首先使用大、小两个尺度进行超级体素划分，同时计算每个超级体素在不同尺度下的线状、面状和球状维数特征以及法向量、主方向、颜色平均值、反射强度平均值和体素类别 V_L（$V_L=1$，体素呈线状分布，$V_L=2$，体素呈面状分布，$V_L=3$，体素呈球状分布）等特征，然后根据表 4.5 中的优化策略确定最优尺度及其对应的超级体素的特征。

线状（a_{1D}）、面状(a_{2D}）和球状（a_{3D}）维数特征和体素类别 V_L 的计算公式如下：

$$a_{1D} = \frac{\sqrt{\lambda_1} - \sqrt{\lambda_2}}{\sqrt{\lambda_1}},\ a_{2D} = \frac{\sqrt{\lambda_2} - \sqrt{\lambda_3}}{\sqrt{\lambda_1}},\ a_{3D} = \frac{\sqrt{\lambda_3}}{\sqrt{\lambda_1}} \tag{4-12}$$

$$V_L = \operatorname{argmax}(a_{dD}),\quad d \in [1,3] \tag{4-13}$$

式中，λ_1、λ_2、λ_3($\lambda_1 \geqslant \lambda_2 \geqslant \lambda_3$)分别为体素内的点构建的协方差矩阵的特征值。法向量 $\mathbf{V}_N$ 为协方差矩阵的最小特征值 λ_3 对应的特征向量；主方向 $\mathbf{V}_P$ 为协方差矩阵的最大特征值 λ_1 对应的特征向量。

表 4.5　多尺度超级体素优化策略

情况	策略	说明
$V_L^S = V_L^L$	大尺度为最优尺度	该区域比较平滑，同质性好
$V_L^S=1, V_L^L=2$	小尺度为最优尺度	尺度变大后，会把其他目标中颜色相近的点包含起来
$V_L^S=1, V_L^L=3$	小尺度为最优尺度	尺度变大后，会把其他目标中颜色相近的点包含起来
$V_L^S=2, V_L^L=1$	大尺度为最优尺度	对于较粗的杆状目标，当尺度较小时，呈面状分布，当尺度变大后，呈杆状分布
$V_L^S=2, V_L^L=3$	小尺度为最优尺度	尺度变大后，会把另外一个颜色相近的相邻地物的点包含起来
$V_L^S=3, V_L^L\neq 3$	大尺度为最优尺度	数据中存在噪声，采用小尺度进行划分时，体素抗噪声能力差

注：V_L^S 表示采用小尺度划分时体素的类别；V_L^L 表示采用大尺度划分时体素的类别。

(3) 基于多特征的点云分割

利用单一特征(如颜色、强度、法向量等)的一致性进行点云分割存在一定的局限性,容易导致片面的分割结果。为克服上述不足,本部分融合体素的颜色、反射强度、法向量、主方向等多种特征,利用基于图的分割方法进行点云分割。同时提出了 3 种策略对传统的图分割方法进行改进,具体如下:① 利用超级体素在三维空间的相邻关系代替图像像素的二维相邻关系,以更好地将目标和背景中特征相似的区域区分开来;② 对每条边定义了颜色差异、反射强度差异、法向量夹角、主方向夹角 4 个权值,这样兼顾了各类地物的不同特点,克服了基于单一特征分割方法的不足;③ 采用不同的区域内部一致性和区域间差异性准则对类别不同的体素分别构图。例如,对于杆状分布的体素($V_L=1$)构建的图,区域内部一致性为区域内各体素主方向分布的标准差,区域间差异性为相邻区域主方向的夹角;对于面状分布的体素($V_L=2$)构建的图,区域内部一致性为区域内各体素法向量分布的标准差,区域间差异性为相邻区域法向量的夹角;对于球状分布的体素($V_L=3$)构建的图,区域内部一致性为区域内各体素颜色或反射强度分布的标准差,区域间差异性为相邻区域内各体素颜色或反射强度平均值的差值。然后根据合并规则,分别对这三幅图进行分割,最后将这三幅图的分割结果叠加得到最终的分割结果。其中,区域内部一致性和区域间差异性的计算公式见式(4-14)。

$$\begin{cases}\omega(E_q)=\left|\operatorname{avg}(C_i^{q-1})-\operatorname{avg}(C_j^{q-1})\right| \\ \operatorname{avg}(C_{ij})=\dfrac{\operatorname{avg}(C_i^{q-1})\cdot n_i+\operatorname{avg}(C_j^{q-1})\cdot n_j}{n_i+n_j} \\ \operatorname{std}(C_{ij})=\sqrt{\dfrac{n_i}{n_i+n_j}\operatorname{std}(C_i^{q-1})^2+\dfrac{n_j}{n_i+n_j}\operatorname{std}(C_j^{q-1})^2+\dfrac{n_i n_i}{n_i+n_j}\left[\operatorname{avg}(C_i^{q-1})-\operatorname{avg}(C_j^{q-1})\right]^2}\end{cases} \tag{4-14}$$

式中,C_{ij} 为区域 C_i^{q-1} 和 C_j^{q-1} 合并后的区域;n_i 和 n_j 分别为区域 C_i^{q-1} 和 C_j^{q-1} 的点数。$\operatorname{avg}(C_i^{q-1})$、$\operatorname{avg}(C_j^{q-1})$、$\operatorname{avg}(C_{ij})$ 分别为对应区域特征的均值;$\omega(E_q)$ 为区域之间的差异性;$\operatorname{std}(C_i^{q-1})$、$\operatorname{std}(C_j^{q-1})$、$\operatorname{std}(C_{ij})$ 分别为对应区域特征的标准差,反映区域内部一致性。当相邻区域 C_i^{q-1} 和 C_j^{q-1} 的差异性 $\omega(E_q)$ 小于内部一致性 $\operatorname{std}(C_i^{q-1})$ 与 $\operatorname{std}(C_j^{q-1})$ 之和时,将区域 C_i^{q-1} 和 C_j^{q-1} 合并。分割完成后,利用体素的特征计算方法计算每个区域的维数特征、类别以及法向量、主方向、颜色平均值、反射强度平均值等。

(4) 多类型目标层次化提取

现有的目标提取方法假设在空间中的不同目标相对独立,但在城区环境中,多类型目标相互交错(如树木和交通标志、树木和树木),不满足上述假设,因此会导致错误的提取结果。为克服上述不足,本书利用层次化提取策略来实现多目标提取,关键技术包括提取区域显著性指标、相邻区域聚类和目标分类。

显著性指标主要包括区域 i 的最低点到地面的距离 S_{HDG}^i、区域 i 的高度 S_H^i、与区域 i 相邻的区域个数 S_N^i、区域 i 的法向量与 Z 轴的夹角 S_∂^i、区域 i 的主方向与 Z 轴的夹角 S_β^i 等五项指标,指标说明见表 4.6。

表 4.6　显著性指标

显著性指标	说明
区域 i 的最低点到地面的距离 S^i_{HDG}	地物目标越靠近地面，S^i_{HDG} 越小，显著性 S^i_{Sa} 越大
区域 i 的高度 S^i_H	高度 S^i_H 越大，显著性 S^i_{Sa} 越大
与区域 i 相邻的区域个数 S^i_N	S^i_N 越小，说明该区域跟周围区域越相对独立，显著性 S^i_{Sa} 越大
区域 i 的法向量与 Z 轴的夹角 S^i_∂	S^i_∂ 越接近 90°，说明该区域是立面的可能性越大，显著性 S^i_{Sa} 越大
区域 i 的主方向与 Z 轴的夹角 S^i_β	S^i_β 越接近 0°，说明该区域是竖直杆的可能性越大，显著性 S^i_{Sa} 越大

对于任意区域 i，显著性计算公式见式(4-15)。

$$S^i_{Sa}=\underset{k\in(1,n)}{\frac{-S^i_{HDG}}{\max(S^k_{HDG})}}+\underset{k\in(0,n)}{\frac{S^i_H}{\max(S^k_H)}}+\underset{k\in(0,n)}{\frac{-S^i_N}{\max(S^k_N)}}+\frac{S^i_\partial}{\pi/2}+\frac{-S^i_\beta}{\pi/2}\quad(\partial,\beta\in[0,\pi/2]) \tag{4-15}$$

式中，n 为区域的总个数。

区域显著性计算实现了多类型目标显著性的排序，为层次化的目标提取奠定了基础，避免了空间邻近目标对提取结果的影响。

首先以显著性最大的区域为种子区域，与其相邻区域聚类得到目标；然后计算目标的高度 O_H、宽度 O_W、几何中心和重心高程差 $O_{\Delta h}$ 以及多次回波点占总点数的百分比 O_{PCT} 等特征，并利用特征描述规则标识待识别的目标；然后根据识别目标的类别，融合相应的聚类约束条件(表 4.7)重新进行聚类；最后利用特征描述规则重新标识待识别的目标，并从分割结果中移除已识别的目标。重复上述过程，直到所有目标被标识。

表 4.7　不同目标的聚类约束条件

目标	聚类约束条件
建筑物	聚类呈面状分布的相邻区域
电杆	聚类呈竖直杆状和水平杆状分布的相邻区域
交通标志	聚类呈杆状和竖直面状分布的相邻区域
树木	聚类呈杆状和球状分布的相邻区域
路灯	聚类呈杆状和面状分布的相邻区域
围墙	聚类呈竖直面状分布的相邻区域
汽车	聚类呈面状分布的相邻区域

(5) 多类型目标的提取结果

基于点云分割的多类型目标提取结果如图 4.76 所示，其中，目标提取中采用的参数阈值如表 4.8 所示，阈值可根据物体的先验知识以及特征统计直方图的分析结果得到。图 4.76(a)所示为整个区域的目标提取结果，图 4.76(b)、图 4.76(d)、图 4.76(f)、图 4.76(h)和图 4.76(c)、图 4.76(e)、图 4.76(g)、图 4.76(i)分别是区域 1、2、3、4 按照目标类别和目标 ID 赋色的结果。

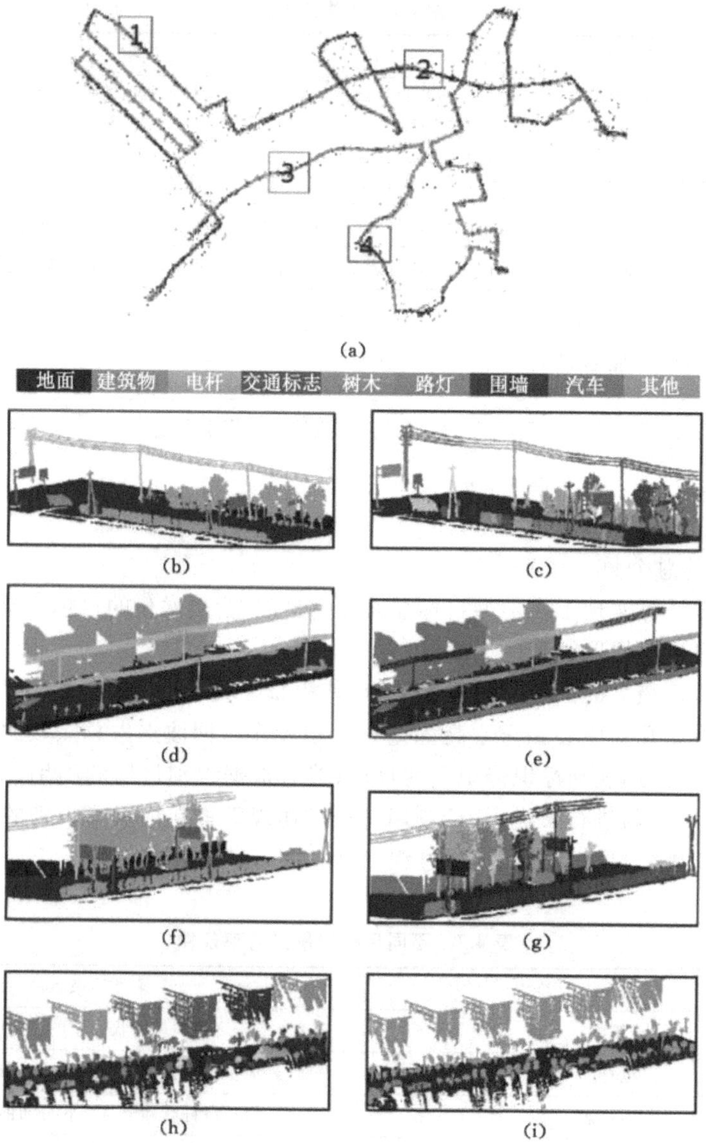

图 4.76　多类型目标的提取结果

表 4.8　目标提取中采用的参数阈值

目标	参数	取值/m	描述
建筑物	T_1	3.0	组成建筑物的最大立面的最小高度阈值
	T_2	3.0	组成建筑物的最大立面的最小宽度阈值
	T_3	5.0	建筑物目标的最小高度阈值
	T_3	3.0	建筑物目标的最小宽度阈值
电杆	T_5	5.0	电线立杆的最小高度阈值
	T_6	10.0	电杆目标的最小高度阈值

表 4.8(续)

目标	参数	取值/m	描述
交通标志	T_7	2.0	组成交通标志的立杆的最小高度阈值
	T_8	0.5	组成交通标志的标志牌的最小尺寸阈值
	T_9	2.5	交通标志的最小高度阈值
树木	T_{10}	2.0	树木目标的最小高度阈值
	T_{11}	0.3	多次回波点的比例阈值
路灯	T_{12}	5.0	组成路灯的立杆的最小高度阈值
	T_{13}	8.0	路灯目标的最小高度阈值
围墙	T_{14}	2.0	组成围墙的最大立面的最小高度阈值
	T_{15}	3.0	组成围墙的最大立面的最小宽度阈值
	T_{16}	2.0	围墙目标的最小高度阈值
	T_{17}	10.0	围墙目标的最小宽度阈值
汽车	T_{18}	1.5	汽车目标的最小高度阈值
	T_{19}	5.0	汽车目标的最大高度阈值
	T_{20}	1.5	汽车目标的最小宽度阈值
	T_{21}	3.0	汽车目标的最大宽度阈值
	T_{22}	2.7	汽车目标的最小长度阈值
	T_{23}	15.0	汽车目标的最大长度阈值

4.8.5 车载 LiDAR 点云中街道场景信息的提取与三维建模

车载激光扫描技术能够快速获取城市街道场景的地面和建筑物立面信息，作为城市空间信息快速获取技术的一种必要补充，具有广阔的发展前景。图 4.77 所示为城市街道场景点云图像，由图 4.77 可以看出，城市环境中不但包括各种公共设施，还有行人、车辆等，街道两边的建筑物也形态各异，变化多样。不可能对所有的信息都进行完整的重建，只需对主要和必要的信息进行提取与场景重建。街道两侧的建筑物立面信息以及地面信息反映了城市街道的主要面貌特征，是必须和必要的。其他的信息，如树木、路灯、标语牌等公共设施信息，可以看作点状地物，提取这些地物的底部位置信息，标注它们的属性，在场景重建时，使用标准的模型进行代替，也可以根据需要作为次要信息予以忽略。路面上的行人和车辆等信息，则应当看作不必要的信息。因为在数据采集时，激光扫描仪记录的是扫描瞬间的信息，而这些信息是时刻变动的。再者，由于受分辨率的限制，远处的行人在点云图像上只有有限的几个信息点，识别和提取都存在一定的困难。

本小节主要研究如何从车载 LiDAR 获取的城市街道场景数据中快速提取上述地物信息并对这些地物进行表达。首先阐述城市环境中重要基础设施信息的提取方法；接着对城市地面与地形信息提取进行研究，采取分步骤的提取方法；然后研究建筑物立面信息的提取方法，在这一部分，重点介绍基于邻近扫描线相似度赋值的空洞填补方法。由于在车载激光扫描信息的表达中，地面信息和建筑物立面信息很难严格进行界限划分，因此本书将两者放

图 4.77　城市街道场景点云图像

在一起来构建表面模型。

1. 基础设施信息提取

城市环境中有大量的基础设施信息，按其形态结构特点，主要分为三类：独立点状地物、线状地物和面状地物。

(1) 独立点状地物提取

独立点状地物是指那些只需要确定底部位置信息而不需要提取形状的地物，如路灯、树木等。从信息量来看，点状地物在城市环境中占有较大的比例；从结构形态来看，点状地物在靠近地面部分一定高度范围内呈柱状分布。在点云图像中，这些地物呈现一定的局部特性，人眼很容易识别。但是受这些地物柱状部分直径、材质以及数据采集时车辆的行进速度和传感器瞬时姿态等因素的影响，在点云图像中，其柱状部分的采样点并不一定都落在一条扫描线上，如图 4.78 所示，采样点可能分布在一条或数条扫描线上，每条扫描线上的点也不一定是连续的，相邻扫描线上的数据点可能出现交替分布的现象，这就给计算机自动提取带来了一定的难度。

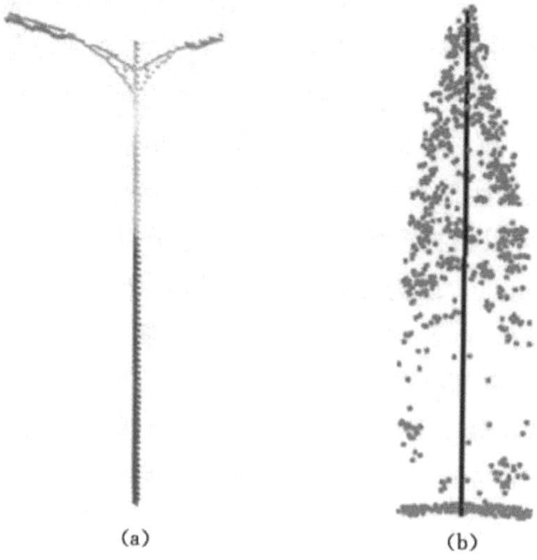

图 4.78　独立点状地物

本小节采用自动提取和交互提取两种方法来研究独立点状地物的提取。

① 基于投影点密度的独立点状地物自动提取方法

由于点状地物类型繁多，激光扫描仪对地物的采样点有限，不可能准确地分辨出每个点状地物的属性信息。因此，应当先采用一定的判别准则提取各个点状地物的位置信息，然后对其属性信息进行交互编辑。

投影密度的概念为：将三维坐标点垂直投影到水平面上，或者将 Z 值取任意常数，统计和计算水平面任意位置处所含投影点的个数，记为 DoPP(Density of Projected Points)。在理想状态下（目标表面平滑、无遮挡，所有采样点均为有效点），DoPP 值与目标高度 H、激光扫描仪中心到目标的垂直距离 D、扫描仪的空间分辨率 α 相关：

$$\mathrm{DoPP}=\mathrm{int}\left[\frac{\mathrm{Atn}(H/D)}{\alpha}\right] \tag{4-16}$$

为了简化，可以将测量区域划分成规则的网格，将网格统一编号，统计每个网格单元上的投影点数，并以此值作为该网格单元的 DoPP 值，这样就可将 DoPP 值离散化表示。对于路灯[图 4.78(a)]，其 DoPP 值大于周围地面的 DoPP 值，容易自动提取出来。但是对于树木[图 4.78(b)]等，由于树冠形态各异，又有一定的空间覆盖面积，树冠上的采样点会落在不同的网格中，各个网格内的点密度各不相同，这样一棵树的周围就可能会出现多个符合条件的网格，也就是说，一棵树变成了多个“疑似”点状地物。

要解决上述问题，需要找到独立点状地物的本质特征，即这些点状地物通常在从地面向上一定高度范围内呈柱状分布，形态结构比较简单，而且在这个区间中，激光扫描点的密度比较大，扫描点的间隔也比较小，很少出现中间较长距离内没有采样点的情况。在进行 DoPP 计算时，添加以下三个附加条件：a. 只计算高度值在地面和地面以上一定高度范围内的点，其他高度内的点不作为有效点；b. 每个网格内点的高度最大值和最小值的差必须大于给定的阈值；c. 每个网格内相邻点间的最大距离必须小于给定的阈值。条件 a 有效地去除了树冠等信息的干扰，也大量减少了参与计算的点的数目，提高了数据处理速度；条件 b 是为了避免局部采样点比较密集，导致落在一个网格内的采样点的数目比较大，从而被看作“疑似”网格的现象，例如，对于行人的信息，通常有比较多的采样点，但人的高度都小于给定的阈值，因此行人被排除在外；条件 c 是为了保证落在网格内的地物点有一个柱状的形态。运用以上理论和限定条件，可以较好地自动提取城市环境中的点状地物。

利用上述方法，可以得到各独立点状地物的部分点云信息，最终的目的是确定它们底部的位置信息，采用以下处理方式：对各个点状地物网格内的数据点按高度进行排序，取最低的 n 个数据点，计算其平均值作为各独立点状地物的底部位置坐标。图 4.79 所示为自动提取的独立点状地物。

② 交互提取方法

自动提取方法能够较好地提取出结构类似柱状的路灯、树木等地物。然而，其他一些地物，如公用电话亭等，也应当划归为独立点状地物，但由于其复杂的结构及车载激光扫描仪有限的采样点，要从复杂的环境中自动提取出这类地物几乎是不可能的。因此，交互提取的方式仍然是必要的。

利用交互提取方法提取点状地物的步骤如下：在点云图像上用鼠标点击点状地物底部，找出在屏幕上的投影距离鼠标最近的那个点，用其坐标作为点状地物的底部位置坐标，然后

图 4.79　城市环境中独立点状地物的自动提取效果

编辑该点状地物的属性。在特殊情况下，若点状地物底部由于遮挡等原因附近没有激光扫描点，则在其柱状点云上随意选一点，用其水平坐标作为点状地物的水平坐标，同时以该地物附近地面的高程值作为点状地物的高程值。

无论是自动提取还是交互提取点状地物，都只能得到这些点状地物的底部位置坐标，不能得到各点状地物的属性，因此必须进行属性编辑。从实际的效率来看，自动提取和交互提取方法没有太大的差别。由于城市环境的复杂性，以及采样点密度的不均匀性，在自动提取时，网格的大小和采样点的阈值很难有效控制，即使根据经验值进行调整，也只能满足一定条件下的提取要求。因此，人们更倾向于采用交互提取的方式。

(2) 线状地物提取

线状地物是指在结构上呈流线分布的地物，典型的线状地物包括道路的边界、道路中间起隔离作用的栏杆等。对于线状地物的提取，通常采用交互的方式：在点云图像上沿着地物的走向绘出折线，然后按顺序自动记录折线每个节点的坐标值，接着编辑线状地物的属性并存储其信息，即可得到完整的线状地物信息。节点坐标值的获取方法类似于交互提取点状地物坐标值的方法。

(3) 面状地物提取

面状地物是指那些具有一定面积、结构简单、表面平滑的地物，如围墙、广告牌等。

面状地物信息提取的关键在于获得其空间外接多边形，且要求各顶点落在同一平面内。面状地物提取采用交互的方式进行，具体步骤如下：首先在点云图像上绘出面状地物的外接多边形，在绘制外接多边形的每个顶点时，该顶点坐标用在平面上的投影距离鼠标最近的那个数据点的坐标代替，按顺序记录每个顶点坐标，最后形成闭合多边形。然后对这些顶点进行拟合，形成空间平面，该空间平面即主平面，对各顶点在主平面上进行投影，形成新的闭合多边形，即空间面状地物。

与传统测量相比，从激光扫描图像中获取基础设施信息在效率上有了较大提高。然而，进行整个城市规模的场景重建时，采用交互方式获取这些零碎的基础设施信息是非常耗时的，与快速的、批处理的场景重建方式不太适应。从研究角度看，从车载激光扫描点云图像中提取基础设施信息是必要的，而且效率也是比较高的。但从实际应用来看，可以不考虑这些信息，仅考虑对地面信息和建筑物立面信息的提取和重建。

2. 城市地面与地形信息提取

为提高数据处理效率、加快场景重建速度，在完成必要的基础设施信息提取后，对城市环境中的主要信息进行分类，将其划分为两大类：建筑物立面信息和地面信息。

在用车载 LiDAR 数据对城市环境进行重建时，研究重点集中在建筑物立面信息的提取方面，地面信息多作为多余信息被滤除。其分离原则如下：将高度值小于仪器高度的点视为地形点数据，将高度值大于仪器高度的点视为地物数据；根据激光扫描的回波信号强度去除无效点，利用中值滤波剔除奇异点，利用曲面拟合去除前端遮挡物；对保留的建筑物立面信息进行特征提取。

3. 建筑物立面信息提取

建筑物立面信息是城市景观中非常重要的组成部分。本部分拟提供一种以保留建筑物立面局部结构的几何特征为前提，快速准确提取并构建建筑物立面表面模型的方法。

城市环境中的建筑物，特别是街道两侧的建筑物，其立面主要有以下特征：① 多为垂直结构且沿街道走向分布；② 在总体上表现为平面特征，但在局部又呈现一定的局部特征，因此建筑物立面有一定的“厚度”；③ 总体结构形态和局部结构形态都有规则的几何外形，且都沿水平方向或竖直方向；④ 建筑物立面的下面部分往往向外凸出，与上部不一定在同一个竖直平面内。

由于车载激光扫描仪垂直于建筑物立面采集信息，各相邻扫描线近似平行，各相邻扫描线所表达的建筑物立面的狭长条带区域较为相似。因此，相邻扫描线数据有较大的相似度，也就是说，将一条扫描线上的数据进行平移，叠合到它的相邻扫描线上，各对应数据点能够“吻合”的可能性很大。利用这个特征，可以填补空洞区域的数据并恢复为原来的形状。落在建筑物立面边缘上的扫描线数据与相邻的非该建筑物立面上的扫描线数据差别很大，它们的相似度很小，利用这个特点，能够自动区别不同的建筑物立面。

相似度(similarity ratio)定义如下。如图 4.80 所示，L_1 和 L_2 为两条扫描线，分别有 m 和 n 个数据点，扫描线间的距离为 D，对于扫描线 L_2 上的一点 P_i，找出其在 L_1 上距离最短的一点 P_j，两点间的距离为 d_i。设定一个距离限差 d_r，若

$$\sqrt{d_i^2 - D^2} < d_r \tag{4-17}$$

则说明点 P_i 在 L_1 上有对应点。

上式可以这样解释：根据两扫描线分别对应的激光扫描仪中心的位置，求出两扫描线间的相似度并定义平移量。根据平移量把 P_i 平移到 P'_i 位置，计算 P'_i 到 P_j 的距离，若这个距离小于限差 d_r，则认为 P_j 和 P'_i 是重合的，即 P_j 为 P_i 的对应点。

落在 L_2 上且在 L_1 上有对应点的点的总数为：

$$\text{Sum2} = \sum_{i=1}^{n} r_i \tag{4-18}$$

其中：

$$r_i = \begin{cases} 1, & \sqrt{d_i^2 - D^2} < d_r \\ 0, & \sqrt{d_i^2 - D^2} \geqslant d_r \end{cases}$$

同理可知，落在 L_1 上且在 L_2 上有对应点的点的总数为：

$$\text{Sum1} = \sum_{j=1}^{m} r_j \tag{4-19}$$

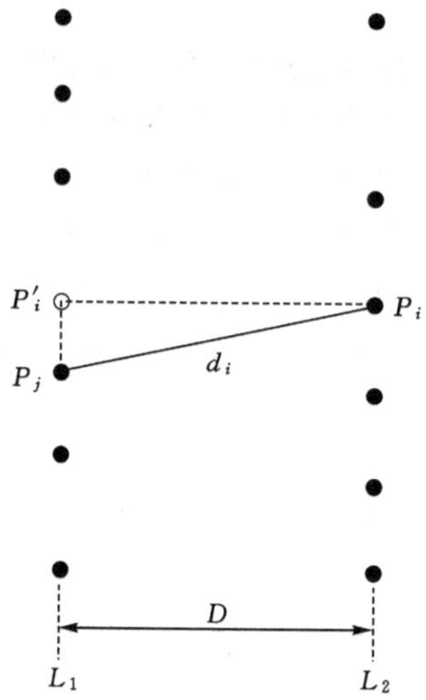

图 4.80　相似度定义示意图

其中：

$$r_j = \begin{cases} 1, & \sqrt{d_j^2 - D^2} < d_r \\ 0, & \sqrt{d_j^2 - D^2} \geqslant d_r \end{cases}$$

把 Sum2 与 L_2 上点的总数 n 的比值称为 L_2 对 L_1 的相似度，即

$$S_{1\to2} = \text{Sum2}/n \tag{4-20}$$

类似地，可以得到 L_1 对 L_2 的相似度为：

$$S_{2\to1} = \text{Sum1}/m \tag{4-21}$$

这两个值可能不同。若仅对竖直方向(如建筑物立面)上的点进行相似度计算，则称为竖直相似度；若仅对水平方向(如地面)上的点进行相似度计算，则称为水平相似度。

4. 建筑物立面空洞的填补

由于遮挡和玻璃透射等原因，从激光点云中提取的目标物部分区域存在空洞，需要采取一定的措施弥补缺失的信息。本部分根据建筑物立面的结构特征及其在车载 LiDAR 数据中的特点，介绍一种线性插值与基于相似性赋值相结合的空洞快速填补方法。

(1) 小空洞填补

在扫描线方向上，如果空洞的上、下两个边缘点空间距离较近，且这两个边缘点的连线接近水平或垂直，则用竖直线性插值方法填补缺失的数据。

(2) 基于相似度赋值

设定两个阈值 r_1 和 r_2，其中，$r_1 < r_2$，如可以设置为 $r_1 = 0.5$，$r_2 = 0.8$。对于两条邻近扫描线 L_i 和 L_{i+1}，其相似度(水平相似度或垂直相似度)分别为 R_1 和 R_2，当两相似度符合下列两个条件时，才可进行相似度赋值：R_1 和 R_2 都必须大于 r_1；其中至少有一个大于 r_2。上述两个条件是为了保证两条扫描线有比较高的相似度，同时又照顾到由于遮挡造成的相似度下降。其具体赋值步骤如下：① 根据两扫描线对应的激光扫描仪中心的位置计算两扫描线间的位置平移量 Δx，Δy，Δz；② 对于扫描线 L_i 上没有数据的位置 P_{ij}，若在 L_{i+1} 上的

对应位置 $P_{(i+1)j}$ 有数据，则把 $P_{(i+1)j}$ 的坐标减去平移量后赋值给 P_{ij}，作为 P_{ij} 的数据；③ 完成两扫描线上所有空洞区域数据点的赋值。

需要说明的是，根据相似度进行赋值时，被赋予新值的数据点并不立即参与和下一条扫描线间的相似度赋值运算，只有完成所有扫描线操作后才允许参与下一轮的计算。这样做的原因是把赋值操作限制在相邻扫描线间，避免向下传播。当重复 2～3 遍相似性赋值后，大部分的空洞区域被填补，建筑物立面整体结构框架被搭建，只留下个别狭长的条带空洞。其原因是这些扫描线上的数据点比较少，其相邻扫描线对该扫描线的相似度达不到设定的阈值。

(3) 狭长空洞填补

狭长空洞通常沿扫描线方向分布，一般占据 1～2 列相邻扫描线的位置，这些扫描线上的数据量较小，而其两边的扫描线则拥有相对完整的数据。对这类空洞主要有以下两种处理方法：① 如果空洞两侧的扫描线距离较近，并且有较高的相似度，则删除空洞所在扫描线上的所有数据，这些扫描线将不再参与后续的计算；② 采用横向线性插值方法填补空洞。

(4) 地面与建筑物交界处的空洞填补

有些空洞既包含地面部分，又包含建筑物立面部分。这类空洞具有以下特点：在扫描线方向上，空洞的上边界点落在建筑物立面上，高出地面一定距离，而下边界点则落在地面上，但与上边界点存在一定的水平距离。依据上述特点可以识别这类空洞，然而，简单的线性插值法并不能取得理想的效果。因此，需要先找出地面和建筑物立面的“交点”。由于找出确切的“交点”比较困难，所以用上边界点的 X、Y 坐标和下边界点的 Z 坐标构建一个新点 $P(X,Y,Z)$，把该点视为“交点”，然后分别与上、下边界点进行线性插值。

(5) 空洞填补步骤

空洞填补步骤如下：① 以扫描线为单位，进行小空洞的填补；② 对建筑物立面进行 2～3 遍相似性赋值，完成大部分空洞区域的填补；③ 对地面空洞进行线性插值；④ 对包含地面与建筑物立面的空洞进行填补；⑤ 处理狭长空洞。

(6) 数据简化

数据简化是针对完成空洞填补后的地面数据和建筑物立面数据进行的，以扫描线为单位进行。地面通常比较平坦，一般情况下，可以取较大的重采样间隔，并设定阈值来控制重采样间隔；建筑物立面则需要根据水平距离变化和垂直距离变化，依据当前目标点到前两点连线的距离来决定数据点的去留。

5. 城市表面模型构建

从城市点云图像中提取出地物信息后，需要采取一定的规则将这些地物表达出来，特别是面状地物（地面和建筑物立面）是城市表面模型的基础。对建筑物表面进行信息提取与重采样后，常用 TIN 的形式来表达其表面模型。

4.9 车载 LiDAR 系统应用简介

车载 LiDAR 系统能够在车辆高速行进中快速采集道路及道路两旁地物的空间位置数据和属性数据，在三维街景数据采集与三维建模、道路及管线设施普查、公众安全等领域得到了不同程度的应用，展示出了非常广阔的应用前景。

(1) 城市部件普查

车载 LiDAR 系统可快速采集道路及其两旁地物的高清影像及激光点云数据，并可根据需求对道路及其两旁地物进行任意时间的按需测量，包括道路中心线或边线的坐标、目标地物的坐标、路(或车道)宽、桥(或隧道)高、交通标志、道路设施等(图 4.81)。

图 4.81　城市部件普查应用示意图

(2) 公路测量

将车载 LiDAR 技术应用于公路相关工程的测量任务，可直接获取公路沿线的三维地形信息。更进一步地，基于点云构建的三维公路模型，可实现各种空间信息的准确查询与精确量测，如距离、面积、土方量计算，横、纵切面生成等，使数字地面模型真正应用于公路勘查设计的初步设计和施工图设计阶段，以及公路改(扩)建工程量的计算过程(图 4.82)。车载 LiDAR 系统在公路测量领域的应用包括高速公路带状地形图测绘、道路断面测量、高速公路竣工测绘、道路养护信息管理系统建立等。

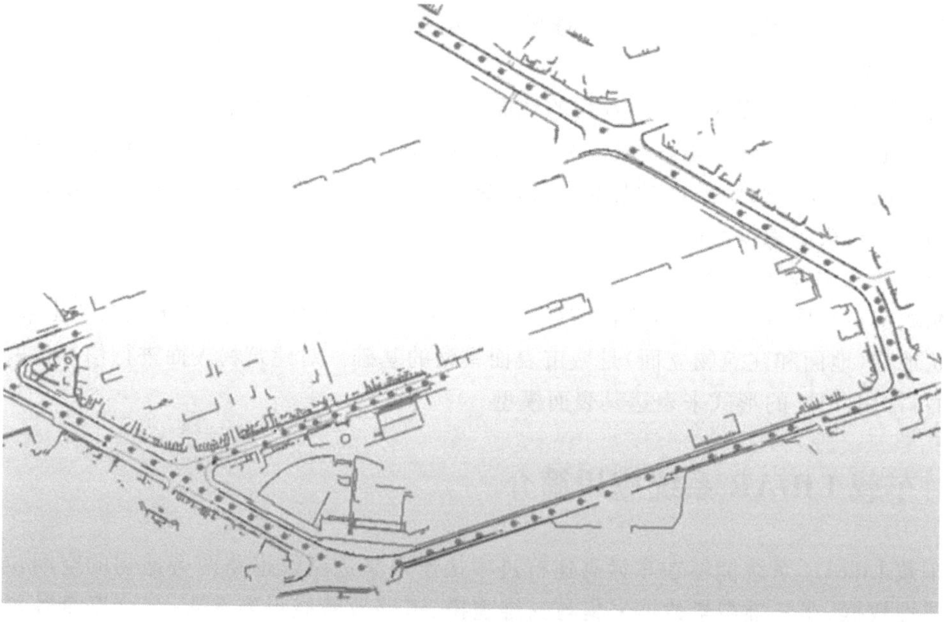

图 4.82　公路测量应用示意图

(3) 道路资产信息普查

对道路沿线信息进行详细记录，建立集信息化、可视化为一体的道路综合管理系统，以实现智慧交通(图 4.83)。例如，以交通基础地理信息数据库和各类专题数据库为基础，通过三维实景、二维或三维管理展示技术，搭建可视化道路交通资产数据管理平台，构建道路交通资产普查、智能管理新模式。该模式可用于公路、桥梁、铁路等线状区域及其附属设施的数据采集、检查、管理和建模。

图 4.83　道路资产信息采集及可视化监管示意图

(4) 地籍测量

地籍测量是服务于地籍管理的一种专业测量，旨在满足地籍管理中确定宗地的位置、形状、数量等地籍要素的需要(图 4.84)。地籍测量精度要求高，内外业工作量大，通常采用

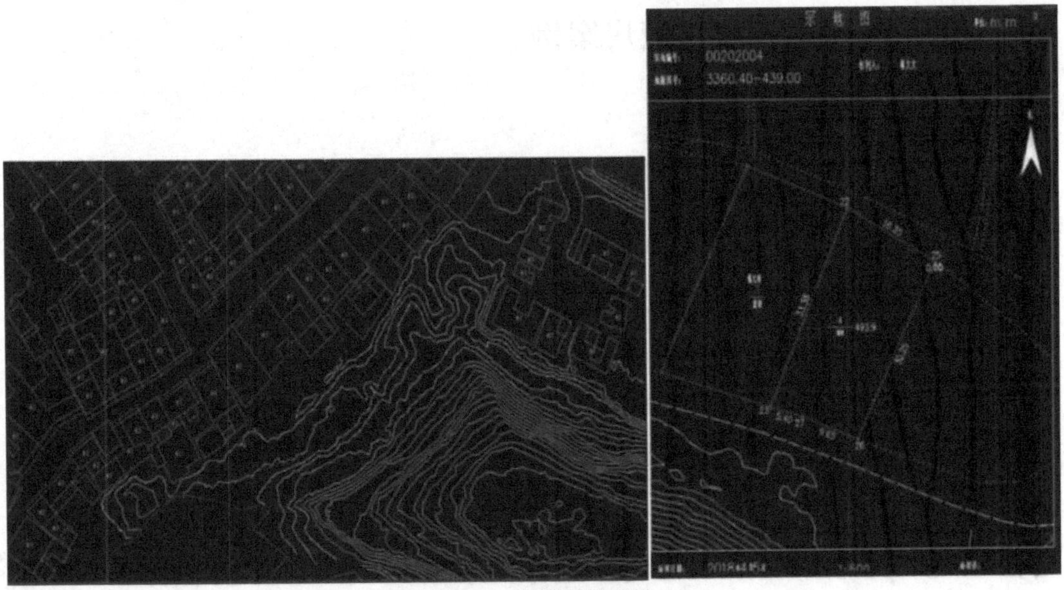

图 4.84　地籍测量成果

RTK 与全站仪进行野外作业。然而,面对房屋建筑较为密集、周围树木丛生的测量环境,传统测绘手段无法快速准确地获取数据。基于车载 LiDAR 的地籍测量则具有明显优势,主要表现为:可减少外业测量人员数量;对天气条件的依赖性小,采集效率高,主要工作时间可转为内业生产;作业效率可提升 7~10 倍以上。

(5) 实景地图与导航地图制作

车载 LiDAR 系统在三维可视化平台数据获取方面具有明显的优势,可以快速获取所测区域的高清街景地图(图 4.85)、二维矢量地图、三维地图等数据。这为实现实景三维场景、二维 GIS 地图、三维模型场景同屏显示,空间位置同步联动提供了基础数据,为路网规划、管理决策、公共出行等提供了更为直观的依据。

图 4.85　高清街景地图

4.10　道路改造提升项目应用案例

4.10.1　项目概况

项目的主要工作内容是对佛山市顺德区德胜东路的车行道路面进行车载三维激光扫描测量,生产高精度点云数据、道路特征矢量线数据及横、纵断面图。

1. 测区概况

作业区域位于佛山市顺德区,总体呈东西走向,西侧起点位于与碧桂路相交的路口,向东沿线与多条现状道路相交,终点与黄榄快速干线相接(图 4.86)。路线全长约为 8.14 km,其中桩号 K2+150~K2+380 以及桩号 K3+140~K4+620 为现状桥梁段,桥梁段不在本次路面提升改造范围内。德胜东路道路规划红线宽度为 60 m(顺番公路段为 90 m),设计速度为 60 km/h,双向六车道,道路等级为城市主干道。

2. 项目工作任务及数据采集方式

测区中部有两座跨河桥梁、一座桂畔水闸桥、一座五沙大桥。作业总长约为 6.4 km,整体带宽为 90 m,部分区域带宽较窄。测区整体高差不大,主干道上树木遮挡现象较少,但大

图 4.86　测区地理位置

型货车较多，行驶频繁且部分地段应急车道上有大型货车停靠，对测量有一定影响。辅道上树木茂密，基本遮挡了辅道，且辅道内有小型车辆停放。因此，作业范围仅为主干道部分，不包括辅道、跨河桥梁及高架桥部分。成果要求为矢量化道路特征线，横、纵断面图以及1∶500主干道地形图。项目工作任务见表 4.9。

表 4.9　项目工作任务

编号	项目	工作量	备注
1	基站架设	1 处	根据采集范围架设 1 处基站
2	车载外业数据采集	12.8 km	道路主线双向长为 12.8 km
3	内业数据处理	12.8 km	道路主线双向长为 12.8 km，成果包括道路边线及其横、纵断面图
4	项目验收	12.8 km	对最终成果进行质检并验收

数据采集：通过 SUV（运动型多功能汽车）平台，搭载 SZT-R1000 车载激光 LiDAR 系统，采集点云数据；同时在地面架设 GNSS 基站，用于后处理差分解算。

3. 工期执行情况

车载激光三维扫描工作于商定时间开始进场测量，在 4 个工作日后完成外业数据采集及初步处理工作，之后进行内业处理，全部成果在 7 个工作日内完成，第 8～9 个工作日对成果进行检查验收并提交资料（表 4.10）。具体完成时间视天气情况而定。

表 4.10 工期执行情况

序号	内容	持续时间/d
1	绘制标靶点及坐标采集	2
2	车载激光扫描测量	2
3	数据解算处理	1
4	道路特征矢量线处理	1
5	点云分类及横、纵断面图绘制	1
6	检查验收并提交资料	2

4. 测区已有资料收集情况

(1) 该项目施工图设计资料及设计图(.dwg 格式);

(2) 作业范围:甲方提供的 Google Earth 的 KML 文件;

(3) 甲方提供的控制点资料;

(4) 道路竣工验收横、纵断面成果格式模板;

(5) 道路竣工验收地形图成果格式模板。

4.10.2 技术执行情况

1. 项目生产依据

(1) 技术依据文件

a.《全球导航卫星系统(GNSS)测量规范》(GB/T 18314—2024);

b.《卫星定位城市测量技术标准》(CJJ/T 73—2019);

c.《国家三、四等水准测量规范》(GB/T 12898—2009);

d.《公路勘测规范》(JTG C10—2007);

e.《公路勘测细则》(JTG/T C10—2007);

f.《车载移动测量技术规程》(CH/T 6004—2016);

g.《城镇道路工程施工与质量验收规范》(CJJ 1—2008);

h.《1∶500 1∶1000 1∶2000 外业数字测图规程》(GB/T 14912—2017);

i.《国家基本比例尺地图图式 第 1 部分:1∶500 1∶1000 1∶2000 地形图图式》(GB/T 20257.1—2017);

j.《基础地理信息要素数据字典 第 1 部分:1∶500 1∶1000 1∶2000 比例尺》(GB/T 20258.1—2019);

k.《1∶500 1∶1000 1∶2000 地形图数字化规范》(GB/T 17160—2008);

l. 本项目技术设计书。

(2) 数据成果要求

精度要求:平面中误差为 5 cm,高程中误差为 2.5 cm(相对邻近控制点)。

数据成果要求:a. 制作线路长约为 6.4 km,带宽约为 90 m 的道路特征矢量线。b. 制作与道路竣工验收横、纵断面模板格式一致的横、纵断面(CASS 格式)。横断面要求为:每隔 50 m一个,点间距为 5 m,以百米桩的里程号作为分隔依据;纵断面要求为:从靠近绿化带的地方开始,每隔 20 m 一个。c. 制作线路长约为 6.4 km,带宽约为 90 m 的 1∶500 地形图。

2. 项目作业流程

本项目的工作流程如图 4.87 所示。

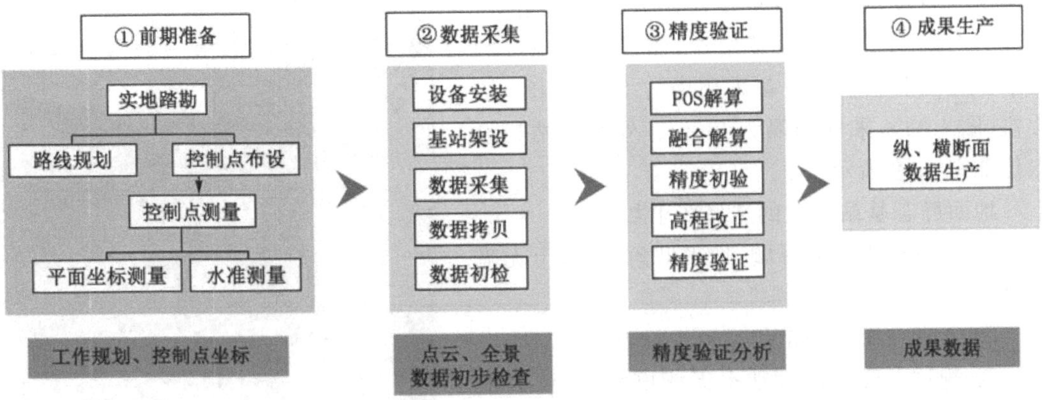

图 4.87　项目作业流程图

3. 项目实施

(1) 软硬件环境及其要求

① 主要硬件

项目生产硬件配置情况见表 4.11。

表 4.11　项目生产硬件配置表

序号	仪器或软件名称	数量	主要用途
1	Leica GX1230 GNSS 接收机	1 台	静态 GNSS 测量、RTK 测量
2	南方 S86 GNSS 接收机	1 台	RTK 测量、架设基站
3	Leica DNA03 电子水准仪	2 台	水准测量
4	SZT-R1000 车载 LiDAR 系统	1 套	道路车载激光测量
5	台式电脑	3 台	处理内业数据
6	笔记本电脑	1 台	计算和整理外业测量数据
7	汽车	1 辆	作为外业测量时的平台

② 主要软件

项目生产软件配置情况见表 4.12。

表 4.12　项目生产软件配置表

序号	仪器或软件名称	数量	主要用途
1	Inertial Explorer 软件	1 套	轨迹数据解算
2	PointProcess 软件	1 套	点云融合及坐标转换
3	SouthLiDAR 软件	1 套	点云轨迹纠偏、展示及绘制线划图
4	TerraSolid 软件	3 套	点云分类、去噪及内业数据处理
5	CASS 软件	1 套	生产横、纵断面数据

(2) 地面基站架设

本项目的地面基站采用地面静态基站模式，采用测区布设的四等 GNSS 点作为地面基站点。测区共布设了 1 个地面基站点，满足相关规范的要求。地面静态基站设备采用南方 S86 GNSS 接收机(图 4.88)，采样间隔为 0.5 s。外业基站架设点位如图 4.89 所示。

图 4.88　外业基站架设示意图

地面静态基站位置的选择要求如下：

① 点位周围视野开阔，地平仰角 15°以上无障碍物。

② 不宜在微波通信的过道中设点。

③ 测站点应远离大功率无线电辐射源(如电视台、微波站等)，其距离不小于 400 m。

④ 离高压输电线、变电站的距离不小于 100 m。

⑤ 尽量避开大面积水域设站。

图 4.89　外业基站架设点位示意图

(3) 标靶测量

项目采集环境为城区主干道，顾及安全因素，无法在车行道中间的虚线角点进行测量，而道路边缘线无标线角点，所以需要布设标靶。标靶平面坐标采用 GNSS-RTK 进行测量，高程采用三等水准测量的方法进行测量。

标靶应设置在主线双向两侧的应急车道靠外侧较明显的位置，每隔约 200 m 布设 1 个标靶点。为了方便激光点云的识别，设计如下标靶样式(图 4.90)：

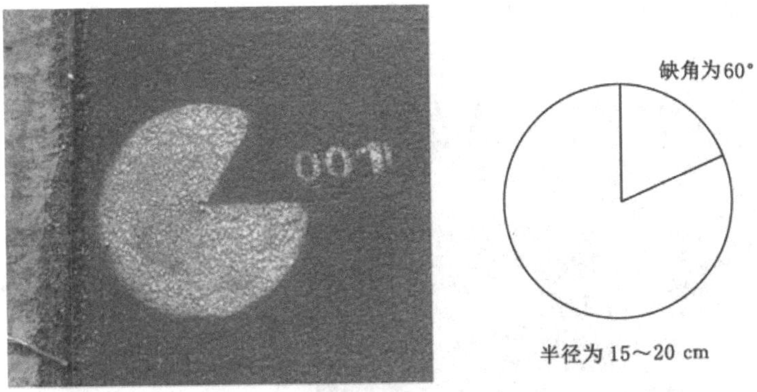

图 4.90　外业标靶图样

① 标靶点采用缺角圆形式，圆形为白色，缺角为黑色。

② 圆形半径为 15～20 cm，缺角为 60°。

③ 采用与行车标线相同的涂料进行喷涂，灰色为路面，白色为白漆，黑色为黑漆。

④ 标靶点白漆的厚度应接近一元硬币的厚度。

⑤ 应对标靶点进行编号。

本项目的实际测量控制点共 80 个，均匀分布在测区范围内，平均间距约为 200 m。

(4) 激光点云数据外业采集

① 前期准备

前期准备工作主要包括采集设备车辆信息、登记人员信息；申请城市道路测绘作业权限；道路安全车跟随协调。

② 外业踏勘

利用准备好的地图数据进行实地踏勘，确认采集范围内的道路交通状况、采集线路之间的关联性，并在地图上做好标记，以便在外业线路规划中进行合理安排。提前规划好基站位置、行驶路线，尽量保证车辆沿 GNSS 信号良好的路线行驶。

③ 线路规划

外业线路规划主要由外业采集规划软件完成。

④ 数据采集

数据采集主要由一体化移动三维测量系统操控软件完成。为保证作业安全及采集效果，采集车辆应以 30 km/h 的速度在慢车道上进行数据采集。

(5) 内业数据处理

① POS 位置解算

POS 位置解算(图 4.91)：利用基站数据和 POS 数据进行组合解算，并输出融合软件所需的高精度定位定姿数据。其操作包括基站数据预处理和 POS 解算两部分。

② 点云融合解算

车载 LiDAR 系统记录了各个传感器的测量数据，这些数据必须根据测量模型(各个传感器的时序和位置参数)进行配准与融合，才能还原出被测目标的三维坐标和属性。点云融合解算：将 SZT-R1000 车载 LiDAR 系统采集的原始数据进行融合处理，生成点云文件，以供其他系列软件进行后续处理。

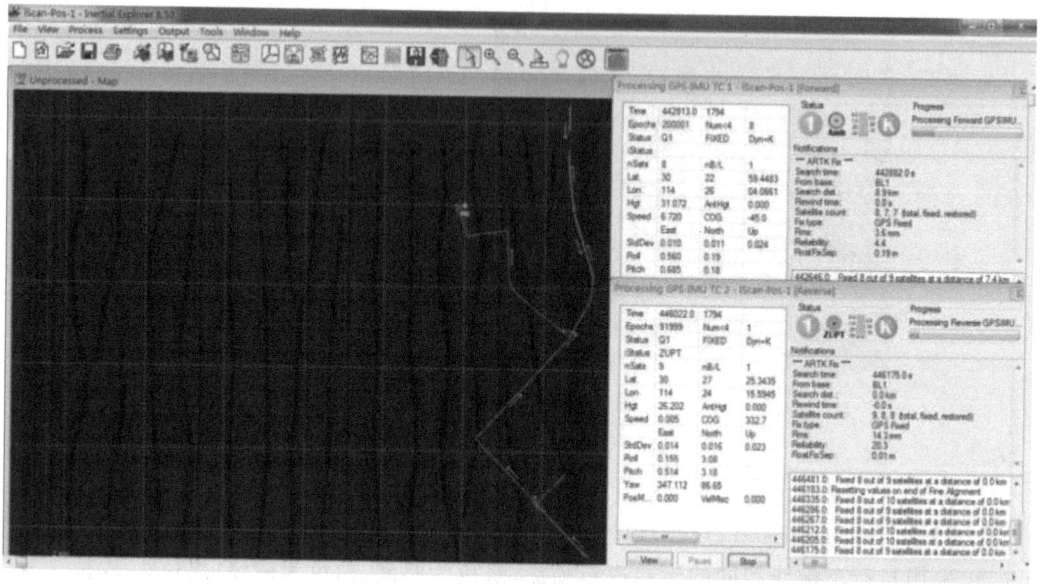

图 4.91　POS 位置解算示意图

由于车载 LiDAR 系统采集的激光点云坐标均为 WGS-84 椭球下的经纬度和椭球高，对应的投影坐标为高斯 3°带投影坐标，而实际应用中，一般使用项目自定义的坐标系和水准高。为方便实际应用，融合解算软件支持将三维激光点云数据所属的坐标系转换为当地坐标系。

③ 点云精度检查

初步获得点云数据后，需要进行精度验证，选取点云中对应控制点(路面特征点或标靶)的坐标，通过与控制点坐标进行对比，得到精度验证报告(图 4.92)。对于精度不满足要求的地方，使用控制点进行 POS 纠偏和校正。

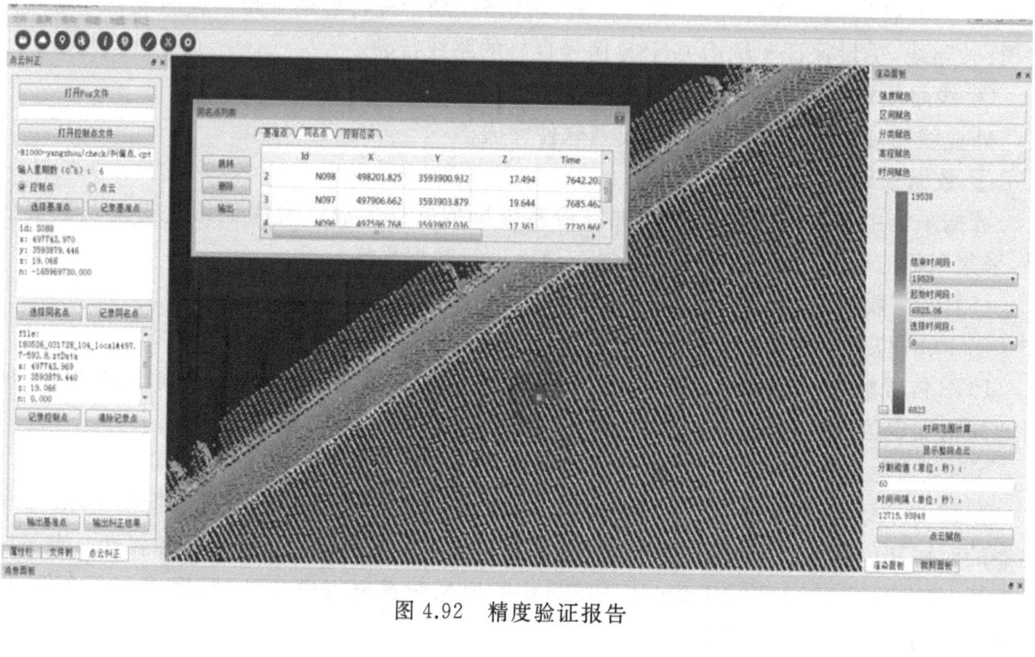

图 4.92　精度验证报告

在信号无缺失的情况下，未进行纠偏前，点云的平面和高程精度通常可以达到 5 cm。因此，通常情况下，点云的平面精度满足测量要求，而高程需要进行改正。

④ 点云纠偏校正

在车载 LiDAR 系统的运动轨迹上设置已知控制点，对其他扫描点的坐标进行平差，以提升车载 LiDAR 系统的精度。在后续的数据处理过程中，将这些控制点的坐标纳入点云坐标的平差处理过程，以减小车载 LiDAR 系统的误差，使其完全满足竣工测量的精度要求。

点云纠偏校正（图 4.93）后，要再次进行精度验证，若仍存在精度不满足要求的情况，则需要再次进行校正处理，直到数据精度满足项目要求。

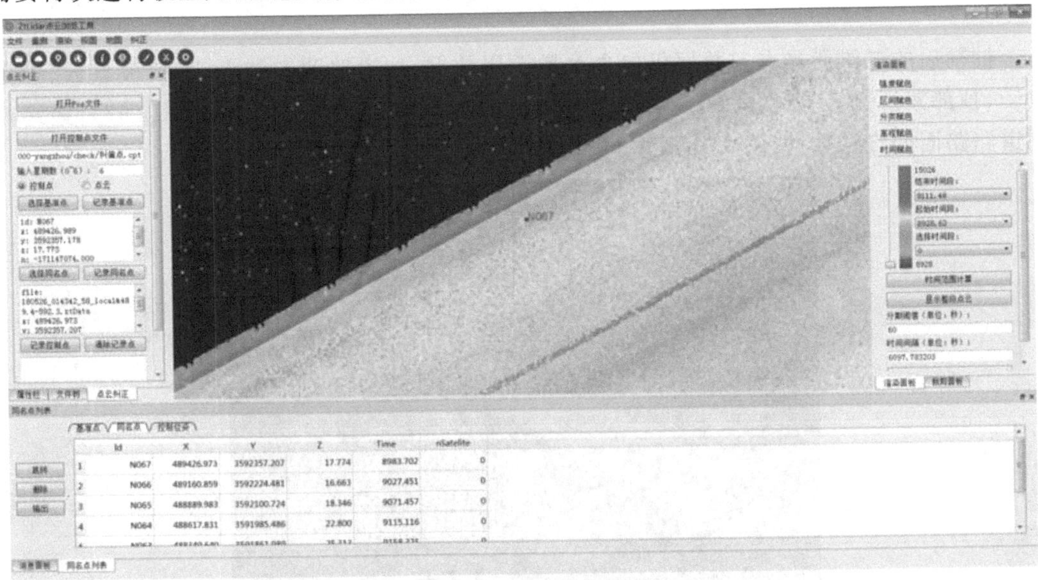

图 4.93　高程改正示意图

⑤ 点云抽稀

纠偏校正后的三维激光点云数据密度较大，可对其进行抽稀处理，仅保留能够满足项目密度要求的点云（图 4.94 和图 4.95）。

图 4.94　抽稀前的点云

⑥ 点云分类过滤

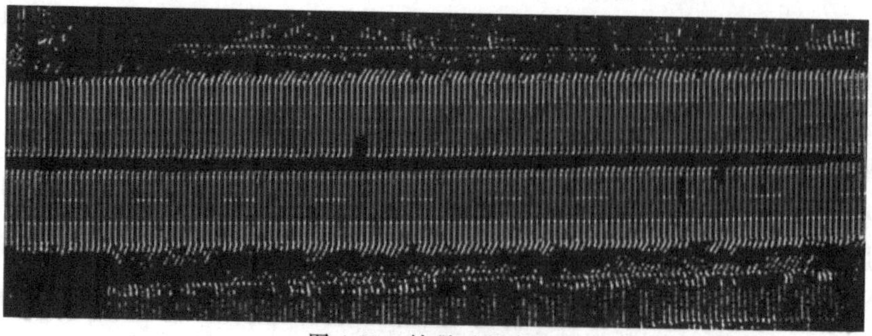

图 4.95　抽稀后的点云

抽稀后的三维激光点云数据仍包含大量无用数据，如道路两旁的点云、植被点云、护栏点云、顶部架桥点云等(图 4.96)，采用 Terrasolid 软件对其进行分类过滤(图 4.97)，最终得到道路路面的点云数据(图 4.98)。

图 4.96　分类前的点云

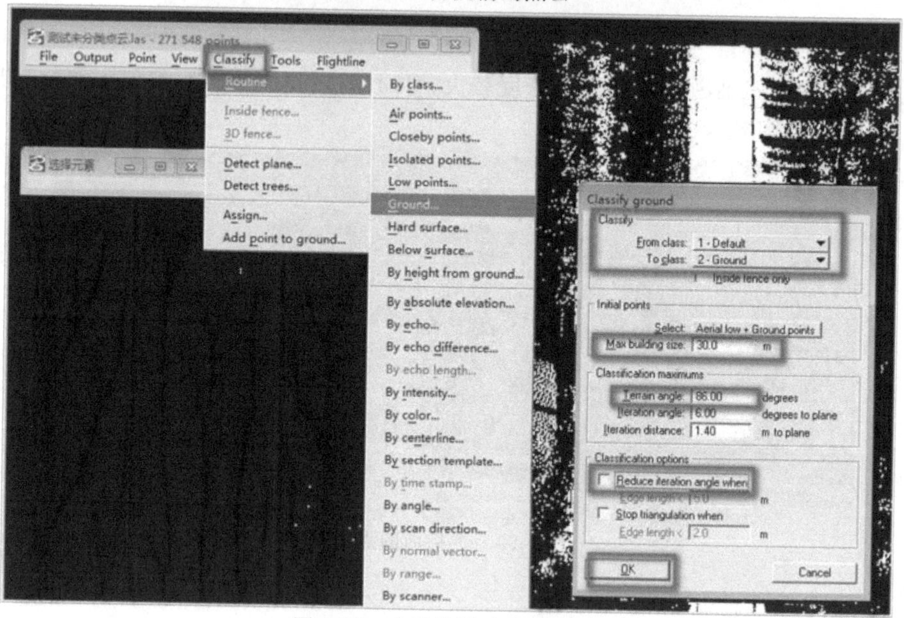

图 4.97　点云分类过滤示意图

图 4.98　分类后的点云

⑦ 道路特征线提取生产

基于分类后的三维激光点云数据，结合全景影像测图，可精确提取道路特征的矢量线数据信息，用于后续设计中道路中线的选取。特征线包括硬路肩沥青路面边缘、应急车道标线外侧、中分带标线内侧及中分带路缘石底部路面等。路面特征矢量线提取的平面中误差应优于 5 cm。提取点位示例见图 4.99 和图 4.100。

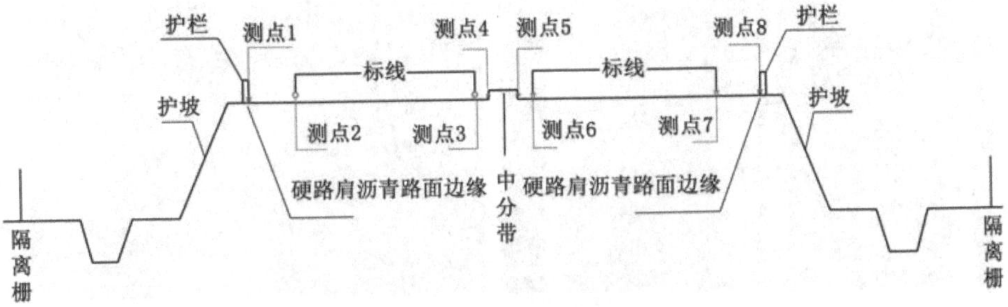

图 4.99　特征矢量线位置断面图示例

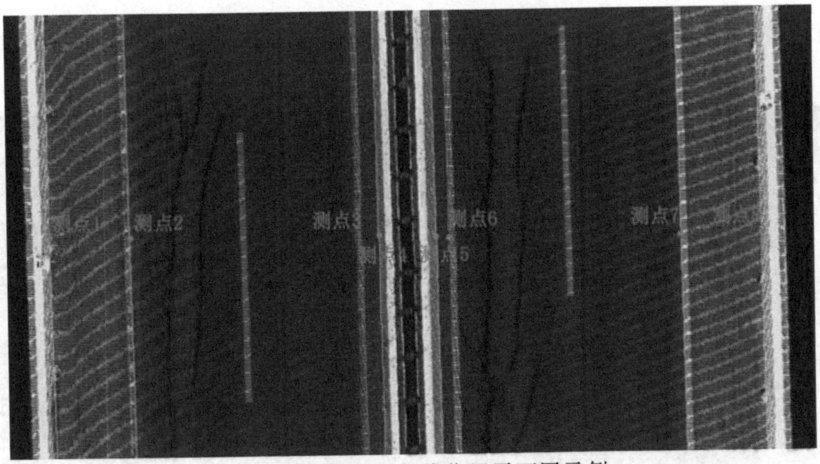

图 4.100　特征矢量线位置平面图示例

4.10.3　测绘成果

纠正后的三维激光点云数据如图 4.101 所示。

图 4.101　纠正后的三维激光点云数据

提取的道路特征矢量线成果如图 4.102 所示。

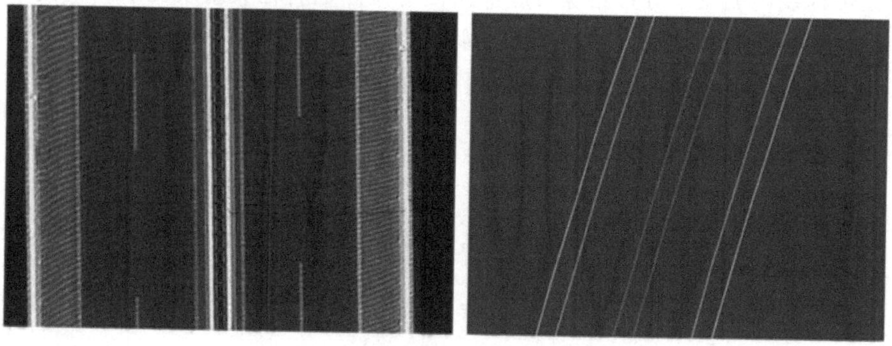

图 4.102　道路特征矢量线提取成果示例

佛山市横断面成果图模板见图 4.103，纵断面成果图模板见图 4.104，地形图成果模板见图 4.105。

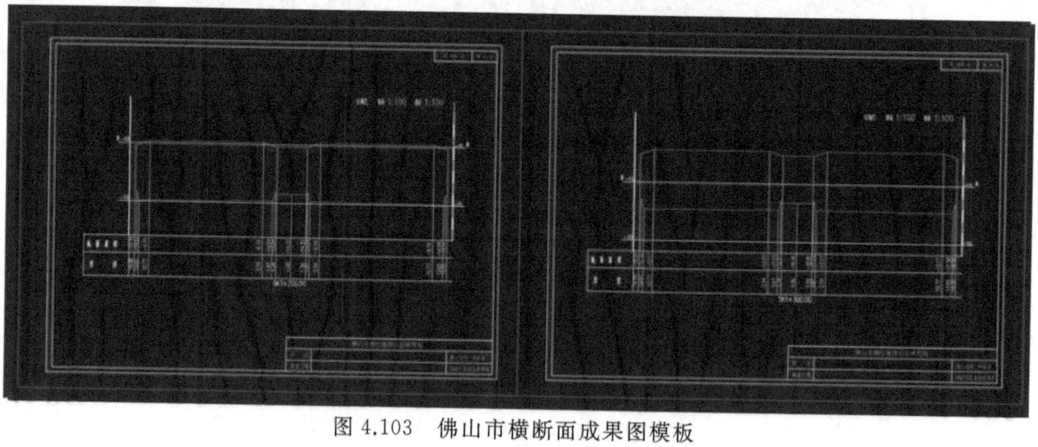

图 4.103　佛山市横断面成果图模板

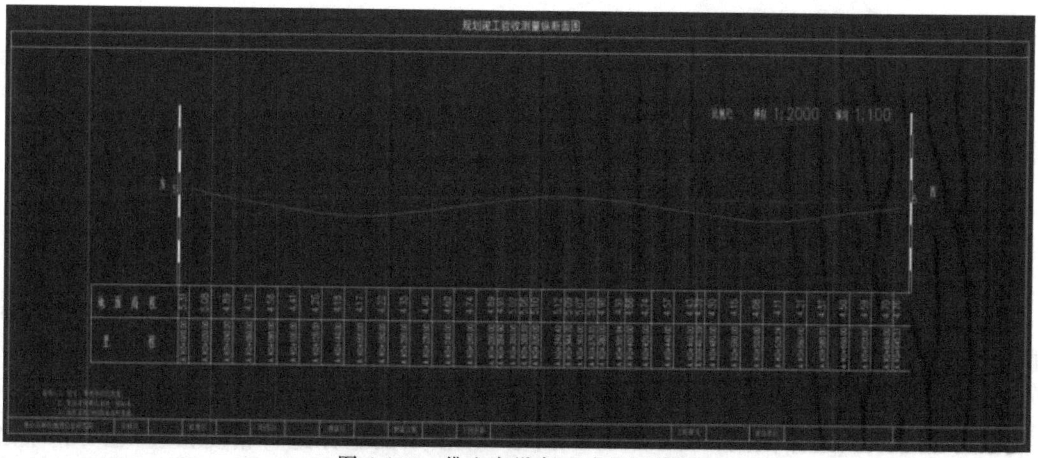

图 4.104　佛山市纵断面成果图模板

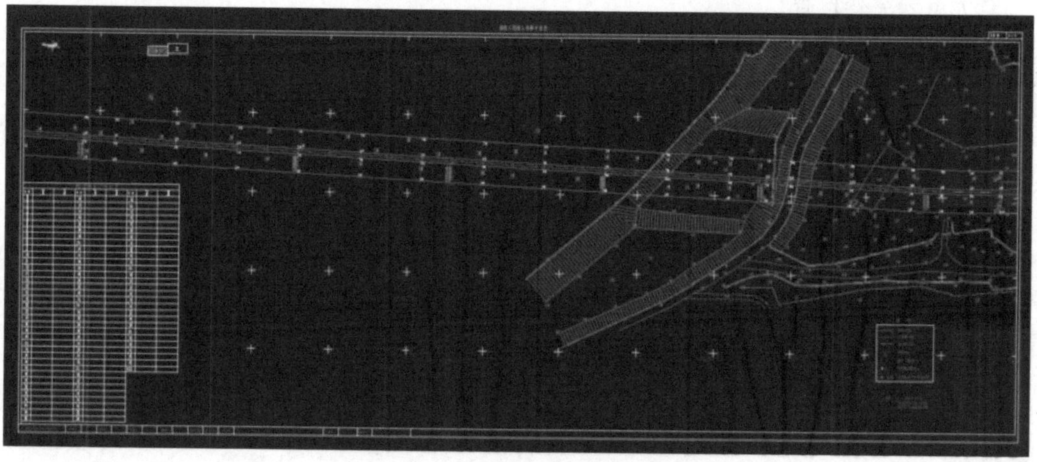

图 4.105　佛山市地形图成果模板

4.10.4　质量控制

各阶段成果严格按照《测绘成果质量检查与验收》(GB/T 24356—2023)、《数字测绘成果质量检查与验收》(GB/T 18316—2008)的要求，通过二级检查进行质量控制，成果应依次通过生产部门的过程检查、质检部门的最终检查。

1. 质量管理

(1) 项目质量目标

本项目质量目标为优良，按期完成，无人员及仪器设备事故。

(2) 质量控制方法

实行各级责任制。本项目项目负责人、项目质量负责人、作业小组组长等应落实各级责任，并参与测绘生产的质量监督与管理工作。

作业完成后，作业人员应对完成的成果进行严格的自检和互检，对不符合要求的产品应进行修改或返工。

2. 检查内容

(1) 覆盖完整度检查

检查外业采集的点云数据是否完整覆盖测区道路，通过车载三维扫描工程分段示意图叠加项目范围线进行检查。

(2) 点云密度检查

检查点云数据的密度是否满足项目精度要求，包括公路纵向和横向的点云密度情况。

(3) 点云重叠度检查

检查公路两侧点云之间的重叠情况，判断其是否满足项目精度要求，并评估数据的平面重叠度和高程重叠度。

(4) 点云数据精度检查

对于测区内的道路数据，每隔 500 m 采集一个横断面坐标进行精度检查，也可采集道路上的散点进行点位精度检查(散点与标靶点不重合)。

(5) 点云突变检查

为防止点云数据出现突变现象，在应急车道沥青路面边缘每隔 20 m 使用 RTK 采集一个坐标和高程数据，并连接成 CAD 三维矢量线。通过将 CAD 三维矢量线叠加到点云数据上，来判别是否存在坐标突变情况；同时，通过改变三维视角，人工判别点云是否存在高程突变情况。

3. 验收方式

根据点云数据精度的检查方式，乙方通过甲方采集的横断面及验证点的点位信息进行精度验证，求解点位车载坐标和人工采集坐标的中误差，并综合所有点求出平均中误差，出具精度验证报告。经甲方验收合格后，甲方出具成果验收报告。

习题与思考题

1. 车载 LiDAR 技术的特点体现在哪些方面？
2. 车载 LiDAR 系统的硬件部分是如何构成的？各部分的主要功能是什么？
3. 车载 LiDAR 系统获取的点云数据有哪些特点？
4. 车载 LiDAR 系统在公路测量领域的主要应用方向有哪些？

第 5 章　地面 LiDAR 数据处理及应用

三维空间技术是当前地球空间信息科学研究的热点问题之一，准确地描述和获取三维空间数据是进行研究的基础。随着计算机技术、激光技术和电子技术的不断发展和进步，三维空间数据的获取正向着集成化、实时化、动态化、数字化和智能化的方向发展，地面三维激光扫描(TLS)技术应运而生。

TLS 技术是 20 世纪 60 年代中期在激光测距基础上发展起来的一项新兴测绘技术，是继 GNSS 空间定位测量系统之后的又一项测绘技术新突破。TLS 技术具有快速性、非接触性、主动性，能够实时获取高密度、高精度的空间点云数据，通过对点云数据进行预处理和三维空间曲面重构，可为构建被测物体的真实三维空间模型提供一种全新的技术手段。

5.1　TLS 技术基本概念

由原国家测绘地理信息局发布，于 2015 年 8 月 1 日开始实施的《地面三维激光扫描作业技术规程》(CH/Z 3017—2015)（以下简称《规程》）对 TLS 技术的定义为：基于地面固定站的一种通过发射激光获取被测物体表面三维坐标、反射光强度等多种信息的非接触式主动测量技术。

TLS 技术又称为高清晰测量(high definition surveying，HDS)，即利用激光测距的原理，通过记录被测物体表面大量密集点的三维坐标信息和反射率信息，将各种实体或实景的三维数据完整地采集到电脑中，从而快速重建出被测物体的三维模型及线、面、体等各种图件数据。

随着三维激光扫描设备在性能方面（主要包括扫描精度、扫描速度、易操作性、易携带性、抗干扰能力）的不断提升和价格方面的逐步下降，其性价比越来越高。20 世纪末期，测绘领域掀起了三维激光扫描技术的研究热潮，随着扫描对象的增加，三维激光扫描技术的应用领域越来越广，在高效获取三维信息方面逐渐占据了主要地位。

与传统的单点测量方式相比，TLS 技术可以连续、自动、快速地采集大量目标物表面的三维点数据，即点云，如图 5.1 所示。这一技术实现了从传统的点测量到面测量的跨越，标志着质的飞跃；同时，所获取的信息也从点的空间位置信息扩展到目标物的纹理信息和色彩信息。

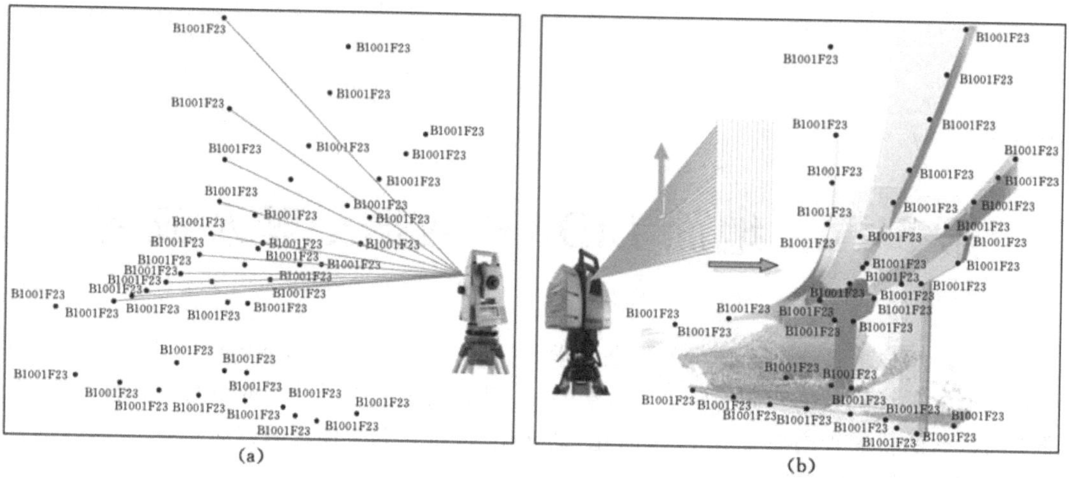

图 5.1　单点测量方式与 TLS 技术的对比示意图

5.2　TLS 系统组成及工作过程

TLS 系统主要由地面三维激光扫描仪、GNSS 接收机、计算机、外部电源、支架、系统配套软件以及其他辅助设备(如参考球)等构成(图 5.2)。

地面三维激光扫描仪是 TLS 系统的重要组成部分，主要包括激光测距系统和激光扫描系统，同时集成了 CCD 摄像机以及仪器内部控制和校正系统。

(1) 激光测距系统采用非接触方式，利用激光束从发射到接收的时间差或相位差来精确、高速地测量扫描点与扫描仪之间的距离。激光测距的原理主要分为脉冲测距法、相位测距法和激光三角法三种类型。目前，测绘领域所使用的三维激光扫描仪主要采用脉冲测距法，而近距离的三维激光扫描仪主要采用相位测距法和激光三角法，其测距原理见2.2.2节。

(2) 激光扫描系统通过连续、快速地在水平和垂直方向进行点的测量来实现面的测量。如图 5.3 所示，其工作原理为：首先，调制的激光光束经过电子装置部分(A)发射出来，在遇到以高速率旋转的光学装置(通常为光学棱镜)(D)时，光束在光学装置表面发生反射，并以特定角 ξ(B)发射到实体表面上，同时瞬间接收反射回来的信号。扫描仪在完成了一个 ξ-剖面的测量后，其上部(C)会围绕垂直轴以较小的角度($\Delta\alpha$)进行顺时针或逆时针的旋转来进行下一个 ξ-剖面测量的初始化。通过重复进行 ξ-剖面扫描测量，连接多个 ξ-剖面，最终构成一幅完整的扫描块。

(3) CCD 摄像机主要用于目标对象影像信息的数据采集。其获取的彩色图像中包含目标对象的真彩色纹理，在使用计算机对目标对象进行三维可视化展示时，需要用到此类信息。

(4) 仪器内部控制与校正系统不仅可以控制仪器内部各系统的协同工作，还可以进行有效校正。

系统配套软件包括实时控制软件和后期处理软件两种。系统配套软件可在仪器工作时起到全程操控的作用，如设置扫描分辨率等参数、查找测量目标、控制扫描时间等，扫描获取

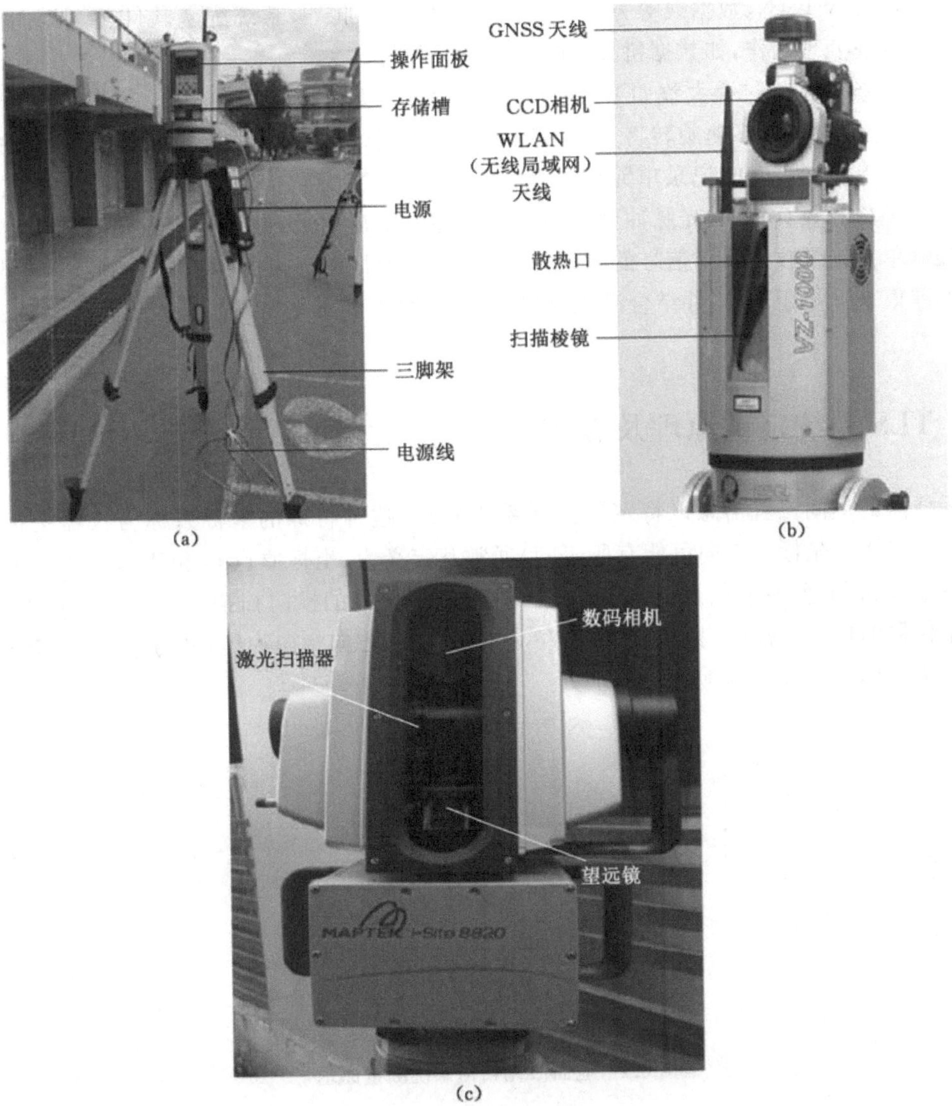

图 5.2　地面三维激光扫描系统

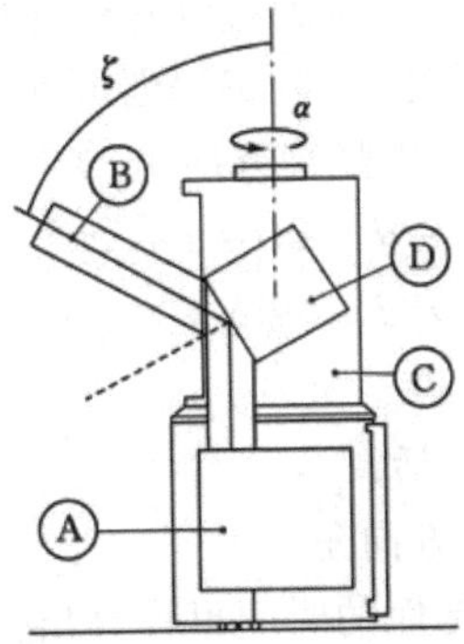

图 5.3　激光扫描系统扫描原理示意图

的数据可通过 WLAN、数据线等方式传输到计算机中。此外,系统配套软件还可用于对测量数据的内业处理工作,如数据拼接、建模、测量分析等。

TLS 系统的工作过程大致如下:外部电源为整个 TLS 系统提供能源;激光发射单元发射激光,通过反射镜的高速旋转将其散射到空间各处,驱动器带动地面三维激光扫描仪进行 360°水平旋转,同时,时间记录单元记录激光脉冲发射的时间,角度控制单元记录激光散射出去的水平角和竖直角;激光脉冲到达物体表面并发生反射后,被激光接收单元接收,同时时间控制单元记录收到反射信号的时间;内部计算机根据激光发射时间和收到反射信号的时间的差值来计算距离 d,并结合激光发射的竖直角(β)和水平角(α),计算出目标点的三维坐标。

5.3 TLS 系统定位原理及分类

采样点的空间位置信息以特定的坐标系为基准,这种特殊的坐标系称为仪器坐标系。不同仪器采用的坐标轴方向可能有所不同,通常其定义为:坐标原点 O 位于激光束发射处,Z 轴位于仪器的竖向扫描面内,向上为正;X 轴位于仪器的横向扫描面内,与 Z 轴垂直;Y 轴位于仪器的横向扫描面内,与 X 轴垂直,同时 Y 轴正方向指向物体,并与 X 轴、Z 轴一起构成右手坐标系,如图 5.4 所示。

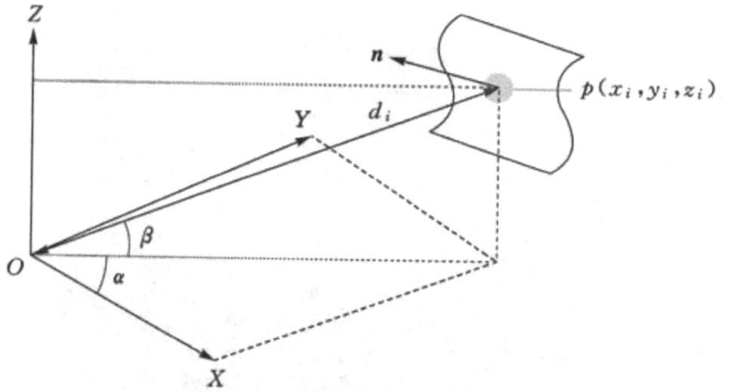

图 5.4　地面激光扫描系统测量原理

TLS 系统的定位原理如下:扫描仪内部的发射器发出一个激光脉冲信号,该信号经物体表面漫反射后,反向传回到接收器。系统通过计算激光脉冲信号从发射到接收的时间差,确定目标点 p 与扫描仪的距离 d_i,同时,控制编码器同步测量每个激光脉冲信号的横向扫描角(或水平方向角)α 和纵向扫描角(或竖直方向角)β。目标点 p 的坐标计算原理为:

$$\begin{cases} x_i = d_i \times \cos\alpha \times \cos\beta \\ y_i = d_i \times \sin\alpha \times \cos\beta \\ z_i = d_i \times \sin\beta \end{cases} \tag{5-1}$$

TLS 系统的原始观测数据主要包括:

(1) 激光束的水平方向角和竖直方向角;

(2) 激光传播的时间,根据激光传播的时间可计算出仪器到扫描点之间的距离;

(3) 扫描点的反射强度,通过记录激光反射后的强度信息得到;

(4) 高分辨率彩色图像。

其中,前两类观测值用于计算扫描点的三维坐标,这两类观测值是地面三维激光扫描仪最主要的也是最有价值的观测量。扫描点的反射强度可以用于生成目标对象的灰度图像,对从点云数据中提取矢量化信息起到辅助作用。数码相机获取的彩色图像中包含目标对象的真彩色纹理,这些信息可用于目标对象的 3D 可视化展示、点云分类与语义分析等。

根据不同的分类规范,地面激光扫描设备可分为以下几种。

(1) 按照工作原理

三维激光扫描系统依据工作原理不同可分为三类:基于脉冲测距法的三维激光扫描系统、基于相位测距法的三维激光扫描系统以及基于激光三角法的扫描系统。

(2) 按照有效距离

按照有效距离分类,地面三维激光扫描仪包括短距离、中距离、长距离三种激光扫描仪。

短距离激光扫描仪具有使用方式灵活、携带方便、体积小等特点,最大扫描距离约为 3 m,大部分情况下,其最适扫描距离为 0.6～1.2 m。这种扫描仪测量效率高、精度高(可达毫米级),扫描速度可达 30 万点/s,可对体型较小的物体进行精密扫描,适用于文物保护和工业生产领域。例如,FastScan 手持激光扫描仪是这类扫描仪中的一种,其在 0.2 m 处的测量精度为 0.5 mm。

中距离激光扫描仪的测距范围约为 30 m,当测距范围小于 10 m 时,误差为厘米级,且误差随距离增加而增大,通常适用于房屋内部或中型模具的测量工作。

长距离激光扫描仪的测距范围在数十米至数千米之间,100 m 范围内的测距精度为厘米级,距离越远,测量误差越大。此类扫描仪的体积一般较大,移动不便,主要适用于大型工地等场景。

(3) 按照测量方式

按照测量方式分类,地面激光扫描系统包括移动式和固定式两种扫描系统。

移动式扫描系统通常配备在移动平台上,其包括扫描仪、传感装置、控制装置、数据处理软件等。传感装置由 LiDAR、CCD 数字相机、GNSS 和 IMU 等组成,主要采集被测物体的影像和点云数据,同时会记录当前仪器的内方位元素和外方位元素。通过操作控制装置,可以启动和暂停传感装置,并记录数据。

固定式扫描系统包括激光扫描仪、数码相机、操作系统等。激光扫描仪用于扫描目标物体的 3D 数据,数码相机用于采集目标物体的纹理或轮廓信息。固定式扫描系统的测量方式与全站仪的测量方式十分相似,但二者存在明显区别:全站仪只能测量单个点,而固定式扫描系统能够采集目标物体表面上的阵列点云,因此二者的数据采集效率有较大差距。

5.4　地面三维激光扫描仪的性能指标

地面三维激光扫描仪的性能指标(表 5.1)主要包括测量精度、扫描分辨率、点位精度、测程、扫描范围、扫描速率等,对主要性能指标的概念解释如下。

(1) 测量精度

测量精度反映了点云测量结果与真实情况的偏离程度,测量精度的高低直接影响数据成果的质量。因此,测量精度是考核仪器性能的主要指标之一。激光扫描仪的测量精度包括测距精度、测角精度等。

表 5.1 地面三维激光扫描仪的性能指标含义

名称	含义
波长	在激光扫描的方向上，波在一个周期内所通过的距离
数据获取的平均速率	单位时间内仪器可获取的数据数量，通常表示为点/s，其反映了仪器的工作效率
测距精度	在一定条件下，仪器在相应测距范围内的距离标准差
测角精度	电机马达在围绕垂直方向或水平方向旋转时能够达到的最小步进角度
点位精度	点位测量值与真实值的偏离程度
测程	在一定反射率条件下，当目标反射体的实际尺寸大于激光束直径时，激光束垂直入射目标物所能到达的最远距离
扫描范围	在三维空间中，垂直方向或水平方向上的激光束在进行测量时能够覆盖的最大范围
测距方式	扫描仪的工作方式

值得注意的是，测绘产品的最终质量，并非由仪器单次的测量精度决定，而是取决于几何数据模型的精度，因为几何数据模型的精度是经过多次的测量数据叠加平均得到的。

（2）扫描分辨率

扫描分辨率主要包括深度分辨率和平面分辨率。深度分辨率是指激光扫描仪在测深方向能够感知目标最小变化的能力，即 Z 轴方向上的最小间距。平面分辨率则是激光扫描仪对目标物体最小辨别能力的体现，即 X 轴和 Y 轴方向上的最小间距。

扫描分辨率直接影响数据成果的点云密度。在一定条件下，扫描分辨率越高，点云密度越大。点云密度对数据质量有着至关重要的作用，通常情况下，点云越密集，扫描数据的精度越高，从而能够更清晰、准确地反映所测物体的实际情况，进而提高模型构建和成果产品的质量。

（3）点位精度

点位精度是指在规定的条件下，所获取的点云空间坐标值与实际坐标值的符合程度。主要有两种方案可以对点位精度进行评价：一是采用三维激光扫描仪和其他测量仪同时对同一目标进行量测，将得到的测量结果进行数据比较，该方案可以得到三维激光扫描仪与其他高精度测量仪之间的精度关系；二是采用三维激光扫描仪反复对同一目标进行测量，通过多次的测量数据进行精度评价，这种方案可以很好地得出三维激光扫描仪的测量稳定程度，并且能够检校自身的测量精度。

5.5 地面激光扫描数据

5.5.1 地面激光扫描数据的结构

三维激光扫描仪以线扫描方式采集数据，采用逐行逐列的方式获取空间数据，扫描得到的数据表现为一种矩阵形式，即由一组按照矩阵形式逐行逐列组织的像素构成，每个矩阵单元的值为目标物表面采样点的三维坐标。由于这些空间坐标反映了扫描点与视点之间的距离，因此扫描得到的图像称为距离图像或深度图像。图 5.5 所示为三维激光扫描仪获取的数据示意图。三维激光扫描仪在获取目标物表面每个采样点的空间坐标后，得到的是一个点的集合，称之为“点云”。

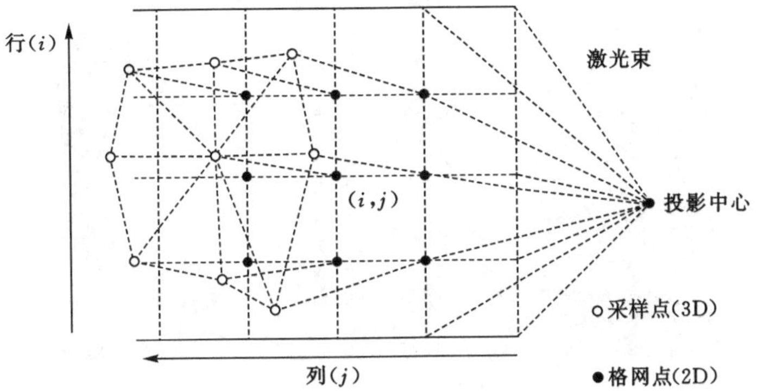

图 5.5　三维激光扫描仪获取的数据示意图

三维激光扫描仪在记录激光点三维坐标的同时，也会记录激光点位置处物体的反射强度值，称为“反射率”。内置数码相机的三维激光扫描仪在扫描过程中可以方便、快速地获取外界物体的真实色彩信息，在完成扫描、拍照后，不仅可以得到点的三维坐标信息，还能获取物体表面的反射率信息和色彩信息。因此，点云信息中不仅包含 X、Y、Z 坐标和反射强度，还包含每个点的 RGB 数字信息。如图 5.6 所示，三维激光扫描仪最终获取的是空间实体的三维坐标(X、Y、Z)、反射强度(intensity)、颜色信息(RGB)以及目标实体丰富的影像信息。这些数据一并存储在特定的文件中，常见的有“*.ptx”和“*.txt”格式的点云数据，以及“*.obj”格式的网格数据。

5.5.2　地面激光扫描数据特点

根据测量传感器的类型，点云数据可分为阵列点云、线扫描点云、面扫描点云以及完全散乱的点云。大部分三维激光扫描系统基于线扫描方式完成数据采集，采用逐行(或列)的扫描方式，因此获得的三维激光扫描点云数据具有一定的结构关系。地面激光扫描数据的主要特点如下：

(1) 数据量大。一幅完整的扫描影像或一个站点的扫描数据中可能包含几十万至上百万个扫描点，甚至达到数亿个。

(2) 密度高。点云的密度取决于仪器的角分辨率和测量距离。例如，当角分辨率为 6″，测量距离为 100 m 时，点云之间的间隔为 3 mm。点云密度随着角分辨率的增大和测量距离的增加而降低。

(3) 精度高。地面激光扫描数据的精度较高，50 m 处的测距精度通常在 1 mm 以内。随着测量距离的增大，精度会有所降低。例如，当测量距离为 1 000 m 时，精度可达 0.1 m 以内。通过单点多次测量，可以进一步提高测量精度。

(4) 带有扫描物体的光学特征信息，信息非常丰富。

(5) 立体化。地面激光扫描数据包含了目标物表面每个采样点的三维坐标，记录的信

(a) 带反射率的点云

(b) 带颜色信息的点云

图 5.6　地面激光扫描数据实例

息较为全面，因而可以准确测定目标物表面的立体信息。然而，由于激光的投射性有限，无法穿透目标物，因此点云数据无法反映实体的内部结构或材质等信息。

(6) 离散性。地面激光扫描数据中的点与点之间相互独立，没有任何拓扑关系，因此无法直接表征目标物表面的连接关系。

(7) 可量测性。地面激光扫描数据可以直接用于量测每个点的三维坐标、点云间的距离、方位角、表面法向量等信息。此外，通过计算，还可以得到目标物的表面积、体积等信息。

(8) 非规则性。激光扫描仪按照一定的方向和角度进行数据采集，随着距离的增大和扫描角的增加，点云间的距离也会增大。同时，仪器系统误差和各种偶然误差的影响使得点云的空间分布缺乏一定的规则性。

以上这些特点使地面激光扫描数据得到了十分广泛的应用，同时也导致点云数据的处理变得十分复杂和困难。

5.5.3 地面激光扫描数据格式

目前，激光扫描仪一般将采集的数据保存为仪器自定义的数据格式，并在自带的后处理软件中提供对这些格式的读写模块。表 5.2 所示为常见的地面激光扫描数据格式。

表 5.2 常见的地面激光扫描数据格式

仪器品牌	自定义的数据格式	常用的数据格式
Riegl	3DD	ASCII、VRML（虚拟现实建模语言格式）、DXF、PTC（点云格式）
Leica	Leica's X-function DBX format	ASCII、LandXML、PTZ、3DD、DXF
Optech	IXF	ASCII、PF（点云文件格式）
Trimble	RWP、DCP（动态控制点格式）、SOI（扫描仪输出接口格式）、PPF（点云处理格式）	PTC、TXT、CSV、DXF（数字交换格式）

下面对常用的数据格式进行简要介绍。

(1) ASCII 格式

ASCII 格式是仪器普遍采用的一种数据格式，包括 PTX、XYZ、PTS、TXT 等格式。ASCII 格式的文件一般分为两部分：第一部分是头文件，用于说明文件的辅助信息；第二部分用于记录点的三维坐标和反射率等数值。

PTX 格式适用于交换扫描点及其对应的坐标变换，所有值都是以 ASCII 形式给出的，并且单位采用公制。图 5.7 所示为 PTX 文件示例，其各行具体含义如下：第 1 行表示测量的行数；第 2 行表示测量的列数（例如，文件中包含 200 行×200 列个点）；第 3 行是点的平移向量；第 4～6 行是点的旋转矩阵（3×3）；第 7～10 行是点的全局变换矩阵（4×4），它是平移变换和旋转变换两个变换的乘积；第 11 行开始是点的（X,Y,Z）坐标和点的反射率。当一束测量激光没有碰到物体而散射到空中，或遇到反射率极低的点时，在文件中就会用 0000 来补齐，代表这种点是无效的。

```
200
200
000
100
010
001
1000
0100
0010
0001
0000
0000
0000
0000
0000
```

图 5.7 PTX 文件示例

此外，TXT、PTS 格式也属于 ASCII 格式，它们的结构大致相同。其共同的优点为：结构简单、读写容易，可以被大多数仪器和软件支持。但是 ASCII 型数据所占空间较大，这使海量 LiDAR 数据的存储和处理都比较困难。同时，该格式下的数据只存储了（X,Y,Z）坐标和反射率这些基本信息，点的信息量不完整，不利于数据的应用和信息的提取。

(2) 二进制的 OBJ 格式

其优点为：OBJ 格式的文件既可以存储离散点，又可以记录线、多边形以及自由曲面的数据。明显的形体信息和拓扑关系信息使数据便于显示和建模。其缺点为：点的属性信息不完整，格式的编译和解码比较复杂，这在一定程度上限制了它的应用范围。

(3) PTC 格式

PTC 是一种二进制的点云格式，大部分仪器可以直接导出 PTC 格式的文件。PTC 格式的文件不仅保存了三维坐标信息，还存储了高分辨率数据对应的图像像素信息，同时比 ASCII 格式的文件简洁。其缺点为：数据导出时，需要先收集所有扫描点的数据，然后开始写入文件，因此，内存需求可能很大。

(4) DXF 格式

DXF 格式是一种开放的矢量数据格式，可以分为两类：ASCH 格式和二进制格式。ASCH 格式具有可读性好的特点，但占用空间较大；二进制格式则具有占用空间小、读取速度快的特点。由于 AutoCAD 是目前最流行的 CAD 绘图系统之一，DXF 格式也被广泛使用，成为绘图文件交换的标准。绝大多数 CAD 系统都能导入或输出 DXF 格式的文件。

目前，地面激光扫描数据格式的现状为：不同仪器自定义的数据格式种类繁多且不兼容，这严重影响了数据的共享与转换，系统间普遍支持的格式也存在很多局限性。

5.5.4 数据组织

在实际应用中，三维激光点云的数据量往往很大，目前主要有三种方式对三维激光点云的邻域关系进行查找。

(1) 空间栅格划分法

首先，依据空间散乱的三维激光点云数据建立空间格网，求出所有三维激光点云数据坐标的最大值和最小值，然后根据这些坐标建立一个与直角坐标轴平行的最小包围盒，最后根据给定的分割长度，将空间格网划分为一系列的小立方体(称为网格)，并将所有的数据点放在相应的网格中。三维激光点云数据分区后，栅格信息存储在二维数组中，每个数据点存储在对应网格的索引数组中。在邻域搜索过程中，首先在三维激光点所在的网格中搜索，如果未找到，则在相邻的网格中搜索，这样可避免对整个点云数据的搜索，从而减少了计算量，提高了点云搜索效率。

(2) 八叉树划分法

八叉树结构可以用来组织三维空间的点云数据。在八叉树中，根节点表示整个三维空间，除根节点以外的每个节点表示一个立方体的体积元素，每个节点又可以分为八个子节点，八个子节点的体积之和等于父节点的体积，如图 5.8 所示。在通过八叉树建立的散乱点云的树结构中，每一个立方体序列用来表示包围该散乱点云的空间八叉树，然后把最小包围立方体分割成八个大小相同的子块，每个子块作为根节点，逐渐向下划分，直到达到八叉树设定的层数。

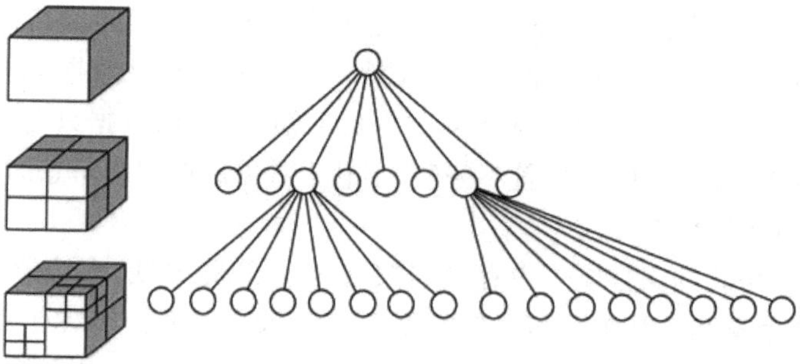

图 5.8　八叉树示意图

(3) kd 树划分法

kd 树是一种对 k 维空间中的数据点进行存储以便对其进行快速搜索的树形数据结构。kd 树的每一个节点对应一个 k 维超矩形区域。与空间栅格划分法和八叉树划分法相比，kd 树划分法提高了空间递归查找的效率，在稳健性方面更具优势。它利用穷举法计算点 p_i 到邻近点的欧式几何距离 r，并按从小到大的顺序排列，其中前 k 个点即该数据点的 k 个邻域点，如图 5.9 所示。

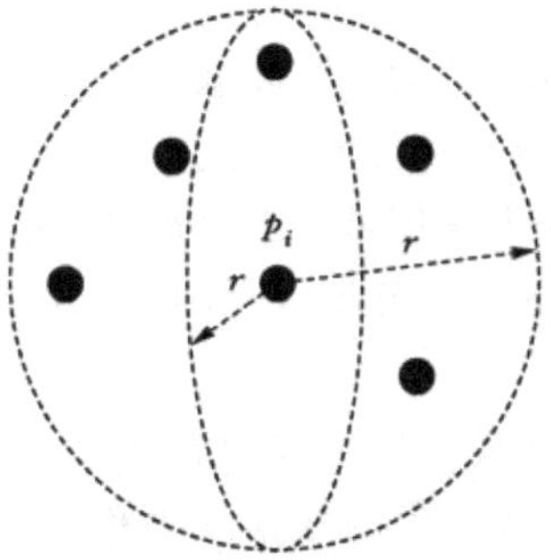

图 5.9　三维激光点的 k 邻域示意图

5.5.5　点云数据缺失及其成因分析

地面激光扫描系统采集的空间数据包括建筑物、树木、道路等地面物体及其附属设施的位置信息。然而，由于搭载平台、设备仪器的限制或被测物体本身的特点，获取的数据常常存在不完整现象，称为点云数据缺失。点云数据缺失不仅会影响数据的完整性，还会影响三维模型重建、局部空间信息提取等后续数据处理工作。点云数据缺失现象可分为 6 类：镜面反射缺失、外物遮挡缺失、自遮挡缺失、细节缺失、扫描盲区缺失、激光吸收缺失。

(1) 镜面反射缺失

三维激光扫描仪获取被测物体空间位置的前提条件是激光发生漫反射。漫反射是指投射在粗糙表面上的光向各个方向反射的现象。当激光投射到玻璃、镜子等表面光滑或其表面粗糙度无法构成漫反射现象的物体时，激光产生镜面反射，导致激光扫描仪无法接收回波，由此产生的数据缺失现象称为镜面反射缺失。

这类缺失主要分布在城市建筑物表面的干净透明窗户或玻璃幕墙装饰上。因为镜面反射产生的缺失边界一般为规则几何面，缺失区域纹理单一，这一区域虽然缺失邻域纹理但能保留其几何结构特征，因此，其可修复性较高，可根据其几何形态对缺失区域进行修复。

(2) 外物遮挡缺失

建筑物周围的树木、行人、车辆等会遮挡激光，导致激光在未到达被测物体表面时便提前返回，由此产生的数据缺失现象称为外物遮挡缺失。这类缺失面积大，分布广泛且不均匀，是主要的点云数据缺失类型。因为外物遮挡产生的缺失边界一般为不规则几何面，与镜面反射缺失不同，其缺失区域纹理复杂，邻域的纹理结构特征基本丧失。可通过多站多角度互补扫描方式修补缺失区域，或采用全回波激光扫描仪采集数据，因此其可修复性较高。

(3) 自遮挡缺失

建筑物的姿态千变万化，然而其基本结构通常不变，即由多个不同的面构成。在扫描过程中，面与面之间易形成遮挡，由此导致的点云缺失称为自遮挡缺失。自遮挡缺失与外物遮挡缺失类似，均属于遮挡类的缺失。

这类缺失常见于成角度的墙面之间，分布于建筑物的各个角落。由于建筑物本身一般较规则，所以自遮挡导致的缺失边界一般也为规则几何面，缺失区域纹理简单，只包含一种或少量物体，故可修复性较高，一般通过多站多角度互补扫描方式修补缺失区域。

(4) 细节缺失

建筑物的楼梯扶手、窗户的窗框等部位的表面积较小，当激光到达这些细小部分时，常常会因为角度分辨率过低而无法被扫描对象反射，由此产生的数据缺失现象称为细节缺失。

这类缺失一般只包含一种物体，缺失纹理具有重复性，因此可利用基于样本的修复方法修复这类缺失，可修复性较高，但缺失区域的邻域信息则基本丧失。

(5) 扫描盲区缺失

地面三维激光扫描仪的水平扫描角度一般可以达到 360°，但竖直方向还达不到全扫描的程度。因平台条件限制，无法进行扫描产生的数据缺失称为扫描盲区缺失。建筑物的屋顶是最常见的地面激光扫描盲区之一。

扫描盲区缺失是一类特殊的缺失类型，缺失区域几何形态及纹理较为复杂，可使用多源数据(如机载 LiDAR 数据、立体遥感影像数据)来进行修补。

(6) 激光吸收缺失

当激光传播至物体表面时，反射率越高的物体反射的激光信号越强，点云密度也越大；反之，若反射信号过弱，则无法计算测距值，从而产生数据缺失，此类缺失称为激光吸收缺失。

水体部分极易产生此类缺失。激光吸收缺失与扫描盲区缺失相同，属特殊缺失类型，其缺失对象的特征较为明显，缺失区域的几何形态及纹理较为复杂。

点云数据缺失的类型、成因及特性分析，可为缺失区域自动检测与判别、修补算法研究、激光扫描仪选型以及外业工作方案优化等工作提供理论依据。

5.6 TLS 系统外业数据采集

本节首先阐述野外扫描方案的制定方法，然后介绍外业扫描的步骤及扫描中的主要注意事项。

5.6.1 野外扫描方案设计

1. 制定野外扫描方案的作用

三维激光扫描技术应用的核心是获取点云数据精度。为了控制误差累积，提高扫描精度，在三维激光扫描测绘前，首先要进行基于精度评估的技术设计，这将对项目的顺利完成起到非常重要的作用。

2. 制定扫描方案的主要过程

应根据项目要求，结合已有资料、实地踏勘情况及相关的技术规范，编制技术设计书。

(1) 明确项目任务要求

当扫描项目确定后，承包方技术负责人必须向项目发包方全面细致地了解项目的具体任务要求，这是制定项目技术设计书的主要依据。

(2) 现场勘查

为了保证项目技术设计的合理性并确保其顺利实施，双方相关人员必须到扫描现场进行踏勘，以全面细致地了解项目现场的环境。踏勘过程中，需注意查看已有控制点的位置、保存情况以及使用的可能性。根据扫描对象的形态、空间分布、扫描需要的精度以及需要达到的分辨率，确定扫描站点的位置、标靶的位置等。同时，结合扫描站点位置考虑扫描模型的拼接方式，并绘制现场草图(有条件时可使用大比例尺的地形图、遥感影像图等)，对主要扫描对象进行拍照。根据现场勘查结果及照片信息，找出整个扫描过程中的难点，并提出相应的解决办法。

(3) 制定技术设计方案

《规程》中规定：技术设计书的主要内容应包括项目概述、测区自然地理概况、已有资料情况、引用文件及作业依据、主要技术指标和规格、仪器和软件配置、作业人员配置、安全保障措施、作业流程。下面对主要设计内容进行简要说明。

① 扫描仪选择与参数设置

目前扫描仪的品牌和型号比较多，在激光波长、激光等级、数据采样率、最小点间距、模型化点定位精度、测距精度、测距范围、激光点大小、扫描视场等指标上各有特点，为仪器选择提供了较大空间。

仪器选择时，应首先考虑项目任务要求及现场环境，再结合仪器技术参数确定适用设备。通常情况下，一台仪器即可满足作业要求，但在特殊情况下(如项目任务量较大、工期较短、扫描对象有特别要求)，可能需要多台仪器参与扫描，甚至使用不同品牌和型号的仪器。

② 测量控制点布设方案

扫描仪本身在扫描过程中会自动建立仪器坐标系统，在无特殊要求时能够满足项目需要。但是为了将三维激光扫描数据转换到统一的坐标系统(如国家、地方或者独立坐标系)下，需要使用全站仪或其他测量仪器进行配合观测，这样，在点云数据拼接后，可通过公共点把所有的三维激光扫描数据转换到统一的坐标系下，以便后续应用。测量控制点的布设应考虑现场环境、点位精度要求等，可以参考测绘领域相关的技术规范。

(4) 野外扫描方案设计

在整个项目技术设计中，野外扫描方案是最重要的组成部分。扫描之前需要进行全面仔细的方案设计。根据测量场景的大小、复杂程度和工程精度要求，确定扫描路线、布置扫描站点，确定扫描站数及扫描系统至扫描场景的距离，以及扫描分辨率。仪器参数的确定将直接影响扫描精度和效率，分辨率一般根据扫描对象和需要获取的空间信息进行确定。

对野外扫描方案设计中的主要内容说明如下。

① 标靶

当在一个扫描站上无法测量物体的全部内容而需要在不同位置进行测量时，或者需要将扫描数据转换到特定的工程坐标系中时，都涉及坐标转换问题。为此，需要测量一定数量的公共点，以计算坐标变换参数。为了保证坐标转换精度，公共点一般采用特制的球面(形)标志(也称为球形标靶)或平面标志(也称为平面标靶)，如图 5.10 所示。在变形监测中，一般采用贴片将标靶固定在监测对象上。

放置标靶时，需注意以下事项：a. 标靶应能够被良好识别，不要被物体遮挡；b. 不要将标靶放在一条直线上，否则会降低拼接精度；c. 标靶的安放位置要确保稳定；d. 标靶之间应有一定高度差。

图 5.10　标靶

为满足点云数据的拼接要求，相邻测站至少需要有 3 个公共点重合。因此，购置仪器时一般至少要配置 4 个标靶。如果条件允许，可以多配置一些标靶，这样扫描时每站的扫描范围会增大，同时也能提高工作效率。

② 测站设置

根据扫描实施方案，设置站点时应确保三维激光扫描仪在有效范围内发挥最大效率，科学地设置站点可大幅提高测量效率。在需要扫描标靶的情况下，换站前应计划好下一站的位置，确保下站也能看到标靶；若不需要标靶，则测站的位置应尽量覆盖较多的特征点，以便于后续的点云拼接。

一般情况下，采用地物特征点和标靶控制点拼接数据时，测站设置应遵守以下原则：a. 扫描仪所架设的各个测站应能够扫描到目标区域的全部范围；b. 对测站数量进行优化，采用最小的设站数量覆盖最大的面积，在保证采样率的前提下减小拼接次数，以减少点云数据的拼接误差和数据总量；c. 相邻两站之间应有不少于三个可清晰识别的标靶或特别标志，扫描仪至扫描对象平面的距离应在仪器标称测距精度的最佳工作范围内，且一般与扫描对象平面垂直；d. 在可视范围内，应保证 90%以上的数据完整性，站与站之间的重复率为 20%～30%，针对古建筑的特殊部位或大型的复杂建筑物，应进行数据补充以保证完整性。

野外扫描方案设计是顺利完成项目的技术保障，双方应充分沟通，并对方案进行多次论证，确定最终的实施方案。在野外扫描方案实施过程中，如果遇到问题，也可以对原方案进行修改。

5.6.2　点云数据采集

数据采集流程一般包括控制测量、扫描站布测、标靶布测、设站扫描、纹理图像采集、外业数据检查、数据导出备份。

1. 点云数据采集方法

在利用地面三维激光扫描仪对三维场景进行数据采集时，可采用以下三种数据采集方法：基于地物特征点拼接的数据采集方法、基于标靶的数据采集方法和基于“测站点＋后视点”的数据采集方法。

(1) 基于地物特征点拼接的数据采集方法

该方法利用相邻测站扫描数据重叠区域内的地物特征点(公共特征点)进行数据处理。在外业数据采集时，需要保证相邻两站之间的扫描数据有 30%以上的重叠区域。

其数据处理过程为：首先，选择各测站重叠区域的公共特征点；特征点选择完成后，通过软件计算出待拼接点云相对于基础点云的旋转矩阵，从而将两站数据拼接在一起；之后再将结果与第三站的数据进行拼接，采用此方法依次将各站的数据拼接成一个整体。

此方法可以在任意位置架设扫描仪进行数据采集，无须架设后视点或公共标靶，只要求扫描测站之间有 30%以上的重叠区域，因此外业测量过程简单灵活。然而，在内业数据拼接时，需要人工选取公共点云进行拼接，拼接过程较为复杂且精度较低。该方法适用于特征明显且测量精度要求不高的工程场景，实际应用中使用较少。

(2) 基于标靶的数据采集方法

该方法所采用的反射标靶可以是球形、圆柱体或圆形标靶。进行外业数据采集时，应在待测物体四周通视条件相对较好的位置布设反射标靶，作为任意测站的共同后视点。在任意位置设站对待测物体进行扫描时，要求测站能够同时看到 3 个及以上的后视标靶。扫描结束后，再对待测物体四周能后视到的标靶进行精确扫描，以获取标靶的精确几何坐标。根据实际工作经验，在进行基于标靶的数据采集时，每站之间获取 4 个及以上的标靶数据，可在后期数据处理时得到更好的点云拼接效果，如图 5.11 所示。

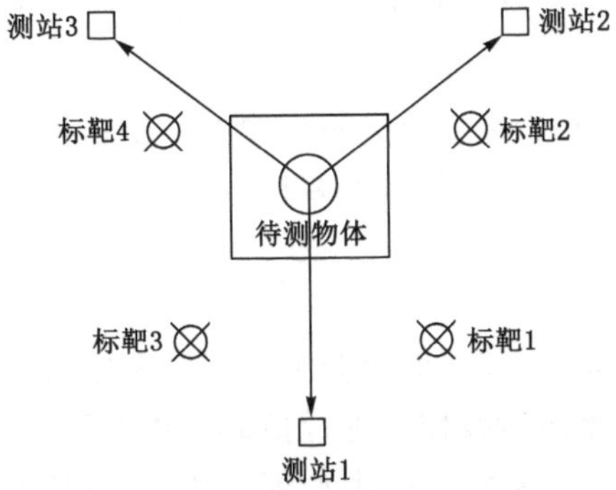

图 5.11　标靶与测站位置的关系示意图

该方法主要适用于雕塑、独立树、堆体等测量面积相对较小、独立的物体扫描工程。当面积较大或存在遮挡时，需在换站的同时移动标靶至下一个能通视的位置，以保证每一测站至少能扫描到 3 个标靶。这种方法不需要获取每个测站和标靶的测量坐标，内业点云拼接简单、快速，且拼接精度较高。

(3) 基于"测站点＋后视点"的数据采集方法

此方法类似于常规全站仪测量的方法，也是最接近传统测量模式的一种方法。该方法需要在已知控制点上设站扫描，各控制点的坐标需要采用其他的方法进行测量，如导线测量、GNSS-RTK 方法等。采用 GNSS-RTK 作业方法时，可以通过扫描仪自带的接口，将 GNSS 接收机直接连接到扫描仪上，进行同步测量。

外业数据采集流程为：a. 在已知控制点上架设三维激光扫描仪，并对仪器进行对中整平操作；b. 在另一个与测站点相互通视的已知控制点上架设标靶，并对标靶进行对中整平操作；c. 根据测量物体的特征，对三维激光扫描仪按一定的参数进行设置后，采集待测物体的点云数据；d. 在点云数据中找到标靶的位置，并对标靶进行精细扫描，获取后视点标靶的相对坐标。

利用仪器配套的软件，输入对应控制点的坐标，将点云数据旋转到所需的测量坐标系中。由于各已知控制点都是在同一坐标系下进行测量得到的，因此各站点云数据通过配准操作后可叠加在一起，形成统一的点云数据。

此方法由于每个控制点均在同一坐标系下，所以需要采用其他设备对控制点坐标进行测量，这样便增加了外业工作量。在扫描过程中，该方法只需对一个后视标靶进行扫描即可完成定向，每站点云数据之间不需要有重叠区域。该方法点云拼接精度高，适用于大面积或带状工程的数据采集工作。

2. 基于标靶的扫描步骤

扫描开始前，需做好相关准备工作，主要包括仪器安置、人员组织、交通安排、后勤保障以及测量控制点布设等。针对不同品牌或型号的仪器，具体扫描操作方法会有所不同。目前，多数扫描仪的集成度较高，以徕卡 ScanStation C10 扫描仪为例，在采用球形标靶控制点方式拼接的情况下，一个测站上的扫描步骤基本如下：

（1）仪器安置

仪器安置的主要工作包括连接电源（电池或交流电源）、对中、整平。对于个别扫描控制与数据存储采用笔记本电脑的分体式扫描仪，需将各个部件连接完整。

（2）摆放球形标靶

在安置仪器的同时，可以在扫描对象的附近摆放 4 个球形标靶。注意球形标靶一定要放在比较稳定的地方，确保与仪器通视，且不要摆放在一条直线上。同时，要考虑下一站球形标靶移动时的通视条件。

（3）仪器参数设置

在确认仪器安置无误后，打开仪器电源开关。开机完成后，屏幕上会出现中文主菜单，可以用配置的手写笔轻点屏幕进行操作。进行扫描参数设置时，主要包括设置工程文件名称、文件存储位置、扫描范围、分辨率、标靶类型等。其中，与精度相关的参数设置要与项目技术设计书一致。

（4）开始扫描

当确认仪器参数设置正确后，执行扫描操作。在扫描过程中，仪器会显示扫描进度以及完成扫描剩余的时间，如有问题可暂停或取消扫描。

扫描结束后，应检查扫描数据质量，不合格的需重新扫描。

为了保证后续工作顺利完成，在测站上应做好观测记录，主要内容包括扫描测站位置略图、扫描仪品牌与型号、扫描时间、扫描操作人、测站编号、参数设置情况等，可自行设计表格填写。

（5）换站扫描

当确认测站相关工作无误后，可以将仪器搬移到下一测站。仪器是否关机取决于仪器的电源情况、两站之间的距离、仪器操作要求等因素，视扫描对象的情况决定是否移动标靶。

当仪器搬移到下一测站后，重复上述工作。注意与前一个测站保持相同的工程文件名称以及分辨率等特殊指标参数的设置。

（6）数据输出

当全部扫描工作完成后，依据数据文件的大小决定数据输出方式。如果文件较小，可在现场直接导出。如果文件较大，则可使用移动硬盘或通过传输电缆与电脑连接后导出数据。

（7）结束扫描工作

当数据传输完成后，关闭仪器。整理相关部件，待仪器马达停止后，将仪器装入仪器箱，结束扫描工作。

3. 扫描中的主要注意事项

为确保获取符合精度要求的完整点云数据，在野外扫描中，需要注意如下事项：

（1）在条件允许时，应该使用最佳扫描距离和角度。在室内扫描或扫描距离较短的情况下，不同的角度会有不同的接收率，并不是垂直扫描时接收率最高。

(2) 严禁在仪器允许温度范围以外使用。如果天气较热，应尽可能地将设备放到阴凉环境下，或者在仪器上部覆盖一块湿布来帮助仪器散热。

(3) 仪器内部安装了高分辨率的数码相机，因此在设定扫描机位时应注意不要将设备直接对着太阳光。

(4) 在扫描操作过程中，尽量避免因风、施工机械引起的地面颤动等造成的三脚架的晃动。还有扫描范围内人员的走动、空气中的浮尘等造成的噪声应选择合适的时机尽量避免，若无法避免，应在后期数据处理时对其进行消除。

(5) 应避免在大风、沙尘天气条件下进行扫描工作。

(6) 切勿在雨雪天或湿度较大的天气下使用三维激光扫描仪，否则可能导致设备严重损坏或短路。

(7) 在空气湿度低于 80% 的环境下使用三维激光扫描仪时，反射镜上可能凝结水雾，影响激光脉冲的发射。长时间暴露在高湿度环境中，容易造成激光雷达的激光部件、旋转部件以及内部电路老化，从而会降低扫描精度和仪器的使用寿命。

5.7 地面 LiDAR 数据误差分析及消除

地面激光扫描过程中受到扫描仪本身、环境因素及测量物体等各种因素的影响，不可避免地存在各种误差。地面 LiDAR 数据的误差源是评价点云数据质量和扫描仪性能的基础，具体分类如下。

5.7.1 地面 LiDAR 数据的误差源

1. 按误差产生的原因分类

(1) 仪器自身的误差

仪器自身的误差通常与其本身的设计和制造相关，主要由其内部的激光测距仪、激光扫描单元等部件的物体特性引起，可以将其分为测距误差、激光扫描单元与测角误差以及轴系误差三个方面。测距误差主要受激光信号的信噪比、光束离散度、系统时间不同步以及距离漂移和混合像素的影响，其中距离漂移和混合像素影响是地面激光扫描仪测距系统所特有的；激光扫描单元与测角误差主要由仪器的制造工艺和组装水平以及扫描过程中的电机运行故障引起；扫描仪内部包含复杂的轴系系统，由于组装工艺、运输过程以及长时间的使用等，其轴系关系会发生变化，从而产生轴系误差。仪器自身的误差大多可以通过精密检修和检校来减弱或者消除其影响。

(2) 测量误差

扫描系统最终生成的数据产品能否满足实际应用需求，主要取决于点云数据精度和模型化精度两个因素。模型化精度是指从目标表面所提取的几何模型的精度，模型化精度主要取决于激光脚点光斑(激光脚点光斑是指扫描仪发出的激光束扫描到目标物体表面时形成的光斑)的大小和采样间距。激光脚点光斑的大小与采样间距均可通过仪器进行调整，但由于选取标准不同，模型化精度也会有所差异，因此不具备一致性。

点云作为扫描点的集合，其数据精度主要取决于单个扫描点的测量误差。扫描点测量误差的影响因素可分为三类：仪器误差、与目标物体反射面有关的误差和外界环境条件的影响。仪器误差是仪器自身性能缺陷造成的测量误差，包括测距误差、扫描角度误差；与目标物体反射面有关的误差主要包括目标物体反射面倾斜的影响和目标物体反射特性的影响；外界环境条件的影响主要包括温度、气压等因素的影响。

① 测距误差

与电磁波测距类似，测距误差可以分为固定误差和比例误差，可以通过仪器检定来确定测距误差的大小。

② 扫描角度误差

扫描角度误差包括水平角和垂直角的测量误差，主要来源包括扫描镜的镜面平面角误差、扫描镜转动的微小振动、扫描电机的非均匀转动控制误差等。目前，地面激光扫描仪的角度测量精度可以达到亚秒级。

③ 目标物体反射面倾斜的影响

激光扫描测距系统是以第一次获得足够反射能量的时刻来确定测量值的，反射能量与目标物体表面法线和入射激光的夹角密切相关。当目标物体反射面倾斜时，会引起激光脚点的最大偏差 dS，如图 5.12 所示。

$$\mathrm{d}S = S_1 - S = \frac{S\cos\alpha - S\cos\left(a - \frac{\gamma}{2}\right)}{\cos\left(a - \frac{\gamma}{2}\right)} \tag{5-2}$$

式中，dS 为测距误差，S 为理论距离值，S_1 为实际测量距离值，γ 为激光发散角，α 为入射激光与目标物体表面法线的夹角。

④ 目标物体反射特性的影响

通常情况下，物体的反射特性受材质、表面颜色（光谱特性）及粗糙度的影响，如图 5.13 所示。其中，Δ_{max} 为最大距离和最小距离之间的差值。由于物体反射特性的差异，目标反射的激光能量的强度也会有所不同，从而会产生一定的系统性偏差。某些情况下，这类误差可达激光测距标准差的若干倍。

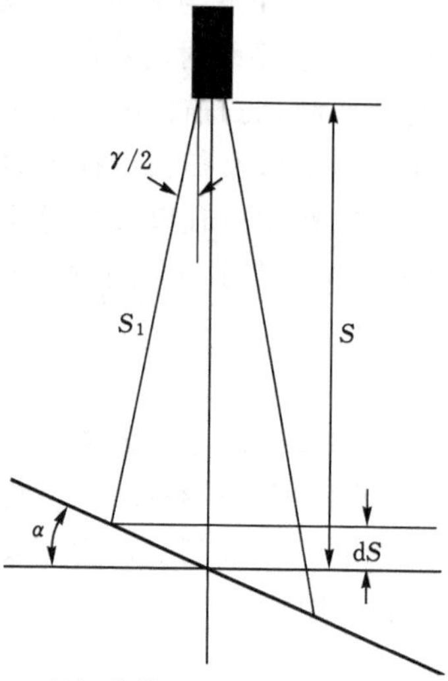

图 5.12　目标物体反射面倾斜引起的测距误差

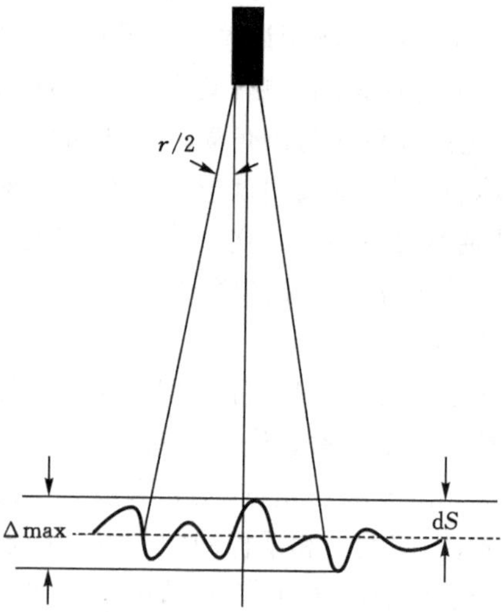

图 5.13　目标物体表面粗糙度引起的测距误差

⑤ 外界环境条件的影响

温度、气压等外界环境条件对激光扫描过程的影响主要表现为温度变化对精密机械结构关系的细微影响、扫描过程中风的振动和激光在空气中传播方向的变化等。较差的外界环境条件对三维激光扫描数据的影响也较大。

数据采集时应注意以下事项：a. 在数据量和其他条件许可的情况下，既要注重扫描数据的几何精度，也应当重视扫描数据的分辨率；b. 在扫描过程中尽可能地保持垂直扫描；c. 提高点云密度有助于提高扫描数据的精度和分辨率，但分辨率会受到激光光斑尺寸的限制。

（3）坐标配准误差

坐标配准是指在相邻的两个测站上分别选取三个或更多同名点，通过这些同名点的坐标解算出旋转与平移参数，从而完成两个测站所有点的坐标变换。目前的三维激光扫描系统软件一般采用这种方法。具体做法是在相邻的两个测站上设置三个以上的同名圆形标靶，在扫描目标物的同时扫描标靶的圆心坐标。通过在相邻的两个测站上扫描相同的标靶，获得相同点在不同坐标系下的坐标，然后通过参数解算，可把所有点纠正到同一个坐标系下。通过设置标靶进行坐标配准，精度可达到 2～3 mm。当标靶不足或其他原因需要采用点云进行纠正时，需在相邻的扫描点云数据中选取三个以上的同名点，但同名点的选取很难完全一致，这样纠正后的坐标误差较大，通常大于 1 cm，甚至达到 2～3 cm。若误差累积，在最后一个测站和第一个测站进行坐标配准时，就会存在很大的偏差，纠正后的图形会出现明显错位。

无论采用标靶纠正还是采用点云进行纠正，误差都不可避免。若必须采用点云作为同名点进行纠正，点的选择应尽可能分散，且最好多于三个，可以通过平差处理来减少点位误差。

2. 按测量误差的性质分类

在测量误差中，根据误差对观测值的影响，可将误差分为粗差、系统误差和偶然误差。

（1）粗差

在传统测量中，粗差通常是由作业人员不规范操作或玩忽职守等造成的大数量级的观测误差。而在地面激光扫描操作中，不需要过多的人为操作，产生粗差的原因主要有：扫描过程受到人为因素的干扰，如其他人员的走动导致扫描光束被遮挡，或触碰仪器导致扫描光束发生偏移等；扫描仪安置不稳定，受到周边振动的干扰；恶劣的环境条件，如空气中大颗粒的存在导致激光束传播方向发生改变，继而导致误差的产生。粗差的存在严重影响了点云数据的质量，因此，在扫描过程中，应尽量避免粗差的产生。一旦发现粗差，应设法消除。针对粗差的探测与消除，许多学者进行了大量的研究，如巴尔达的粗差探测法、稳健估计等。

（2）系统误差

系统误差是指相同观测环境下的多次观测值中存在的系统性误差，该类误差具有保持不变或存在一定规律的性质。系统误差通常是仪器内部因素造成的，其对扫描结果通常具有累积影响，会直接影响扫描结果，因此需要对其进行消除或削弱。一般可通过三种途径实现：其一，在数据采集方法上，通过制定严格的措施，来限制系统误差对点云数据质量的影响；其二，根据扫描原理及仪器结构，找到系统误差产生的原因，对点云数据进行必要的处理；其三，定期进行设备检校工作，包括单项检校法和自检校法，将系统误差作为未知数，通过平差方法解算出来，再对原始扫描数据进行系统误差改正。

(3) 偶然误差

偶然误差是在相同测量条件下以不可预知的方式变化的误差分量。偶然误差具有一定的统计规律，在理想状态下，一般服从正态分布。偶然误差是不固定的，且没有任何规律，也无法完全消除，产生偶然误差的原因也比较复杂。在数据处理中，通常采用误差理论对偶然误差进行评价，并通过数据处理求得观测量的最优估计值。

5.7.2 地面激光扫描仪的检校方法

目前，地面三维激光扫描仪的检校主要分为两种方式：单项检校法和自检校法。单项检校法：按照仪器的组成部件，如激光测距系统与角度测量系统，分别进行检校。这种检校方法需要精确确定扫描仪内部的误差模型，且需要建立特殊的、复杂的检校场，这些都给检校工作带来了诸多不便。自检校法最初应用于摄影测量中的相机标定。通过该方法，可以将扫描设备的所有系统误差看作一个整体，利用外部已知条件，可同时求解所有系统误差以及其他系统参数。与单项检校法相比，自检校法不需要确定扫描仪内部的误差模型，也不需要建立特殊的高精度检校场，故其应用范围越来越广。

自检校法可以分为基于点的自检校法和基于平面的自检校法，后者比前者简单、易操作，但检校精度远低于前者，因此本书介绍一种基于点的自检校方法。

1. 自检校法的数学模型

地面激光扫描仪自检校的数学模型涉及两个方面：首先需要建立地面三维激光扫描仪的系统误差模型；然后根据系统误差模型进行自检校法的公式推导。

(1) 地面三维激光扫描仪的系统误差模型

根据地面三维激光扫描仪的工作原理，扫描仪的原始观测值分别为距离(d)、水平角(α)和垂直角(β)。因为观测值中存在系统误差，所以观测值与其对应的系统误差可以表示为：

$$O_C = O_R + \Delta O \tag{5-3}$$

式中，O_C 为经过系统误差改正后的观测值，O_R 为扫描仪获得的原始观测值，ΔO 为观测值"O"对应的系统误差值。

地面激光扫描仪的系统误差可以通过 21 个附加参数建立的数学模型来描述，其中，9 个参数用来定义测距系统误差(Δd)，7 个参数用来定义水平角系统误差($\Delta\alpha$)，剩余 5 个参数用来定义垂直角系统误差($\Delta\beta$)。

① 测距系统误差模型

测距系统误差模型是通过 9 个附加参数来定义的，如式(5-4)所示。

$$\begin{aligned}\Delta d &= d_0 + \lambda_d d + \Delta d_{\text{axis}} + \Delta d_{\text{res}} + \Delta d_{\text{per}} \\ &= a_0 + a_1 d + a_2 \sin\beta + a_3 \sin(4\alpha) + a_4 \sin(4\alpha) + a_5 \sin\left(\frac{4\pi}{U_1}d\right) + \\ &\quad a_6 \sin\left(\frac{4\pi}{U_1}d\right) + a_7 \sin\left(\frac{4\pi}{U_2}d\right) + a_8 \sin\left(\frac{4\pi}{U_2}d\right)\end{aligned} \tag{5-4}$$

式中，d_0(或 a_0)、λ_d (或 a_1)分别表示测距仪的加常数和乘常数；$\Delta d_{\text{axis}} = a_2 \sin\beta$ 表示扫描仪的水平轴与激光原点之间的垂直补偿；Δd_{res} 表示激光测距在水平方向上的正弦误差，由

a_3 和 a_4 两个经验参数组成；Δd_{per} 表示内部信号引起的周期性误差，由 a_5、a_6、a_7、a_8 四个经验参数组成，U_1 和 U_2 分别表示仪器内部信号的调制波长参数。在一般的检校中，周期性的误差（如 Δd_{per}）一般不予考虑，因此，测距系统误差模型由 5 个附加参数来表示：加常数 a_0、乘常数 a_1、水平轴补偿参数 a_2 以及相位误差 a_3 和 a_4。

② 水平角系统误差模型

水平角系统误差模型是通过 7 个附加参数来定义的，如式(5-5)所示。

$$\begin{aligned}\Delta\alpha &= \lambda_\alpha \alpha + \Delta\alpha_{\text{axis}} + \Delta\alpha_{\text{orth}} + \Delta\alpha_{\text{res}} \\ &= b_1\alpha + b_2\sec\beta + b_3\tan(4\beta) + \\ &\quad b_4\sin(2\alpha) + b_5\cos(2\alpha) + b_6\cos(3\beta) + b_7\sin(4\beta)\end{aligned} \tag{5-5}$$

式中，λ_α（或 b_1）表示扫描仪测角编码器的尺度误差；$\Delta\alpha_{\text{axis}}$ 表示扫描仪的轴系误差，由 b_2、b_3 两个参数分别表示的视准轴误差和水平轴误差组成；$\Delta\alpha_{\text{orth}}$ 表示水平偏转单元与垂直轴的正交误差，由 b_4 和 b_5 两个参数组成；$\Delta\alpha_{\text{res}}$ 表示垂直角导致的周期性误差，由 b_6 和 b_7 两个参数组成。

③ 垂直角系统误差模型

垂直角系统误差模型是通过 5 个附加参数来定义的，如式(5-6)所示。

$$\begin{aligned}\Delta\beta &= \beta_0 + \lambda_\beta\beta + \Delta\beta_{\text{ECC}} + \Delta\beta_{\text{res}} \\ &= c_0 + c_1\beta + c_2\sin\beta + c_3\sin(3\alpha) + c_4\cos(3\alpha)\end{aligned} \tag{5-6}$$

式中，β_0（或 c_0）表示扫描仪的竖盘指标差；λ_β（或 c_1）表示垂直角的尺度误差；$\Delta\beta_{\text{ECC}} = c_2\sin\beta$ 表示扫描仪竖盘的偏心误差；$\Delta\beta_{\text{res}}$ 表示由水平角引起的正弦误差，由 c_3 和 c_4 两个参数组成。

2. 自检校法公式推导

基于点的地面三维激光扫描仪自检校方法的基本思路为：首先建立分布均匀的标靶检校场，然后通过空间坐标转换，将得到的扫描仪坐标系下的标靶点三维坐标转换到检校场坐标系中。在此过程中，将扫描仪的系统误差参数与坐标转换参数一同作为待定参数，经过统一平差解算出来。

基于点的自检校方法的数学模型为：

$$f(\hat{L},\hat{X}) = \begin{bmatrix} X \\ Y \\ Z \end{bmatrix} = \boldsymbol{R}(\omega,\varphi,\kappa)\begin{bmatrix} x \\ y \\ z \end{bmatrix} + \begin{bmatrix} \Delta X \\ \Delta Y \\ \Delta Z \end{bmatrix} \tag{5-7}$$

式中，$\hat{L}$ 表示观测值，$\hat{X}$ 表示待求解参数；(X,Y,Z) 和 (x,y,z) 分别表示标靶点在检校场坐标系中的坐标和在扫描仪坐标系中的坐标；$\boldsymbol{R}$ 为旋转矩阵，由三个旋转参数 (ω,φ,κ) 组成；$(\Delta X, \Delta Y, \Delta Z)$ 为三个平移参数。

根据扫描仪的工作原理，并顾及系统误差的存在，标靶点在扫描仪坐标系中的坐标可以表示为：

$$\begin{bmatrix} x \\ y \\ z \end{bmatrix} = \begin{bmatrix} (d+\Delta d)\times\cos(\alpha+\Delta\alpha)\times\cos(\beta+\Delta\beta) \\ (d+\Delta d)\times\sin(\alpha+\Delta\alpha)\times\cos(\beta+\Delta\beta) \\ (d+\Delta d)\times\sin(\beta+\Delta\beta) \end{bmatrix} \tag{5-8}$$

将式(5-8)代入式(5-7)，基于点的自检校方法的数学模型变为：

$$f(\hat{L},\hat{X})=\begin{bmatrix}X\\Y\\Z\end{bmatrix}=\boldsymbol{R}(\omega,\varphi,\kappa)\begin{bmatrix}(d+\Delta d)\times\cos(\alpha+\Delta\alpha)\times\cos(\beta+\Delta\beta)\\(d+\Delta d)\times\sin(\alpha+\Delta\alpha)\times\cos(\beta+\Delta\beta)\\(d+\Delta d)\times\sin(\beta+\Delta\beta)\end{bmatrix}+\begin{bmatrix}\Delta X\\\Delta Y\\\Delta Z\end{bmatrix} \tag{5-9}$$

式中，系统误差参数如 Δd、$\Delta\alpha$ 和 $\Delta\beta$ 的具体表达形式见式(5-4)、式(5-5)和式(5-6)。

式(5-9)中需要解算的参数包括两类：第一类是坐标转换参数，也称为外部定向参数(external orientation parameters, EOPs)，包括 3 个旋转参数和 3 个平移参数；第二类是描述地面激光扫描仪系统误差模型的附加参数，其中，测距系统误差的附加参数有 5 个(周期性误差不予考虑)，水平角系统误差的附加参数有 7 个，垂直角系统误差的附加参数有 5 个。

为了求解这两类参数，需要对式(5-9)进行线性化，利用泰勒级数展开，保留一次项，结果为：

$$\begin{aligned}f(\hat{L},\hat{X})=&f^0+\left(\frac{\partial f}{\partial a_0}\right)\mathrm{d}a_0+\cdots+\left(\frac{\partial f}{\partial a_4}\right)\mathrm{d}a_4+\left(\frac{\partial f}{\partial b_1}\right)\mathrm{d}b_1+\cdots+\left(\frac{\partial f}{\partial b_7}\right)\mathrm{d}b_7+\\&\left(\frac{\partial f}{\partial c_0}\right)\mathrm{d}c_0+\cdots+\left(\frac{\partial f}{\partial c_4}\right)\mathrm{d}c_4+\left(\frac{\partial f}{\partial \Delta X}\right)\mathrm{d}\Delta X+\left(\frac{\partial f}{\partial \Delta Y}\right)\mathrm{d}\Delta Y+\\&\left(\frac{\partial f}{\partial \Delta Z}\right)\mathrm{d}\Delta Z+\left(\frac{\partial f}{\partial \omega}\right)\mathrm{d}\omega+\left(\frac{\partial f}{\partial \varphi}\right)\mathrm{d}\varphi+\left(\frac{\partial f}{\partial \kappa}\right)\mathrm{d}\kappa\end{aligned} \tag{5-10}$$

式中，f^0 代表 f 的近似值。由于地面激光扫描仪的测量值中存在误差，所以误差方程为：

$$\begin{aligned}v=&\left(\frac{\partial f}{\partial a_0}\right)\mathrm{d}a_0+\cdots+\left(\frac{\partial f}{\partial a_4}\right)\mathrm{d}a_4+\left(\frac{\partial f}{\partial b_1}\right)\mathrm{d}b_1+\cdots+\left(\frac{\partial f}{\partial b_7}\right)\mathrm{d}b_7+\\&\left(\frac{\partial f}{\partial c_0}\right)\mathrm{d}c_0+\cdots+\left(\frac{\partial f}{\partial c_4}\right)\mathrm{d}c_4+\left(\frac{\partial f}{\partial \Delta X}\right)\mathrm{d}\Delta X+\left(\frac{\partial f}{\partial \Delta Y}\right)\mathrm{d}\Delta Y+\\&\left(\frac{\partial f}{\partial \Delta Z}\right)\mathrm{d}\Delta Z+\left(\frac{\partial f}{\partial \omega}\right)\mathrm{d}\omega+\left(\frac{\partial f}{\partial \varphi}\right)\mathrm{d}\varphi+\left(\frac{\partial f}{\partial \kappa}\right)\mathrm{d}\kappa-l\end{aligned} \tag{5-11}$$

式中，$l=\begin{bmatrix}X\\Y\\Z\end{bmatrix}-f^0$。

记上述误差方程为矩阵形式：

$$\boldsymbol{V}=\boldsymbol{BX}-\boldsymbol{L} \tag{5-12}$$

利用间接平差解算，即可求出各附加参数。

5.8 地面 LiDAR 数据处理

5.8.1 内业数据处理流程

内业数据处理主要包括点云配准、数据缩减、数据滤波、设置地理参考、数据分割、数据分类、曲面拟合、网格化、纹理映射等。点云配准：完成多视点云数据的坐标配准；数据缩减是为了提高数据处理效率，减少数据量；设置地理参考：对仪器坐标系下的点云数据增加地理信息，将其转换到当地或全球坐标系下；数据滤波：减少点数据或模型中的噪声点；数据分割：将点云数据划分到不同的点云子集中，每个点云子集代表同一种曲面形式；数据分类：确定这些点云子集属于哪一种具体的曲面类型（如圆柱面、圆锥面、曲面、球面等）；曲面拟合：运用数学方法确定点云子集所属表面类型的数学形式；网格化：对激光扫描的点云数据进行三角网的建立。最终的产品形式主要有 3D 模型、正射影像、立体影像。

5.8.2　点云去噪

1. 常用的点云去噪算法

对于有序或者部分有序的点云，可以采用多种去噪算法，如维纳滤波、最小二乘滤波或卡尔曼滤波；或者采用孤立点排异法、邻域平均法；也可通过局部算子对其进行局部滤波处理。

对于有序或散乱的点云，目前广泛应用的是平滑滤波算法，通常有高斯滤波算法、平均滤波算法和值滤波算法三种。

对于如图 5.14(a)所示的原始点云数据，采用上述三种算法进行滤波，结果如下：

(1) 高斯滤波器在指定域内的权重呈高斯分布，其平均效果较为温和，故在滤波的同时能较好地保持原始点云数据的形貌，如图 5.14(b)所示；

(2) 平均滤波器采样点的值取自滤波窗口内各数据点的统计平均值，滤波效果较为均衡，如图 5.14(c)所示；

(3) 中值滤波器采样点的值取自滤波窗口内各数据点的统计中值，这种滤波器在消除数据毛刺方面效果较好，如图 5.14(d)所示。

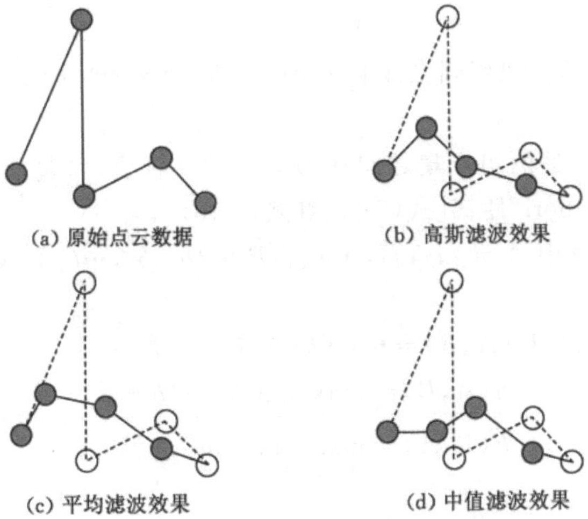

图 5.14　三种常用的滤波方法

2. 离群点移除

在进行估计局部点云特征（如采样点处的法向量或曲率变化率）等复杂的运算时，离群点的存在会导致点云配准等后期处理失败，因此需要对离群点进行移除。

离群点移除遵循距离准则，常见的距离准则包括欧氏距离、弦高距离、投影距离和 Hausdorff（豪斯多夫）距离。

为了提高计算效率，通常计算点集中某点 P_i 的相邻点到它的空间距离，即欧氏距离，如式(5-13)所示。先计算两点间的欧氏距离，然后将其与设定的阈值进行比较，再判断相邻点是否保留。

$$d=\sqrt{(x_1-x_2)^2+(y_1-y_2)^2+(z_1-z_2)^2} \tag{5-13}$$

弦高距离是指点到直线的距离，对于同一扫描线上的相邻三点，中间点到另外两点连线的弦高(图 5.15)的计算公式如式(5-14)所示。

$$d_i=|\overrightarrow{p_i p_{i+1}}|\sin\alpha_i \tag{5-14}$$

式中，α_i 的计算方法见式(5-15)。

$$\alpha_i=\arccos\frac{\overrightarrow{p_i p_{i+1}}\cdot\overrightarrow{p_i p_{i+2}}}{|\overrightarrow{p_i p_{i+1}}|\,|\overrightarrow{p_i p_{i+2}}|} \tag{5-15}$$

弦高准则适用于扫描线式的点云。

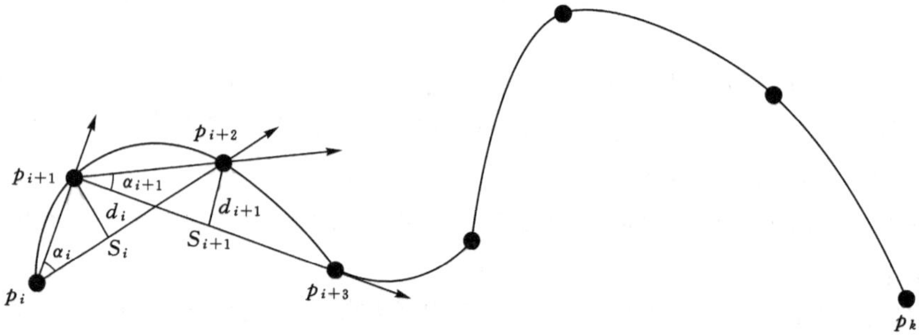

图 5.15　弦高距离示意图

投影距离是指将三维点投影到二维平面上的距离，投影面一般垂直于扫描方向，通常仅在邻域点集中使用。

Hausdorff 距离是描述两组点集之间相似程度的一种量度，包括双向 Hausdorff 距离[式(5-16)]和单向 Hausdorlf 距离[式(5-17)和式(5-18)]。

假设有两组点集，其中 $A=\{a_1,a_2,\cdots a_m\}$，$B=\{b_1,b_2,\cdots b_m\}$，则这两个点集之间的 Hausdorff 距离为：

$$H(A,B)=\max[h(A,B),h(B,A)] \tag{5-16}$$

$$h(A,B)=\max_{a\in A}\{\min_{b\in B}\|a-b\|\} \tag{5-17}$$

$$h(B,A)=\max_{b\in B}\{\min_{a\in A}\|b-a\|\} \tag{5-18}$$

5.8.3　点云配准

由于目标物的复杂性，通常需要从不同方位设置多个测站进行扫描，这样才能将目标物扫描完整。每个测站的扫描数据都具有独立的坐标系，而三维模型重构要求将不同测站的扫描数据统一到同一个坐标系下。这种将相邻测站的扫描数据统一到同一个坐标系下的过程称为点云配准，也称为点云拼接或点云融合，其本质是实现点云空间基准的统一，包括配准基元的提取、同名基元配对、配准模型的构建与优化求解几个关键部分。点云配准的关键在于求解变换参数 $\boldsymbol{R}$(旋转矩阵)和 $\boldsymbol{t}$(平移向量)，使得两视角下测得的三维数据经过坐标变换后的空间距离最小。

(1) 数学基础知识

① 刚体变换

点云的两两配准实际上是一种刚体变换，其核心是求得坐标系之间的刚体变换关系。假定通过两个处于不同站点的扫描仪均可以看到 P 点，该点在两幅点云影像中的坐标分别为 $P_1(x_p^1, y_p^1, z_p^1)^{\mathrm{T}}$ 和 $P_2(x_p^2, y_p^2, z_p^2)^{\mathrm{T}}$。$P$ 点在第一站点云中的坐标 P_1 可以通过旋转和平移变换到第二站点云中的坐标 P_2，即

$$\begin{pmatrix} x_p^2 \\ y_p^2 \\ z_p^2 \end{pmatrix} = \boldsymbol{R} \begin{pmatrix} x_p^1 \\ y_p^1 \\ z_p^1 \end{pmatrix} + \boldsymbol{t} \tag{5-19}$$

可用一个 3×3 的旋转矩阵 $\boldsymbol{R}$ 和三维平移向量 $\boldsymbol{t}$ 来描述这个变换，即

$$\boldsymbol{R} = \begin{pmatrix} r_{00} & r_{01} & r_{02} \\ r_{10} & r_{11} & r_{12} \\ r_{20} & r_{21} & r_{22} \end{pmatrix}, \quad \boldsymbol{t} = \begin{pmatrix} t_x \\ t_y \\ t_z \end{pmatrix} \tag{5-20}$$

则变换应该满足的条件为：使得场景中任意一点 P 在坐标系 1 中的三维坐标和其在坐标系 2 中的三维坐标满足如下关系：

$$\begin{pmatrix} x_p^2 \\ y_p^2 \\ z_p^2 \end{pmatrix} = \begin{pmatrix} r_{00} & r_{01} & r_{02} \\ r_{10} & r_{11} & r_{12} \\ r_{20} & r_{21} & r_{22} \end{pmatrix} \begin{pmatrix} x_p^1 \\ y_p^1 \\ z_p^1 \end{pmatrix} + \begin{pmatrix} t_x \\ t_y \\ t_z \end{pmatrix} \tag{5-21}$$

点云配准的目标就是要找出满足上述条件的刚体变换($\boldsymbol{R}, \boldsymbol{t}$)。求解旋转矩阵各元素时常使用其他形式的旋转角表达式，如四元数。四元数能直接使用旋转轴和旋转角表达式来产生满意的数值解，而且如果已知旋转矩阵，则可以很容易地提取旋转要素(旋转轴和旋转角度)。这些是矩阵方法所不能做到的。

② 四元数

对上述旋转矩阵可采用不同的表示方法(如四元数、欧拉角)来求解旋转参数，这里采用四元数法进行计算。

一个四元数 $\boldsymbol{q}$ 其实是一个四维向量$(\lambda_0, \lambda_1, \lambda_2, \lambda_3)^{\mathrm{T}}$，也可表示为一个标量 a 和一个向量 $\boldsymbol{r}$ 的组合，其中，a 是一个值为 x 的实数，$\boldsymbol{r}$ 是三维向量$(\lambda_1, \lambda_2, \lambda_3)^{\mathrm{T}}$。实数 x 对应的四元数为$(x, 0, 0, 0)$，而一个三维向量 $\boldsymbol{v}$ 对应的四元数为$(0, \boldsymbol{v})$。

两个四元数的乘法运算定义为(表示两数的乘积)：

$$\boldsymbol{q} \wedge \boldsymbol{q}' = (aa' - \gamma\gamma', a\gamma' + a'\gamma + \gamma\gamma') \tag{5-22}$$

四元数 $\boldsymbol{q}$ 的共轭定义为：

$$\bar{\boldsymbol{q}} = (a, -\gamma) \tag{5-23}$$

四元数 $\boldsymbol{q}$ 的模定义为(其中 ‖ ‖ 表示向量的欧氏范数)：

$$|\boldsymbol{q}|^2 = \|\boldsymbol{q}\|^2 = \lambda_0^2 + \lambda_1^2 + \lambda_2^2 + \lambda_3^2 \tag{5-24}$$

若四元数的模为 1，则称为单位四元数。

因此，一个旋转矩阵 $\boldsymbol{R}$ 可以唯一地用一个单位四元数 $\boldsymbol{q}$ 表示。三维旋转矩阵 $\boldsymbol{R}$ 和三维向量 $\boldsymbol{v}$ 的乘积可以写成四元数相乘的形式，即

$$(0,\boldsymbol{R}\boldsymbol{v})=\boldsymbol{q}\wedge(0,\boldsymbol{v})\wedge\bar{\boldsymbol{q}} \tag{5-25}$$

由此可得到旋转矩阵 $\boldsymbol{R}$ 和其相应的单位四元数 $\boldsymbol{q}$ 之间的关系，即

$$\boldsymbol{R}=\begin{bmatrix}\lambda_0^2+\lambda_1^2-\lambda_2^2-\lambda_3^2 & 2(\lambda_1\lambda_2-\lambda_0\lambda_3) & 2(\lambda_1\lambda_3+\lambda_0\lambda_2)\\ 2(\lambda_1\lambda_2+\lambda_0\lambda_3) & \lambda_0^2-\lambda_1^2+\lambda_2^2-\lambda_3^2 & 2(\lambda_2\lambda_3-\lambda_0\lambda_1)\\ 2(\lambda_1\lambda_3-\lambda_0\lambda_2) & 2(\lambda_2\lambda_3+\lambda_0\lambda_1) & \lambda_0^2-\lambda_1^2-\lambda_2^2+\lambda_3^2\end{bmatrix} \tag{5-26}$$

(2) 点云配准方法

TLS 点云配准主要存在以下四个难点：a. TLS 数据获取方式导致点密度不均匀；b. 高速度、高密度采样导致点云数据量庞大，配准耗时；c. TLS 点云中存在重复、对称及不完整的结构；d. 多视点云之间的重叠度有限，且相对位置关系未知。

为解决上述难题，国内外学者提出了大量的算法来提高配准的准确性、效率和鲁棒性。这些算法根据待配准点云的数量，可分为两站 TLS 点云配准和多视 TLS 点云配准。两站和多视 TLS 点云配准均包含粗配准和精配准两个步骤，其中前者为后者提供初始参数，后者进一步优化初始的转化参数。

① 两站 TLS 点云粗配准

粗配准：从不同测站的点云数据中选取合适的特征信息，通过求解变换参数得到两组点云数据的转换关系，从而实现点云配准。其本质是基于特征的配准方法。这些特征可以是待测物体本身的明显特征，如角点、特征边线、特征曲面等，也可以是人工布设的控制点或特定标靶(如平面标靶等)。另外，根据配准基元的不同，基于点云自身特征的配准方法可以细分为基于线特征的方法、基于面特征的方法和基于点特征的方法。

基于点云自身特征的配准方法要求扫描目标对象时需保证一定的区域重叠度(通常大于 30%)，且目标对象的特征点要明显，否则无法完成数据的配准。当因约束条件不足而无法完成配准时，需要再从有一定区域重叠关系的点云数据中寻找同名点，直至满足配准所需的约束条件，然后再对点云进行配准。

直线和平面作为城市环境中最常见的几何基元，被广泛应用于城市场景中的 TLS 点云粗配准。Stamos(斯塔莫斯)等提出了一种基于线特征的大范围城市场景点云自动化配准算法。该算法首先利用点云分割方法提取平面及相邻平面的交线，然后利用两条及以上的同名直线计算两站点云之间的转换参数。Xu(许)等首先把点云体素化为规则格网，并利用平面拟合方法提取点云中的平面，然后基于 RANSAC(随机抽样一致算法)策略选择最佳匹配的同名平面集合，最后利用同名平面集合计算两站点云之间的转换参数。Yang(杨)等提出了一种融合线特征和面特征的大范围城市场景点云自动化配准算法。该算法首先利用点云高程切片的方式提取点云中的平面交线(如建筑物立面交线)和杆状特征(如树干、路灯柱等)，并计算特征与地面的交点，将其作为语义点(配准基元)；然后利用任意相邻的三个语义点组成特征三角形，并通过寻找同名特征三角形的方式计算同名的语义点；最后利用几何一致性策略剔除错误的同名语义点，并利用剩余的同名语义点计算两站点云之间的转换矩阵。结果表明，该类方法适用于包含大量人造地物的城市场景，但对于河流、山地、森林、隧道等自然场景的点云配准效果有限。

由于点特征具有广泛的多场景适用性，基于点特征的两站 TLS 点云粗配准方法受到了更多研究者的青睐。一般来说，基于点特征的点云自动化粗配准方法包括以下三个步骤：关键点检测与特征描述、同名特征匹配与错误匹配剔除、空间转换参数计算。

a. 关键点检测与特征描述

基于点特征的点云自动化粗配准方法常用的关键点检测算法包括局部表面块(local surface patches)、MeshDoG、固有形状特性法(intrinsic shape signatures)、2.5D SIFT(尺度不变特征变换)、热核签名(heat kernel signature)、关键点特性评估法(keypoint quality)等;常用的局部特征描述子包括 spin image(旋转图像)、3D shape context(3D 形状内容描述子)、快速点特征直方图(fast point feature histogram)、旋转投影统计特征(rotational projection statistics)等。

b. 同名特征匹配与错误匹配剔除

基于点特征的点云自动化粗配准方法常用的同名特征匹配策略包括互惠对应(reciprocal correspondence)、相关系数(correlation coefficient)、KL 散度(Kullback-Leibler divergence)、卡方检验(chi-square test)等;常用的错误匹配剔除策略包括 RANSAC、基于多边形的错误匹配剔除(polygon-based correspondence rejector)、几何一致性(consistency constraints)等。

c. 空间转换参数计算

利用剔除错误匹配后的同名特征,根据式(5-27)计算点云之间的旋转矩阵 $\boldsymbol{R}$ 和平移向量 $\boldsymbol{t}$。

$$\{\boldsymbol{R};\boldsymbol{t}\} = \underset{\{R;t\}}{\operatorname{argmin}}\,\delta = \sum_{l=1}^{m} \| P_{l,\mathrm{source}} - (\boldsymbol{R}P_{l,\mathrm{target}} + \boldsymbol{t}) \| \tag{5-27}$$

式中,$\boldsymbol{R}$ 和 t 为目标点云到源点云的旋转矩阵和平移向量;$P_{l,\mathrm{source}}$、$P_{l,\mathrm{target}}$ 分别为剔除错误匹配后的源点云和目标点云中的同名特征;m 为同名特征的个数。

4PCS(四点快速区配算法)算法及其变种——Keypoint-based 4PCS(基于关键点的四点法)、基于测地距离的四点法(GD-4PCS),以及语义关键点四点法(SK-4PCS)不遵循前文所述的配准范式。该类方法在 RANSAC 算法的基础上,选取点云中 4 个近似共面的点作为配准基元,并计算该基元中两条线段的交叉比例,利用交叉比例在仿射变换中的不变性进行同名基元匹配,从而降低了 RANSAC 算法的复杂度,如图 5.16 所示。

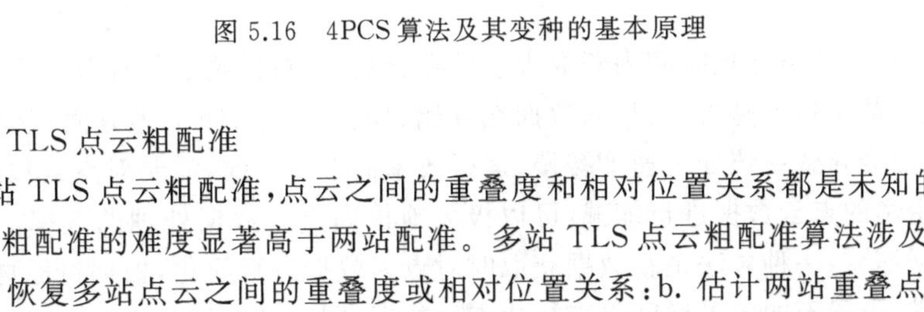

图 5.16　4PCS 算法及其变种的基本原理

② 多站 TLS 点云粗配准

对于多站 TLS 点云粗配准,点云之间的重叠度和相对位置关系都是未知的,这使得多站 TLS 点云粗配准的难度显著高于两站配准。多站 TLS 点云粗配准算法涉及三个相互关联的任务:a. 恢复多站点云之间的重叠度或相对位置关系;b. 估计两站重叠点云之间的转换矩阵;c. 将所有输入点云统一到相同的坐标参考系下。为解决多站 TLS 点云粗配准的难题,国内外学者提出了大量的多视匹配策略来提高配准的效率、精度和鲁棒性。根据多视匹配策略的不同,这些算法可分为三类:基于最小生成树的方法、基于能量优化的方法和基于形状生长的方法。

Huber(胡贝尔)等提出的典型流程为:首先,利用 spin image 作为描述子对多视点云进行穷尽的两两配准;其次,计算两站点云配准后重叠区域对应点的平均欧式距离,并将其作为配准误差;然后,以点云作为节点、点云之间的连线作为边、点云配准误差作为对应边的权值构建全连通的无向加权图;最后,计算该图的最小生成树(minimum spanning tree, MST),通过搜索 MST 的对应边,计算任意点云与基准点云之间的转换矩阵,这种做法可最大限度地减少误差累积,提高点云的整体配准精度。

为了降低计算复杂度和提高多站点云配准算法的效率,有学者提出了基于形状增长的多站点云配准策略。该方法首先选择具有最大表面积或最多点数的点云作为种子点云,然后对种子点云与其他点云进行两两配准,最后合并与种子点云存在足够同名特征对的点云。迭代上述过程,直到所有点云被合并。与基于最小生成树的算法相比,该算法计算复杂度较低、计算效率更高;但对点云重叠度有较高的要求,无法解决低重叠度的点云配准问题。

多站点云配准的另一个趋势是依赖外部传感器(如 GNSS、IMU 和智能手机)辅助实现点云位置和方向的估算。例如,通过融合 TLS 和低成本的智能手机实现多站点云配准,其中智能手机用于扫描仪的粗略定位,辅助恢复多站点云之间的相对位置关系,同时相邻测站之间的距离也可作为约束条件参与转换矩阵的计算。虽然外部传感器辅助技术提高了多站点云配准的效率和鲁棒性,但其应用仍受限于成本高、数据采集过程冗长以及传感器信号易受遮挡等因素。

③ 点云精配准

Besl(贝斯尔)等提出的迭代最近点(ICP)算法是最常用的点云精配准方法,其他精配准方法大多是对 ICP 算法的改进。

ICP 算法的基本思想为:给定目标点集 P 和参考点集 Q,为了使 P 能够和 Q 对齐,首先对 P 中的每一个点在 Q 中找一个与之距离最近的点,建立点对的映射关系;然后以点对间的欧氏距离平方和最小为条件,通过最小二乘法解算出一个最优的坐标变换 M,并令 $Q=M(P)$;这一过程迭代进行,直到满足精度要求,最终的坐标变换为每次变换的合成。

ICP 算法计算简便且直观,能够使配准达到较高的精度。然而,该算法的运行速度以及向全局最优解的收敛性在很大程度上依赖于初始变换估计的给定以及迭代过程中对应关系的确立。

5.8.4 数据缩减

三维激光扫描仪可在短时间内获取大量的点云数据,目标物的扫描分辨率越高、体积越大,获得的点云数据量就越大,大量的数据在存储、操作、显示、输出等方面都会占用大量的系统资源,从而会导致系统处理速度缓慢、运行效率低下。因此,需要对点云数据进行缩减。

通过对密集的点云数据进行缩减,可以极大地提高点云数据处理的效率。通常有两种方法进行数据缩减:一种方法是在数据获取时对点云数据进行简化,根据目标物的形状以及分辨率的要求,设置不同的采样间隔来简化点云数据,同时确保相邻测站之间不会存在过多的重叠,这种方法效果显著,但会显著降低分辨率;另一种方法是在正常采集数据的基础上,利用一些算法来进行数据缩减。

随着点云简化压缩技术的不断发展,研究人员提出了各种各样的方法。但无论采用什么方法,都遵循这样一个原则:在对物体进行处理之后,不改变物体本来的特征,即实现无损压缩。常用的简化压缩算法根据点云数据类型可划分为以下几类:散乱点云数据压缩算法,主要包括包围盒法、均匀网格法、随机采样法、保留边界法、曲率采样法等;扫描线点云数据压缩算法;多边形点云数据压缩算法;等等。

(1) 散乱点云数据常用的简化压缩算法

① 包围盒法

该算法首先用一个整体包围盒来约束点云,将所有的点云数据放在这个包围盒内,然后把这个大包围盒分解成许多大小一致的小盒子。接着,选取每个小盒子中点处的点或与中点最接近的点来代替各个小盒子中的全部点。经过该方法处理后的点云个数即小盒子的个数,此方法仅对分布均匀的点云数据有一定的效果。

包围盒法操作简单、效率高,能显著减少点云数据总量,但是由于包围盒并没有固定的大小,所以由包围盒重新构建的模型是否与原始点云模型一致无从而知,并且运用这种方法容易在点云密集的地方造成细节丢失。包围盒的大小可以通过局部曲面插值的方法自动确定,但这种方法只对简单的曲面点云适用,并且处理效率不高。

② 均匀网格法

该方法本质上利用了中值滤波法的原理。其思路如下:首先,建立一个能包含全部点云的立方体,并将立方体两两垂直的三条边作为坐标轴。然后,依据点云的数量及其分布状况,沿着坐标轴的方向将立方体划分成一系列边长为 l 的小方块,小方块的长度由压缩率 λ 决定,即每个小方块平均占有的采样点数。其计算公式为:

$$l=\sqrt{\frac{\lambda V}{N}} \tag{5-28}$$

式中,V 为立方体体积,N 为压缩前的点云数量。压缩时,将每个小方块中离方块中心最近的点作为点云压缩后的采样点,也就是说,每个小方块中的采样点集将简化为一个采样点。

由于均匀网格法构建的网格大小相同,因此可能无法精确地描述物体原本的形状。此外,如果点云分布不均,可能会造成许多空网格的浪费。

③ 随机采样法

随机采样法是点云简化算法中最简单快捷的方法,其实现过程如下:首先通过随机函数生成覆盖全部点云的随机数序列,然后从原始点云中找到其对应的点并剔除,直到剩余点数达到用户的要求。

随机采样法的优点是方便操作、耗时少;不足之处是随机性太大,精度不能控制。特别是当需要去除较多的数据点时,会在很大程度上丢失物体的细节,这将导致后续重建的模型与物体的原始形状存在较大差异。所以在实际应用中,这种方法一般作为其他算法的辅助和补充。

④ 保留边界法

相比于其他方法,该方法的特点是在对点云进行压缩处理后不会出现常见的边界丢失现象,能确保原始点云的边界特征。其主要思路为:首先,将点云数据的拓扑关系构造出来,选取任意点 P,求其邻域;其次,将这些邻域点构造成一个最小二乘平面,求出其法向量,并

将其视为点 P 的法向量；然后，找出点 P 的邻域点，将它们投影到该平面上，并根据投影点的均匀性来判断点 P 是否为边界特征点，如果是，则将其标记出来；最后，在简化点云的同时，将边界特征点加权保留。通过上述算法，得到的是无序的边界特征点，为了顺利进行后续工作，有时需要对这些点进行排序，此时可以采用双向最近点搜索法。保留边界法在处理边界明显的点云时效果很好，可作为对其他压缩算法的后续补充。

⑤ 曲率采样法

这种方法是以点的内在属性为标准来对点云进行采样的。物体特征比较明显的地方或包含较多特征的地方，其边缘变化较明显，即曲率较大。而比较平坦的地方或平面，其曲率较小，因此可以用较少的点来表示较大的面积，这些区域的数据冗余较曲率较大的地方多出许多，一般可以去除。基于此，曲率采样法的思想为：在曲率较大的地方删除较少的点以保留足够多的点，而在曲率较小的地方则删除较多的点，以精确且完整地表示曲面特征。

曲率采样法的优点是能够在有效减少数据点的同时保持物体特征的完整性，但不足之处在于曲率的计算需要通过寻找点的邻域来完成，这在一定程度上限制了算法的处理速度。此外，若在曲率较小的区域去除过多数据点，可能会造成后续生成的模型不完整。

(2) 基于八叉树的数据缩减算法

有学者提出了一种运用三维立方体进行点云数据缩减的方法，其具体步骤如下。

① 点法线矢量的计算

建立三角格网后，对于点 P_i，搜索所有与其邻接的三角形，找出与 P_i 相连的所有边点。假设与点 P_i 邻接的三角形共有 m 个，其中点 P_{i-1}、P_i、P_{i+1} 构成第一个三角形，则该三角形的法线矢量 $\boldsymbol{n}_i$ 的计算公式为：

$$\boldsymbol{n}_i = \frac{(r_{i-1} - r_i) \times (r_{i+1} - r_i)}{|(r_{i-1} - r_i) \times (r_{i+1} - r_i)|} \tag{5-29}$$

式中，r_{i-1}、r_i、r_{i+1} 分别表示三角形顶点 P_{i-1}、P_i、P_{i+1} 的坐标。同理，可以计算其他三角形的法线矢量。

由点 P_{i-1}、P_i、P_{i+1} 构成的三角形的面积计算式为：

$$S_i = \frac{|(r_{i-1} - r_i) \times (r_{i+1} - r_i)|}{2} \tag{5-30}$$

根据式(5-29)和式(5-30)，采用加权平均方法，得到 P_i 点处的点法线矢量：

$$\boldsymbol{n} = \sum_{i=1}^{m} (S_i \cdot \boldsymbol{n}_i) / \sum_{i=1}^{m} S_i \tag{5-31}$$

② 三维立方体的生成与细分

沿着坐标轴的 X 方向、Y 方向和 Z 方向生成若干个初始立方体，删除不含数据点的初始立方体。对其他初始立方体的细分主要按八叉树结构进行划分，如图 5.17 所示。立方体的细分步骤如下。

a. 计算立方体内所包含点的法线矢量均值 $\boldsymbol{n}_p$：

$$\boldsymbol{n}_p = \frac{\sum_{i=1}^{m} \boldsymbol{n}_i}{m} \Bigg/ \left| \frac{\sum_{i=1}^{m} \boldsymbol{n}_i}{m} \right| \tag{5-32}$$

式中，$\boldsymbol{n}$ 为点法线矢量，m 为立方体内包含的点数。

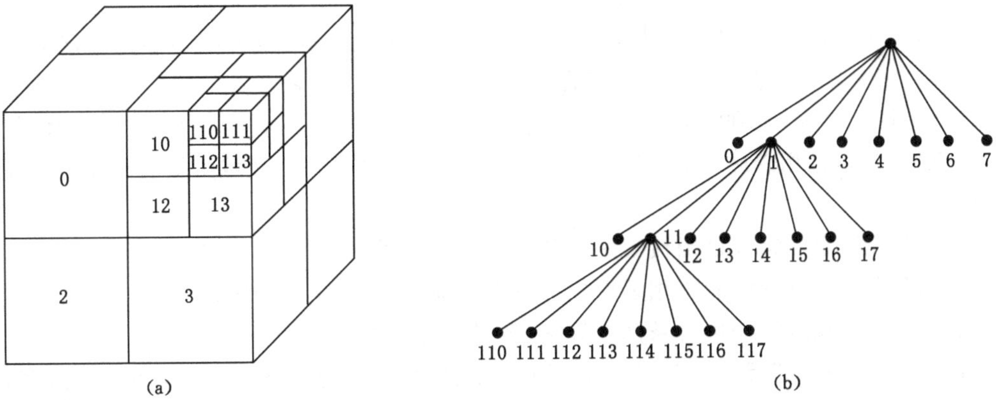

图 5.17　基于八叉树的数据缩减算法

b. 计算立方体内点法线矢量的标准差 δ_p：

$$\delta_p = \sqrt{\frac{\sum_{i=1}^{m} |\boldsymbol{n}_i - \boldsymbol{n}_p|^2}{m-1}} \tag{5-33}$$

c. 判断是否需要进行细分。设定容差为 δ_r，当 $\delta_p \geqslant \delta_r$ 时，对该立方体进行八叉树划分。

d. 对划分后的 8 个子立方体重复步骤 a～步骤 c，直到有子立方体的点法线矢量标准差 δ_p 小于容差 δ_r。

5.8.5　点云数据分割

点云数据分割是指将整幅点云分割为多个子区域的过程，其中每个子区域对应一个自然曲面，且仅包含来自该特定自然曲面的扫描点。这一处理过程是点云数据表面特征提取和三维建模中的重要环节。这种方法在逆向工程建模中应用十分广泛，同时在建筑物建模中，对于圆柱、圆锥等规则几何形体的处理也经常采用该方法。

点云分割算法大体上可以分为两大类：一类是基于边缘的方法，是以检测数据的变化为出发点的方法；另一类是基于区域的方法，是以检测数据的一致性为出发点的方法。

基于边缘的方法通常采用某种边缘检测算子提取特征不连续（如距离变化或法向变化等）的边缘点，然后连接这些边缘点形成封闭的区域轮廓。该算法包含两个主要阶段：一是探测不同区域的边界；二是聚集边界内的点，给出最终的分割结果。这类方法可以准确地获得区域的边界线段，但往往形成断裂的轮廓，需要复杂的后续操作才能得到所需的最终分割结果。而在表面曲率不连续的地方，采用这种方法无法检测到边缘点，且后续措施难以弥补。

基于区域的方法通常将具有一致性特征（如法向一致或曲率一致等）的、彼此邻接的像素编组为区域，这样可以保证得到封闭的区域。在基于区域的方法中，又分为区域生长法和基于聚类技术的方法，最具代表性的是区域生长法。

区域生长法的基本思想为：通过分析激光点及其空间邻域点之间的关系，将具有相似性质的像素集合起来构成区域。其具体实现为：首先，对每个分割的区域选取一个种子点作为生长起点；其次，将种子点邻域中与种子点性质相同或相似的点（根据某种事先确定的生长或相似准则来判定）合并到种子点所在的区域中；然后，将这些新合并的点作为新的种子点继续进行上面的过程，直到没有满足条件的点可以被包括进来。这样，一个具有某种均匀性的区域就形成了，且相邻区域具有不同的均匀性。在实际应用中，区域生长法需要解决以下三个问题：

① 选择或确定一组能正确代表所需分割区域的种子点（种子点选取）；

② 确定在生长过程中能将相邻点包括进来的准则（确定生长准则）；

③ 制定让生长过程停止的条件或规则（设置终止条件）。

种子点的选取是进行区域生长的第一步，也是后续处理的关键。若种子点选择过多，可能会造成过度分割，将背景误判为目标；若种子点选择过少，则可能丢失目标信息，导致分割不完整。

5.8.6 三维建模

模型是用来表示实际的或抽象的实体或对象的。数据模型是对一组实体及其关系的一般性描述，是真实世界的抽象表示。数据结构是数据模型的具体实现，建立在数据模型基础上，是数据模型的细化。三维建模是三维激光扫描技术应用的一个重要内容。

（1）模型的基本形式

在三维重建中建立的三维图形对象一般称为模型，根据其存储方法和在计算机中的处理过程，三维激光扫描数据重建的三维模型可以分为以下四种：点云模型、三维线框模型、三维表面模型、三维实体模型。

① 点云模型

在点云模型中，物体由离散的表面采样点集描述。点云模型不仅能显示物体的形状，而且还可用于长度测量，但无法表示物体的拓扑关系。这种表示方法虽然适合表示距离图像，但缺少灵活性。因为这种深度数据的分辨率有限，局部放大后，点云模型会呈现大量的空洞，很难通过调整分辨率来处理物体表面的细节。

② 三维线框模型

该模型通过物体的边线来表示目标物体，边线以外的区域为空。三维线框模型可以表示目标物体的外形，但不能遮挡及隐藏线条。由于该方法原理简单，所以其应用比较广泛，但难以用其描述表面特性。这种表示方法不适合距离图像，因为距离图像不能直接提供表面的交线。该方法主要应用于 CAD（计算机辅助设计）中的三维物体线划图表示。

③ 三维表面模型

构成三维表面模型的各条边之间具有一个无厚度的表面，从外形上看是一个实体。三维表面模型能够隐藏后面的边界，并可通过渲染呈现真实质感的实体效果。

④ 三维实体模型

该方法利用物体的基本体积单元（如立方体、圆柱体、圆锥体、球等）或体素，通过相应的布尔运算构成物体的 CSG（体素构造表示）树来表示物体的 3D 体积结构。CSG 树明确定义了物体的体素和表面区域，并且能以较小的数据量描述一个复杂的物体。大部分物体的几何和拓扑特征都可以用这种表示方法来描述，但要求明确各个部分之间的关系。这些要求使得这种表示方法不能以一种较简单的运算方式对距离图像进行处理。

(2) 模型的数据结构

① 点云模型的数据结构

点云模型直接由扫描数据点构成，在计算机中以点表形式存储。点表包含点的 X、Y、Z 三个坐标值，以及色彩信息和反射强度信息。其数据结构可表示为：

```
Struct Point
{
   doubleX;
   doubleY;
   doubleZ;
   doubleF;
};
```

② 三维线框模型的数据结构

三维线框模型由点、直线、二次曲线和圆弧组成，主要描述物体的外形轮廓。它的数据结构是表结构，在计算机中是以表的形式存储的，主要记录目标物体的顶点和边信息，并将物体的几何信息和拓扑信息存储在顶点表和边表中，如表 5.3 和表 5.4 所示。

表 5.3　顶点表

点编号	X 坐标	Y 坐标	Z 坐标
1	x_1	y_1	z_1
2	x_2	y_2	z_2
…	…	…	…
N	x_n	y_n	z_n

表 5.4　边表

边编号	起始点号	终止点号
E_1	N_2	N_3
E_2	N_1	N_3
…	…	…
E_n	N_n	N_{n-1}

③ 三维表面模型的数据结构

三维表面模型的数据结构是表结构，包括顶点表、边表和面表。面表中记录了面编号、组成面的线编号和线的数量。

④ 三维实体模型的数据结构

三维实体模型是采用实体对物体进行描述的。任何复杂的物体均可由简单实体组合表示，通过定义基本体素(如长方体、球、圆柱、圆锥等)，利用体素的集合运算(交、并、差)或基本变形操作构造所需实体。其特点在于同时生成三维立体的表面与实体。利用这种方法，可以完整地描述物体的几何信息，并能够实现对可见边的判断。

(3) 三维建模软件

目前处理点云数据及建模的软件主要分为两类：专用软件与通用软件。专用软件是仪器自带的软件，可以在获取数据的同时对数据进行处理，如徕卡的 Cyclone、Riegl 的 Riscan Pro、天宝的 Realworks 等。通用数据处理及建模软件如 Geomagic 系列软件、PolyWorks、Imageware 等可用于激光点云数据处理。此外，传统建模软件如 3ds Max、SketChup 等最新版本均已加入点云识别模块，支持直接或间接导入点云数据。

① Leica Cyclone

该软件是与徕卡三维激光扫描系统配套的专业数据处理平台，由瑞士徕卡公司自行研发。用户可在工程测量、制图及各类改建工程中使用该软件处理海量点云数据。Cyclone 软件的建模功能较为强大，但主要适用于平面、曲面、圆柱、弯管等规则几可体的建模，对于复杂不规则体的建模还难以实现。

② Riscan Pro

Riscan Pro 是奥地利 Riegl 公司的地面激光扫描系统的配套软件。它具有强大的扫描仪工作控制和数据配准功能，能够对点云数据进行三角化建模、纹理映射及模型渲染。

在实际建模过程中，由于该软件对点云数据及三角化后的网格模型的编辑能力有限，所以通常需要结合其他建模软件共同完成建模工作。

③ PolyWorks

PolyWorks 是加拿大 lInnovMetric 软件公司出品的一款三维数据处理软件。它能快速和高品质地处理由各种三维激光扫描仪获取的三维点云数据，并且可自动生成多种世界通用的标准格式数据。

PolyWorks 主要有两个功能软件包：一是 PolyWorks/Modeler，即自动建立模型。它可以处理目前世界上流行的大部分三维激光扫描仪产生的数据。其包括的主要模块有：IMAlign 模块(用于数据的配准)、IMMerge 模块(用于数据的融合)、IMEdit 模块(用于数据的编辑)、IMCompress 模块(用于数据的压缩)、IMTexture 模块(用于处理纹理)、IM-View 模块(用于显示三维模型)。它主要应用于虚拟现实、医疗、教学、人体模型等领域。二是 PolyWorks/Inspection，即依据具有零误差的 AutoCAD 设计数据和三维激光扫描仪获得的实际物体数据，自动生成生产过程中的人为误差报告。它主要应用于汽车制造、CAD、CAM(计算机辅助制图)、CAE(计算机辅助工程)等领域。它也是加拿大 Optech 公司 ILRIS 三维激光扫描仪指定的三维点云数据后处理软件。

PolyWorks 功能强大，通过适度的人机交互即可得到高质量的三维模型。最初主要应用于逆向工程，现已逐步拓展至测绘领域。

④ Imageware

Imageware 是一款非常实用的逆向工程软件，其拥有强大的点云数据处理功能，无论是散乱的还是扫描线的点云数据都能进行处理，能够对点云数据实现去噪、精简、检测、抽取、特征提取、修补以及切割等功能。Imageware 多边形造型模块可处理三角面数据，创建多边形几何条件并修补网格等。该软件能较准确地提取点云数据的特征点，拥有点云曲率的尖角识别、基于截面特征曲线元以及直接边界交互构建三种特征提取方法。

Imageware 主要采用曲面重建方式进行建模，拥有强大的曲面重建技术，可对要求很高的几何曲面实现精细建模，并且该软件对硬件配置要求较低。

⑤ Geomagic Studio

Geomagic Studio 是 Geomagic 公司生产的一款高性能逆向软件，已在诸多领域得到广泛应用。Geomagic Studio 具有强大的点云数据处理功能，可提供曲率采样、格栅采样、随机采样以及统一采样等多种方法，对不同的点云数据实现效果较优的数据精简。Geomagic Studio 的主要建模方式是对点构建格网后再拟合曲面，所以该软件的三角网格构建功能十分强大，并且具备网格医生等功能，可实现自动网格修改。

Geomagic Studio 可为 CAD、CAE 和 CAM 提供补充，支持输出 STL、IGES、STEP 等多种与 CAD 兼容的文件格式。

⑥ Geomagic Control

Geomagic Control 是 Geomagic 公司开发的逆向校核软件，原名为 Geomagic Qualitfy。建模完成后，可以使用 Geomagic Control 将模型与原始点云数据进行对比，也可以直接对比两个不同的模型，对比结果会通过彩色图形直观显示，并能够提供分析数据。该软件可用于建模精度的评定和物体变形量的计算。

⑦ 3ds Max

3ds Max 是由 Discreet 公司(后被 Autodesk 公司合并)开发的一款三维渲染及制作软件。3ds Max 的数据处理功能和建模功能都很强大，且软件插件丰富。3ds Max 的新版本中具有点云识别模块，可利用附带软件 Autodesk Recap 将点云数据转换为 rcp 或 rcs 格式，该格式可以直接导入 3ds Max 软件，然后再利用 3ds Max 自身强大的建模功能对其进行建模。该软件对 PC 机(个人计算机)的配置要求较低，其应用范围较广，在广告、影视、工业设计、建筑设计、动画动漫等领域都起到了很重要的作用。

⑧ SketChup

SketChup 被称为“草图大师”，主要用于建筑物模型的创建，并可实现模型的共享与展示。不同于 3ds Max 的块状建模方式，其建模方式为平面建模，无须通过键盘输入坐标，可自动跟踪位置并完成相关建模操作。SketChup 软件本身不支持直接导入点云数据，但可以通过安装插件来实现。

5.8.7 纹理映射

建立了实体模型后，为了增加模型的逼真性，通常会在三维实体模型上增加纹理，使其成为具有真实纹理的三维模型。在三维实体模型上增加纹理的意义在于：用图像来替代模型中的细节，这样既能提高模拟的逼真度，又能加快系统的显示速度。例如，建筑物的表面并非是简单的平面，还有门、窗以及其他复杂图案，如果这些细节都采用三维模型来表示，将大大增加数据量以及模型的复杂度，对于系统的运行速度也是非常不利的。通过纹理映射的方法模拟这些细节，就能解决这个问题，同时兼顾系统对速度和模型对逼真度的要求。

(1) 纹理影射原理

纹理映射是一种将二维纹理图像映射到三维物体表面的技术，即将纹理空间中的坐标 (u, v) 及其对应的颜色(或光的强度)映射到相应的三维物体的表面上，从而得到彩色的三维物体表面。

纹理映射可分为以下两个步骤：

① 确定表面的哪些参数需定义成纹理形式，即确定纹理属性；

② 建立纹理空间与景物空间及景物空间与屏幕空间之间的映射关系。

根据纹理空间和屏幕空间之间的映射方式，纹理映射分为正向映射和反向映射。

正向映射也称为纹理顺序算法，指的是从纹理空间到屏幕空间的映射，即先将二维的纹理空间参数化，将纹理空间中的所有点与物体表面上的点相关联，也就是说，先将纹理空间映射到物体的三维空间，再通过投影变换到二维的屏幕空间，如图 5.18 所示。

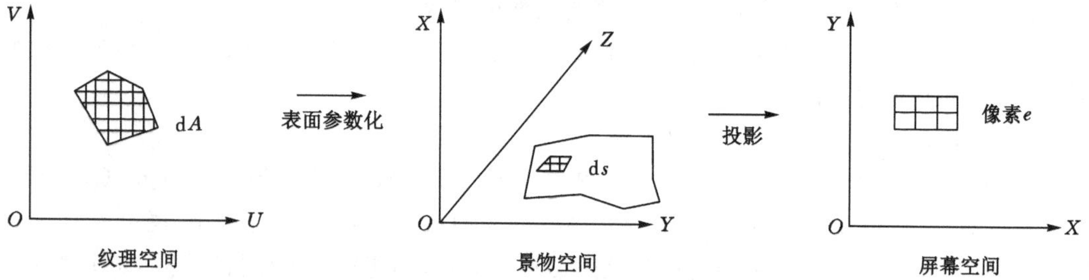

图 5.18　正向映射

设(u,v)表示纹理空间中的坐标，(x,y)表示屏幕空间中的坐标，F 表示正向映射函数。则正向映射算法可表示为：

$$\begin{cases} F: R_1^2(\text{纹理空间}) \rightarrow R_2^2(\text{屏幕空间}) \\ (u,v) \rightarrow (x,y) = [k(u,v), l(u,v)] \end{cases} \tag{5-34}$$

式中，$k(u,v)$为 x 坐标的映射分量，$l(u,v)$为 y 坐标的映射分量。

由于正向映射是顺序处理纹理空间中的元素的，因此可将纹理图像存储在外部存储器中，这样便节省了存储空间。但正向映射的缺点也很明显，正向映射是纹理空间驱动的，在对纹理空间进行表面参数化后，所得的结果可能不是连续的，也就无法保证纹理空间与屏幕空间中的一一对应关系，这样，映射到屏幕空间时，纹理图像上会出现空洞和重叠的现象，导致图形出现扭曲，所以，很少采用正向映射的方法。

反向映射也称为纹理逆映射或屏幕扫描方法，是纹理映射中普遍使用的方法。它是指从屏幕空间到纹理空间的映射，即顺序访问屏幕空间中的每一个像素，求出相应的坐标，然后把求出的颜色结果赋值给像素，如图 5.19 所示。

反向映射的算法可表示为：

$$\begin{cases} F^{-1}: R_2^2(\text{屏幕空间}) \rightarrow R_1^2(\text{纹理空间}) \\ (x,y) \rightarrow (u,v) = [h(x,y), g(x,y)] \end{cases} \tag{5-35}$$

式中，F^{-1}为反向映射函数，$h(x,y)$为 u 坐标的映射分量，$g(x,y)$为 v 坐标的映射分量。

反向映射要求计算反向映射函数，并随机采样纹理，这就要求动态存储纹理图案，故需要较大的存储空间。由于反向映射是按屏幕扫描线顺序处理数据的，所以容易采用传统的显示算法(如扫描线算法、光线跟踪算法等)进行显示，并且能够有效地避免图形混淆。

(2) 纹理映射的成像原理

在二维纹理图像中，每一点的亮度反映了三维物体表面某点的反射光强度，而该点在图

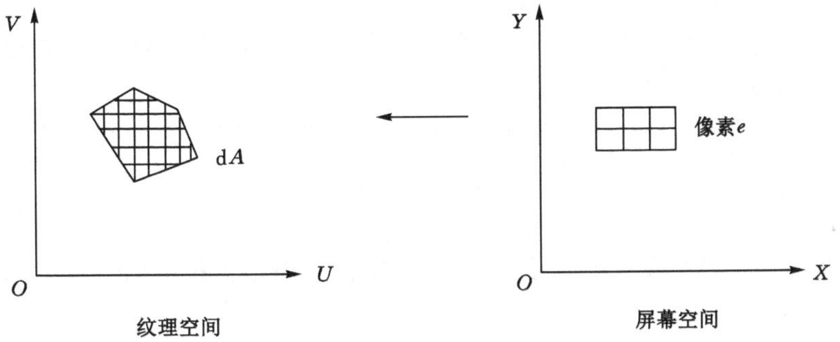

图 5.19　反向映射

像上的位置则是由三维物体表面对应点的几何位置决定的。相机对三维物体拍摄成像的过程就是将空间中的三维物体投影到二维平面的过程，需经过四个坐标系的三次转换，这四个坐标系如图 5.20 所示。

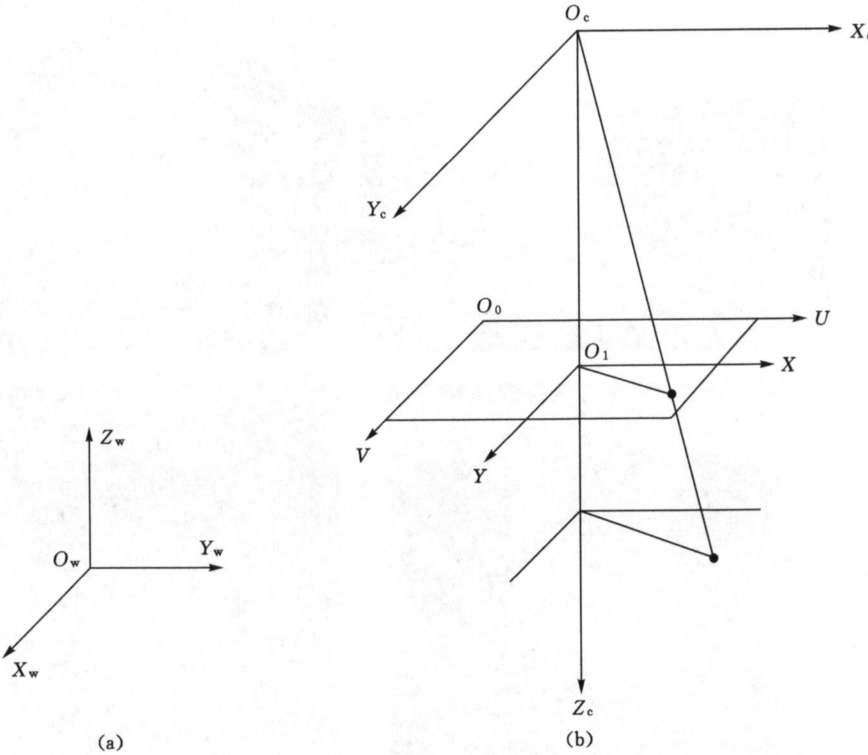

图 5.20　成像原理示意图

① 世界坐标系(X_w,Y_w,Z_w)：也称为全局坐标系，是描述客观世界的绝对坐标系。一般来说，三维物体的坐标均通过世界坐标系表示。

② 相机坐标系(X_c,Y_c,Z_c)：以相机的光心 O_c 为原点，X_c 轴与 Y_c 轴分别平行于 CCD 平面的两条垂直边(采取前投影模型)，Z_c 轴为相机的光轴。

③ 图像坐标系(X,Y)：坐标原点 O_1 为相机光轴与成像平面的交点，其 X 轴与 Y 轴分

别平行于相机坐标系的 X_c 轴与 Y_c 轴。

④ 像素坐标系(U,V)：坐标原点 O_0 位于图像的左上角，其 U 轴与 V 轴分别平行于图像坐标系的 X 轴与 Y 轴，单位为像素。

上述坐标系的三个转换过程分别为：① 世界坐标系到相机坐标系的转换；② 相机坐标系到图像坐标系的转换；③ 图像坐标系到像素坐标系的转换。

(3) 模型纹理处理和贴图

一般可以用获取的点云强度信息、遥感影像以及数码相机拍摄的影像来完成三维模型的纹理映射，并实现可视化。

① 模型纹理处理

外业获取纹理照片后，需要用 Photoshop 软件对照片进行编辑处理，包括透视矫正、形状与角度调整、色彩修正、明暗度与清晰度调节等。同时，可运用图章、蒙版等工具对部分照片进行连续贴图制作等。最后设定好图片大小，保存为 *.jpg 或 *. png 格式。图 5.21 所示为部分处理后的古建筑纹理照片。

图 5.21　处理后的古建筑纹理照片

② 模型纹理贴图

利用数码相机采集纹理影像后，通过 3ds Max 软件的材质编辑器直接加载经外业采集并处理完成的纹理照片，按相关规范进行贴图工作，最终生成具有真实纹理的古建筑三维模型，如图 5.22 所示。

图 5.22　三维模型贴图效果

5.9　地面三维激光扫描技术应用介绍

传统测量技术输出的成果主要以二维为主，在数字化时代，二维成果已经不能满足应用的需求，三维成果因其直观性强等优势逐渐成为主流，这是二维成果无法比拟的。近年来，随着三维激光点云数据处理技术的不断创新和三维建模理论的不断完善，三维激光扫描技术已广泛应用于地形测绘、高精度的数字地面模型和城市模型构建、变形监测、土方体积计算、文物保护和医学整形等领域。

（1）地形测绘

与传统全站仪和 GPS 测量方法相比，三维激光扫描技术在数据采集方面具有扫描速度快、精度高、点云密度大等优势，在对测区进行扫描时，其测量时间大幅缩短，有效降低了地形图测量成本。因其采用非接触的方式进行测量，所以该方法可以在地形险峻、人员无法到达的地方进行扫描，从而克服了传统测量方法的局限性。在地形图测量过程中，通过后期数据处理，可从点云数据中提取有效地面点并生成 DEM（数字高程模型），如图 5.23 所示。

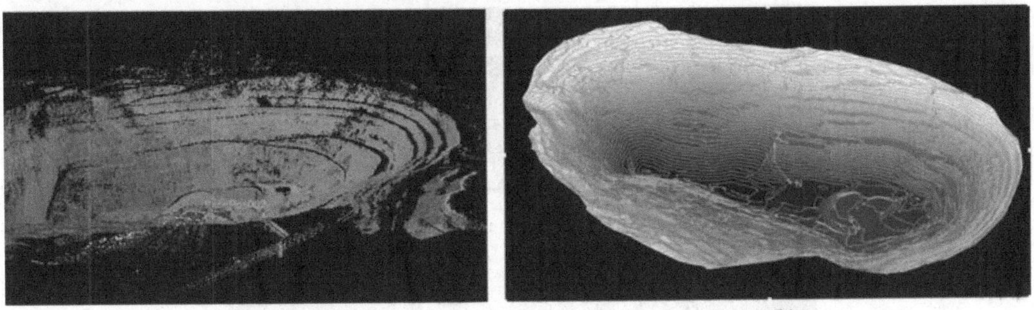

(a)　(b)

图 5.23　地形测绘

（2）高精度的数字地面模型和城市模型构建

将三维激光扫描仪采集的多测站点云数据进行拼接和剔除粗差后，通过数据滤波分离出地面点与地物点，分别获得地面点高程数据和地物点数据。地面点高程数据可用于构建高精度的数字地面模型(DTM),而提取的地物点数据则可用于建立城市三维模型,如图 5.24所示。此外,扫描获取的数据还可用于土地利用现状数据库更新、虚拟现实三维模型制作、旅游导游系统开发等领域。

(3) 变形监测

在利用传统测量技术对目标进行变形监测时,需在目标变形区域外布设控制点,在目标变形区域表面布设监测点。布设监测点时,需要根据监测目标的实地情况选取监测点的位置,选取的监测点数量是有限的,所以不能全面地反映变形目标的整体变形情况。相比之下,三维激光扫描技术能够获取变形体表面的海量点云数据,得到的数据更加全面,通过连续多期的观测结果构建出三维模型,可以得到不同时期目标的整体变形特征。该技术可应用于滑坡、危岩体、雪崩等地质灾害的监测,也可用于大坝、隧道工程等的变形监测,如图 5.25所示。

图 5.24 城市三维模型

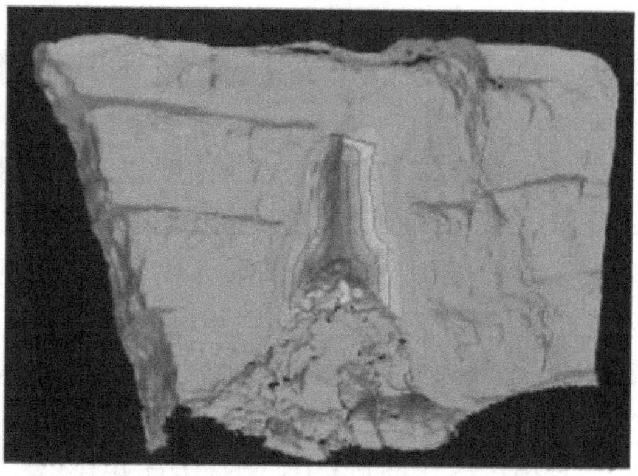

图 5.25 变形监测结果

(4) 土方体积计算

地面三维激光扫描仪获取的点云数据具有高密度、高精度等特点,对点云数据进行处理后,可以建立目标物体的 DEM,完成对目标物体体积的测算,如图 5.26所示。

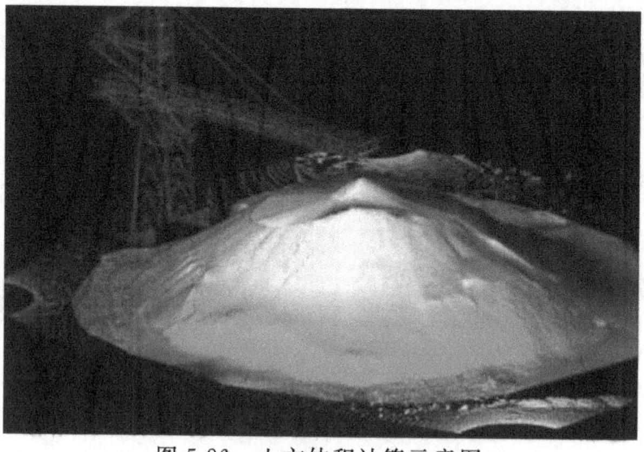

图 5.26 土方体积计算示意图

(5) 文物保护

三维激光扫描技术采用非接触式测量方式进行数据采集,在对古建筑进行测量时,不需要接触到目标物体，损坏风险更小。该技术可用于获取古建筑表面完整的纹理信息，构建文物的三维模型，如图 5.27 所示。

图 5.27　文物修复示意图

(6) 医学整形

随着三维激光扫描技术的进步，该技术已应用于医学整形及矫正手术等领域。通过利用高精度的三维激光扫描仪对患者身体的某部位进行扫描，可以构建局部的三维模型，得到更加准确的信息，从而能够提高手术的成功率。由于医学领域对精度要求高，通常采用测量距离短、精度较高的三维激光扫描系统。图 5.28 所示为医学整形领域构建的牙齿结构三维模型。

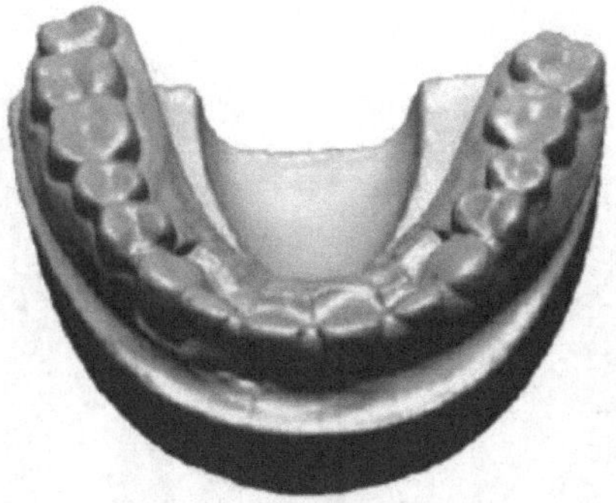

图 5.28　牙齿结构三维模型

5.10　榆林红石峡数字建档扫描建模项目应用案例

5.10.1　项目背景

红石峡又名雄石峡，位于陕西省榆林市北 3 km 处。峡谷内红岩对峙，杨柳成荫，长城穿峡而过，榆溪河奔腾不息，素有“万里长城第一胜景”之称，如图 5.29 所示。

红石峡摩崖石刻于1992年入选陕西省重点文物保护单位。然而，受雨水侵蚀、毛细水活动等影响，摩崖石刻不断遭受破坏，文物保护工作刻不容缓。为此，该项目采用三维激光扫描技术获取实景数据，建立完整的文物数字档案，以为后期的修缮保护工作提供数据基础。

图 5.29　红石峡局部图

5.10.2　项目内容

(1) 对红石峡东西崖石刻、石窟(图 5.30)及东西崖之间的主要地物等进行扫描，扫描总长度约为 430 m，石刻高度为 5～13.5 m。

(2) 对重点石窟进行扫描建模，并选取 8～10 处重点石刻进行精细建模，其他地形或地物则进行粗加工处理。

(a)　(b)

图 5.30　红石峡石窟

5.10.3　项目概况

项目概况如图 5.31 所示。

项目地点	陕西省榆林市
工作量	扫描面积达 6 000 m^2
成果需求	点云数据(.ptx 格式);三维模型(.obj)
精度要求	数据分辨率(点间距)小于 5 cm;满足 1∶50 出图要求,分辨率不小于 150 dpi
投入设备	FARO Focus S350 三维激光扫描仪;尼康 D600 相机
投入人员	外业 5 人;内业 5 人
作业用时	外业扫描 10 d;内业处理 25 d

图 5.31　项目概况

5.10.4　实施流程

1. 外业扫描

首先,在入场前对测区进行两次较为详细的实地勘查,勘查结束后,以分块的方式圈定扫描区域,采取逐片区采集的方式进行外业数据采集工作。

在采集过程中,对不同的区域设置不同的扫描参数,以获取高精度、低冗余的点云数据。以不同的扫描角度环绕红石峡三周,总共扫描 300 多个测站。

2. 数据拼接

将点云加载到 FARO Focus S350 三维激光扫描仪配套的后处理软件 SCENE 中,为每一站的点云数据添加颜色信息,然后将整个景区分成不同的片区,先完成各个片区的数据拼接,最后再将所有的片区进行整合拼接(图 5.32)。

图 5.32　数据拼接

3. 噪声剔除

完成数据拼接后，对点云进行噪点过滤，删除不必要的点云(图 5.33)，以减少点云数据量，最后将点云导出为.ptx 格式的文件。

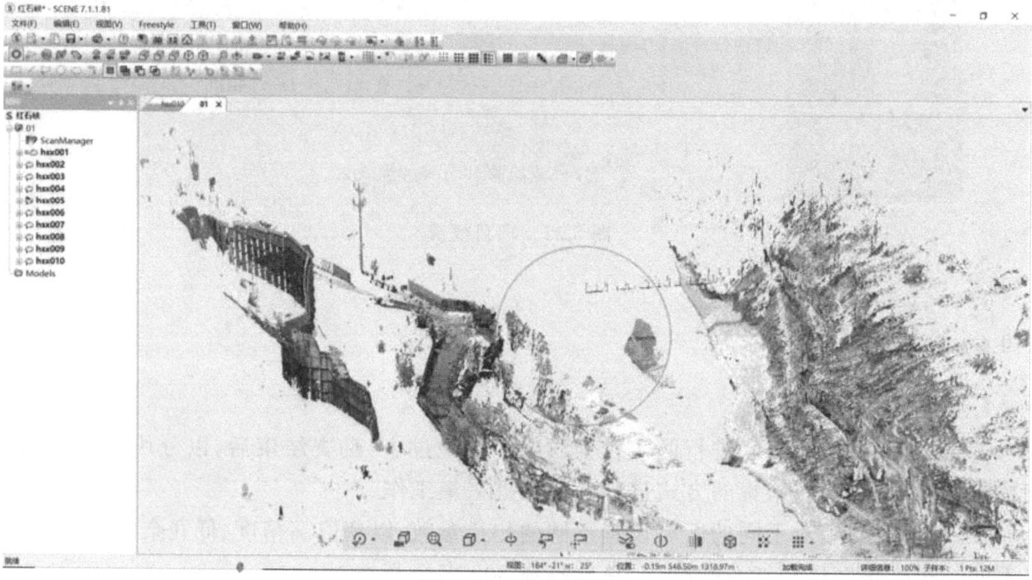

图 5.33　噪声剔除

4. 格式转换

由于导出后的点云数据无法直接导入 3ds Max 软件，所以需要利用 Autodesk ReCap 软件将其转换为.rcp 格式。

5. 三维建模

(1) 首先将较为复杂与精细的地形、地物的点云数据导入 Geomagic 软件，执行自动建模命令，生成相应区域的三维模型(图 5.34)。

图 5.34　自动建模

(2) 对于 Geomagic 软件不能识别的区域及简单区域，采用手工建模的方式进行。将点云导入 3ds Max 软件(图 5.35)，依据点云构建模型，最后将各类专用数据格式转化为通用格式，接入三维处理平台完成贴图、灯光效果、渲染、动画及漫游制作。

6. 成果展示

建模成果如图 5.36 所示。

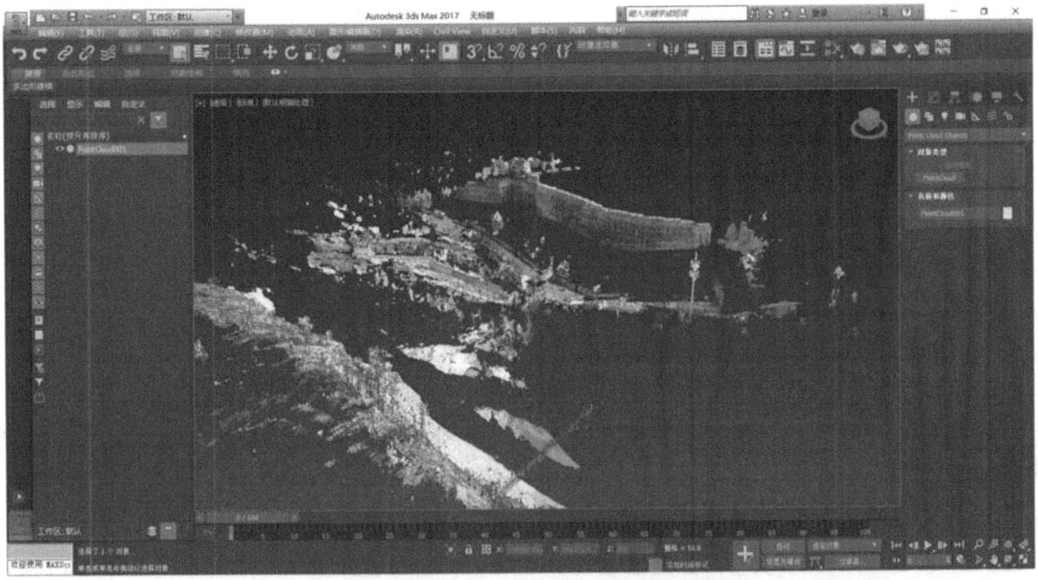

图 5.35　3ds Max 软件数据处理示意图

(a)

(b)

图 5.36　建模成果

习题与思考题

1. 地面三维激光扫描技术有哪些特点？它与全站仪测量技术的主要区别体现在哪些方面？

2. 设计一个基于地面三维激光扫描技术实现目标物体三维重建的完整技术流程。

3. 点云配准的方法有哪些？

4. 简述 TLS 系统的定位原理。

5. 试对地面 LiDAR 数据的误差源进行分析。

6. 列举 TLS 系统的原始观测数据，并说明各项数据的具体作用。

7. 若要基于地面三维激光扫描数据进行目标物体的三维重建，试设计内业数据处理的具体流程。

8. 简述地面三维激光扫描仪的数据采集方法及其优缺点。

参考文献

[1] 董震,杨必胜.车载激光扫描数据中多类目标的层次化提取方法[J].测绘学报,2015,44(9):980-987.

[2] 李洪鹏,李国元,蔡志坚,等.全波形激光雷达回波分解方法[J].遥感学报,2019,23(1):89-98.

[3] 李永强,刘会云.车载激光扫描数据处理技术[M].北京:测绘出版社,2018.

[4] 索效荣,王丽英.机载 LiDAR 系统定位方程、误差分析与精度评定[J].测绘科学,2011,36(4):114-117.

[5] 王丽英,宋伟东,李海涛,等.基于 TMatch 软件的车载激光扫描系统检校 [J].测绘科学,2010,8 (35): 80-83.

[6] 宣伟.地面激光点云数据质量评价与三维模型快速重建技术研究[D].武汉:武汉大学,2017.

[7] 杨必胜,董震.点云智能处理[M].北京:科学出版社,2020.

[8] 张继贤,林祥国,梁欣廉.点云信息提取研究进展和展望[J].测绘学报,2017,46(10):1460-1469.

[9] BESL P J,MCKAY N D.A method for registration of 3-D shapes[J].IEEE transactions on pattern analysis and machine intelligence,1992,14(2):239-256.

[10] BURMAN H.Calibration and orientation of airborne image and laser scanner data using GPS and INS[D].Stockholm:KTH Royal Institute of Technology,2000.

[11] CHARLES R Q,HAO S,MO K C,et al.PointNet:deep learning on point sets for 3D classification and segmentation[C]//2017 IEEE Conference on Computer Vision and Pattern Recognition (CVPR),IEEE,2017:77-85.

[12] FELZENSZWALB P F, HUTTENLOCHER D P. Efficient graph-based image segmentation[J].International journal of computer vision,2004,59(2):167-181.

[13] HUBER D F,HEBERT M.Fully automatic registration of multiple 3D data sets[J].Image and vision computing,2003,21(7):637-650.

[14] JÉRÔME DEMANTKÉ,CLÉMENT MALLET,DAVID N,et al.Dimensionality based scale selection in 3D lidar point clouds[J].ISPRS-international archives of the photogrammetry remote sensing and spatial information sciences,2011,38(5):97-102.

[15] KLOKOV R,LEMPITSKY V.Escape from cells:deep kd-networks for the recognition of 3D point cloud models[J].IEEE,2017,1:863-872.

[16] LALONDE J F, VANDAPEL N, HUBER D F, et al. Natural terrain classification using three-dimensional ladar data for ground robot mobility[J]. Journal of field robotics, 2006, 23(10): 839-861.

[17] QI C R, YI L, SU H, et al. PointNet++: deep hierarchical feature leaming on point sets in a metric space[J]. Advances in neural information processing systems, 2017, 30: 5099-5108.

[18] STAMOS I, LEORDEANU M. Automated feature-based range registration of urban scenes of large scale[C]//2003 IEEE Computer Society Conference on Computer Vision and Pattern Recognition, 2003.

[19] VAUGHN C R, BUTTON J L, KRABILL W B, et al. Georeferencing of airborne laser altimeter measurements[J]. International journal of remote sensing, 1996, 17(11): 2185-2200.

[20] XU Y, BOERNER R, YAO W, et al. Automated coarse registration of point clouds in 3d urban scenesusing voxel based plane constraint[J]. ISPRS annals of the photogrammetry, remote sensing and spatial information sciences, 2017, IV-2/W4: 185-191.

[21] YANG B S, DONG Z, LIANG F X, et al. Automatic registration of large-scale urban scene point clouds based on semantic feature points[J]. ISPRS journal of photogrammetry and remote sensing, 2016, 113: 43-58.